“十二五”国家重点图书出版规划项目
有色金属文库

数字化矿井通风优化理论与技术

OPTIMIZATION THEORY AND TECHNOLOGY IN MINE VENTILATION DIGITALIZATION

王李管　王晋淼　钟德云　编著

中南大学出版社
www.csupress.com.cn
·长　沙·

内容简介

Introduction

本书共分十四章，较为系统地论述了矿井通风系统设计、矿井通风网络理论、矿井通风阻力与需风量计算、矿井扇风机系统及其工作特性、通风网络解算与风流调控、通风系统优化、高海拔矿井通风、矿井通风智能化、iVent 矿井通风系统、矿井通风系统优化改造实例等内容。重点介绍了数字化矿井通风优化的关键算法理论和优化模型，以研发的 iVent 三维矿井通风软件为例，实现了数字化矿井通风优化的关键技术。

本书可作为从事矿业、安全科学与工程领域的教学、科研、管理及工程技术人员的参考书，也可作为高等学校安全、采矿等相关专业的教学用书。

序

矿产资源是现代社会经济发展的重要物质基础，矿产开发在国民经济中占有极其重要的地位，因此，受到世界各国的高度重视。随着浅部资源的逐渐枯竭，资源开发正逐步向深部过渡；深部开采是个特殊的开采环境，需要建立一个安全、舒适且符合职业健康安全的作业环境，其中“矿井通风”是个至关重要的工程领域。

矿井通风是通过通风动力将地表的新鲜空气输送到井下，为井下作业人员以及需氧设备创造良好的工作环境，并将井下有毒有害气体排出地面。作为地下开采的八大系统之一，矿井通风系统是一个随着井巷工程不断延伸、工作面持续不断推进，从而使通风网络结构不断发生变化的动态的、随机的与模糊的复杂系统。矿井通风系统中常会出现漏风、风流短路、污风串联、污风循环、风量不足或过大等现象，造成井下作业环境恶劣和通风能耗过大等问题，给矿山企业决策者与通风工程师们带来很大的困扰。

智能化按需通风的实现，是以智能通风监测控制系统、矿井通风优化系统和需风量计算系统为核心，以井下监测传感设备为基础，对整个井下通风状况进行实时监测、控制与优化，最终实现井下按需通风和矿井实时能耗最小化。矿井通风实时在线优化技术，是实现智能化通风的关键所在，书中“iVent 矿井通风系统”的论述，为通风智能化的发展提供了颇具价值的指引。

自 20 世纪 50 年代，Scott D. R. 和 Hinsley F. B. 改进管道水网计算的 Cross 法，成功地运用计算机技术对矿井通风网络风量分配进行迭代计算开始，许多学者对矿井通风网络解算优化理论与技术进行不懈的探索，研发了一系列的矿井通风解算与优化软件系统，为矿井通风网络解算与优化提供了新的科学理论、技术与高效工具。但是，随着矿井通风网络越来越复杂，多风机、多级机站以及风机变频等新技术的推广与应用，原有的矿井通风解算与优化理论及技术无疑已经得到很大丰富和发展。

在过去几年里，本书作者在综合应用矿井通风理论、流体力学、图论和最优化理论与方法的同时，结合最新计算机技术、信息化技术与自动化技术，在科研团队研究成果的基础上，建立了从风网构建、风网检查、风机数值模拟、优选，到风网解算、风网调节优化等较为完整的数字化矿井通风优化理论与技术。作者在书中详细介绍了新研发的 iVent 矿井通风系统，阐述了多风机、多级机站的通风网络解算，风机优选与变频模拟，风网调节与优化等一系列问题，并对未来矿井通风智能化的发展进行了展望。

本书内容丰富，体现了科学性、系统性、新颖性和实用性。它将会吸引更多矿业学者从事矿井通风数字化、信息化与智能化的研究。本书的出版对数字化矿井通风优化理论与技术、以及矿井通风智能化的发展，将起到积极的推动作用。

2018 年 12 月

前言

Foreword

数字化矿井通风优化理论与技术是以传统的矿井通风理论为基础，借助图论、最优化理论、计算机技术、以及自动化技术等理论与技术，建立一套包括风网构建、风网检查、风机数值模拟与优选、风网解算、风网调节优化等内容的理论与技术。与传统的矿井通风书籍相比，本书重点介绍了矿井通风网络、矿井通风网络解算、矿井通风网络调节、矿井通风网络优化与矿井通风智能化等数字化、信息化与智能化通风优化理论，用于高效、准确、科学地解决矿井通风设计、风机优选、矿井通风优化改造、井下通风监测、风机集成控制等问题。

本书按通风系统与网络理论、通风网络解算与调控、通风系统优化以及通风自动化与智能化的顺序进行撰写，总共14章，依次为绪论、矿井通风系统、矿井通风网络、矿井通风阻力、矿井自然风压与需风量计算、矿井扇风机系统及其工作特性、矿井通风网络解算、矿井通风风流调控、矿井通风系统优化、矿井通风测定、高海拔矿井通风、矿井通风智能化、iVent矿井通风系统以及矿井通风系统优化改造实例等。

本书在编著过程中参考了许多同行的教材、专著与论文等文献资料，笔者在此对书中所涉及到的知识与成果的所属单位和作者表示衷心的感谢！也在此对在本书编著过程中进行指导的专家、教授、学者表示衷心的感谢！此外，特别感谢中南大学贾明涛老师与毕林老师、内蒙古科技大学陈忠强老师、长沙迪迈数码科技股份有限公司陈鑫博士与王时彬对本书编著给予的指导与帮助！也特别感谢中南大学出版社的各位编辑为本书出版付出的艰辛劳动！最后，感谢长沙迪迈数码科技股份有限公司在本书编著过程中给予的帮助与支持！由于笔者水平有限以及编著时间紧张，书中一定存在疏漏和不足，恳请广大读者批评指证！

目 录

第1章 绪 论

1.1 矿井通风的重要性

矿产资源作为国家经济发展的基础原材料，直接决定整个国家经济发展的态势，因此越来越受到世界各国的重视。矿产资源作为不可再生的资源，随着浅部资源的减少，矿产开采已进入或即将进入深部地下开采阶段，随着开采深度的加深、开采强度的加大，开采地质条件越来越复杂，井下空气污染与环境恶化问题时有出现。

井下空气污染与环境恶化物质主要来自爆破产生的大量剧毒的一氧化碳（CO）、二氧化氮（NO_2），开采硫化矿时，还会有大量的二氧化硫（SO_2）和硫化氢（H_2S）等有毒气体；使用柴油设备，柴油废气中还含有氮氧化物（NO_x）、一氧化氮、醛类和油烟等有毒有害物质；开采含铀金属矿床时，矿岩会析出氡和氡子体；采矿生产过程中会产生粉尘以及含游离二氧化硅（SiO_2）矿尘；矿内存在热源时，散出热量与水分蒸发可使空气温度和湿度增加等。因此井下作业人员在空气污染与恶化的环境中工作，容易中毒、中暑、引发肺癌或矽肺病等各种疾病，严重时还会危及生命。

如何解决井下空气污染与环境问题？目前最有效的手段是矿井通风。矿井通风即为保证井下工作人员安全、健康、高效作业，通过机械动力或自然能量将地面上的新鲜空气源源不断地输送到井下各需风点以供给井下作业人员正常呼吸，稀释并排除井下的有毒有害气体和矿体粉尘等有害物质，从而给井下作业人员创造出一个良好的工作环境。

矿井通风系统是矿井开拓系统的重要组成部分，是确保矿井安全开采的重要环节，与井下工人的安全与健康息息相关。国内外矿山生产实践均已证明，适当的通风可以有效地改善生产作业环境，保障工人安全与健康，提高劳动生产率。通风不足时，会降低劳动生产率，影响经济效益，而且容易发生因有毒有害气体引发的中毒伤亡事故，导致矽肺、肺癌等矿工职业病发生，严重危害作业人员身体健康；通风过度时，不仅会增大建设投资，加大运营耗费，且易使工人受凉感冒，导致二次扬尘污染。因此，合理通风才能有效地改善井下生产作业环境，保证作业人员的安全与健康，提高劳动生产率，进而创造良好的经济效益，达到技术效果与经济效益兼顾的目的。

因此，矿井通风的重要性不仅仅是将地表新鲜空气输送到井下各需风点，还应保证各需风点的需风量满足通风需求，避免出现风量不足或风量过多的情况，从而创造安全舒适的井下作业环境，以确保作业人员的安全与健康，提高劳动生产率，创造良好的经济效益。

1.2　矿井通风存在的问题

1.2.1　矿井通风设计不合理

我国自 20 世纪 50 年代以来，矿井通风一直采用从苏联引进的传统设计方法，该设计方法是以进风、回风部分为核心的宏观大系统，其具体流程见图 1－1。

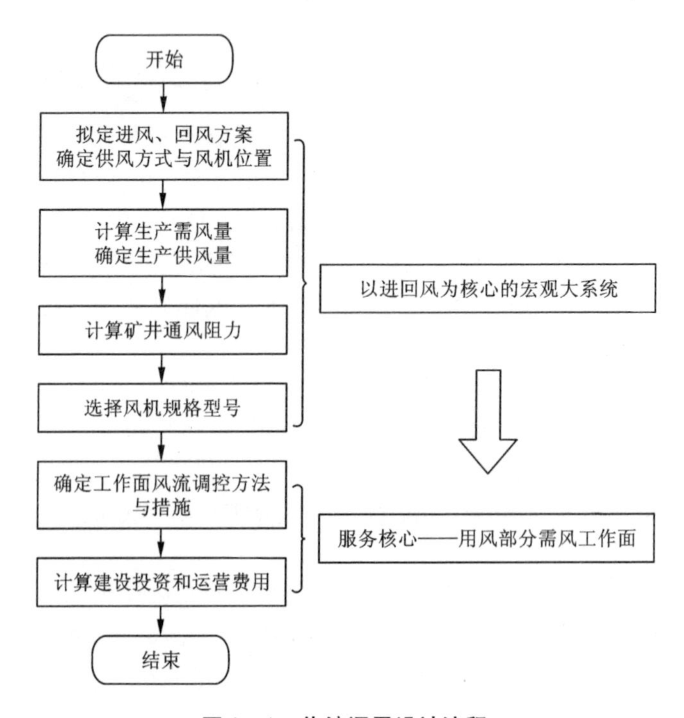

图 1－1　传统通风设计流程

通过对传统设计方法的实际应用与分析，发现其存在的问题有三方面。

1）重系统、轻核心、难调控

从传统通风设计流程可知，传统设计方法的设计思路是“从进、回风系统至工作面”，其方法和内容基本上只考虑“大系统”的宏观设计，所注重的是系统总进风、总回风等宏观问题。然而对通风系统服务核心——工作面的需风及保障问题，并不重视，在设计流程上把工作面这个核心问题放在最后考虑，甚至一带而过，没有进一步探讨其供风量的合理性、风路结构的合理性、调控措施的可行性、有效性和可靠性等论证环节。

不以工作面为服务核心建立的通风系统，其关系工作面实际通风效果的风路结构的合理性、调控格局的能控性、管理方式的可行性等关键因素都是未知数。然而通风系统为提供矿井的超大风量耗费了巨大投资与电能，究竟有多少可以按要求送到需风工作面，通风系统的有效性怎样保障？建成后普遍出现的实际效果与设计期望相差较远的“大巷里吹飞安全帽，而工作面烟尘排不走”低效局面就不足为奇了。这充分反映出传统设计的特点之一，即重视进、回风系统筹划，忽视工作面分风，使调控措施难以实施与管理，工作面风流往往处于失控状态，实际通风效果难以满足生产需求。

2）风量大、功耗高、投资多

传统设计考虑了漏风备用系数 k_1、主扇风量备用系数 k_2，则矿井风量备用系数 k 为

$$k=k_1k_2=(1.25\sim1.5)\times(1.1\sim1.2)=1.4\sim1.8=\beta$$

即把矿井供风量人为扩大为实际需风量的 1.4～1.8 倍，也就是把风量供需比 $\beta=\dfrac{Q_{供}}{Q_{需}}=k$ 提高了 1.4～1.8 倍。这样，风量增加幅度为

$$\frac{Q_{供}-Q_{需}}{Q_{需}}\times100\%=(k-1)\times100\%=40\%\sim80\%$$

功耗随着风量增加的倍数为

$$\frac{N_{供}}{N_{需}}=\frac{Q_{供}^3}{Q_{需}^3}=\frac{(k\cdot Q_{需})^3}{Q_{需}^3}=k^3=\beta^3=1.4^3\sim1.8^3=2.74\sim5.83$$

功耗随着供风量的增长幅度达到

$$\frac{N_{供}-N_{需}}{N_{需}}\times100\%=(k^3-1)\times100\%=174\%\sim483\%$$

此外，随着风量的增加，一是风机型号要随之增大，设备购置费用相应增加；二是通风井巷断面也应该相应扩大，或进、回风井巷数量也要随之增多，掘出费用相应增加。

3）风压高、漏风大、效率低

扩大供风量之后，从矿井通风阻力定律 $h=RQ^2$ 可知，计算的风压 h 随风量 Q 的 2 次方成倍增长。这样会带来以下后果：一是选用大风量、高风压的风机，矿井漏风量随着大风量、高风压风机的使用而增大；二是由于设计时难以准确计算矿井内部和外部漏风情况，矿井实际通风阻力往往小于设计时计算的阻力，主扇运行效率随着实际阻力的减小而降低，无效功耗增加。

1.2.2 多风机多级机站问题

20 世纪 80 年代中期，马鞍山矿山研究院、昆明理工大学借鉴瑞典基鲁纳铁矿经验分别在梅山铁矿和老厂锡矿的通风系统改造中，采用了多风机多级机站通风方式。

从各个矿山使用情况得知，那些条件适合的矿山取得了良好的通风与节能效果，而条件不适合的矿山的应用效果并不佳，尤其是那些不具备专用进风道的矿山，如放弃了阻力小、电耗低、易管理的人行运输井巷多路进风模式，重新开拓专用进风道设置压入式机站，不仅耗费了大量投资，而且电耗也随着阻力增大而增大。

虽然多级机站输送与分配风流的原理值得借鉴，但其在应用中还存在五个问题。

1)普遍沿用传统设计模式

通风系统通风效果的优劣程度，主要体现在工作面上风速的合格率高低。多级机站通风的特点之一是用风机强化复杂网络分风调控，通过控制外部漏风和采区之间的内部漏风来提高有效风量率，从而可通过降低风量供需比，减少供风量来达到节能的目的。但由于受传统设计思想的影响，普遍着重于用多风机串并联、多级接力的工作方式取代传统的低效高压主扇通风方式。虽然风量调控已考虑到中段或采区，但是仍未细化到每一个工作面。采区内的漏风和多工作面分风不均衡现象依然存在，用风部分分风的可控性、均衡性、稳定性、有效性尚未得到较大程度的改善，工作面风速合格率不一定能够随着外部漏风与区间内部漏风的减少、有效风量的增加而相应提高。不仅工作面这个服务核心尚未受到应有重视，而且矿山普遍沿用传统的大风量设计方法，没有充分应用这一调控优势来进一步解决工作面按需分风与合理供风问题，由分风不均衡引起的低效高耗现象仍然比较普遍。如何改善分风均衡性，提升风速合格率，降低通风电耗，是一个有待于探讨的实际问题。

2)一概而论地套用典型模式

多级机站通风的特点之二是多级压抽混合式通风，均衡风压分布，减少外部漏风。它要求系统具备专用的进、回风井巷，形成典型的 2 级压入、2 级抽出固定调控模式，以均衡通风系统风压分布，降低矿井内外压差，是存在外部漏风的矿井减少漏风的有效措施。

然而，开凿专用进风与回风井巷是一项需要耗费巨大人力、物力、财力和时间的艰巨工程，好多矿山并不具备这样完备的应用条件。有的矿山生产规模不大、网路结构简单、风流调控容易，根本不需要太多的风机来调控风流分配；有的岩石致密不存在外部漏风问题，不必采用均衡风压的多级接力通风方式。但在多级机站设计思想指导下，有的设计放弃了本可充分利用的多路低阻自然进风的有利条件，盲目套用多级机站典型模式，为多级而多级，增加了不必要的井巷工程、风机设备和电能消耗，增大了基建投资和运营成本，加大了因风机多、分布广带来的管理工作难度。因此，实践应用中应该根据各矿实际情况，灵活决定机站级数。

3）进风机站与人行运输存在的矛盾

多级机站通风的第三个特点是多级压抽混合调控，要求建立与人行运输分离、相互独立的专用通风井巷网路。这一要求在回风部分容易实现，在进风部分实施的话无疑要使开拓工程量大增，所以通常除在有需要控制氡污染的矿山开凿少量专用进风井外，绝大部分矿山的采区进风道仍然是与人行运输道共用。

在采区人行运输道中安装压入式采区供风机站，将使通风与人行运输相互干扰，管理难度很大。因此各级机站位置的确定，一方面要考虑通风系统中压力分布状况是否有利于对井下污染源的控制，另一方面也要考虑对井下各系统之间的相互影响，特别是进风机站与提升、运输、人行的关系，以及使用和管理上是否方便。

4）风机多而分散，管理困难

多级机站通风的第四个特点是风机多、分布广，高差大、环境差，风机巡回检查线路长、风机监控管理困难。有些矿山因管理不善，难以保证整个系统的所有风机均按要求正常运行，致使多级机站的实际效果大打折扣。因此，多风机多级机站的风机监控管理问题，也是一个在生产实际中急需研究解决的难题。

5）系统阻力合理计算问题

多级机站通风的第五个特点是阻力计算工作量较大，不仅需要计算最大阻力线路上各风路的阻力，而且要计算各级机站控制区域各风路的阻力。除计算摩擦阻力外，还要计算巷道拐弯、分支、汇合等处的局部阻力。

马鞍山矿山研究院认为在矿井的某些区段，局部阻力有时大于摩擦阻力。而段永祥教授在其承担的近20多个通风系统设计中总结到不应考虑局部阻力，只要认真地计算摩擦阻力，实测矿井总风量、总风压就与设计值基本吻合。

实践结果说明，除了风量特别集中的大型矿井之外，各级机站的风量较小且分散，局部阻力并不一定像理论计算的那么大。因矿井存在难以完全纳入计算范围的其他并联风道，按照常规方法计算的摩擦阻力，通常会略大于实际摩擦阻力，这部分误差恰好可以弥补忽略的局部阻力。因此，在矿井通风阻力计算中，除了风量特别集中的大型矿井及特殊风道之外，通常不必计算局部阻力。

1.2.3 矿井通风数字化程度低

从20世纪40年代末第一台电子计算机问世，各国矿业学者就开始尝试用电子计算机解决矿井通风问题；到1953年，Scott和Hinsley改进了管道水网计算的Cross法，用其对矿井通风网络的风量分配进行迭代计算，标志着电子计算机正式用于解决矿井通风问题；再到20世纪90年代，“数字矿山”(Digital Mine，DM)概念的提出，进一步推动了矿井通风系统朝着数字化、信息化、智能化方向发展，为解决矿井通风工作效率低、计算误差大、调节效果差、能耗大等问题提供了科学、正确以及高效的解决工具，从而使矿山企业的矿井通风设计、管理水平等得到了前所未有的发展。

2010年国办23号文《国务院关于进一步加强企业安全生产工作的通知》强制性要求矿山安装监测监控等安全避险“六大系统”；矿井通风网络解算仿真从Scott和Hinsley改进的管道水网计算的Cross法开始，到三维可视化通风仿真软件，矿井通风网络解算算法日趋强大；基于PLC的风机变频控制系统不仅能通过变频调速实现风机的节能，而且可以实现风机的无人值守等，这都表明国内矿井通风正朝着数字化方向快速前进。但国内的矿井通风数字化程度仍比较低，主要体现以下几个方面：

(1)通风仿真软件：随着数字化矿井通风技术的发展，通风仿真软件主要以国际上流行的Ventsim、VnetPC、VentGraph和MineVent软件和国内新开发的iVent、MVSS、3Dvent和VentAnaly等为代表。尽管通风软件得到了较大发展，但随着多风机多级机站通风系统的推广和应用，且矿井通风网络越来越复杂，仍普遍存在以下问题：前期解算数据准备工作量较大，复杂通风网络构建烦琐，缺乏有效的网络检查诊断机制；通风网络解算缓慢或不收敛现象仍然存在；通风网络调控优化仅仅集中于简单的手动调控与回路法调控，很难指导实际生产；网络解算软件实时解算以及实时监测功能不足。

(2)通风监测监控：随着井下六大系统的推广，国内开始重视利用基于传感器的监测方法来获取风速、风压等通风巷道参数；在通风网络监控系统中，以矿井主通风机在线监测研究发展最成熟，部分矿山已经实现了风机工况风量、风压远程集中监测和风机开停、变频控制。然而，矿井主通风机在线监控系统仍存在以下缺点：在线监测的可靠性有待提高；监控系统主要还处在监测水平，控制功能较弱；风机监控系统未与整个矿井通风系统对接以进行优化调控；监控决策支持系统尚未成熟，同时故障预警功能比较单一；基本上无人涉及有关多风机多级机站联合优化监控系统的研究。从整体上来看，我国矿井通风监测相关的风速传感器、风压传感器安设数量较少，不能实现对整个矿井通风网络的有效监测，主要还是靠人工测风、人工巡检，工作量大、效率低、可靠性差，往往是被动地应对事故，不能及时、主动发现通风安全隐患。

1.3 矿井通风未来研究与发展趋势

1.3.1 矿井通风系统优化研究

1)矿井通风系统可靠性优化

迄今为止，国内外还很少有人涉及矿井通风系统的可靠性优化研究。目前，矿井通风系统的可靠性研究面临着以下几个问题：①风流分支与通风网络的可靠性概念；②风流分支、通风网络及通风构筑物的可靠性指标计算；③如何利用可靠性参数设计出具有较高可靠性的系统；④生产矿井如何利用可靠性理论来制订出合理的管理、使用与维护措施，保证系统正常工作，提高其可靠性。已有的研究工作仅局限于前两个问题，即如何计算风流分支的可靠度和网络的可靠性，而且不成熟。矿井通风网络中分支的可靠性与一般网络(如电力网络)中元件的可靠性有本质区别，这正是矿井通风系统可靠性研究的困难之处；对风流稳定性的研究，进展也不大，已有研究工作也局限于某些典型网络。

2)矿井通风系统的监测点优化布局

随着采矿工业的发展，矿床开采的规模越来越大，矿井通风系统的复杂性随之提高，如何准确获取矿井通风基础参数(井下断面尺寸、风速、风压、温度、湿度以及空气质量等)，是解决矿井通风相关问题最基础且必不可少的工作。然而，矿井通风系统的测定仍是人工测定，测点的布置以及测定路线的选取大多以经验为主，不仅测定过程中的误差相对较大，且需花费大量的人力、物力与财力。

随着矿井通风数字化、信息化与智能化的发展，矿井通风三维仿真解算软件与风机在线监测监控系统等在矿井通风中的应用越来越成熟，为更好地解决矿井通风问题，保证通风基础参数的准确性是很有必要的；且未来矿井通风智能化，矿井全面协调控制，实现井下按需通风与通风在线优化，达到能耗最小化的目标，通风参数的准确获取仍然是必不可少且最重要最基础的一环。因此，矿井通风参数的实时监测不管是现在还是未来都是大势所趋。如何合理且尽可能少地布置监测点，而又能较准确地获取所需的通风参数以反映整个通风系统的状况，是一个具有理论意义和实用价值的课题。

3)矿井通风网络风量分配优化与调控优化

矿井通风网络风量分配优化的目的是在满足按需分风的前提下，求使通风总功率最小的其他通风分支的最佳风量；而矿井通风网络调控优化的目的是在满足按需分风的前提下，使通风总功率最小的调控方案。虽然对矿井通风网络风量分配优化与调控优化问题，已有学者进行了一定的研究，但其仅仅针对较简单的网络，对现有的复杂矿井通风网络大多无法优化，且基本处于理论研究阶段，现有的国内外通风软件基本没涉及风量分配优化与调控优化的功能，风量分配优化与调控优化问题仍需进一步研究。

此外，随着矿井通风向数字化、信息化、自动化以及智能化发展，矿井通风在线优化问题随之提出。矿井通风在线优化是在井下传感设备监测数据与井下按需通风的基础与前提下，通过矿井通风优化系统，实现实时在线优化，以达到能耗最小化的目标。因此，对矿井通风网络风量分配优化与调控优化的研究是实际发展所需，且是具有重大实用价值的研究课题。

1.3.2 深井矿井通风技术研究

1)深井开采中的热害控制

随着地表矿物日趋开采完毕，矿井采掘深度增加，地温随矿井深度增加而升高，加上其他热源的放热作用(空气压缩，氧化过程、机械设备做功)等原因，使得受到高温威胁的矿井日益增多。

为了确保安全生产，1982 年国务院颁发的《矿山安全条例》规定，井下作业地点的空气温度不得超过 28℃，目前最新规定为不得超过 26℃，国外也有类似规定。据全国矿井高温热害普查资料统计，我国已有 38 对矿井的采掘工作面气温超过 30℃；在“九五”期间，我国有 80 多对矿井出现热害。在高温环境下作业，不但劳动生产率会下降，而且矿工身体健康也会受到损害，同时严重威胁井下作业安全，并易引发灾害和事故。因此，研究深井降温技术已成为国内外采矿技术中的一个重要领域。

2)深井环境控制

深井环境控制是深井开采的难题之一，对于常规手段来说，其计算分析过程非常复杂，不能及时准确地为井下排热通风提供科学依据，通过国家“九五”科技攻关，开发了深井开采井下环境管理程序，将深井排热通风作业面需风量计算、网络计算、气候预测计算、网络预测计算简化成简便的计算机操作，随着矿井开采向深部延伸，井下热害日趋严重。深井环境控制是深井开采工艺的重要环节，直接影响到深井开采的投资和经营效果。然而深井环境控制是一个非常复杂、一般手段无法解决的难题。

3)深部矿井地层储冷技术研究

高温矿井生产率均较低，据对南非多年的调查统计，当矿内作业地点的空气湿球温度达到28.9℃时(相当于干球温度30℃)，开始出现中暑甚至死亡事故。虽然利用大型制冷机组对井下工作面进行降温处理可达到降温目的，但由于其巨大的耗电量，使运行费用过高以致其在中国煤炭行业不能得到普遍的应用。地层储冷技术将冬季空气中天然的冷能通过一套井上换能系统储存到地下储冷含水层中，其余季节则通过另一套井上配套换能系统将这部分冷量从储冷含水层中提取出来，再通过井下换能系统用于井下工作面的制冷降温。

1.3.3　矿井通风智能化

随着我国矿业整体快速发展，矿山井下安全避险六大系统已经初步建成；可视化仿真技术、软件技术、网络技术以及自动化技术的进一步发展，使得国内矿山的数字化、信息化与自动化也取得了一定的成效，但仍处于初级阶段。矿井通风系统作为地下矿山开采不可缺少的一部分，其数字化、信息化、自动化以及智能化程度，决定了矿山数字化、信息化、自动化以及智能化程度，如图1-2所示。

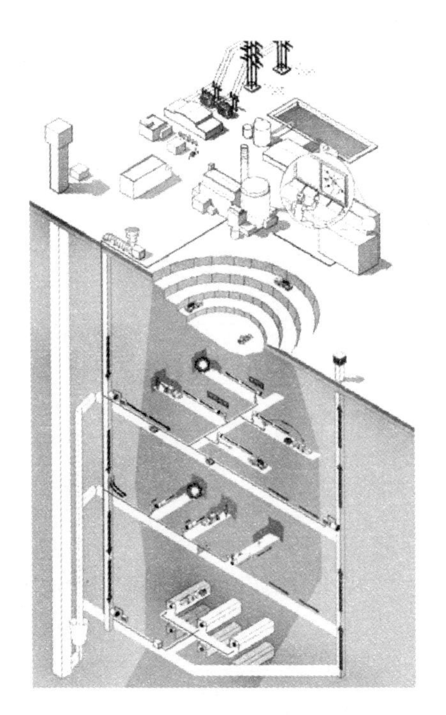

图1-2　ABB矿井通风智能化图

智能化按需通风的实现，是以智能通风监测控制系统、矿井通风优化系统和需风量计算系统为核心，以井下监测传感设备为基础，对整个井下通风状况进行实时监测、控制与优化，最终实现井下按需通风和矿井实时能耗最小化。

矿井通风智能化的实现，可分为三个阶段：第一阶段，智能的基础阶段，通过智能通风监测控制系统，实现对风机、风门以及风窗等的基本控制与监控，从而达到减少能耗与提高安全性的目的；第二阶段，智能的中间阶段，对所有风机、风窗以及风门实现自动控制，实现全面按需通风，达到改善井下空气质量与大幅节能的目的；第三阶段，智能的最终阶段，使用矿井通风优化系统与传感器，实现风流与空气质量的全面控制与优化，从而使能耗实时最小化。

从矿井通风智能化的目标与智能化实现的三个阶段可知，矿井通风智能化是以智能通风监测控制系统、矿井通风优化系统、需风量计算系统为核心，以井下监测传感设备等为基础，对整个井下通风情况进行监测、控制与优化，实现井下按需通风、实时在线优化，最终使整个矿井的能耗实时最小化。

第 2 章　矿井通风系统

矿井通风系统是指向井下各作业地点供给新鲜空气、排出污浊空气的通风网路和通风动力以及通风控制设施等构成的工程体系。

2.1　矿井通风系统的基本特性

2.1.1　矿井通风系统的作用

从井下采掘作业要求、矿内空气成分及气候条件的变化规律、有毒有害气体及粉尘的特性及它们对人体的影响来看，进行通风换气是最有效的解决途径。一般情况下，自然通风难以持续、稳定、有效地解决上述问题，因此所有矿井都应该建立完善的机械通风系统。

如图 2－1 所示，在风机动力的作用和通风设施的控制下，地表新鲜空气由进风井巷进入矿井，然后经有关井巷供给各个工作面，以不断地去稀释和冲淡这些有毒有害物质，使之达到无害程度，最后污浊空气经回风道从回风井巷排出地表，这就是矿井通风系统的运转过程。因此，建立矿井通风系统是将矿内空气中有毒有害气体、粉尘稀释和排出到地表的有效措施，也是改善矿井气候条件，为采矿生产创造安全舒适的工作环境的主要手段。它的任务是：

①给井下人员呼吸与柴油设备运转提供足够的氧气；

②把井下产生的各种有毒有害气体及矿尘稀释到无害程度并排出矿井之外；

③给井下工作面创造良好的小气候条件。

2.1.2　矿井通风系统的组成与结构

如图 2－1 所示，从系统组成来看，矿井通风系统由通风网络、通风动力和通风控制设施三大部分有机构成。通风网络就是由风流流经的所有井巷构成的、相

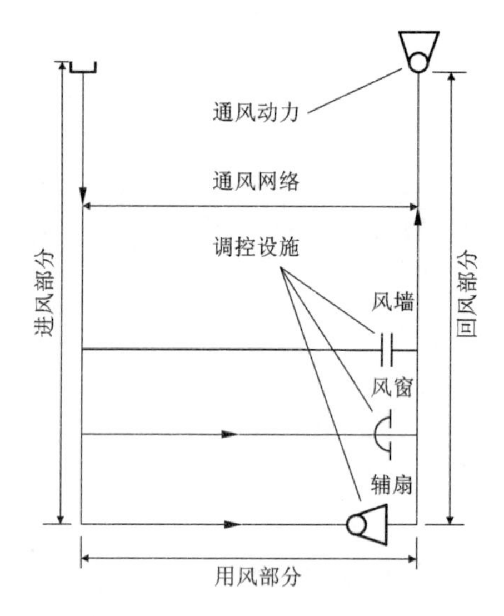

图 2-1　矿井通风系统组成与结构示意图

互关联的、复杂的、网络状的井巷集合体。通风动力即为矿井风流流动提供能量的主扇、辅扇、自然压差等动力源组成的动力结构体系。通风控制设施就是控制有害漏风，并使供入井下的风流按生产需求进行分配的风门、风窗、风墙、风桥、辅扇、空气幕、导风板等一系列调节控制设施。其中，辅扇具有双重功能，既属于通风动力，又属于调控设施。

从系统结构来看，矿井通风系统可以划分成三大部分，即进风部分、回风部分和用风部分，各部分具有不同的职能。进风部分把地表新风送入用风部分以供工作面使用。回风部分负责把用风部分产生的污风排出地表。位于系统核心部位的用风部分则负责调节和分配进风部分流入的新鲜空气，并把工作面产生的炮烟粉尘等有毒有害物质稀释并排入出风部分，使作业环境达到安全卫生要求。

一般情况下，矿井的进风部分及回风部分的网络结构相对比较简单，用风部分网络结构普遍比较复杂，其复杂程度与矿井生产规模、采矿方法和开采范围有关。

2.2　矿井通风系统的类型

矿井通风系统从不同的角度可分为若干种类型：根据系统格局，可分为统一通风、分区通风和单元通风三种类型；根据进风井与回风井的布置方式，可分为中央式、对角式及混合式三种类型；根据主扇的工作方式及井下压力状态，可分为压入式、抽出式、压抽混合式三种类型；根据风流的输送与调控方式，可分为

主扇 - 风窗、主扇 - 辅扇、多级机站、单元调控以及上述四种类型的不同组合。

2.2.1　基于系统结构的分风方式

根据系统结构，通风系统可分为统一通风、分区通风和单元通风三种类型。

1) 统一通风

一个矿井构建成一个整体通风系统的格局称为统一通风，如图 2 - 2 所示。统一通风具有进回风井数量少、投资小、使用的主扇少以及便于管理等优点，比较适合于难以增加进、回风井的矿井采用。特别是深矿井，因开拓风井的工程量较大，采用全矿统一通风比较合理。但是，在生产实践中也不同程度地存在下列问题：

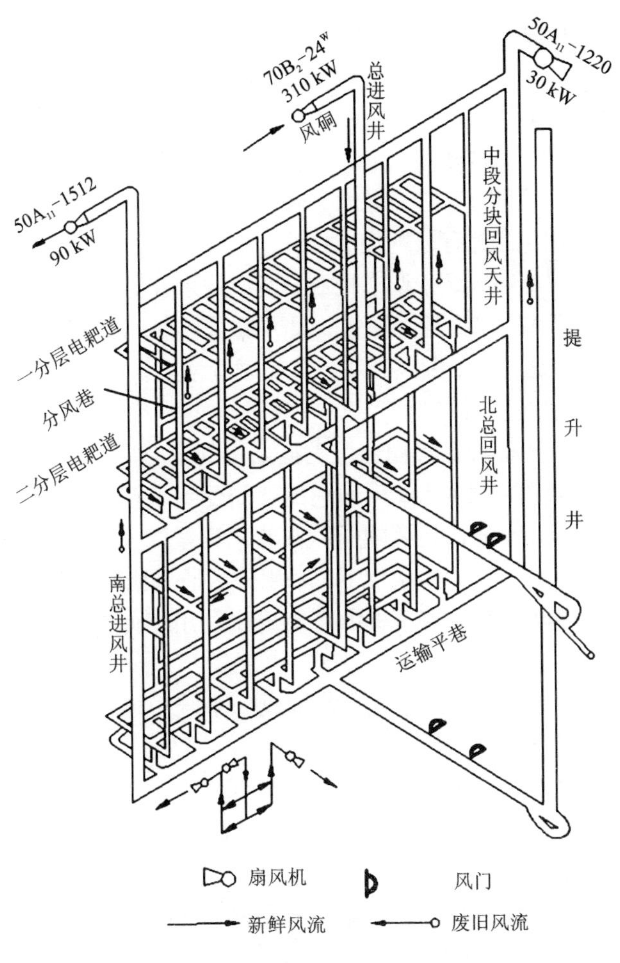

图 2 - 2　易门铜矿狮山坑统一通风系统

(1)网络结构复杂，漏风多，分风不均衡，分风调控困难；

(2)为弥补漏风和不均衡分风，普遍加大了矿井风量供需比例；

(3)进风、回风口少，矿井风阻大；

(4)由于矿井风阻大，供风量偏大，通风电耗必然比较高。

2)分区通风

(1)分区通风的原理

一个矿井分别建立若干个通风网络、通风动力及调控设施均绝对独立的、风流互不连通的通风系统的格局称为分区通风。即将一个矿井划分成若干个区域，每个分区均独自构建专用的进风、用风和回风井巷，拥有一套专为本分区服务的通风动力与调控设施，使得各分区独立进风、独立回风、独立用风，各分区之间风流互不连通，以避免相互干扰。

(2)分区通风的特点

20世纪50年代后期，我国出现了分区通风方式。以西华山为代表的一些矿山，将集中通风效果不佳的矿井，在有条件的情况下，划分成若干个独立的通风系统，以实现分区通风。这样做以后，风流互不干扰，缩短了风路，分散了风量，降低了风压，减少了漏风，降低了电耗，取得了较好的增效节能效果。所以，分区通风与统一通风相比，具有以下优点：

①网络结构简单，风流易于调节控制，通风效果容易得到保障；

②进、回风口增多，风路长度缩短，通风阻力减小，通风电耗随之减少；

③风阻减小，风压降低，漏风减少，有效风量增多。

(3)分区通风的适用条件

分区通风在一些矿体埋藏浅而分散的矿山得到了应用。但是，由于每个分区都要具备独立的进风和回风井巷，因而它的使用受到了较大的限制。是否适合采用分区通风，主要看开凿通达地表的通风井巷工程量的大小，或者有无现成的井巷可以利用。一般来说，在下述条件下，采用分区通风比较有利：

①矿体埋藏较浅而分散，有现成的井巷可供利用，或者开凿通达地表的通风井巷工程量较小；

②矿体埋藏浅，走向长，产量大，若构成一个统一通风系统，风路长，漏风大，网络复杂，管理困难。

(4)实行分区通风的方法

实行分区通风，首先要合理地划分通风区域，以防各系统间风流互相干扰。划分通风区域，应从矿体赋存情况和开采条件出发，将矿量比较集中、生产上密切相关的地段划在一个通风区内。总结各矿经验，概括起来主要有以下几种分区通风方法。

①基于矿体的分区通风

当一个矿井只有几个大矿体或有几个矿量比较集中的矿群时，将邻近的矿体或矿群划为一个通风区，全矿划分为若干个通风区。图2－3所示为柴河铅锌矿分别以两个矿体为基础建立的分区通风系统，主提升井开凿在两个矿体中间的无矿带内，每个分区通风系统各自建有独立的主扇和进风、回风井，形成两个独立的分区通风系统，分别为提升井两翼的两个矿体服务。

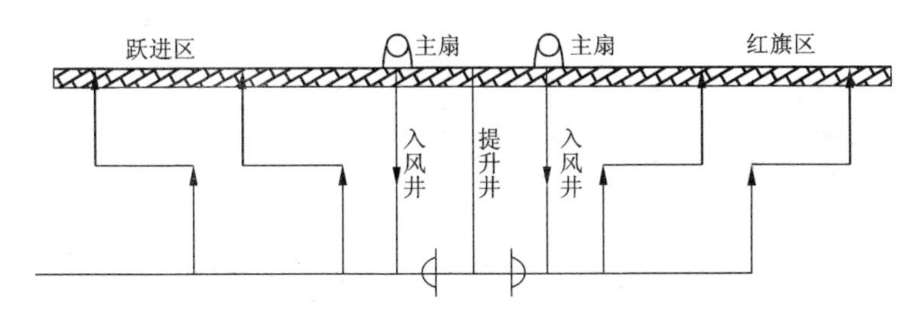

图2－3　柴河铅锌矿基于两个矿体构建的分区通风系统

②基于中段的分区通风

沿山坡分布的平行密集脉状矿床，一般距地表较近，开采时常有旧巷或采空区与地表贯通。若上下中段之间联系较少，可按中段划分通风区域。原西华山钨矿就是这种分区通风方法的典型例子（见图2－4）。这个矿山将每个中段划分为一个或两个通风区，每个通风区都有独立的风机和进、回风道，各个系统之间的风流互不干扰。

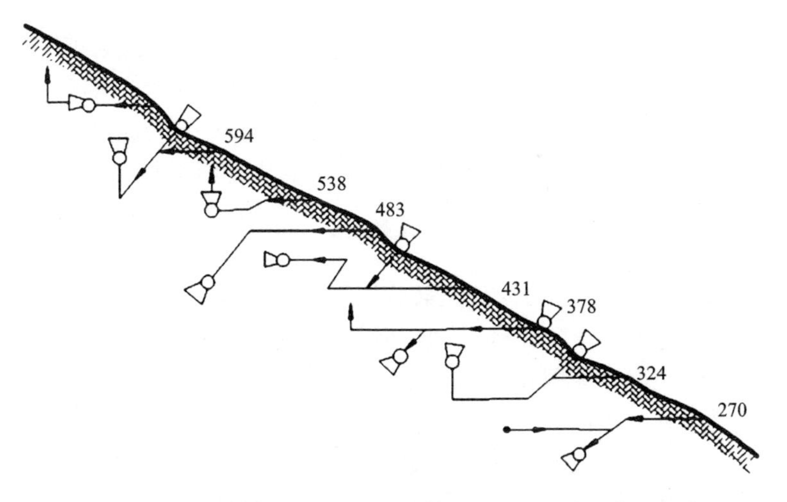

图2－4　原西华山钨矿基于中段建立的分区通风系统示意图

③基于采区的分区通风

矿体走向特长、开采范围很大的矿井，可沿走向划分成若干个采区，每个采区建立一个独立的通风系统。如龙烟庞家堡矿，矿体走向长 9000 ~ 12000 m，共分 5 个回采区，各区之间联系甚少，每一个采区构成一个独立通风系统，如图 2 - 5 所示。

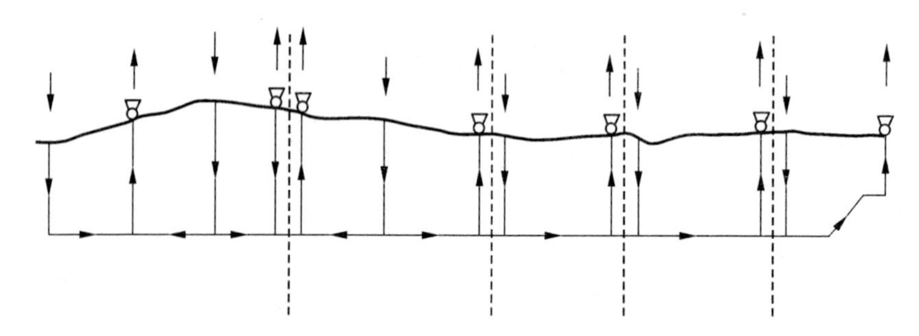

图 2 - 5　龙烟庞家堡铁矿基于采区构建的分区通风系统示意图

3）单元通风

（1）单元通风的产生背景

从分区通风的上述特点中可以看出，由于每个分区都要具备独立的进风和回风井巷，然而做到“绝对独立”很困难，因此它的使用就受到了较大的限制。对于矿体埋藏比较深、开采范围不太大的矿井来说，要让每个分区都花费巨资构建专用进风、回风井巷，配置专用的通风动力与调控设施，形成绝对独立的分区通风系统比较难做到，仅开凿专用进、回风井巷的巨大工程和投资，就使该法难以在大部分矿山中推广应用，故统一通风仍然是适用于大部分矿山的通风方式。针对统一通风因网络结构复杂而导致漏风多、分风调控困难、分风均衡性差、风量供需比偏大、通风电耗高等一系列问题，昆明冶金高等专科学校在长期的通风科研与生产实践中总结并提出了单元通风方式。

（2）单元通风的原理

所谓单元通风方式，是针对用风部分网络结构复杂、又经常随生产变化而导致的分风调控难题而提出的一种“将复杂系统单元式简化”的新型调控方式。即依据用风部分通风网络结构和采掘规划布局，以工作面为服务核心，将用风部分复杂的通风网络划分建设成若干个相互独立、相对简单、现有手段可以调控、分风稳定性能够适应生产工作面变化的通风单元，在其中采用风机等调控措施实现风流按需分配。各通风单元由各自独立的工作面通风网络、自成体系的通风动力和调控设施有机组合构成，相对通风系统自成一体，故对应称之为通风单元。为便于管理和应用，各矿通风单元结构模式既相对固定，又可随采区推移而灵活调整运用。

将复杂系统单元化后，通风单元结构比通风系统结构简单，风流调控相对容易，可将复杂而困难的系统调控工作，简化为比较简便的单元设置管理，这不仅减轻了通风系统管理难度，还提高了风流的可控性，故可在提升有效风量率和风速合格率的同时，适当降低风量供需比，以减少矿井通风电耗。

(3)单元通风与分区通风的区别

单元通风与分区通风有本质不同，它是将一个统一通风系统的用风部分划分成若干个单元，虽然各单元之间相对独立，风流互不连通，每个单元配置一套专为本单元服务的通风动力与调控设施，但是所有单元共用矿井的进风部分和回风部分，不必独自构建专用的进风和回风井巷，这样可比分区通风节省大量的井巷工程费用。

(4)单元通风的特点

单元通风这种“将复杂系统单元式简化”的方法，既有原则性，又有灵活性，不仅使统一通风系统复杂性降低，而且不用像分区通风那样需要独立的进风和回风井巷，不仅具有工程投资少、分风调控简便、风量供需比小、通风电耗少等特点，还具有良好的可控性、有效性和经济性。

因此，单元通风可使各有优缺点的统一通风和分区通风实现有机结合，既发扬了二者的优点，还避免了二者的缺点。这不仅可以减小分风难度，改善通风效果，而且可以节省电耗和井巷投资，降低通风成本，提高通风效益，为矿山建立高效、低耗、合理的通风系统提供新的参考模式，它具有广泛的应用前景。

(5)通风单元的构建方法

构建通风单元没有现成的模式，需根据各矿具体情况而定。如狮子山铜矿 5 ~ 15中段都在生产，但每个中段的工作面不多，网络结构比较简单，故在每个中段回风道中布置一台抽出式风机，以中段为基础建立通风单元。其中，12 ~ 15 中段采区分布在东西两翼，根据回风条件以每个中段的东、西采区为基础分别组建通风单元(见图 2 - 6)。

如大姚铜矿，分为 4 个采区开采同一个缓倾斜中厚矿体，故以采区为基础建立 4 个相对独立的通风单元，在其进风和回风道中各装两台风机，形成压抽结合二级调控，即可满足 9 ~ 12 个平行工作面分风稳定性和均衡性的要求(见图 2 - 7)。

凤山铜矿、松树脚锡矿分散开采几个中小型矿体，故都以矿体为基础建立通风单元。但前者因矿体小、工作面少，网络结构简单，在每个矿体总回风道中布置一台抽出式风机，形成一级调控即可满足分风要求。后者需要控制氡的析出，矿体略大，两个中段同时作业，工作面较多，网络结构比较复杂，要在中段进风道、回风道和矿体回风道中各安装一台抽出式风机，四台风机联合工作，形成三级调控方可满足分风要求。

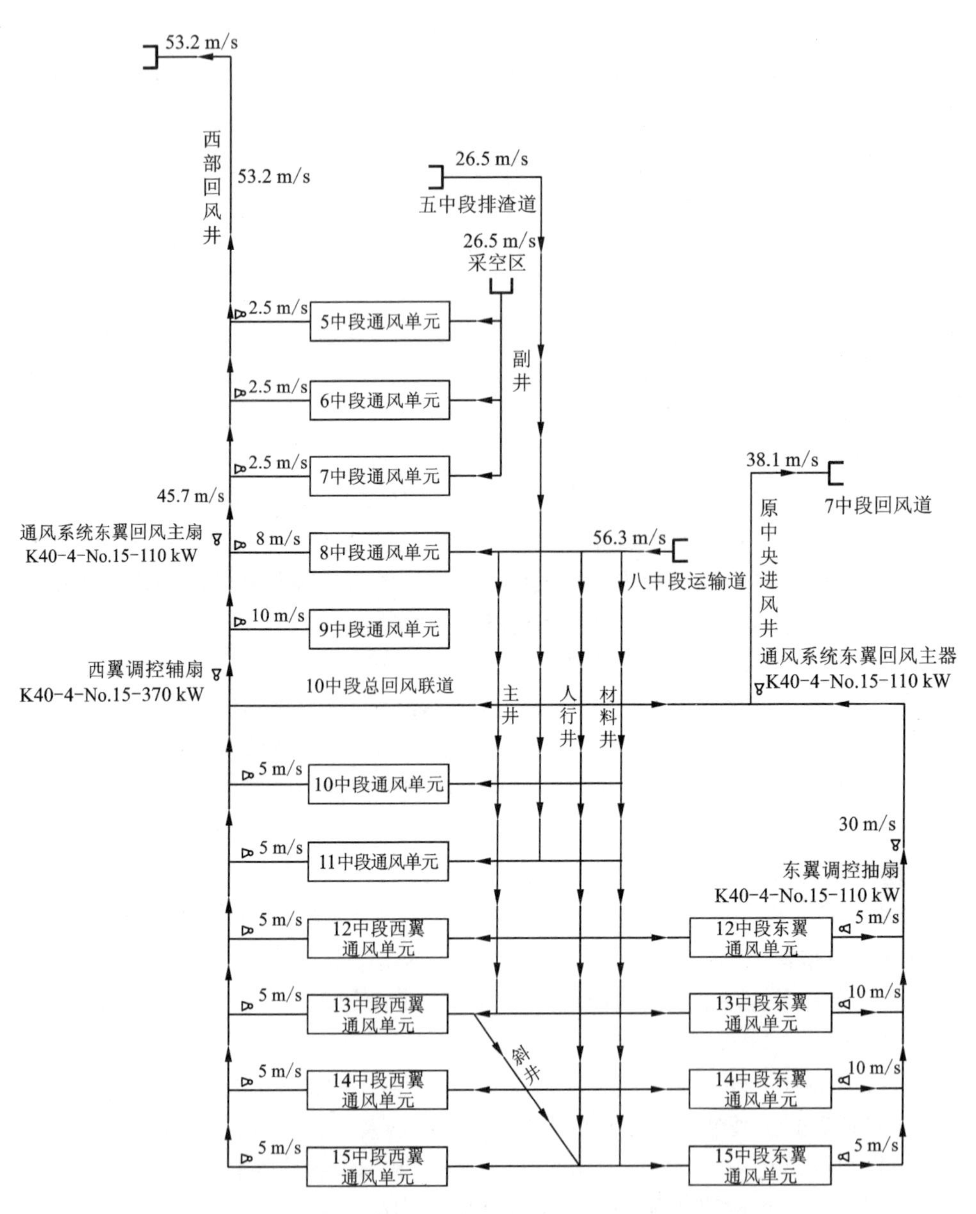

图 2－6　狮子山铜矿以中段为基础的单元通风示意图

一期通风单元辅扇：GKJ67－2450B－7.5 kW

二三期通风单元辅扇：K40－6－No.8－2.2 kW，K40－6－No.10－5.5 kW

再如云南锡业公司塘子凹矿段同时开采十多个中小矿体，通风单元由空间位置相邻相近、回风能够集中的2～4个矿体组成，在单元回风道和每个矿体回风道

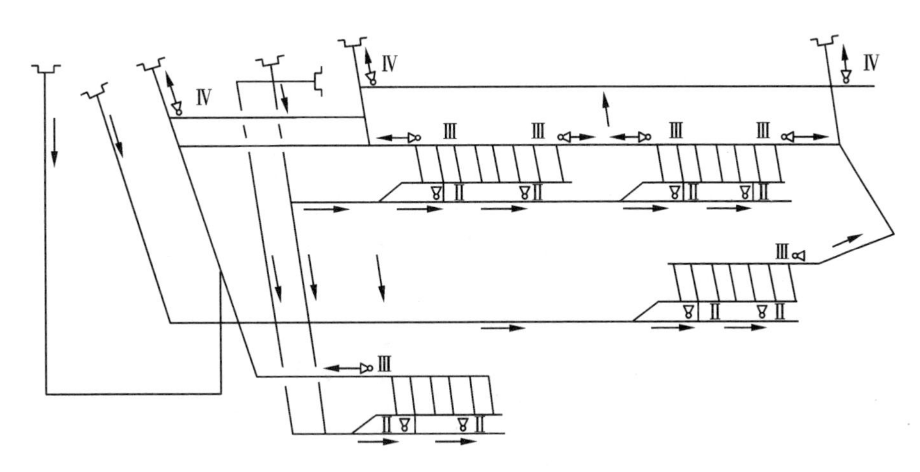

图2-7 大姚铜矿以采区为基础的单元通风示意图

中各装1台风机二级联合抽出。

构建通风单元的原则，是看其结构是否有利于调节控制，是否能够适应生产变化，是否便于现场应用与日常管理，分风可控性、均衡性和有效性究竟如何。因此，通风系统设计或改造的关键，在于能否建立有着良好可控性、有效性和灵活性的若干个通风单元。

上述各矿工作面分风采用单元调控后，有效地解决了控制内部漏风的难题。有效风量率从30%左右提高至70%以上，风量供需比从1.4~1.8降低至1.1~1.2，减少矿井供风量14.3%~38.9%，降低电耗37.1%~77.25%，节电效益十分可观。同时，进、回风井个数和断面也随矿井总风量减小而减少，风机型号也可减小，风道掘进投资和风机购置费用也随之大幅度减少。因此，用单元方式强化用风调控，减小了分风难度，提高了管理效能；改善了作业环境，提高了技术效果；节省了能耗投资，提高了经济效益。

2.2.2 基于进回风井位置的通风方式

每个通风系统至少要有一个可靠的进风井和一个可靠的回风井。因为在进风井中输送的是新风，所以进风井既可专门构建，又可用直通地表的人行运输井巷来替代。为了保证进风质量，对于需采用压入式供风控制氡污染的矿井，以及开凿工程量不大的矿井来说，最好设置专用进风井。在一般情况下，为减少开拓工程量，大都以人行运输道或罐笼提升井兼做进风井。由于箕斗在卸矿过程中产生大量粉尘，会造成进风风源污染，故无净化措施时，箕斗井和混合井不宜做进风井。

对于回风井而言，矿井回风风流中含有大量有毒有害物质，所以回风井一般都是专用的，不能作行人及运输之用。因此，每个矿井都必须设置一个以上的专用回风井。

按照进风井与回风井的相对位置，通风系统可分为中央式、对角式和混合式三类。三种类型各有优点和缺点，适用条件不尽相同，故在拟定矿井进风井与回风井的布置方案时，应当通过调查研究，从矿山的具体情况出发来慎重选用。

1)中央式

进风井与回风井均布置在井田走向的中央，风流在井下的流动路线呈折返式，如图2－8所示。根据进、回风井的相对位置，又分为中央并列式和中央边界式(又称中央分列式)。

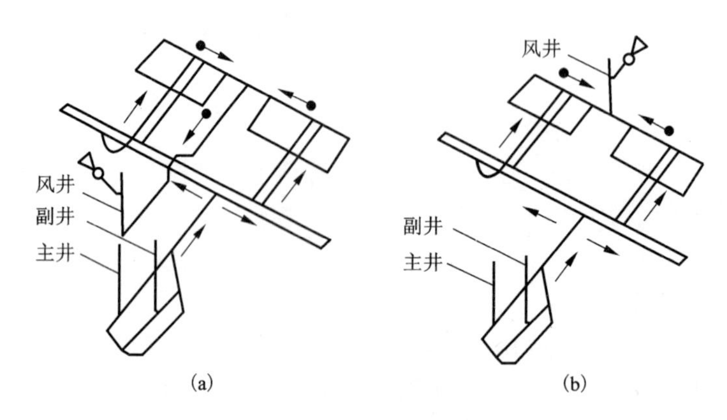

图2－8　中央式通风

(a)中央并列式；(b)中央分列式

(1)中央并列式：进风井和回风井大致并列在井田走向的中央，两风井相隔很近(一般相距30～50 m)。

(2)中央分列式：进风井布置在矿区井田中央，而回风井则布置在矿区井田上部边界沿走向的中央，两井相隔一定的距离。

中央式通风的优点是基建费用少，投产快，地面建筑物集中，便于管理，井筒延深方便。缺点是进、回风井较邻近，两者间压差较大，故进、回风井之间，以及井底车场漏风较大，特别是前进式开采时漏风更为严重；风流线路为折返式，风流路线长，且变化大，这样不仅压差大，而且在整个矿井服务期间，压差变化范围较大。中央式布置多用于开采层状矿床。金属矿山矿体走向不太长，要求早期投产，或受地形地质条件限制、两翼不宜开掘风井时，采用中央式布置进、回风井。

2)对角式

根据矿体埋藏条件和开拓方式的不同，对角式布置有多种不同的形式。如果矿体走向较短，矿量集中，整个开采范围不大，可将进风井布置在矿体一端，回风井在另一端，构成侧翼对角式布置形式，如图 2－9(a)所示。假若矿体走向较长且规整，采用中央式开拓，可将进风井布置在中央，两翼各设一个回风井，构成两翼对角式，如图 2－9(b)所示。

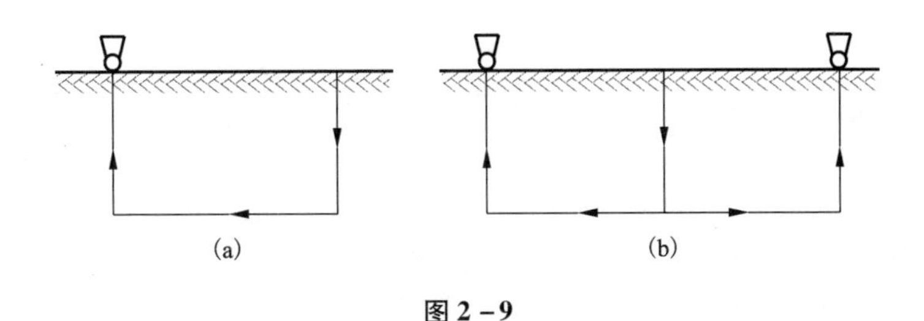

图 2－9

(a)侧翼对角式；(b)中央对角式

对角式布置的优点是风流路线是直向式，路线比较短，长度变化不大，因此不仅压差小，而且在整个矿井服务期间压差变化范围较小，漏风少，污风出口距工业场地较远。缺点是投产慢，地面建筑物不集中，不利于管理。金属矿山多用对角式布置，除上述典型布置外，平硐开拓矿山常使用如图 2－10 所示的进风、回风方式。

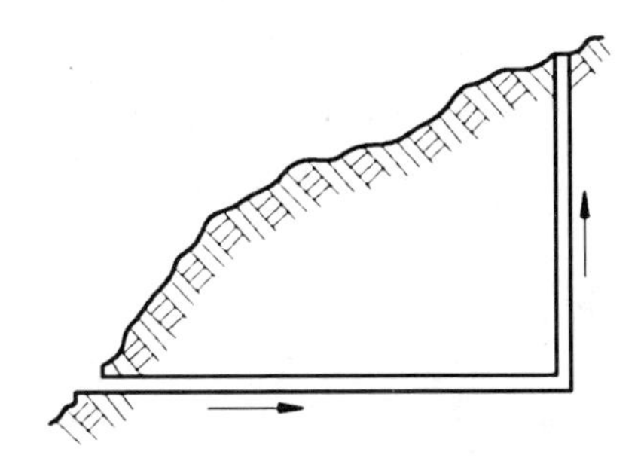

图 2－10　平硐开拓矿山的进风与回风

3)混合式

当矿体走向长、开采范围广时，采用中央式开拓，可在井田中部布置进风井和回风井，用于解决中部矿体开采时的通风问题；同时在矿井两翼另开掘回风井，解决边远矿体开采时的通风问题。整个矿井进风井与回风井由三个以上井筒按中央式与对角式混合组成，既有中央式又有对角式，形成混合式进风和回风，如图 2－11 所示。

有些矿井，在中部井底车场附近有破碎硐室、主溜矿井和炸药库等需要独立通风的井下硐室，此时也可在中央建立回风系统，而在两翼另设回风井，解决矿体开采过程中的通风问题。混合式的特点是进、回风井数量较多，通风能力大，布置比较灵活，适用于井田范围大，能开采多个分散矿体，且地表地形复杂，生产规模较大的矿井。

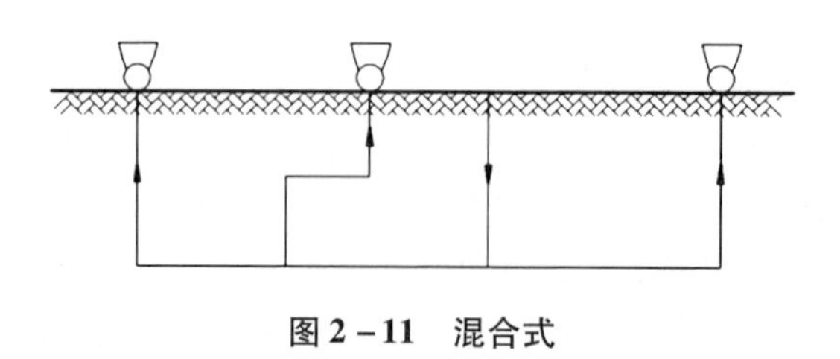

图 2－11　混合式

2.2.3　基于主扇安装位置的通风方式

矿井通风方式及井下压力状态，取决于主扇安装地点与工作方式，最典型的通风方式有压入式、抽出式、压抽混合式三种。

1）压入式通风

把主扇安装在矿井总进风井巷中，将地表新风压入井下，在以压入式工作的主扇作用下，整个通风系统形成高于当地大气压力的“正压状态”。

压入式通风的优点是采用专用进风井压入新风，风流不受污染，风质好；在北方寒冷地区，可使主提升井处于出风状态，温暖的上行漏风对提升井冬季防冻有益。缺点是为防止压入的新风从人行、运输、提升等井巷往外漏出，需在这些井巷中安装风门堵漏，风门与人行运输冲突较大，管理较难。由于集中进风，进风段阻力大、电耗大、风压高、漏风多；而在用风段和回风段，由于风路多，风流分散，压力梯度较小，易受自然风流的干扰而发生风流反向。

2）抽出式通风

把主扇安装在矿井总回风井巷中，将井下空气抽出地表，在抽出式工作的主扇作用下，整个通风系统形成低于当地大气压力的“负压状态”。

抽出式通风的优点是回风段负压梯度高，可使各作业面的污浊风流迅速向回风道集中，烟尘不易向其他巷道扩散，排出速度快。由于风流调控设施均安装于回风道中，不妨碍运输和行人，管理方便，控制可靠。缺点是当回风系统不严密时，容易造成短路吸风，特别是在采用崩落法开采，地表有塌陷区与采空区相连通的情况下更为严重。实践经验表明，在回风道上部采取严密的隔离密闭堵漏措施，将回风系统与上部采空区隔开，是防止短路吸风，保证抽出式通风发挥良好作用的重要条件。抽出式通风使矿井主提升井处于进风状态，进风段、用风段和回风段均处于负压状态，采空区和岩石裂隙中析出的氡会渗入井下，风流易受氡和运输过程中产生的粉尘的污染，寒冷地区的矿山还应考虑冬季提升井的防冻问题。一般来说，只要能够维持一个比较完整的回风系统，使之在回采过程中不致遭到破坏，采用抽出式通风就比较有利，故金属矿山大部分采用抽出式通风。

3)压抽混合式通风

给进风井安装压入式的主扇，回风井安装抽出式的主扇，联合对矿井通风，使井下整个通风线路上不同的地点形成不同的空气压力状态，如图 2－12 所示。

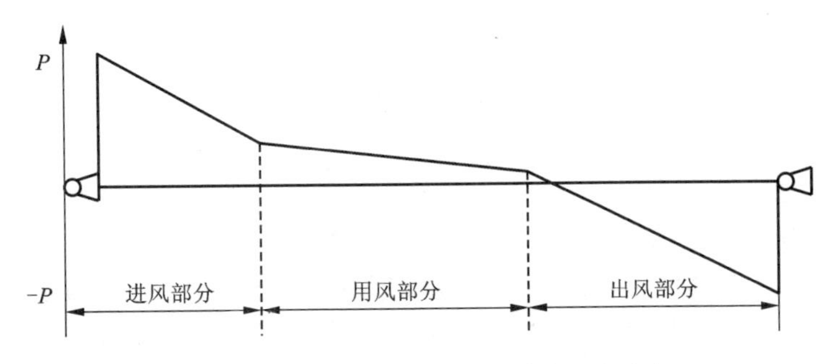

图 2－12　压抽混合式通风系统的压力分布

压抽混合式通风的优点是在进风段和回风段均利用主扇控制风流，使整个通风系统在较高的压力梯度作用下，驱使风流沿指定路线流动，故排烟快，漏风少，也不易受自然风流干扰而造成风流反向。采用崩落法开采的矿井，漏风情况比较复杂，单纯地采用压入式或抽出式，大多不能有效地解决漏风问题，采用压抽混合式通风可将漏风严重的用风部分置于零压区附近，让漏风随着压差的降低而减少，使通过采区的有效风量少受外部漏风影响，只有将有效风量率提高了，风速合格率才有可能相应提高。因此，压抽混合式通风方式兼有压入式与抽出式两种通风方式的优点，是提高矿井通风效果的重要途径。然而，压抽混合式通风的缺点是所需通风设备较多，管理较复杂。

2.3　矿井通风系统优化设计

矿井通风设计是矿床开采总体设计中一个不可缺少的组成部分。它的基本任务是：与开拓、采矿方法相配合，建立一个安全可靠、经济合理的矿井通风系统，计算各时期各工作面所需的风量及矿井总风量，计算矿井总阻力，然后以此为依据，选择通风设备。

2.3.1　通风设计的内容和原则

1)矿井通风设计任务

矿井通风设计是矿床开采总体设计的一部分。它的主要任务是根据矿床开采要求，基于开拓方案和采矿方法等生产条件，规划设计一个安全可靠、经济合理的矿井通风系统，使通风网络、动力机械、调控设施密切配合，把新风送到井下并分配至每一个工作面，将有毒有害气体与粉尘稀释并排出矿井外，为矿井的安全生产提供通风保障。

2）矿井通风设计的种类

矿井通风系统与矿床开拓、开采系统密切相关，且相辅相成。因此，新建矿井在确定开拓方案及采矿方法时，必须对矿井通风系统做统一考虑，老矿井在改建或者扩建时，也必须相应地改造通风系统。所以，矿井通风设计分为新建矿井通风设计和改建或扩建矿井通风设计两种类型。

无论新建矿井通风设计还是改建或扩建矿井通风设计，都必须符合高效率、低消耗、易管理的原则，做到经济上合理、技术上可行，有利于通风管理，有利于生产的发展。设计中都必须贯彻国家的技术经济政策，遵照国家颁布的矿山安全法规、技术操作规程和有关的规定。对于新建矿井的通风系统设计，既要考虑当前的需要，又要考虑长远发展与扩建的可能；对于改建或扩建矿井的通风设计，必须对原有的生产与通风情况做详细的调查，分析存在的问题，研究改进的途径，在充分利用原有的井巷与通风设备的基础上，提出更完善、更切合实际的通风系统改造方案。这里主要介绍新建矿井的通风设计，改建或扩建矿井的通风设计可参照进行。

新建矿井从建井到生产，对通风的要求有所不同。因此，通风设计一般分为两个时期，即基建时期与生产时期，这两个时期应分别进行设计。

（1）基建时期的通风设计

矿井基建时期的通风是指基建井巷掘进时的通风，即开凿井筒（或平硐）、井底车场、井下硐室、第一水平运输巷道和通风巷道时的通风。在这个时期中，当还处于独头巷道掘进阶段时，应按局部通风的方法进行局部通风。当进、回风井贯通后，应尽快安装主扇，即可用主扇对已开凿的井巷进行总压差通风，从而可缩短其余井巷与硐室掘进时局部通风的距离，改善基建时期的通风困难局面。此时通风设计与生产时期相似，只是规模和对象有所不同，所以应根据基建过程各阶段做出相应的通风设计，并尽量与生产时期的通风系统相衔接。

（2）生产时期的通风设计

矿井生产时期的通风是指矿井投产后，包括全矿开拓、采准、切割、回采工作面及其他井巷的通风。这个时期的通风设计，一般来说，若矿井服务年限在20年以内时，是选取开采规模最大、产量最高和通风线路最长的时期进行计算。若服务年限超过20年，则分两个时期进行设计。因为通风设备的折旧年限一般为20年左右，所以，前20年作为第一期进行详细设计，至于以后的时期，由于生产情况和科学技术的发展，情况很难确定，只作一般原则性的规划。

3）通风系统设计所需的原始资料

（1）新建矿井

①矿井自然条件

包括：矿山地质地形图；矿岩游离二氧化硅、硫、放射性物质及有害气体含量；矿岩容重、松散系数、黏结性等；矿区气候资料，矿区地温梯度，矿区水文和工程地质资料，矿区有无旧采区和旧巷道及其所在地点和分布状态等。

②矿井生产条件

包括：矿井年产量和服务年限；开拓、采准及采矿方法，开拓系统图，阶段平面图，采矿方法图；回采顺序和采掘计划；采掘工作面布置、数量及产量分配；各类井巷的断面形状、面积及支护形式；井下同时作业人数；回采、掘进、二次破碎作业的炸药量以及大爆破一次装药量；使用柴油设备的台数、功率及尾气净化措施效果，在坑内工况和坑内外工作时间；各类型硐室位置及尺寸大小。

（2）改建、扩建矿井

改建、扩建矿井和对矿井进行改造时，除上述资料外，还需提供通风现状资料，主要有：通风系统现状的调查报告，包括通风设备、风井布置、通风方式、通风网络、通风构筑物状况等；通风系统测定资料，包括各作业地点的实测风量、漏风量、井巷通风阻力状况、通风设备的工况等；工作面通风状况，自然风压状况；各产尘点的粉尘浓度，矿井粉尘合格率；矿区工业用水、供水系统资料；矿井通风防尘技术经济效果评价资料等。

（3）其他类型矿井要求

对于一些特殊矿井（如含铀矿井、高海拔矿井等），相关安全规程对通风会另有要求，在新建、改建、扩建矿井时还需提供相应资料。

①含铀矿井。除常规矿井需提供的资料外，还需提供：矿石和围岩中放射性元素铀的含量和分布及富集范围，铀、镭的平衡系数；各种岩石和矿石的单位面积氡气析出率或矿岩的单位当量氡气析出率（若无法测量时应提供矿岩射气系数）等。

②高海拔矿井。除常规矿井需提供的资料外，还需提供：矿井空气密度、含氧量测定资料；主要通风机特性测定资料等。

③有内因发火隐患的矿井。除常规矿井需提供的资料外，还需提供：矿岩中的含硫量、硫的分布特征等；半氧化带和次生硫化富集带位置及矿量；断层等地质构造的规模和特征；降雨资料；夏季地表平均气温等。

4）矿井通风设计基本内容和步骤

（1）拟定矿井通风系统

根据采矿设计，确定通风系统方案，包括风井布置、通风方式、主扇安装位置、通风网络、采区通风、风流方向等；

(2)计算全矿和工作面需风量;

(3)计算全矿通风阻力;

(4)矿井自然风压计算;

(5)确定全矿供风量和风量分配;

(6)确定扇风机和电机型号;

(7)确定通风构筑物的种类、使用地点和数量;

(8)矿井反风程序;

(9)编制通风基建和运营费用预算;

(10)制定通风工程的施工计划;

(11)绘制通风系统平面图、网络图和立体图,编写设计说明书。

5)通风系统的设计方法

在设计通风系统时,为使拟定的矿井通风系统安全可靠、经济合理,必须对矿山作实地考察和对原始条件作细致分析。然后从矿山的具体情况出发,充分考虑矿床的自然条件、开拓、开采情况等特点,通过调查研究和综合分析,提出几个技术上可行的方案,最后根据安全、可靠和经济的原则,进行技术经济比较,最终优选出合理的通风系统构建方案。

由于矿井生产的特点是工作面不断变化,在不同的生产阶段,随着矿床赋存条件的变化,以及生产规模、开拓和开采方法的变化,矿井通风系统也将发生不同程度的变化。因此,设计时要充分预测到这些变化,并提出相应的应变措施,使通风系统随着矿井生产的发展稍做调整即可继续发挥作用,即设计方案要有较强的应变能力,虽有固定模式,但可在生产中灵活运用。

6)通风系统的设计原则

在设计矿井通风系统构建方案时,应严格遵循技术效果良好、运行安全可靠、基建费用和经营费用低,以及便于管理的原则,即:

①系统宏观构建规划合理,既有利于通风,又与矿井开采规划、开拓方案相辅相成;

②通风方式及压力分布合理,有利于有毒有害气体和粉尘的排出与控制;

③矿井供风量合理,既有一定余量,又不过于浪费;

④通风网络结构合理,能将生产要求的风量送到每一个工作面,并将工作面用过的污风快捷地排出地表;井巷工程量少,通风阻力小,污风不串联;

⑤分风调控简便易行,分风均衡性、稳定性、可靠性好,有害漏风少,有效风量率和风速合格率高;

⑥设备类型合理,安装使用简便,购置费低,运行效率高;

⑦通风构筑物和风流调节设施尽量少;

⑧充分利用一切可用于通风的井巷和通道,使专用通风井巷工程量最小;

⑨通风动力消耗少，通风费用低；

⑩适应生产变化的能力强，现场应用和管理的难度不大，能够管好、用好。

7)通风系统设计应遵守的规定

①每个通风系统必须构建一条以上与地表连通的进风道、一条以上与地表连通的回风道。同样，每个采区必须构建一条以上与矿井进风部分相连的进风联道、有一条以上与矿井回风部分相连的回风联道。

②矿井进风部分不得受矿尘和有毒有害气体污染，风流的含尘浓度不得大于0.5 mg/m^3，氡浓度应小于3.7 kBq/m^3，氡子体潜能应小于6.4 $\mu J/m^3$，超过时应采取降尘、降氡措施。其他有毒有害气体浓度亦不能超过《地下矿通风规范》允许的范围。

③产尘量较大的箕斗井和混合井禁止作为进风井，已作为通风井的箕斗井或混合井，必须采取净化措施，使风源含尘量达到上述要求。

④主要回风井不得作为人行道，排出的污风不得造成公害。

⑤采场、二次破碎巷道应有正向贯穿风流，电耙司机应位于上风侧，避免污风串联。

⑥井下炸药库、油库、充电硐室及破碎硐室等高危硐室必须设有直通矿井回风部分的独立回风道。

⑦不用的井巷及采空区，必须及时封闭。风墙、风门、风桥、风窗等通风构筑物，必须保持严密和完好。

⑧有效风量率、风速合格率应在60%以上。

⑨《地下矿通风规范》要求主扇应有反风装置，并保证发生火灾时在10 min内改变风向。可是从金属矿实际来看，火灾的性质与煤矿截然不同，盲目反风可能会扩大火灾的范围和危害，故应具体问题具体分析，慎重处理。

8)通风系统技术经济比较

(1)技术比较的主要内容

①主要通风井巷、通风动力、调控设施的安全可靠程度；

②适应生产发展变化的能力和潜力；

③矿井风流分配的可控程度；

④开拓通风井巷及实施调控方案的可行程度；

⑤通风设施与人行运输是否相互影响，干扰程度大小；

⑤风流调节控制与各种通风设施的管理难度；

⑦风机安装、供电、维护、检修的方便程度；

⑧通风管理人员的数量及素质要求；

⑨矿井进风质量的好坏；

⑩有害漏风的影响程度，有益漏风的利用程度；

⑪有效风量率；
⑫风速合格率；
⑬风量供需比；
⑭主要扇风机装置效率。
(2)经济比较的主要内容
①通风井巷、井下构筑物的开挖工程量、地面构筑物的工程量；
②矿井通风设备数量及购置费和安装费；
③矿井通风系统基建总投资；
④风机装机容量及预计电耗；
⑤年经营费(电力、工资、材料、大修、折旧等费用的总和)；
⑥单位采掘矿石量的通风电耗；
⑦单位采掘矿石量的通风费用。

矿井通风系统是由向井下各作业地点供给新鲜空气、排出污染空气的通风网络和通风动力以及通风控制设施等构成的工程体系。矿井通风系统与井下各作业地点相联系，对矿井通风安全状况具有全局性影响，是搞好矿井通风与空调的基础工程。无论新设计的矿井或生产矿井，都应把建立和完善矿井通风系统作为搞好安全生产、保护矿工安全健康、提高劳动生产率的一项重要措施。

2.3.2 通风方式选择

1)基于系统结构的分风方式选择

矿井通风设计的第一步就是要拟定矿井通风系统的宏观构建方案，即基于系统结构的分风方式选择。统一通风、分区通风和单元通风三种类型各有优缺点，适用条件各不相同。因此，拟定通风系统宏观构建方案时，具体采用哪种通风系统，应当通过调查研究，从矿山的具体情况出发来慎重选用。

统一通风、分区通风和单元通风等三种类型的选择应依据三者原理、特点、区别以及适用条件等来选择，该部分内容详见上节“基于系统结构的分风方式”。

2)基于进回风井位置的通风方式选择

由于矿体赋存条件复杂，开拓、开采方式多种多样，在矿井设计和生产实践中，选择进风井与回风井的布置形式时，要结合各矿具体条件，因地制宜，灵活运用，而不应受其类别的局限。确定进风井与回风井布置方式时，除考虑常见的进回风井布置方式外(详见上节“基于进回风井位置的通风方式”)，还应注意以下影响因素：

(1)当矿体埋藏较浅且分散时，开凿通达地表的井巷工程量较小，而开凿贯通各矿体的通风联络巷道较长，工程量较大时，则可多开几个进、回风井，分散布置，还可降低通风阻力。反之，当矿体埋藏较深且集中，开凿通风井的工程量大，而开凿各矿体间的通风联络巷道工程量较小时，就应少开进、回风井，集中通风。在矿井浅部开采时期，由于距地表较近，可分散布置，到深部开采时，再适当集中，也是合理的。

(2)要求早期投产的矿井，特别是在矿体边界尚未探明的情况下，暂时采用中央式布置，使井下很快构成贯穿风流，有利于早期投产。随着两翼矿体勘探情况的不断进展，再考虑开凿边界风井。

(3)当矿体走向特别长或特别分散，矿井开采范围广，生产能力大，所需风量较多时，采用多井口、多风机分散布置的方式，对降低通风阻力，及减少漏风十分有益。

(4)主通风井应避免开凿在含水层，以及受地质破坏或不稳定的岩层中。井筒要在围岩崩落带以外，井口应高出历年最高洪水位。进风井周围风质要好，回风井不应对周围环境造成污染。

(5)在生产矿山，可以考虑利用稳固的、无毒害物质涌出的旧巷道或采空区作辅助的进风井或排风井，以减少开凿工程量。

3)基于主扇安装位置的通风方式选择

由于主扇安装地点与工作方式不同，使矿井通风方式及井下压力分布具有不同的状态，因而在进回风量、漏风量、风质和受自然风流干扰的程度等方面也就出现不同的通风效果。所以在确定矿井通风方式时，应根据矿床赋存条件和开采特点而定。若进风井沟通地面的老硐和裂缝多时，则宜采用抽出式，这样既可减少密闭工程量，又自然形成多井口进风，从而增加了矿井的总进风量；反之，回风井位于通地面的老硐和裂缝多的区域时，或矿岩氡析出量较大的矿井，则宜采用压入式。

在一般情况下，抽出式通风应用广泛，其优点主要是无须在主要进风道安设控制风流的通风构筑物，便于运输、行人和通风管理工作，采场炮烟也易于排出。但是下列情况适于采用压入式通风：

(1)在回采过程中，回风系统易受破坏、难以维护；

(2)矿井有专用进风井巷，能将新鲜风流直接送往工作面；

(3)用崩落法采矿而覆盖岩层透气性很强，构成大量漏风，从而减少工作面实得风量时；

(4)岩石裂隙及采空区中的氡对进风部分造成污染。

采用压抽混合通风时，进风段及回风段都安装主扇，用风部分的空气压力与它同标高的气压较靠近，漏风较少，风流流动方向稳定，排烟快、漏风少，也不易受自然风流干扰而造成风流反向；其缺点是管理不便。下列情况适于采用压抽混合式：

(1)采场距地表近，漏风大，采用压抽混合式可平衡坑内外压差，以控制漏风量。

(2)具有自燃危险的矿井，为了防止大量风流漏入采空区而引起自燃。

(3)开采具有放射体气体危害的矿井时，压入式主扇的正压控制进风和整个作业区段，以控制氡的渗流方向，减少氡的析出；抽出式主扇控制回风段，以使废风迅速排出地表。

(4)利用地层的调温作用解决提升井防冻的矿井，可在预热区安设压入式扇风机送风，与抽出式主扇相配合，形成压抽混合式通风。

2.3.3 主扇安装地点的选择

矿井大型主要扇风机一般安在地表，这使地表安装、检修和管理都比较方便；当井下发生火灾时，便于采取停风、反风或控制风量等通风措施；井下发生灾变事故时，地面主扇比较安全可靠，不易受到损害。其缺点是井口密闭、反风装置和风响的短路漏风较多；当矿井较深，工作面距主扇较远，沿途漏风量较大时，在下列情况下，主扇可安装于井下。

(1)在采用压入式(或抽出式)通风的矿井，但专用进风井(或专用回风井)附近地表漏风较大，为了减少密闭工程和提高有效风量率，主扇可安装在井下进风段(或回风段)内，这样可以充分利用漏风通风降低通风阻力，增大矿井进风量(或出风量)，将原来的有害漏风转变为有益漏风。

(2)在某些情况下，建筑坑内扇风机房可能比地表扇风机房更经济，特别是小型矿井或分区通风风量较小时，所需扇风机较小，可以将扇风机放在巷道中，而不需开凿硐室。

(3)在有山崩、滚石、雪崩危险的地区布置风井，地表无适当位置或地基不宜建筑扇风机房时。

有自燃发火危险和进行大爆破的矿井，在井下安装扇风机时，应有可靠的安全措施并经主管部门批准。

主要扇风机无论安设在地面还是井下，都应考虑在安全和不受地压及其他灾害威胁的条件下，使扇风机的安装位置尽可能地靠近矿体，以提高有效风量率。此外在井下安设时，还应考虑到扇风机的噪音不致影响井底车场工作人员的工作。

2.3.4 中段通风网络设计及风流控制

1)中段通风网络的设计原则

金属矿山通常将矿体划分为若干中段开采，多中段同时作业。为了使各中段工作面都能从矿井总进风道得到新鲜风流，并将工作面所排出的污风送到矿井总回风道，使得各工作面之间的风流互不干扰、串联和循环，就必须对各中段的进、回风巷道统一布局，合理规划，构成一定形式的中段通风网络。

中段通风网络由中段进风道、中段回风道和全体工作面所在巷道联结而成。每个中段至少要有一条可靠的进风道和一条可靠的回风道。

中段进风道的作用是连通中段生产作业区与矿井总进风道，使本中段工作面都能从矿井总进风道得到新鲜风流。为减少通风井巷工程量，通常以中段人行运输道兼作中段进风道。但是下列情况下应设计开凿合适的专用进风联道：

(1)中段尚无与矿井总进风道相连的、可用的、可靠的进风巷道；

(2)当中段人行运输道与矿井总进风道不连通，或相距太远、阻力太大时；

(3)用人行运输道进风的结构不合理，影响工作面风量的按需分配时；

(4)需采用风机来控制中段进风，以避免风机与人行运输的矛盾时；

(5)利用运输道给中段作压入式供风，出现漏风严重难以控制的情况时；

(6)运输道中装卸矿作业的产尘量大，影响风源质量时。

中段回风道的作用：连通中段生产作业区与矿井总回风道，把本中段工作面所产生的污风送到矿井总回风道排出地表。专用回风道可在一个中段设立一条，或两个中段共用一条。由于在回风风流中含有大量有毒有害物质，所以中段回风道一般都是专用的，不能兼作人行及运输之用。为减少通风井巷工程量，中段回风道通常利用上中段已结束作业的运输道做下中段的回风道。如果没有可供利用的巷道作回风之用，则每个中段至少应开凿一条可靠的专用回风道。

在多中段开采的矿井，如果每一中段都构建直接连通矿井总回风道的中段回风道，工程量可能会比较大。为节省工程量，可多个中段共用一条回风道，即在各开采阶段的最上部，维护或开凿一条公用回风道，或者在回风侧开凿一条公用回风井，用来汇集各中段作业面所排出的污风，并将其送到总回风井，此回风道称为采区或矿体回风道。

2)中段通风网络布局示范

(1)多中段阶梯式进出风

当矿体由边界回风井向中央进风井方向后退回采时，可利用上中段已结束作业的运输道做下中段的回风道，使各中段的风流呈阶梯式互相错开，新风与污风互不串联(图 2－13)。这种通风网络结构简单，工程量最少，风流稳定，适用于能严格遵守回采顺序、矿体规整的脉状矿床。其缺点是对开采顺序限制较大，常因不能维持所要求的开采顺序而造成风流污染。

(2)本中段平行双巷式进出风

每个中段开凿两条沿走向互相平行的巷道，其中一条进风，另一条回风，构成平行双巷通风网。各中段采场均由本中段进风道得到新鲜风流，其污风可经本中段的回风道排走(图 2－14)。平行双巷通风网的结构简单，能有效地解决风流串联污染问题。但是开凿工程量较大，适于在矿体较厚、开采强度较大的矿山使用。有些矿山结合探矿工程，只需开凿少量专用通风巷道即可形成平行双巷，也可使用此种通风网络。

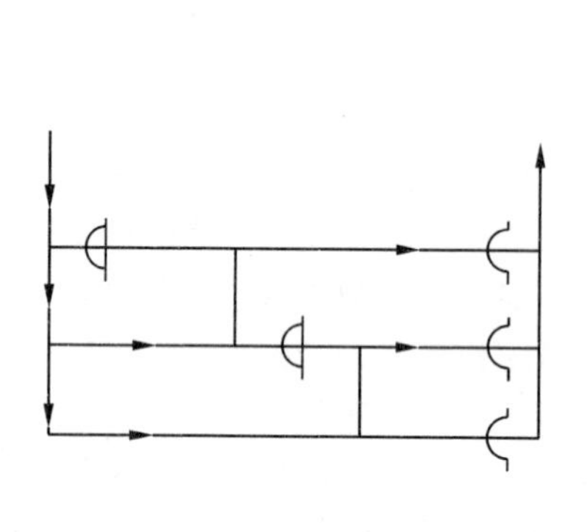

图 2－13　多中段阶梯式进出风

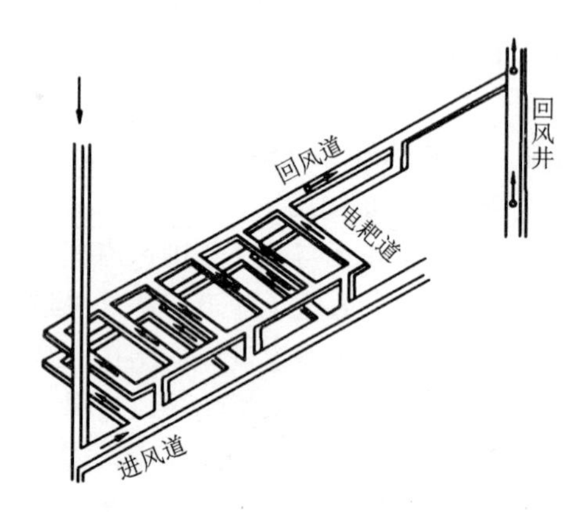

图 2－14　本中段平行双巷式进出风

(3)跨中段棋盘式进出风

由各中段进风道、集中回风天井和总回风道所构成。通常，在上部已采中段维护或开凿一条总回风道，然后沿矿体走向每隔一定距离(60～120 m)，保留一条贯通上、下各中段的回风天井。各天井与中段运输道交叉处用风桥或绕道跨过。另有一分支巷道与采场回风道相沟通。各回风天井均与上部总回风道相连。新鲜风流由各中段运输平巷进入采场，污浊风流通过采场回风道和分支联络巷道引进回风天井，直接进入上部总回风道，其网络结构如图 2－15 所示。棋盘式通风网能有效地解决多中段作业时回采作业面回风流串联问题。但需开凿一定数量的专用回风天井，通风构筑物也较多，通风成本较高。

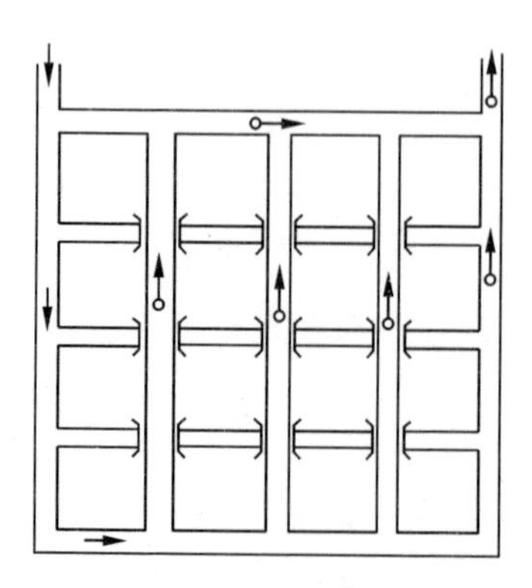

图 2－15　跨中段棋盘式进出风

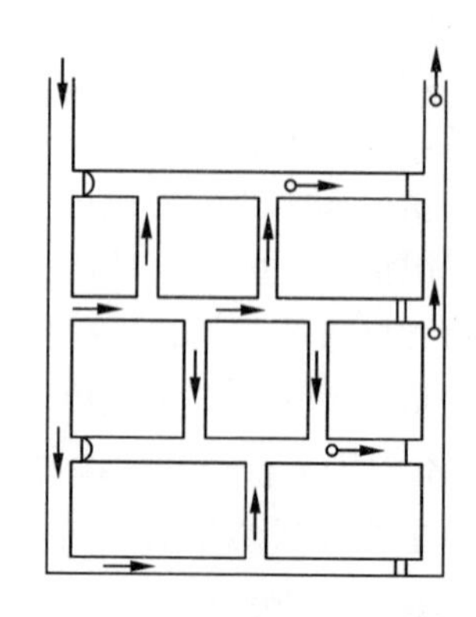

图 2－16　上、下中段间隔式回风

(4)上、下中段间隔式回风

每隔一个中段建立一条脉外集中回风平巷，用来汇集上、下两个中段的污风，然后排到回风井。在回风中段上部的作业面，由上中段运输道进风，风流下行，污风由下部集中回风平巷排走，在回风中段下部的作业面，由下中段运输道进风，风流上行，污风也汇集于回风平巷排走，其网络结构如图2－16所示。上、下行间隔式通风网络能有效地解决多中段作业时作业面风流串联问题。开凿工程量比平行双巷网络少，适于在开采强度较大的矿山使用。但回风平巷必须专用，并加强风量调节和主扇对回风系统的控制，防止出现风流反向的情况。

3)有害风流的控制

矿井通风系统的实际效果，主要应从送到工作面的空气数量及质量、粉尘合格率、有效风量率以及其他卫生标准、经济成本等方面来衡量，所以矿井应以工作面为服务核心建立合理通风系统。但是，由于采掘工作面不断变动，通风系统用风部分的风路结构发生改变，工作面的风量和风向也随之变化，往往表现为在工作面出现串联风流、漏风、反转风流、循环风流等有害风流，严重影响通风效果。所以，设计中段和采场通风网络时，要注意做好对有害风流的控制。

(1)克服工作面串联风流

设计中段和采场通风网络时，首先要考虑防止工作面出现串联风流、串联用风现象。一般来说，单一中段开采的矿井，比较容易克服工作面间的串联风流。多中段开采的矿井，就必须采取一定的措施。一些矿山根据各自的特点，创造了多中段阶梯式进出风、本中段平行双巷式进出风、跨中段棋盘式进出风、上下中段间隔式回风等一些行之有效的方法，有效地克服了工作面的串联风流。这些例子中包含着一个共同的规律，即为了克服工作面的串联风流，必须根据矿井的具体情况来采取措施，使每个工作面的进风直接与中段进风道相连，出风直接与中段回风道相连。

(2)克服内部漏风

矿井内部中段和采场进风道与回风道之间，除了工作面所在的需风巷道之外，如果还存在其他通路，就会出现内部漏风现象。这些内部漏风是非常有害的，它会严重削弱工作面的实际得风量。这些会引起内部漏风的通道，通常是尚未封闭的采空区和措施道、尚未开展作业的电耙道、打眼道等，故设计中段和采场通风网络时，要考虑采用风墙、风门等防止内部漏风的设施。

(3)克服反转风流

在中段平行双巷式进回网络里，平行布置的多条需风巷道中，某些巷道的风流会反转，不仅影响本身，还会造成废风串联，污染下风侧工作面。这些反转风流一般出现在中段通风网络呈角联状的对角巷道里，原因是平行双巷式进回网络是一种典型的复杂角联网络，其他巷道风阻变化，改变了对角巷道的风向和风量。因此，平行双巷式进回网络只适用于矿体走向短、工作面少的矿井。

当矿体走向长、工作面多、网络较复杂时，应改变进回风井的布置形式，改变中段通风网络的角联状态，从而保证风流的稳定性。大姚铜矿原采用侧翼进风、侧翼出风，网络中央部分的电耙道无风甚至反风等形式（如图 2－17 所示）。当改为中央进风、两翼回风之后，风流方向均符合要求，风量分配的均衡性提高，通风效果好得多（如图 2－18 所示）。

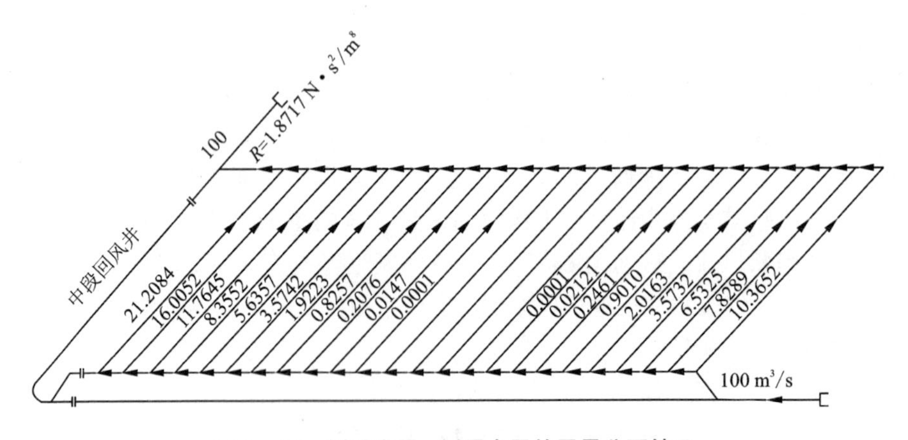

图 2－17　侧翼进风、侧翼出风的风量分配情况

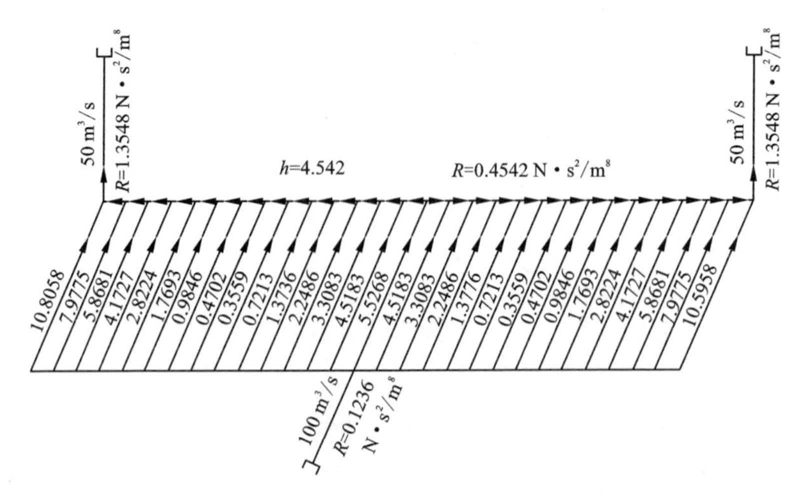

图 2－18　中央进风、两翼回风的风量分配情况

（4）防止循环风流

在应用辅扇调节中段通风网络中并联工作面的风量分配时，如果使用不当，

往往会产生循环风流，不仅会导致污风串联，而且会造成污风不能排出矿外。出现循环风流的原因是辅扇风量过大，超出中段总回风量而迫使与它平行的风流反转造成循环（见图2－19）。循环风流一定是在风流的闭合回路中出现了新的通风动力，由于这一动力作用，原有的风量分配被破坏，造成新的压差分布而出现的。因此除串联外的通风网络，再加上某种通风动力的作用就出现了循环风流。在中段并联工作面风流调节中采用辅扇时，一定要注意调节辅扇风量或改变辅扇位置，防止循环风流的出现。

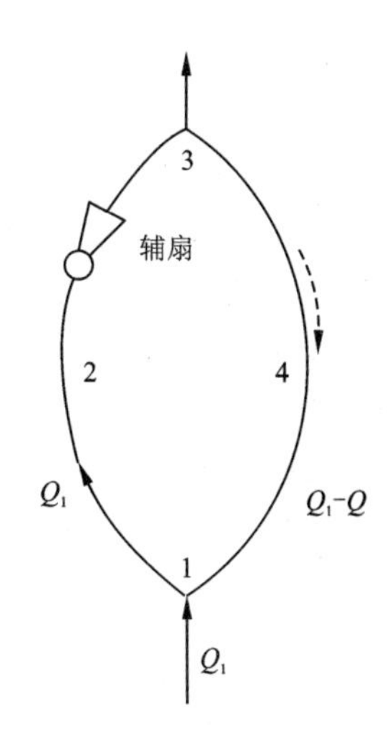

图2－19　辅扇导致产生循环风流的示意图

2.3.5　采场通风网络及通风方法

1）采场通风网络的设计原则

合理的采场通风网络和通风方法，是保证整个通风系统发挥有效通风作用的最终环节，是整个通风系统的重要组成部分。金属矿床开采情况复杂，采矿方法多种多样，采场通风网络类型繁多，采场内工作面多，保证各工作面不产生废风串联，无烟尘停滞，是采场通风的主要任务。

采场应构建进风、回风通道，形成贯穿风流。利用矿井总压差通风，是最有效的采场通风方式。故各采场的进风道应与中段进风道连通，将矿井进风系统送来的新风引入工作面，采场回风道应直接与中段回风道连通，将工作面产生的有毒有害气体与粉尘汇入中段回风道，再由矿井回风井排出地表。由于炮烟密度较小，采掘顺序多为自上而下，故采场应尽量形成上行风流以有利于炮烟排出。电耙道风流方向应与耙矿方向相反，以保证电耙司机在新鲜风流中作业。在采场设计时应充分考虑这些因素，可使采场通风得到有效的解决。在没有条件利用矿井总压差通风形成贯穿风流的采场，必须按照局部通风的方法，进行有效的局部通风。

按各种采矿方法的结构特点，回采作业面的通风可归纳为：无出矿水平的巷道型或硐室型采场的通风、有出矿水平的采场的通风、无底柱分段崩落采矿法的通风三种类型。

2）巷道型或硐室型采场的通风

浅孔留矿法、充填法、房柱法和壁式崩落法的采场，均属于无出矿水平的巷道型或硐室型采场。这类采场的特点是凿岩、充填和出矿作业都在采场内进行，风路简单，通风较容易，通常均采用主扇的总风压以形成贯穿风流通风。

对于作业面较短的采场，可在一端用一条人行天井兼做进风井，另一端设置一条贯通上阶段回风道的回风天井[图2-20(a)]。对于作业面较长或开采强度较大的采场，可在两端各设置一条人行进风井，在中部开凿贯通上阶段回风道的回风天井[图2-20(b)]。这样布置采场进、回风道之后，即可利用主扇的总风压来通风。一般情况下，位于主风路附近的采场都能够获得比较好的通风效果。在远离主风路的边远地区，由于总风压微弱而风量不足时，可在中段回风道中增设辅扇来加强通风。

对于采场空间较大，同时作业机台数较多的硐室型采场，除合理布置进风井与回风井位置，使采场内风流畅通，不产生风流停滞区以外，还应采取喷雾洒水及其他除尘净化措施。

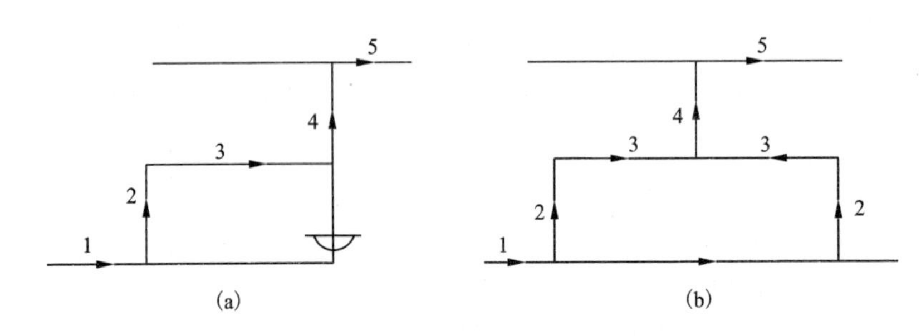

图2-20　巷道型或硐室型采场的通风路线

1—进风平巷；2—进风天井；3—作业面；4—回风天井；5—回风道

3)有底柱采矿方法的通风

崩落法、分段法、阶段矿房法及留矿法等采矿方法，广泛使用出矿底部结构。这类结构的出矿能力大、效率高、生产安全。有出矿底部结构时，采场工作面分为两部分：一部分是出矿工作面，另一部分是凿岩工作面。这两部分各有独立的通风路线，风流互不串联，均应利用贯通风流通风。出矿巷道中作业人员应处于上风侧。各出矿巷道之间构成并联风路，保持风流方向稳定，风量分配均匀。图2-21为有出矿底部结构采矿方法的通风路线图。新鲜风流出进风平巷经人行天井到出矿水平和上部、凿岩作业面。清洗作业面后的污浊风流，由回风天井排到上阶段日风道。凿岩作业面与出矿水平之间的风流互不串联，通风效果好。

4)无底柱分段崩落法的通风

无底柱分段崩落采矿法的采准和回采工作多在独头巷道内进行，通风比较困难，通常采用局部通风方式来解决，如图2-22所示。由于作业区内爆破冲击波较强，因此应特别注意扇风机和风筒的布置与维护。此时，不仅要合理选择局扇和风筒，还要有一个合理的采区通风路线，以保证在分段巷道中有较强的贯穿风流。一般情况下，分段巷道可布置在下盘脉外，沿走向每隔一定距离设一回风井，通过分支联络巷与分段巷道和上阶段回风平巷相连。新鲜风流由运输平巷和进风天井送入各分段巷道，污风由各回风天井排至上阶段回风道，如图2－23所示。

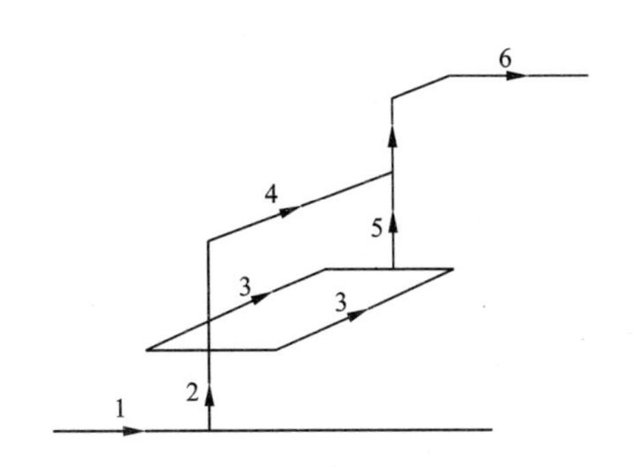

图2－21　有出矿水平的采场通风路线图

1—进风平巷；2—人行天井；3—出矿巷道；
4—凿岩作业面；5—回风天井；6—回风平巷

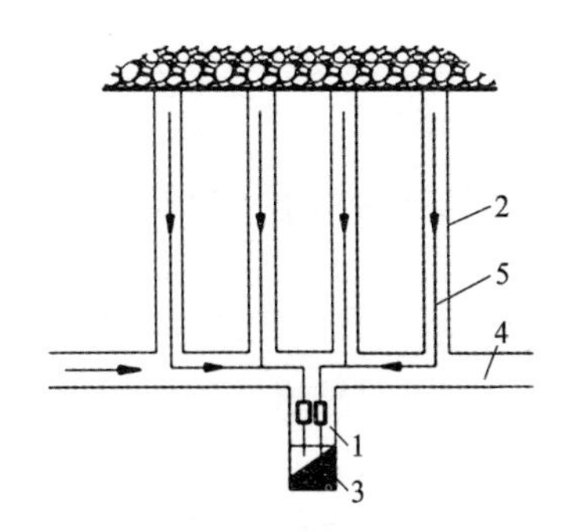

图2－22　无底柱分段崩落采矿法的进路通风

1—局扇；2—风筒；3—回风天井；
4—分段巷道；5—回采进路

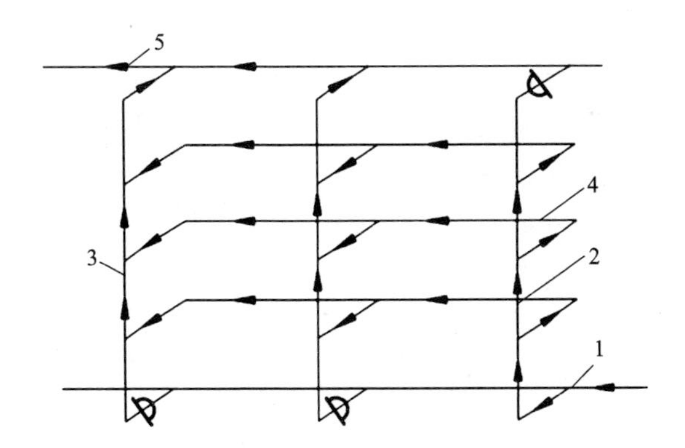

图2－23　无底柱分段崩落法采区通风网络图

1—进风（运输）平巷；2—进风天井；3—回风天井；4—分段巷道；5—回风道

2.4　多风机多级机站通风系统

多风机多级机站通风系统是指根据需要把扇风机分为若干级机站，通过几级进风机站以接力方式将新鲜空气经进风井巷压送到作业面，再通过几级回风机站将作业面形成的污风经回风井巷排出矿井的通风系统。多风机多级机站的主要特点有：一是适用于金属非金属矿山；二是风机之间采用“同级并联，各级串联”的通风方式；三是具有效率高、压力分布均匀、风量易调控和能耗低等优点。

下面主要从机站数的确定及划分、机站内风机台数、机站局部阻力、多风机并联运转的稳定性以及多风机多级机站优缺点等方面进行阐述。

2.4.1 机站级数的确定及划分

多级机站通风系统机站级数的确定是多风机多级机站通风系统设计中首先要解决的问题，它不仅取决于控制分风量的需要，还取决于井巷通风阻力和风机风压匹配情况。

确定每条风路机站级数的一般原则：

(1)每条需风巷一般至少设置一个机站；

(2)当需风巷中间存在其他井巷(如溜井、设备电梯井或斜坡道等)时，则应在需风巷两头各设置一级机站，以利于风流控制；

(3)需风巷进、回风段机站的设置，主要由各风路的井巷阻力和所选机站风机的风压来确定；每条风路各机站的风压之和必须等于或大于该风路的井巷总阻力。

根据矿区的大小不同，机站级数可分为三至六级。机站级数的多少及机站布置取决于矿区范围、生产规模、所选风机容量、对压力分布的要求等，每条风路各机站风压之和必须大于或等于每条风路的通风阻力，对原有通风系统进行改造时，还要根据矿井现有巷道和采区的位置而定，一般矿井多采用四级机站(见图2-24)，各级机站的作用：

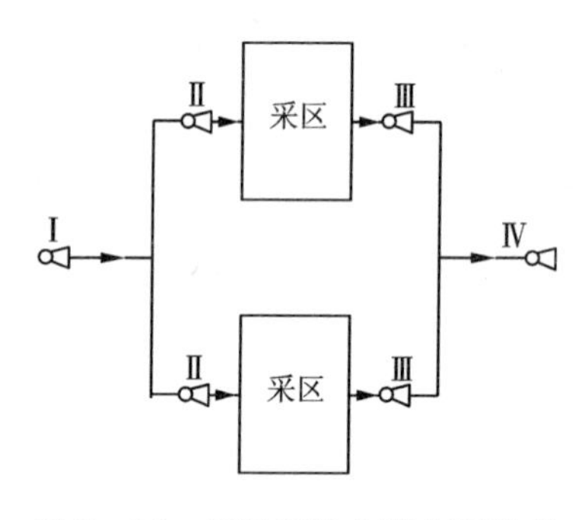

图2-24 多级机站典型布置模式

第Ⅰ级为压入式机站，在全系统中起主导作用。它的风量为全矿总风量，风量较大。多采用2~4台风机并联。在有氡危害的非铀矿山，Ⅰ级机站是主导机站，其风压大小和控制范围的确定是非常重要的，它直接影响全系统内的压力分布状况。因此，在选择风机时，除要保证足够的风量外，还必须考虑风机的风压。为防止进风污染，必须保证进风段处于正压状态，Ⅰ级机站的风机不能随意停止运转，否则将会造成Ⅱ级机站入风端呈负压状态，使全系统内的压力分布发生变化，引起渗流方向的改变，造成入风污染。不存在氡危害的矿山，在通风系统改造时，若矿山运输系统已建成，那么在进风段中安装Ⅰ级机站会与运输有矛盾，而另开凿专用进风巷道投资太大，故可不设Ⅰ级机站。

Ⅱ级机站起通风压力接力和向分区引风的作用，是保证作业区供风的主要风机。Ⅱ级机站是否需要及其能力的大小，取决于机站在矿体中的位置及Ⅰ级机站能否控制作业区。当Ⅰ级机站的风压及风量较大时，可不安设Ⅱ级机站。Ⅱ级机站一般是压入式通风，其任务是直接向采场压入新鲜风流。在非铀矿山，Ⅱ级机站风机容量及安设位置的选择十分重要。如果风机风压和风量过小，将会造成作业区风量不足，达不到风速排尘的要求，通风效果差。反之，风量、风压过大，会在入风段出现负压区，造成入风污染，同样影响通风效果。因此，Ⅱ级机站需要通过现场调整才能最终确定。在改建矿山中，当无Ⅰ级机站时，Ⅱ级机站就显得十分重要，它直接影响回采工作面的通风效果。

Ⅲ级机站：一般都安装在采场回风道内。该机站的风机运转一般是较可靠而稳定的。安设位置距离采场越近越好。此外，为防止大爆破冲击波对风机的损坏，风机必须安设在爆破安全距离之外。

Ⅳ级机站：为抽出式风机，是全系统总回风机站。当为抽压混合式通风系统时，它是起主导作用的，其风量是全矿总风量，它可有效地防止风流乱串，是重点机站。

2.4.2 机站内风机台数

多级机站内风机的数量是一个受多种因素影响的问题，它取决于矿井总风阻、各段巷道的风阻、分区风量、产量稳定性以及所选风机型号、规格、转速、安装角、巷道尺寸及安装条件等因素；同时非铀矿山应考虑所选风机对压力分布的影响。可按照以下原则确定机站内的风机台数：

(1)在某一风段，当风阻较大时，风机以一台为宜，不宜并联过多。因为高风阻段并联风机易进入不稳定区。

(2)需风量是决定风机台数的重要因素，需风量越大，风机并联台数越多。

(3)风机尺寸、风机规格越小，并联风机台数越多。

(4)巷道断面尺寸及安装条件，也影响风机台数的选择。

(5)多级机站适用于产量不稳定的矿山，当产量发生变化时，可以通过调整风机台数来实现合理分风。如产量变化较大的矿山，机站并联台数可多一些。

(6)在非铀金属矿山，通风压力的分布是影响通风效果的重要因素。压力大小决定所选风机类型和数量，一般在风量大、压力小的地段风机台数较多，反之较少。

由于风机功率与风量的立方成正比，风机风量低，则能耗小，而且多级机站通风系统中，多风机并联比单台风机所耗功率低，在保证克服同一通风阻力的前提下，并联风机台数多是有利的。但是台数过多时，局部阻力大，稳定性差，安装不易，管理工作量大，因而要慎重选择。

2.4.3 机站局部阻力

多级机站通风系统设计，不仅需要计算井巷摩擦阻力，还需要考虑机站局部阻力。根据实测资料统计，机站局部阻力损失可占机站工作风压的30%~70%。

机站局部阻力形成的原因是由于风机进口缩小、出口扩大，多风机并联作业时的进口汇流、出口分流，机站漏风以及残余旋绕等因素的影响。机站局部阻力则为以上各影响因素形成的局部阻力之和。

根据理论分析及实测证明，机站局部阻力中起主要作用的是出口段局部阻力，尤其对装有进口集流器的机站，进口段局部阻力所占比率更小。机站出口段突然扩大是形成机站局部阻力的主要原因。

几台相同性能的风机并联时的机站局部阻力系数可按下列公式计算：

$$\xi = K(\xi_s + \xi_R + \xi_e) \tag{2-1}$$

式中：ξ_s 为风机入口突然缩小的局部阻力系数；ξ_R 为风机出口突然扩大的局部阻力系数；ξ_e 为风机出口旋绕局部系数；K 为考虑井下巷道内风机出口旋转及并联风机出口的几股风流相互碰撞的附加能量损失等的综合校正系数。

(1)入口突然缩小的局部阻力系数

$$\xi_s = \frac{K_e}{2}\left(1 - \frac{nS_{f1}}{K_s S_1}\right)^2 \left(\frac{K_s S_2}{nS_{f2}}\right)^2 B \tag{2-2}$$

式中：K_e 为风机入口形状影响系数；n 为风机并联运转台数；K_s 为机站漏风系数，$K_s = Q_{f0}/Q_s$；Q_{f0}为机站风机总风量，m^3/s；Q_s 为机站巷风量，m^3/s；S_{f1}、S_{f2}为每台风机入口、出口断面面积，m^2；S_1、S_2 为机站入口、出口巷道断面面积，m^2。

(2)出口扩大局部阻力系数

①风机出口不装扩散器

$$\xi_R = \left(1 - \frac{nS_{f1}}{K_s S_1}\right)^2 (1 + 0.5K_a)\left(\frac{K_s S_2}{nS_{f2}}\right)^2 \tag{2-3}$$

式中：K_a 为巷道壁粗糙度影响的校正系数，$K_a = 0.5 - 1.05\alpha \cdot 10^3 + \alpha^2 \cdot 10^5 - 0.2\alpha^3 \cdot 10^7$；$\alpha$ 为机站巷道的摩擦系数。

②风机出口安装扩散器

a. 扩散器摩擦阻力系数

$$\xi_{Km} = \frac{0.014}{\sin(\theta/2)}\left(\frac{0.003}{D_f + D_k}\right)^{1.25}\left(1 - \frac{S_{f2}}{S_k}\right)^2\left(\frac{K_s S_2}{NS_{f2}}\right)^2 \tag{2-4}$$

式中：θ 为扩散的扩张角；D_f 为风机直径，m；D_k 为扩散器出口直径，m；S_k 为扩散器出口断面面积，m^2。

b. 扩散器渐扩局部阻力系数

$$\xi_{K_e}=4.8[\tan(\theta/2)]^{1.25}\left(1-\frac{S_{f2}}{S_k}\right)\left(\frac{K_sS_2}{nS_{f2}}\right)^2 \tag{2-5}$$

c. 扩散器出口突然扩大的局部阻力系数

$$\xi_{K_d}=\left(1-\frac{nS_k}{K_s}\right)^2(1+0.5K_a)\left(\frac{K_sS_2}{nS_k}\right)^2 \tag{2-6}$$

d. 机站出口扩大局部阻力系数

$$\xi_R=\xi_{K_m}+\xi_{K_e}+\xi_{K_d} \tag{2-7}$$

若机站与巷道断面不同，则其连接处应开凿成渐扩段或渐缩段，它们的局部阻力相对较小，故在计算局部阻力时可忽略不计。

(3) 对应于机站出口巷道风流混合面处风机出口旋绕局部阻力系数，可按下列公式计算：

$$\xi_e=\frac{1}{2(1-\phi^2)}\left(\frac{H\cdot r\cdot K\cdot S_2}{\gamma\cdot n\cdot Q\cdot\eta\cdot m\cdot S_0}\right)^2\ln\frac{1}{\phi} \tag{2-8}$$

式中：ϕ 为风机轮毂比；H 为风机风压，Pa；Q 为风机风量，m^3/s；η 为风机效率；n 为风机转速；r 为风机半径，m；S_0 为风机出口断面面积，m^2；K 为机站漏风系数；m 为风机并联数；γ 为空气重率，kg/m^3；S_2 为机站出口巷道风流混合面处断面面积，m^2。

根据式(2-8)可知，风机出口旋绕局部阻力系数，是随风机工况变化而变化的。若其出口的旋绕动压在地表大气中全部损失，而在井下巷道的受限空间内有部分转换为静压，至于旋绕动压能转换多少，则取决于：①风机出口的旋绕受边壁限制的程度；②风机工况点情况，当外阻越大时，出口风流偏流越大，旋绕动能越大，其旋绕损失越大。机站的局部风阻为：

$$R=\frac{\xi\cdot\rho}{2S_2^2} \tag{2-9}$$

局部阻力为：

$$H=\frac{\xi\cdot\rho\cdot Q^2}{2S_2^2} \tag{2-10}$$

式中：ρ 为空气密度，kg/m^3；ξ 为局部阻力系数；Q 为机站风量，m^3/s。

2.4.4 多风机并联运转的稳定性

1) 稳定性分析

多风机串并联多级机站中风机运转的稳定性问题包括同一断面多台风机并联

运转的稳定性与全网路中多台风机联合运转的稳定性。

(1)同一断面多台风机并联运转的稳定性

多台风机在同一断面运转的稳定性，受以下因素影响：

①同一断面中两台风机容量不同，对稳定性影响甚大，特别在风机间容量相差很大时，影响更大。因此，同一断面应选取型号及转数完全相同的风机。

②风机特性曲线形状对风机稳定性的影响：特性曲线具有驼峰形状的风机，并联运转时，容易产生不稳定的情况，而且叶片安装角度越大，凹谷区越大，不稳定的可能性也越大。在矿山实际工作中，由于风机安装角宜取小值，而各类风机设计的最佳安装角度并不一致，并且矿井条件各异，因此，安装角的选取应根据各方面的情况进行分析，权衡利弊之后才可确定。

③风阻大小对有驼峰特性曲线的风机并联的稳定性影响很大，当风阻很大时，并联风机会出现不稳定状态。因此，在大风阻网路或某一分支巷道中，均不能采取并联运转，特别是多台风机并联运转。

④风机转速变化对并联风机稳定性也存在影响。在并联运转中，一台风机的转速发生变化，会引起并联工况发生改变，当转速变化较大时，将破坏并联稳定性，特别是在其中一台转速改变比较大时，影响更加突出。

⑤在自然风压对通风系统影响较大的矿井中，自然风压也会影响并联风机稳定性，这是一个不可忽视的问题。

(2)不同断面风机并联时的稳定性

在多风机串并联多级机站的网络中，不同井口及分区并联间也会出现不稳定现象，主要影响因素有以下几点：

①共同段风阻大小是影响风机并联不稳定最重要的因素。当共同段的风阻较大时，会造成某一分区风机不稳定，如果在多级机站的共同段安设风机，克服了共同段阻力，相对地降低了共同段风阻，就能加强风机运转的稳定性，从而使全系统各风机稳定性增大。

②实验及图解法分析表明，各分区的风机容量不同，对稳定性也会影响，相差愈大，稳定性愈差。因此，对采用多级机站的通风系统，产量分配应尽量均匀，使各分区风量尽量近于相等，使所选风机容量相近。

2)多风机运转中风机不稳定性预防

(1)正确选择风机类型。根据风机特性曲线形状可知，并联网路中应选风机特性曲线平缓且无驼峰的风机。

(2)正确选择安装角度。如前所述，应根据风机特性和网路具体情况作较细致的计算和比较之后，再作确定。一般来说，安装角越小，稳定性能越好。

(3)减少共同段风路的风阻。共同段风路风阻的大小，直接影响多级机站风机并联的稳定性。共同段风路风阻大时，易造成风机运转不稳定，故应尽量减少共同段风路的风阻。

(4)正确调整各分区风机的容量，而调整风机容量的前提是使各分区的产量分配尽量均匀，以使各采区通风阻力及风量相差较小，各分区所选风机的工况相近，从而实现稳定运转。

(5)要严格保持各分区风机风路的相对独立性。这是保证风机运转稳定性中重要的一点，因为当某一分区或风路中某一风机处于不稳定状态时，可能会引起其他风路的风机出现不稳定情况。

2.4.5　多级机站通风系统的优缺点

多风机多级机站通风系统的优点主要有四点。

(1)有效风量高、漏风小。多级机站通风系统是采用各分区风机并联、全系统风机间隔串联的通风系统，每级机站分别承担各区段的通风阻力。按设计要求将风量直接送到工作面，所选风机风压低，则相应地减少了漏风。又多级机站的风机多安装在井下，也减少了外部漏风；由于该类通风方法可以使作业区的风压接近零压，故崩落采空区漏风量将大幅降低。此外，Ⅱ级、Ⅲ级机站可有效地分风，将新鲜风流直接送到工作区段，并有效地控制风流、风压及流动方向，可减少不作业的天井、溜井、电梯设备井以及斜坡道的漏风量。

(2)风量调节与灵活控制。金属矿山由于各工作面作业性质不同，矿石品位不均，工作面变化较大，因此需风量变化也大。当大主扇采用自动调节风机转速来调节风量时，各采场风量的调节就难于实现；而多级机站系统的机站可由几台风机并联工作，这样就可根据采场作业的要求，开动不同风量的风机来调节风量。

(3)压力分布均匀。多风机多级机站通风采用几级机站接力的方式将新鲜空气从地表送到作业区，再将污风从作业区以接力的方式排出矿井。其整个通风过程是通过风机机站调控，压力分布较均匀。

(4)节能效果好。风机功率与风量立方成比例。大型风机风量大、风压高、功率消耗大；而多级机站间风机串联及机站内风机并联，所选的风机风量小、风压低，功率小，能耗低。实测证明，一般中型或大型矿山，采用多级机站通风系统比采用集中式大型主扇通风系统，装机容量降低了三分之一至二分之一，可大幅节约电能。

多风机多级机站通风系统的主要缺点是风机机站多而分散、管理复杂，当管理不善时，会造成循环风流甚至使风机进入不稳定状态运行。因此应对风机机站进行集中控制。

第 3 章　矿井通风网络

3.1　通风网络拓扑关系

拓扑关系是指不考虑度量、位置与方向而满足拓扑几何学原理的各空间数据间邻接、关联、包含和连通等的相互关系，其相互关系用点、线、面来表示。拓扑关系是矿井通风网络构建中非常重要的一部分，是矿井通风网络解算与能否进行调节的基石。本节主要从图、路、树以及割集等四个方面详细介绍矿井通风网络拓扑关系的构建。

3.1.1　图

图即矿井通风网络节点与分支的集合，记为

$$G=(V,\ E) \tag{3-1}$$

式中：V 为矿井通风网络节点的集合，即 $V=\{v_1,\ v_2,\ \cdots,\ v_m\}$（$m$ 为节点数）；E 为矿井通风网络分支的集合，即 $E=\{e_1,\ e_2,\ \cdots,\ e_n\}$（$n$ 为分支数）。

若矿井通风网络中 e_k 分支的风流方向为 $v_i \to v_j$，记为 $e_k=(v_i,\ v_j)$，则图 G 为有向图。若矿井通风网络中 e_k 的风流方向未确定或不考虑其方向，可记为 $e_k=<v_i,\ v_j>$，则图 G 为无向图。图 $G=(V,\ E)$ 与图 $G'=(V',\ E')$，若 $V' \subseteq V$ 且 $E' \subseteq E$，则图 G' 为图 G 的子图；若 $V' \subset V$ 或 $E' \subset E$，则图 G' 为图 G 的真子图。

对无向图 $G=(V,\ E)$，分支的始节点与末节点称为邻接点，且分支与始末节点是相互关联的，可做如下定义：

$$E(v_i)=\{e_{ij}/e_{ij}=\langle v_i,\ v_j\rangle \in E,\ v_i \in V,\ v_j \in V\} \tag{3-2}$$

$$V(v_i)=\{v_i/\langle v_i,\ v_j\rangle \in E,\ v_i \in V,\ v_j \in V\} \tag{3-3}$$

式中：$E(v_i)$ 为与节点 v_i 相关联的分支集合，即节点 v_i 的关联分支，其关联分支数则称为节点 v_i 的度；$V(v_i)$ 为与节点 v_i 相邻接的节点的集合，称为节点 v_i 的邻接节点。

对有向图 $G=(V, E)$，可定义：

$$E^{+}(v_i)=\{e_{ij}/e_{ij}=(v_i, v_j)\in E\} \tag{3-4}$$

$$E^{-}(v_i)=\{e_{ji}/e_{ji}=(v_j, v_i)\in E\} \tag{3-5}$$

式中：$E^{+}(v_i)$为矿井通风网络中以 v_i 为始节点的有向分支的集合，称其为节点 v_i 的出边，其出边数即为节点 v_i 的出度。同理，$E^{-}(v_i)$为节点 v_i 的入边，其入边数即为节点 v_i 的入度。因此，将矿井通风网络中“入度”为0的节点称为源点；“出度”为0的节点称为汇点。

在有向图 $G=(V, E)$中，若 $e_{ij}=(v_i, v_j)\in E$，$e'_{ij}=(v_i, v_j)\in E$，则 e_{ij}和 e'_{ij}为并联分支；若 $e_{ij}=(v_i, v_j)\in E$，$e_{jk}=(v_j, v_k)\in E$，则 e_{ij}与 e_{jk}为串联分支。

在实际工程问题中，用只反映点、边关系的图来揭示具体事物量值的关系时，必须先给元素(点或边)赋权。权的具体内容，可依据实际需要确定。在通风网络中，常用通风参数作权的指标，如风阻、风量以及风压等。

3.1.2 路

已知 $G=(V, E)$，$m=|V|$，$n=|E|$，$G'=(V', E')$，$m'=|V'|$，$n'=|E'|$，$G'\subseteq G$，若

$$\begin{aligned}E'&=\{E'[1], E'[2], \cdots, E'[i], \cdots, E'[n]\}\\&=\{\langle V'[1], V'[2]\rangle, \langle V'[2], V'[3]\rangle, \cdots, \langle V'[i], V'[i+1]\rangle, \cdots,\\&\quad\langle V'[n]\rangle, V'[n+1]\}\end{aligned} \tag{3-6}$$

则称子图 G' 为路径，其中 $V'[1]$与 $V'[n+1]$ 称为路径的两端点。

若图 $G=(V, E)$中两节点间至少存在一条路径，则称这两节点是连通的。若图 G 中任意两节点都是连通的，则称 G 为连通图，否则称 G 为非连通图。

已知 $G=(V, E)$，$m=|V|$，$n=|E|$，$G'=(V', E')$，$m'=|V'|$，$n'=|E'|$，$G'\subseteq G$，若

$$\begin{aligned}E'&=\{E'[1], E'[2], \cdots, E'[i], \cdots, E'[n]\}\\&=\{\langle V'[1], V'[2]\rangle, \langle V'[2], V'[3]\rangle, \cdots, \langle V'[i], V'[i+1]\rangle, \cdots,\\&\quad\langle V'[n], V'[1]\rangle\}\end{aligned} \tag{3-7}$$

称图 G' 为回路，即始末节点重合的路径。

若图 $G=(V, E)$是有向图，且满足式(3-6)，则图 G'为通路，可知通路具有方向性，且方向与分支的方向一致。然而在有向图中始末节点重合的通路所构成的回路，称之为单向回路。

3.1.3 树

树，即不含回路的连通图，记为 T；其中组成树的边称之为树枝，记为 E_T，见图 3－1。

图 3－1 中，仅与一条树枝相连的节点，称为悬挂点；若去掉一条边能使图变为不相连通的两部分，则称该条边为割边；若去掉图中与节点相关联的边后也能使图变为不相连通的两部分，则称该节点为割点。可知，树中除非悬挂点外均为割点。

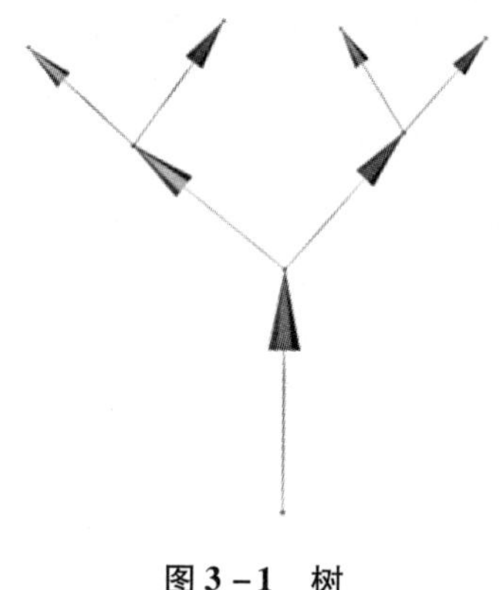

图 3－1 树

生成树即包含图中所有节点的树，其满足以下三点即可称为生成树：一是包含图中所有节点；二是任意两节点间至少存在一条通路；三是不含回路。而将图中除生成树外的树枝构成的图称为余树。由图 G 一条余树枝与生成树所构成的回路称为基本回路。由余树枝数量等于 $n-m+1$（n 为分支数，m 为节点数），可知基本回路数为 $n-m+1$，且基本回路是线性无关的，故也称独立回路。因图中生成树不是唯一的，则余树也不是唯一的，从而独立回路也不是唯一的。

赋权图中，所有生成树中树枝权重值之和最小的树称为最小生成树；树枝权重值之和最大的树称为最大生成树。

在一棵树中，除树根（即网络源点）以外，其他节点的入度均为 1 的树称为外向树；除网络汇点以外，其他节点的出度均为 1 的树称为内向树。

3.1.4 割集

1）定义

割集 S 是连通图 G 的一个边的集合，把 S 从 G 中移出，将使图 G 成为分离的两部分，但如少移出 S 中的一条余边，则图 G 仍是连通的。

在图解中，常用虚线画出的闭合面表示割集。如图 3－2(a)所示，被每个虚线画出的闭合面表示割集，如 $S_1=\{a, c, e, g\}$，$S_2=\{b, c, e, g\}$ 等。

应当指出，割集是图 G 所含边的一种最小集合，即只要少移去其中一条边，图 G 就仍将是连通的；另外，如果移去某些边后，使图分成两个以上部分，则此边集也不是割集。显然，连通图 G 中，除割点外，与任一节点相关联的边均构成一个割集。如图 3－2(b)所示，除节点 3 外任一节点的关联集都是图的割集。

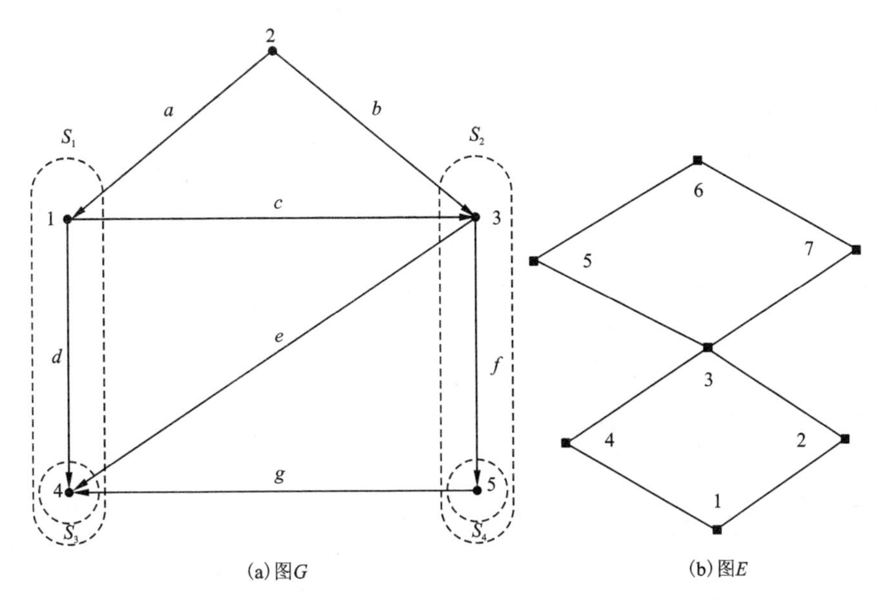

图 3－2　割集图解

2) 割集的方向

对有向图，若给割集定义一个方向，则称为有向割集。以表示割集的虚线面为界，可把割集从内向外穿出的方向定为正方向。与割集方向相同的边称为正向边；反之，称为负向边。

3) 生成树与割集的关系

一个连通图的生成树是连通这个图的全部节点的边数最少的集合，而割集则是分割一个图的节点为不相连的两个节点子集的边数最少的集合。因此，一个图的生成树与割集间存在着一定的联系。

连通图 G 的一个割集 S 至少包含图 G 的生成树的一条树枝。因为单纯余树枝是不能将图 G 分成两部分的。

4) 基本割集

设 S 是图 $G=(V, E)$($m=|V|$, $n=|E|$)的一个割集，T 是 G 的一棵生成树，如果 S 中恰好含有 T 的一个树枝，则称 S 为 G 的关于生成树 T 的基本割集，记作 S_f。因 T 有 $m-1$ 条树枝，故可确定 $m-1$ 个基本割集组。

在图 3－2 中，取 $T=(a, b, d, f)$，G 关于 T 的基本割集组的 $S_1=(a, c, e, g)$，$S_2=(b, c, e, g)$，$S_3=(d, e, g)$，$S_4=(f, g)$，可知基本割集组是线性无关的。

从割集定义可知，任何一个割集至少包含一条树枝，而一个基本割集则恰好包含一条树枝。这与回路相似，任何回路至少包含一条余树枝，而基本回路则只包含一条余树枝。因此，图的基本回路数恰好等于图的余树枝，图的基本割集则恰好等于图的树枝数。

3.1.5 网络拓扑关系

矿井通风网络图的构建主要是指节点 - 分支间拓扑关系的建立，一般采用网络图遍历的算法如深度优先搜索算法(DFS)或广度优先搜索算法(BFS)来构建网络拓扑关系。为了对矿井通风网络进行有效性分析，首先必须建立对通风网络的拓扑关系管理系统，以便对风网进行拓扑关联分析。

拓扑关系自动管理主要包括三个方面的内容：节点间与分支间的空间关系、节点与分支的拓扑关系、通风装置与分支的拓扑关系。

根据节点间的空间关系——节点匹配，判断邻接节点间的关系，是否为同一节点，是否需要合并；分支间的空间关系——分支相交，判断相交分支间的关系，是否进行相交打断处理。

节点与分支的拓扑关系——遍历每条分支，进行编号，判断始末节点是否存在；遍历每个节点，进行编号，判断其关联分支是否存在。

通风装置与分支的拓扑关系——遍历每条分支，判断其上通风装置，进行编号。

通风网络拓扑关系的自动建立与维护的基本方法：对于构建的矿井通风系统图，首先初始化分支数组和节点数组并分别进行编号；两两遍历每对分支，相交于非端点时打断并判断是否添加相应的节点并编号；遍历每条巷道的始末节点，判断是否加入相应的节点并编号，同时，建立每条巷道的关联始末节点信息以及始末节点关联的巷道信息；遍历通风装置所在的巷道，建立相应的拓扑关系并编号。

3.2 通风网络图的矩阵表示

3.2.1 节点邻接矩阵

对有向图 $G=(V, E)$，$V=\{v_1, v_2, \cdots, v_m\}$，$E=\{e_1, e_2, \cdots, e_n\}$，$|V|=m$，构造方阵

$$A=(a_{ij})_{m\times m} \tag{3-8}$$

其中 $a_{ij}=\begin{cases}1, \text{若 } v_i \text{ 与 } v_j \text{ 邻接，且 } v_i\to v_j; \\ 0, \text{当 } v_i=v_j \text{ 或 } v_i \text{ 与 } v_j \text{ 不邻接;}\end{cases}$

称 $\boldsymbol{A}$ 为图 G 的节点邻接矩阵。

可知，若各节点的排列次序不同，其构成的方阵也不同。节点邻接矩阵具有如下性质：

(1) $\boldsymbol{A}=(a_{ij})_{m\times m}$ 中某行的非零元素数等于对应节点的度；

(2) $A=(a_{ij})_{m\times m}$ 是一个主对角线元素为零的对称矩阵；

(3) $\boldsymbol{A}^2=\begin{bmatrix} a_{11} & a_{12} & \cdots & a_{1m} \\ a_{21} & a_{22} & \cdots & a_{2m} \\ \vdots & \vdots & & \vdots \\ a_{m1} & a_{m2} & \cdots & a_{mm} \end{bmatrix}\begin{bmatrix} a_{11} & a_{12} & \cdots & a_{1m} \\ a_{21} & a_{22} & \cdots & a_{2m} \\ \vdots & \vdots & & \vdots \\ a_{m1} & a_{m2} & \cdots & a_{mm} \end{bmatrix}=(a_{ij}^2)_{m\times m}$，其中 $a_{ij}^2=\sum_{k=1}^{m}a_{ik}a_{kj}$ 表示 v_i 两步达到 v_j 的路径数。

(4) $\boldsymbol{AA}^{\mathrm{T}}=\begin{bmatrix} a_{11} & a_{12} & \cdots & a_{1m} \\ a_{21} & a_{22} & \cdots & a_{2m} \\ \vdots & \vdots & & \vdots \\ a_{m1} & a_{m2} & \cdots & a_{mm} \end{bmatrix}\begin{bmatrix} a_{11} & a_{21} & \cdots & a_{m1} \\ a_{12} & a_{22} & \cdots & a_{m2} \\ \vdots & \vdots & & \vdots \\ a_{1m} & a_{2m} & \cdots & a_{mm} \end{bmatrix}=(a'_{ij})_{m\times m}$，其中 $a'_{ij}=\sum_{k=1}^{m}a_{ik}a_{jk}$ 表示末节点同为 v_k 的分支数。

(5) $\boldsymbol{A}^{\mathrm{T}}\boldsymbol{A}=\begin{bmatrix} a_{11} & a_{21} & \cdots & a_{m1} \\ a_{12} & a_{22} & \cdots & a_{m2} \\ \vdots & \vdots & & \vdots \\ a_{1m} & a_{2m} & \cdots & a_{mm} \end{bmatrix}\begin{bmatrix} a_{11} & a_{12} & \cdots & a_{1m} \\ a_{21} & a_{22} & \cdots & a_{2m} \\ \vdots & \vdots & & \vdots \\ a_{m1} & a_{m2} & \cdots & a_{mm} \end{bmatrix}=(a'_{ij})_{m\times m}$，其中 $a'_{ij}=\sum_{k=1}^{m}a_{ki}a_{kj}$ 表示始节点同为 v_k 的分支数。

3.2.2 关联矩阵与基本关联矩阵

1) 关联矩阵

对有向图 $G=(V,E)$，$V=\{v_1,v_2,\cdots,v_m\}$，$E=\{e_1,e_2,\cdots,e_n\}$，$|V|=m$，$|E|=n$，构造一个节点与分支相关联的矩阵

$$\boldsymbol{B}=(b_{ij})_{m\times n} \tag{3-9}$$

其中 $b_{ij}=\begin{cases}1, & \text{节点 } i \text{ 与分支 } j \text{ 关联，且 } i \text{ 为始节点} \\ -1, & \text{节点 } i \text{ 与分支 } j \text{ 关联，且 } i \text{ 为末节点} \\ 0, & \text{节点 } i \text{ 与分支 } j \text{ 不关联}\end{cases}$，则称 $\boldsymbol{B}$ 为图 G 的关联矩阵。

关联矩阵 $\boldsymbol{B}$ 的具体性质如下：

(1)矩阵 B 的行数表示节点数，列数表示分支数；

(2)矩阵 B 中每一行的非零元素对应节点的线度，其中1表示出度，-1 表示入度；

(3)矩阵 B 每列有且仅有两个非零元素，其中1代表始节点，-1 代表末节点；

(4)图 $G=(V, E)$，$|V|=m$，$|E|=n$，矩阵 $\boldsymbol{B}$ 是图 G 的完全关联矩阵，则矩阵 B 的秩等于节点数减一，即 $\mathrm{rank}(\boldsymbol{B})=m-1$。

2)基本关联矩阵

将图 G 的完全关联矩阵 $\boldsymbol{B}$ 划去其中的一行，所得 $(m-1)\times n$ 矩阵 $\boldsymbol{B}_v$ 即为行向量线性无关的矩阵，称为图 G 的基本关联矩阵。

基本关联矩阵具有如下性质：

(1)关联矩阵 $\boldsymbol{B}$ 与基本关联矩阵 $\boldsymbol{B}_v$ 具有相同的秩[$\mathrm{rank}(\boldsymbol{B})=\mathrm{rank}(\boldsymbol{B}_v)=m-1$]；

(2)矩阵 $\boldsymbol{B}_v$ 的列有且仅有两个非零元素，其中1代表始节点，-1 代表末节点；列中仅含有一个非零元素的分支，即为与大气相连的分支，其中仅含1元素的列表示该分支为进风分支，而仅含 -1 元素的列表示该分支为回风分支；

(3)若 $\boldsymbol{B}_v$ 为图 G 的基本关联矩阵，C 为图 G 的某一回路，则回路 C 各分支所对应基本关联矩阵 $\boldsymbol{B}_v$ 的列向量必线性相关；

(4)基本关联矩阵 $\boldsymbol{B}_v$ 中任意 $(m-1)$ 阶列向量线性无关的的充要条件是这 $(m-1)$ 列对应的分支与图 G 的树枝相对应。

3.2.3 回路矩阵与基本回路矩阵

1)回路矩阵

对有向网络图 $G=(V, E)$，$V=\{v_1, v_2, \cdots, v_m\}$，$E=\{e_1, e_2, \cdots, e_n\}$，$|V|=m$，$|E|=n$，将由 $\boldsymbol{c}_{ij}(i=1, 2, \cdots, 2^{n-m+1}-1, j=1, 2, \cdots, n)$ 构成的 $(2^{n-m+1}-1)\times n$ 矩阵称为图 G 的完全回路矩阵，用 C 表示。

$$\text{其中 } \boldsymbol{c}_{ij}=\begin{cases}1\text{，边 } j \text{ 在回路 } i \text{ 内，且边 } j \text{ 与回路 } i \text{ 方向一致}\\-1\text{，边 } j \text{ 在回路 } i \text{ 内，且边 } j \text{ 与回路 } i \text{ 方向相反}\\0\text{，边 } j \text{ 不在回路 } i \text{ 内}\end{cases}$$

简单地说，回路矩阵是表示图中分支与回路关系的矩阵；完全回路矩阵则是包含图中全部回路的矩阵。

回路矩阵具有如下性质：

(1)完全回路矩阵 $\boldsymbol{C}$ 的行数为 2^{n-m+1}，即总互异回路数为 2^{n-m+1}(互异回路即回路至少存在一条边不相同的回路)；

(2)图 $G=(V, E)$，$V=\{v_1, v_2, \cdots, v_m\}$，$E=\{e_1, e_2, \cdots, e_n\}$，$|V|=m$，$|E|$

$=n$，则其完全回路矩阵 C 的秩为 $n-m+1$。

2）基本回路矩阵

令 C_1，C_2，…，C_{n-m+1}为图 G 所对应生成树 T 的基本回路组，则将由 $C_{ij}[i=1, 2, \cdots, (n-m+1), j=1, 2, \cdots, n]$组成的$(n-m+1)\times m$ 阶矩阵称为图 G 关于生成树 T 的基本回路矩阵。

其中 $C_{ij}=\begin{cases}1, 分支 j 在基本回路组 C_i 内，且与回路 C_i 同向\\-1, 分支 j 在基本回路组 C_i 内，且与回路 C_i 反向\\0, 分支 j 不在基本回路组 C_i 内\end{cases}$

简单地说，基本回路矩阵是秩为满秩的回路矩阵。其具有如下性质：

（1）图 G 的基本回路矩阵的秩为 $n-m+1$；

（2）基本回路矩阵的每行对应图 G 的一个独立回路；

（3）基本回路矩阵列，若按余树枝在前、树枝在后的顺序排列，则可将基本回路矩阵分为两部分，并使余树枝为单位矩阵 $\boldsymbol{I}$，即 $\boldsymbol{C}=[\boldsymbol{I}, \boldsymbol{C}^{\mathrm{T}}]$

3.2.4 割集矩阵与基本割集矩阵

设 $G=(V, E)$是连通图，$S\subseteq E$，$G-S$ 是非连通图，E' 是 S 的真子集 $E'\subset S$。如果 $G-E'$是连通图，则称 S 是图 G 的一个割集。也就是说，割集 S 是使连通图 G 失去连通性的最小的分支集合。

有向图 $G=(V, E)$，$U\subseteq V$，定义

$$\vec{E}(U)=\{e_k \mid e_k=(v_i, v_j), v_i\in U, v_j\notin U\} \tag{3-10}$$

即 $\vec{E}(U)$是以 U 的元素为始节点，末节点不属于 U 的分支的集合。类似地定义

$$\overleftarrow{E}(U)=\{e_k \mid e_k=(v_i, v_j), v_i\notin U, v_j\in U\} \tag{3-11}$$

图3-3中，令 $U=\{v_1, v_2\}$则 $\vec{E}(U)=\{e_2, e_3, e_6\}$，$\overleftarrow{E}(U)=\{e_5\}$。

有向图 $G=(V, E)$的割集 S 把节点 V 分成 V_1、V_2 不相交的两部分，S 中分支的集合有

$$S=\vec{E}(V_1)+\overleftarrow{E}(V_1)=\vec{E}(V_2)+\overleftarrow{E}(V_2) \tag{3-12}$$

即 S 中既有从 V_1 向 V_2 的分支，也有从 V_2 到 V_1 的分支。若给割集 S 以方向，就称为有向割集，有向割集 S 中的分支分为与 S 同向和与 S 反向两部分。

T 是有向连通图 G 的树，e_i 是 T 的任一树枝，对应于 e_i 有一有向割集 S，S 不含有除 e_i 以外别的树枝，而且使得它的方向与 e_i 一致，这样的一组割集 S_1，S_2，…，S_{m-1}称为基本割集。

如图 3－4 线所示的割集 S_1，S_2，S_3 分别与树枝 e_1，e_5，e_6 相一致。割集的方向不如回路方向那样容易认识清楚。以 S_3 为例，它包含有边 e_2，e_3，e_4，e_5，把节点分成 $V_1=\{v_1, v_2\}$，$V_2=\{v_3, v_4\}$两部分，S_3 的方向与树枝 e_5 方向一致，而 e_5 是从 V_1 指向 V_2，故与 S_3 同向的分支有 e_2，e_3，e_5；与 S_3 反向的有 e_4。

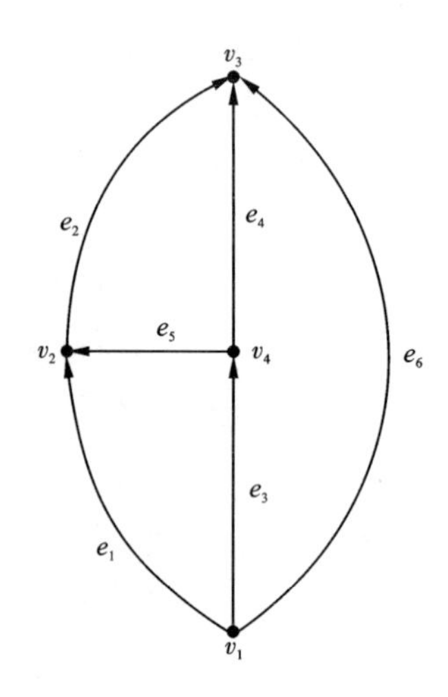

图 3－3　流体网络图

设 S_1，S_2，…，S_k 是图 $G=(V, E)$的割集，矩阵 $\boldsymbol{S}=(S_{ij})_{k\times m}$，其中

$$S_{ij}=\begin{cases}1, & (e_j\in S_i，且同向)\\ -1, & (e_j\in S_i，且反向)\\ 0, & (e_j\notin S_i)\end{cases} \quad (3-13)$$

则称 $\boldsymbol{S}$ 为割集矩阵，基本割集 S_1，S_2，…，S_{m-1}对应的割集矩阵称为基本割集矩阵 $\boldsymbol{S}_{\mathrm{f}}$。

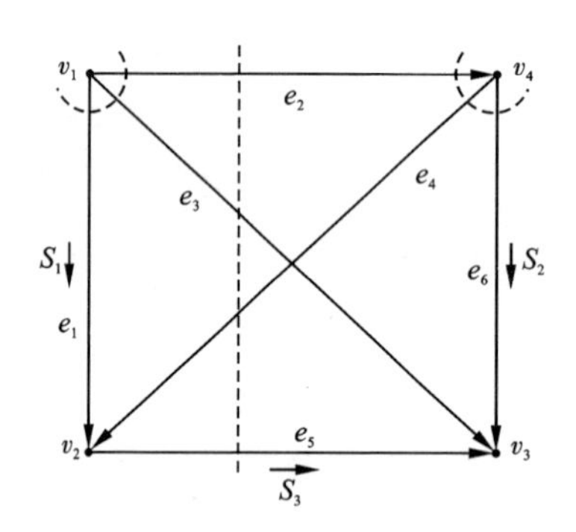

图 3－4　流体网络割集图

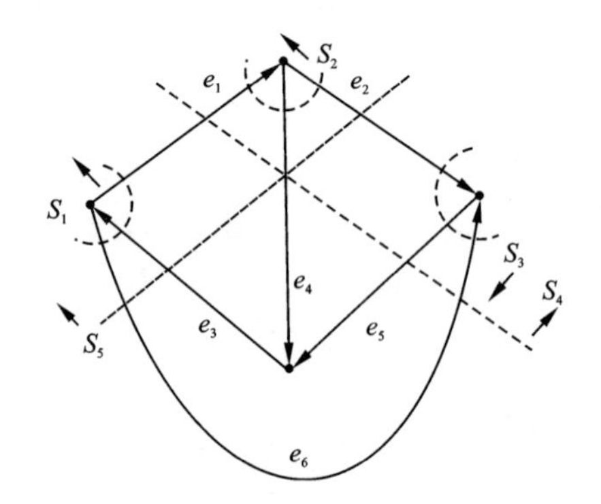

图 3－5　流体网络割集图

图 3－5 的割集矩阵为

$$\boldsymbol{S}=\begin{array}{c} \begin{matrix} e_1 & e_2 & e_3 & e_4 & e_5 & e_6 \end{matrix} \\ \left\{\begin{matrix} -1 & 0 & 1 & 0 & 0 & -1 \\ 1 & -1 & 0 & 1 & 0 & 0 \\ 0 & -1 & 0 & 0 & 1 & -1 \\ 1 & 0 & 0 & 1 & -1 & 1 \\ 0 & -1 & 1 & 1 & 0 & -1 \end{matrix}\right\} \begin{matrix} S_1 \\ S_2 \\ S_3 \\ S_4 \\ S_5 \end{matrix} \end{array}$$

对应于树 $T=(e_3, e_4, e_5)$的基本割集矩阵为

$$S_f = \begin{array}{c} \begin{matrix} e_1 & e_2 & e_3 & e_4 & e_5 & e_6 \end{matrix} \\ \left\{ \begin{matrix} -1 & 0 & 1 & 0 & 0 & -1 \\ 1 & -1 & 0 & 1 & 0 & 0 \\ 0 & -1 & 0 & 0 & 1 & -1 \end{matrix} \right\} \begin{matrix} S_1 \\ S_2 \\ S_3 \end{matrix} \end{array}$$

3.2.5　通路矩阵

对有向网络图 $G=(V, E)$, $V=\{v_1, v_2, \cdots, v_m\}$, $E=\{e_1, e_2, \cdots, e_n\}$, $|V|=m$, $|E|=n$, 将图 G 源点与汇点的全部通路用矩阵表示 $P=(p_{ij})_{t\times n}$(t 表示全部通路数), 其中

$$p_{ij}=\begin{cases}1, \text{分支} j \text{在通路} P_i \text{中} \\ 0, \text{分支} j \text{不在通路} P_i \text{中}\end{cases}$$

通路矩阵具有如下性质:

对有向网络图 $G=(V, E)$, $V=\{v_1, v_2, \cdots, v_m\}$, $E=\{e_1, e_2, \cdots, e_n\}$, $|V|=m$, $|E|=n$, 从 v_i 到 v_j 的全部通路数

$$S = \sum_{k=1}^{m-1} a_{ij}^k = a_{ij} + a_{ij}^2 + \cdots + a_{ij}^{m-1} \tag{3-14}$$

其中, a_{ij}^k表示 A^k 的第 i 行第 j 列元素, 而 $A^k=AA^{k-1}$, 是无向图节点邻接矩阵 A 相乘 k 次。

以上仅针对有向图 G 中无单向回路的通路矩阵, 若图 G 中存在单向回路, 则有向图 G 的通路及通路数等都将发生变化, 可结合具体问题进行分析。

3.3　通风网络简化

越来越复杂的矿井通风系统对风网解算提出了更高的要求, 为了提高网络优化解算的速度, 不少学者提出了风网简化的思想。

在风网简化中, 最常见的是无源网络中的不产生累计误差的等效简化: 递归简化串并联子网, 按等效风阻简化成一条等效分支, 简化过程中未引入任何误差, 可以在一定程度上降低计算复杂度, 有效提高计算效率。简化时分层递归, 直至所有简化后的子网均不能再次进行简化为止。

通风网络分级简化思想: 由于等效简化不产生累计误差, 因而其在实际中应用较广泛; 在某些局部风网, 如采场、硐室等子系统中, 往往需要进行有效简化。等效简化与有效简化的具体内容如下:

1)等效简化

等效简化是一种对通风系统不产生误差的简化。例如简单串联、并联风道的简化：将并联或串联的分支，用一条等效风阻分支代替，其等效风阻按并联或串联公式计算。等效简化在实际中应用广泛，它可以根据解决问题的需要，在某些情况下，将局部风网，如某个采区或某个子系统，以一条等效分支来代替。

2)有效简化

有效简化是指对通风网络图简化后造成的误差影响程度做出的一种可预料的简化。很显然，有效简化是不等效的简化，因此每一次有效简化都会使得简化后的系统与原系统之间在通风特征上有所变化，使得简化后的系统内的部分巷道的风量分配与原系统之间有所差别；但简化后的系统会给通风分析及通风调风等带来方便，从这一点看，有效简化也是有必要且有效可行的。

有效简化包括：

(1)在实际系统中相近的风流合分点，其间风阻很小时，可简化为一个点；

(2)对于风压较小的局部风网，可并为一个点；

(3)同标高的各进风井口与出风井口可视为一个节点；

(4)当进、回风井口的自然风压不能忽略时，可将自然风压作为一个通风动力计入，仍把进风、回风井口视为一个节点；也可以采用虚拟风道的方法，即在进风、回风井口增设一条风阻为零的分支，把自然风压置于该风道中。但在某些情况下，尽管两节点间的阻力很小，也不宜进行并点，因为并点后会改变风流分合关系，例如某些角联风网的两端点不能简化等。

(5)一些漏风量很小的通风构筑物所在的分支、封闭区域等可视为断路，在网络图中可不予画出。

3.4 通风网络有效性分析

通风网络有效性分析是矿井通风网络解算、调控以及优化等的基础。日趋复杂的矿井通风系统不仅对风网解算提出了更高的要求，而且还使得对构建的通风网络进行风网检查变得极其重要。风网有效性检查的核心问题是如何对网络结构进行检查，以使得通过检查的网络均能收敛，并且在人工适当调整的情况下能使风网快速收敛。

本节提出了风网有效性分析的概念，通过分析回路风量法解算的要求，从数据检查、风网检查和收敛性分析三个方面对通风网络图的有效性进行了深入细致的分析，见图3-6。

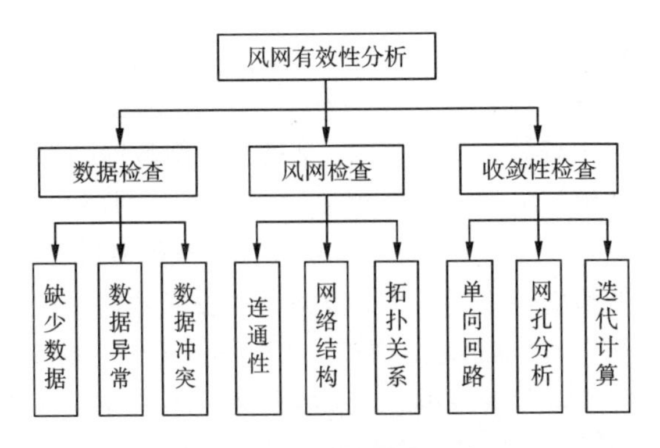

图3-6　风网有效性分类

根据风网有效性分析的结构，从数据检查、风网检查和收敛性检查三个方面对通风网络进行检查，使得通风网络可以进行成功地解算。风网有效性分析流程图如图3-7所示，在进行风网有效性分析时首先应保证数据的合法性，然后检查网络是否为连通图，最后检查网络的结构，对于合理通风网络图则可以进行收敛性分析。

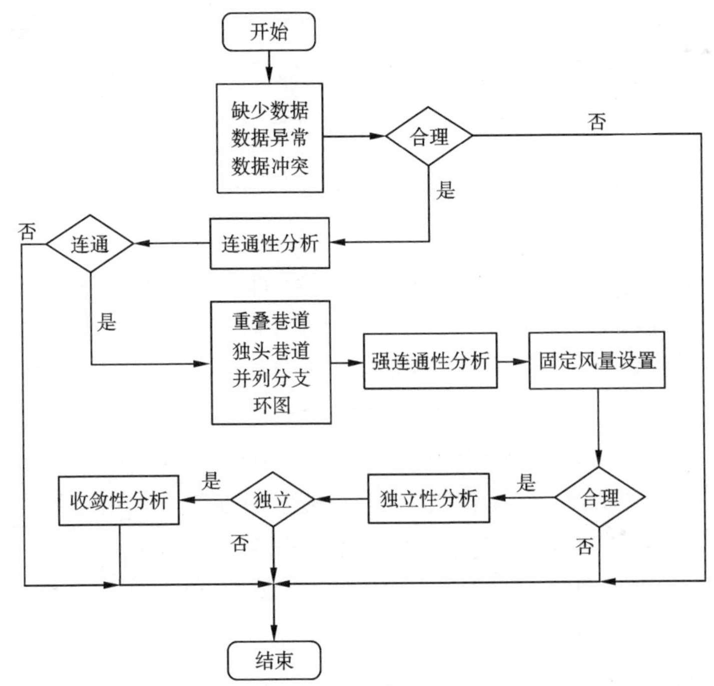

图3-7　风网有效性分析流程图

3.4.1 数据检查

为了进行通风网络解算，首先必须保证通风网络数据的有效性。无效的通风网络数据往往会导致解算失败或解算异常，甚至产生假收敛、陷入死循环等严重问题。因此，在进行通风网络解算之前，必须先检查解算数据的合理性。

通风网络数据的检查包括：①缺少数据。②数据异常，如无法获取数据或节点数、分支数不符；巷道断面面积、周长、摩擦阻力系数不得小于等于零，对巷道设置的固定风量、局部阻力不得小于零，装机风量不得小于等于零；同时，对于设置过大的数据进行检查，使其不会较大地偏离实际数据的上限值，以免因人为疏忽导致解算发散。③数据冲突，主要是指缺少必要限制措施时导致数据设置矛盾，比如在固定风量分支上设置风机、重复设置通风构筑物等，以及违反一般规定，如在封闭巷道或独头巷道设置固定风流或风机等。

3.4.2 风网检查

风网检查主要是指对通风网络图的有效性检查。风网检查主要包括：通风网络图的连通性(通风网络图是否为一连通不分离的网络图)、网络结构检查、网络拓扑关系检查，其中网络拓扑关系检查包括固定风量设置的有效性、固定风量与装机巷道设置的逻辑性检查等。固定风量回路中不允许有风机分支，否则无法优选风机，固定风量与装机巷道之间出现逻辑错误。

1)连通性检查

这里所指的连通性是指无向图的弱连通性，即在一个无向图 G 中，从任意顶点 V_i 到顶点 V_j 都至少有一条路径相连(当然从 V_j 到 V_i 也一定有路径相连)。

连通图与生成树之间的关系：只要是连通图都可以找出至少一棵生成树，而不连通的通风网络图由于无法创建生成树，使风流之间的联系被隔断，故无法进行解算。因此，为了保证生成树的成功创建，必须检查通风网络图的连通性。

连通性检查的方法：采用深度优先遍历搜索的方法，遍历所有节点；若一次遍历完成后，尚有边未被访问的话，便代表图不连通。检查结束后，如果通风网络为非连通图，则把边数最多的连通图外的其他边以表的形式输出到查询结果中，以便用户进行分析查错。

2)网络结构检查

网络结构检查的目的是为了保证通风网络图能够正常接收或对一些特殊的网络结构进行识别或处理，比如重叠巷道、独头巷道、环图(一条分支的始、末节点相同)、并列分支(两条分支的始、末节点相同)等。

独头巷道、封闭巷道不会出现在回路中，同时独头巷道没有进风口或出风口，无法进行网络解算。因为在通风解算中，只有作为地表节点的独头才有意义，需要把其他的独头节点查找出来，判断是否误画或未连接上。对于这类巷道，在通风系统中，可以按直接将其删除或标记为非通风网络分支的方式处理。

重叠巷道与并列分支有点相似，只是重叠巷道比较隐蔽，一般属于多余的未处理分支，这会影响到解算与调节过程，但用户自己难以看出，需要找出重叠部分加以修改。为查找重叠巷道，有时也不允许并列分支的存在。

在通风网络中一般不允许出现环图，如最简单的单向回路等，它在通风网络中是没有意义的。

3)强连通性分析

强连通图是指无向图 G 中任意两点 v_1、v_2 之间都存在着 v_1 到 v_2 的路径及 v_2 到 v_1 的路径的有向图。由于通风网络图实际上为一赋权有向强连通图，故为保证网络的合理性，应尽量保证网络的强连通性。

在有向图的强连通性判别算法中，采用 DFS 算法比较方便快捷，但无法找出不连通的逻辑分支，矩阵法因涉及矩阵变换而比较复杂。对于连通的通风网络图 G，节点个数为 J，假设其反向图为 G'，则该通风网络图的强连通性判别算法如下。

步骤 1：从原图 G 中的任意一个顶点出发，采用深度优先搜索法按风流方向搜索其余顶点，对已搜索的顶点进行标记以免重复搜索，假设搜索到 M 个顶点；

步骤 2：从反向图 G' 中的任意一个顶点出发，按同样的方式进行深度优先搜索，假设搜索到 N 个顶点；

步骤 3：判断强连通性，若 $M = N = J$，则通风网络图为强连通；否则，不是强连通。

然而，由于单向回路的存在，上述强连通性判别算法存在缺陷，对图 3－8 中强连通性的判断会出错，上述算法的改进可以采用出支撑树与入支撑树搜索的方式来判断强连通性。实际上，由于网络强连通性检查比较复杂，常常采取的做法是仅检查每个节点的进、出风分支来代替强连通性分析，这种做法有两个优点：

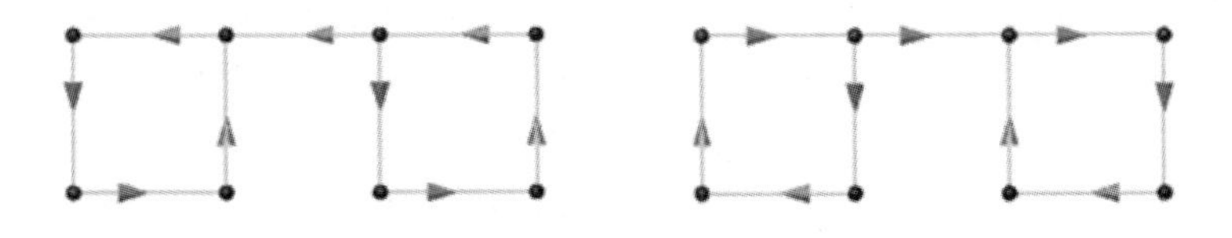

图 3－8　反向图

一是即使网络并非强连通图也仍然可以满足网络解算的要求；二是使解算适用的通风网络图更广泛。

不在通风回路中的分支，分支风量均重置为零。对于通过风网有效性分析的通风网络图，存在两种情况：①进行了强连通性分析，不存在不在回路中的分支；②仅对节点进行了进、出风分支检查，对于存在不强连通的网络部分，须将不在回路中的分支风量重置为零。

4)固定风量设置

不仅在实际中应尽量减少固定风量设置，而且在风网解算时也不允许重复设置逻辑相关的固定风量分支，否则将导致生成树创建异常。与一个节点相关联的所有分支不能同时作固定风量分支，固定风量分支不能形成风网的任何一个割集。

在回路圈划时，固定风量分支不参与迭代计算，同时，为了保证回路快速收敛，通常把固定风量分支、风机分支、大风阻分支作为余树分支，因此，固定风量分支数不应该超过余树分支数，超过的均属于重复性的设置，即使设置合理（指其值等于所圈各回路的余树分支风量的代数和）也会导致回路圈划的失败，以图 3 －9 为例，假设将节点④的三条关联分支同时设置为固定风量分支，在最小生成树的创建过程中将导致节点④无法添加至树中，也就无法圈划独立回路。同时，过多地设置固定风量势必增加调节的难度以及增加相应的调节实施方法，因此，对风网固定风量的设置应尽量少，且应保证在风网拓扑结构上不重复设置。实际上，只要保证网络移除固定风量分支后的子图仍然为连通图，就不会导致生成树创建失败。

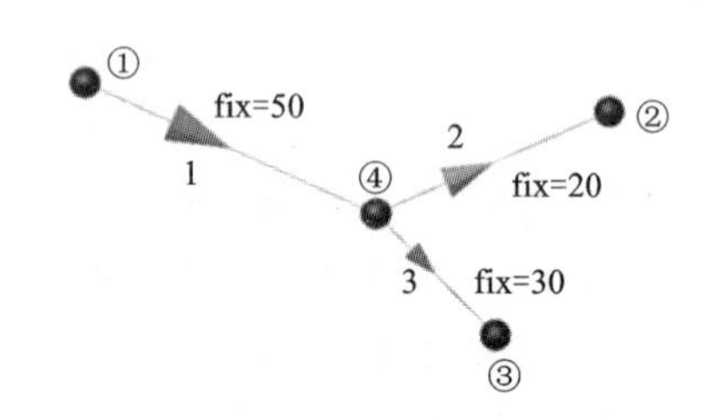

图 3 －9　设置固定风量分支参数

检查固定风量设置错误的基本思路：在矿井通风网络图中，凡是重复性设置的固定风量分支均无法形成任意的生成树。由于通风网络图的生成树图与余树图之间存在一定的关系，因此，可以采用生成树法检查风网固定风量的设置。首先将通风网络分支分为两类：固定风量分支和一般巷道分支，按先添加一般巷道分支的顺序不断添加至树图中，若在已生成的树图中没有与其关联的一般巷道分支时，则应添加固定风量分支直到形成通风网络图的生成树。

采用生成树法检查风网固定风量的设置比较方便、快捷，但一般的通风软件只提示某条固定风量设置有误，而没有提示与其相冲突的固定风量分支，此种情况下需要用户自己去寻找与其相关联的固定风量分支。

本节从生成树树枝与余树分支之间的关系出发，通过允许固定风量分支参与形成生成树，并采用双通路法快速圈划回路。可以直接找出相冲突的所有固定风量分支的方法叫作回路检查法。其基本思路是允许固定风量分支参与创建生成树，判断生成树中的固定风量分支所在的回路，并找出相应的余树分支，得到与该重复设置固定风量分支拓扑关联的其余固定风量分支。

从理论上说，固定风量风路数最多不能多于 M 条或 $M-F$ 条（F 为余树分支上的风机数），但实践表明，固定风量风路数应尽量少，或进行矿井网络分析计算时与某一节点相关联的所有分支，或构成一基本割集的所有分支的风量不能同时给定。

3.4.3　收敛性分析

矿井通风网络的解算算法基本上采用 Scott-Hinsley 法，由于 Scott-Hinsley 法进行了二次简化，迭代计算的收敛速度是一阶收敛的。风机优选时，若没有按要求优选合理的风机，而是人工选择某种风机，就可能导致解算不收敛或超出风机合理工作范围，从而导致迭代不收敛，此时需要进行收敛性分析。

1）独立性检查

对于构造的 M 个回路组成的矩阵，需要对其独立性进行检验，以避免出现假收敛的问题。

网孔法作为一种特殊的回路风量法，其回路结构比较特别，在一个网孔中可能存在多条余树分支，而且并不要求每个网孔均有一条唯一的分支。但只要 M 个平面网孔满足独立性的要求，网孔法就仍然可以保证网络收敛。

网孔是独立回路，一个网络的全部自然网孔是一组独立回路。平面网孔的独立性证明：对于一个含有 N 条分支、J 个节点的平面风网，根据欧拉定理，存在 $M=N-J+1$ 个网孔，作为最小的闭合环，任意一个网孔均不能由其余网孔组合而成，学者陈平（详见参考文献[38]）也通过两种方法证明了每一个网孔都是独立回路，故每两个网孔之间均相互独立。由于网孔属于特殊的回路，按照以上分析，这 M 个网孔构成了最大独立回路集。学者梅素珍等（详见参考文献[39]）则用线性代数的方法严格证明了网孔的独立性。

由于每个网孔的分支数较少，对于较稠密的网络，网孔法往往具有较快的收敛速度，但对于复杂的矿井通风网络，若采用广义的网孔圈划方法以保证回路较少的分支数，会经常出现重复圈划网孔的问题，因此，为避免回路假收敛，对圈划的网孔进行独立性检查极其重要。

为了判断回路矩阵 C 的独立性，可以采用简单的验算方法，首先判断闭合环

的个数 M，若 $M=N-J+1$，则取出 M 个余树分支所在的列组成 $M\times M$ 阶行列式 $|\boldsymbol{C}|$，直接计算回路矩阵对应行列式 $|\boldsymbol{C}|$ 的值，如果 $|\boldsymbol{C}|=0$，则说明回路矩阵重复；否则，这 M 个回路相互独立，如图 3-10 所示。

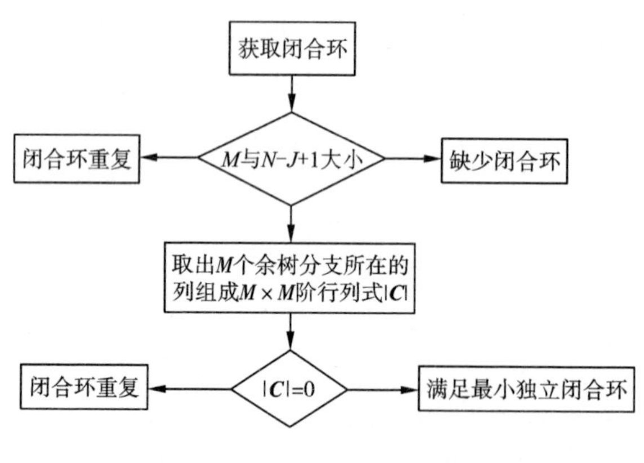

图 3-10　独立性检查流程图

2)收敛性分析

进行风网有效性分析的主要目的是检查网络存在的错误并使网络解算能快速收敛，收敛性分析是风网有效性分析的关键部分。收敛性分析包括：单向回路分析、回路结构分析、风机分析。

按照目前的解算方法，一旦通风系统中出现单向回路，则所有基于回路风压平衡概念的迭代算法都将失效，最终导致通风网络解算无法进行，必须采用其他解算方法来进行解算。主要原因是如果网络中存在单向回路，则因含有单向回路的通风网络的通路的矩阵算法具有不适用性，故包括通路本身算法在内的一切基于通路概念的算法都将失效，此种情况时需要修改搜索策略，使用改进的深度优先搜索法寻找通路。

由于固定风量分支不参与迭代计算，故通风网络中每个回路只可以包含一条固定风量分支，否则，即使其余回路收敛而且满足最大独立回路集的要求也无法保证风网解算收敛。由回路迭代式可知，在风机类型回路中，若风机曲线斜率取为负值，则有可能使迭代过程发散，为解决此问题，在风机选点时，一般取风机有效工作段部分。

对于风机设置不合理的网络，包含该风机类型的回路是无法收敛的，将导致风网解算的失败。为了初步检验回路的收敛性，可以采用逐个回路迭代收敛的方式检查，在不保证所有回路收敛的情况下使每次迭代的回路收敛；可以设置每个回路迭代的最大次数，每次迭代前检查精度，若该回路的精度总是大于设定的精度，则说明该回路可能无法收敛，提示可能的原因是风机设置不合理。

由于风网解算算法的局限性，在某些病态结构矩阵中，迭代计算可能无法收敛，为了查找出该异常结构所在的回路，可以采用回路逐步收敛的方式搜索，即逐步加入一个回路进行迭代计算，每次均对迭代过的回路再次进行迭代计算，若不收敛则说明新加入的回路可能导致网络不收敛，具体流程如图 3－11 所示。

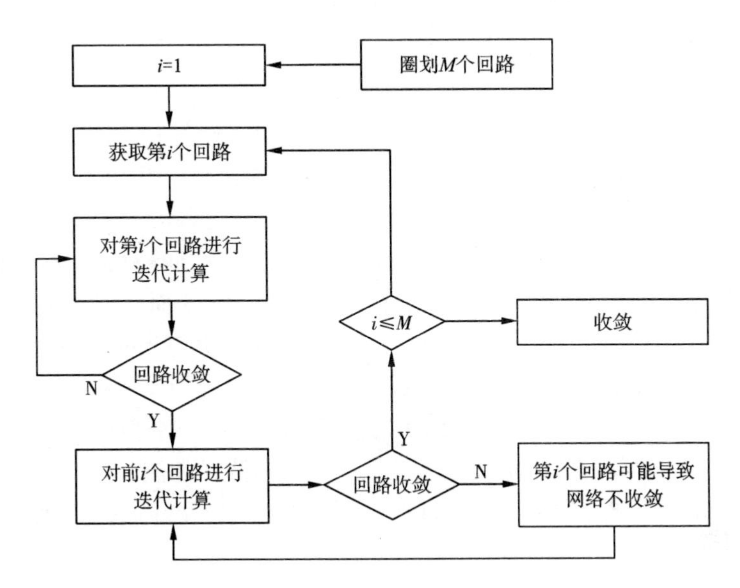

图 3－11　风网有效性分析流程图

第 4 章　矿井通风阻力

矿井通风阻力是进行矿井通风设计、矿井通风系统优化改造、矿井通风检查与管理、矿井通风网络解算与调控等工作的基础，是矿井通风学的重要组成部分。

由于空气具有黏性，当它沿井巷运动时，就会受到井巷对它所呈现的阻力作用，故要维持空气流动，就必须克服这种阻力的作用，从而导致风流本身机械能量的损失。在矿井通风工程中，空气沿井巷流动时，井巷对风流所呈现的阻力，统称为井巷的通风阻力。单位体积风流的能量损失简称为风压损失或风压降，单位为 N/m^2 或 Pa。井巷的通风阻力是引起风压损失的原因，而风压损失则是通风阻力的量度。故井巷的通风阻力与风压损失或风压降在数值上是相等的。

本章主要介绍矿井通风阻力的规律与计算方法，以及降低矿井通风阻力的主要措施等内容。

4.1　通风阻力及通风阻力定律

按风流边界状况的不同，通常将矿井通风阻力分为三类：摩擦阻力、局部阻力以及正面阻力。

摩擦阻力，也称沿程阻力，是发生在风流沿井巷流动的全部流程上因摩擦产生的阻力。由于克服摩擦阻力而造成的风流能量损失，称为摩擦损失。

局部阻力是由风流边界的急剧改变（如突然扩大、突然缩小等）所引起的阻力。因局部阻力引起的风压损失称为局部损失。

正面阻力是由风流绕过固定边界的四周（如风流绕过巷道中的电机车）所引起的阻力。因正面阻力所引起的风压损失称为正面损失。

整个矿井的通风阻力等于以上三种阻力之和。一般，全矿井通风阻力中摩擦阻力所占的比例最大，局部阻力与正面阻力所占比例较小，但对个别井巷（如风硐、井筒等）而言，有时局部阻力或正面阻力也可能占主要地位。

4.1.1　摩擦风阻与摩擦阻力

1)摩擦阻力

井下风流沿井巷或管道流动时，由于空气的黏性，受到井巷壁面的限制，造成空气分子之间相互摩擦(内摩擦)以及空气与井巷或管道周壁间的摩擦，从而产生的阻力称为摩擦阻力(也称沿程阻力)。

由工程流体力学可知，无论层流还是紊流，以风流压能损失来反映的摩擦阻力可用下式计算：

$$h_f = \lambda \frac{L}{d}\rho \frac{v^2}{2} \tag{4-1}$$

式中：λ 为无因次系数，即达西系数，通过实验求得；L 为管道的长度，m；d 为圆形风管直径，非圆形风管用当量直径，m；ρ 为流体的密度，kg/m^3；v 为管道内流体的平均流速，m/s。

流态不同时，实验的无因次系数 λ 大不相同，所以计算的摩擦阻力也大不相同。著名的尼古拉兹实验明确了流动状态和实验系数 λ 的关系。

(1)尼古拉兹实验

1932—1933 年，尼古拉兹把经过筛分、粒径为 ε 的砂粒均匀粘贴于管壁。砂粒的直径就是管壁凸起的高度，称为绝对糙度；绝对糙度 ε 与管道半径 r 的比值 ε/r 称为相对糙度。尼古拉兹以水为流动介质，对相对粗糙度分别为 1/15、1/30、1/60、1/126、1/256、1/507 六种不同的管道进行实验研究。实验得出流态不同的水流，其 λ 系数与管壁相对粗糙度、雷诺数 Re 的关系见图 4-1。图中的曲线是以对数坐标来表示的，纵坐标轴为 $\lg(100\lambda)$，横坐标轴为 $\lg Re$。根据 λ 值随 Re 的变化特征将图中曲线分为五个区：

Ⅰ区——层流区。当 $Re<2320$(即 $\lg Re<3.36$)时，不论管道粗糙度如何，其实验结果都集中分布于直线Ⅰ上，这表明 λ 随 Re 的增加而减少，与相对粗糙度无关，而只与雷诺数 Re 有关。其关系式为：$\lambda=64/Re$。这是因为对于各种相对粗糙度的管道，当管道内为层流时，其层流边层的厚度远远大于粘贴于管道壁各个砂粒的直径，砂粒凸起的高度全部被淹没在层流边层内，它对紊流的核心没有影响，见图 4-2。因此，实验系数 λ 与粗糙度无关。

Ⅱ区——临界区。当 $2320\leqslant Re\leqslant 4000$(即 $3.36\leqslant \lg Re\leqslant 3.6$)时，相对粗糙度不同的管道其管内流体由层流转变为紊流。所有的实验点几乎都集中在线段Ⅱ上。λ 随 Re 的增加而增大，与相对粗糙度无明显关系。

Ⅲ区——水力光滑区。当 $Re>4000$(即 $\lg Re>3.6$)时，不同相对粗糙度的实验点起初都集中在曲线Ⅲ上，随着 Re 的增加，相对粗糙度大的管道，实验点在 Re

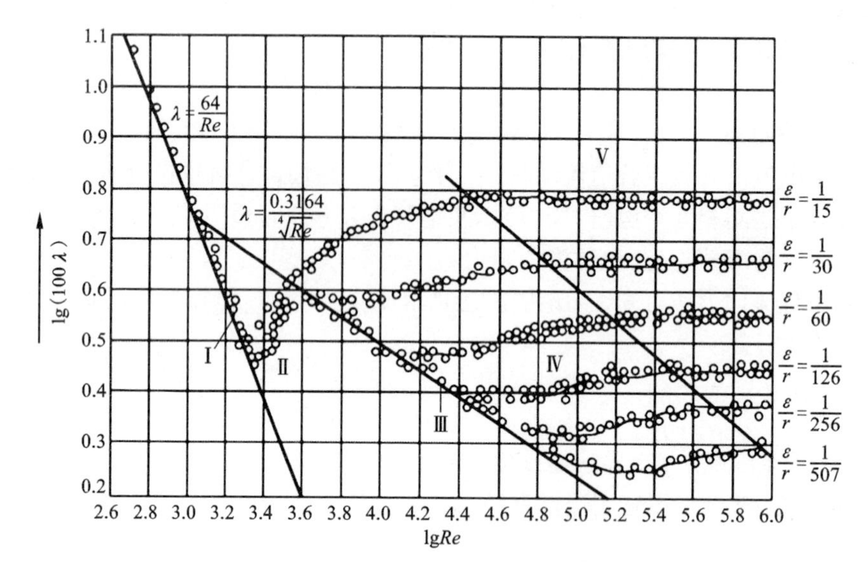

图 4-1　尼古拉兹试验结果

较低时就偏离曲线Ⅲ，相对粗糙度小的管道在 Re 较大时才偏离。在Ⅲ 曲线范围内，λ 与 Re 有关，与相对粗糙度无关。λ 与 Re 服从 $\lambda=0.3164/\sqrt[4]{Re}$关系，从实验曲线可以看出，在 $4000<Re<10000$ 时，它始终是水力光滑。

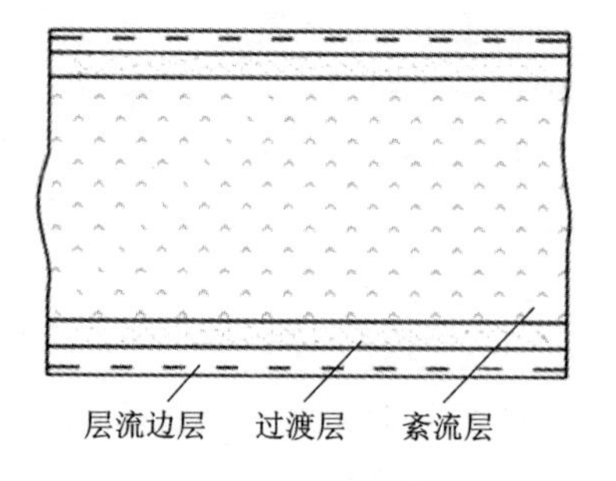

图 4-2　流态结构

Ⅳ区——紊流过渡区。由水力光滑区向水力粗糙区过渡，即图中Ⅳ所示的区段。在这个区段内，各种相对粗糙度不同的实验点各自分散呈一波状曲线，λ 不仅与 Re 有关，也与相对粗糙度有关。

Ⅴ——水力粗糙区。在该区段，Re 较大，流体的层流边层变得极薄，砂粒凸起的高度几乎全暴露在紊流的核心中，所以 Re 对 λ 的影响极小，可忽略不计，相对粗糙度成为 λ 的唯一影响因素，故在该区，λ 与 Re 无关，而只与相对粗糙度有关。对于具有一定的相对粗糙度的管道，λ 为定值。此时摩擦阻力与流速的平方成正比，称为阻力平方区，其可用尼古拉兹公式计算：

$$\lambda=\frac{1}{\left(1.74+2\lg\frac{r}{\varepsilon}\right)^2} \tag{4-2}$$

(2)层流摩擦阻力

当流体在圆形管道中作层流流动时，从理论上可以推导出摩擦阻力的计算式：

$$h_f = \frac{32\mu L}{d^2}v,\ \mu = \rho\upsilon,\ Re = \frac{vd}{\upsilon}$$

即
$$h_f = \frac{64}{Re} \times \frac{L}{d} \times \rho\frac{v^2}{2}$$

于是可得圆管层流时的达西系数：

$$\lambda = \frac{64}{Re} \tag{4-3}$$

采用尼古拉兹实验所得到的层流 λ 与 Re 的关系，与理论分析所得关系完全相同，即理论与实验的正确性得到相互的验证。

(3)紊流摩擦阻力

对于紊流运动，$\lambda = f(Re,\ \varepsilon/r)$关系比较复杂。用当量直径 $d_e = 4S/P$ 代替 d，代入阻力计算公式，则得到紊流状态下井巷的摩擦阻力计算式：

$$h_f = \frac{\lambda\rho}{8} \times \frac{LP}{S}v^2 = \frac{\lambda\rho}{8} \times \frac{LP}{S^3}Q^2 \tag{4-4}$$

2)摩擦阻力系数

矿井中大多数通风井巷风流的 Re 已进入阻力平方区，λ 只与相对粗糙度有关，对于几何尺寸和支护已定型的井巷，相对粗糙度一定，则 λ 可视为定值。对式(4-4)，令：

$$\alpha = \frac{\lambda\rho}{8} \tag{4-5}$$

式中：α 为摩擦阻力系数，$N \cdot s^2/m^4$。

因此，紊流状态下井巷的摩擦阻力计算式为：

$$h_f = \alpha\frac{LP}{S^3}Q^2 \tag{4-6}$$

通过大量实验与实测所得，标准状态下(即 $\rho_0 = 1.2\ kg/m^3$)的摩擦阻力系数 α_0 即为标准值，如果井巷空气密度不是标准状态条件下的密度，实际应用时，则应该对其修正：

$$\alpha = \alpha_0\frac{\rho}{1.2} \tag{4-7}$$

由于摩擦阻力系数 α 是由井巷的粗糙度决定的常数，故在进行矿井通风设计和相关通风阻力计算的实际工作中，要根据井巷的支护情况从专用手册或有关资料中选取。本书附录一中列有井巷摩擦阻力系数 α 值，可供参考与选用。为便于使用，各种支护方式下的井巷摩擦阻力系数 α 的区间值已录入 iVent 矿井通风系统软件中，见图 4-3。

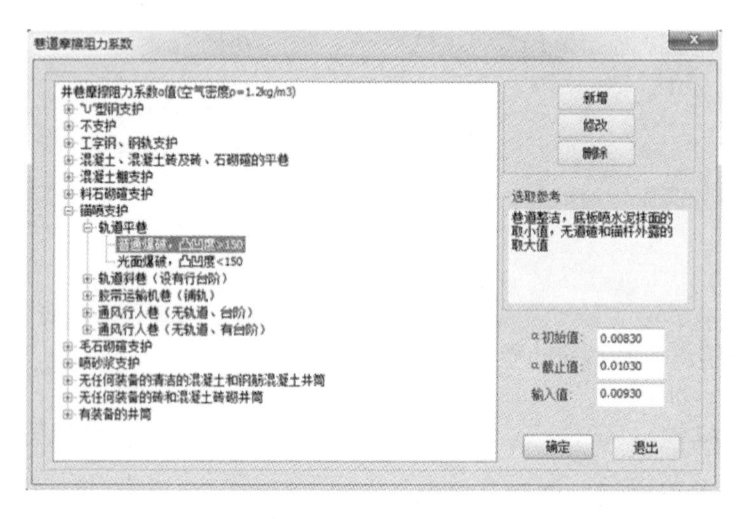

图 4-3 井巷摩擦阻力系数

3)摩擦风阻

对于已给定的井巷，L、P、S 都已知，故可把式(4-7)中的 α、L、P、S 归结为一个参数 R_f：

$$R_f = \alpha \frac{LP}{S^3} \tag{4-8}$$

式中：R_f 为巷道的摩擦风阻，$N \cdot s^2/m^8$。

摩擦风阻是矿井通风阻力的主要组成部分。一般情况下，它占全矿井通风阻力的80%以上。因此，摩擦风阻是矿井风量分配的基础，也是矿井通风网络解算的基础。

iVent 矿井通风系统由式(4-8)计算摩擦风阻，需确定 α、L、P、S 值，其中 α 可通过查图4-3所示软件或附录一得到，L 可由系统自动读取长度值或固定其长度(若系统自动读取的巷道长度不是实际长度时)，P 和 S 可通过“断面设计”输入巷道的断面形状、断面宽度与墙高自动计算，见图4-4与图4-5。

正常条件下，当某一段井巷中的空气密度 ρ 变化不大时，可将其看作是反映井巷几何特征的参数。因此，紊流状态下井巷的摩擦阻力计算式为：

$$h_f = R_f Q^2 \tag{4-9}$$

式(4-9)是井巷风流进入完全紊流(阻力平方区)时的摩擦阻力定律，它说明当摩擦风阻一定时，摩擦阻力与风量的平方成正比。

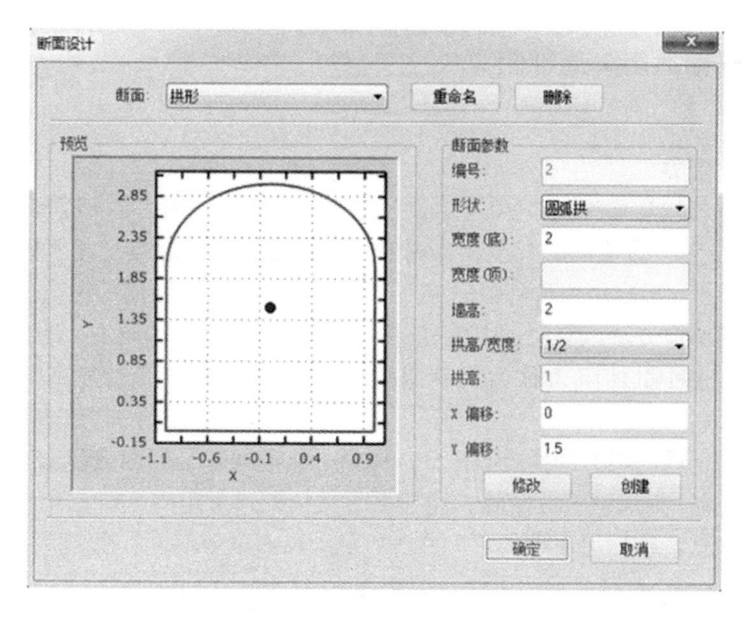

图 4－4　断面设计

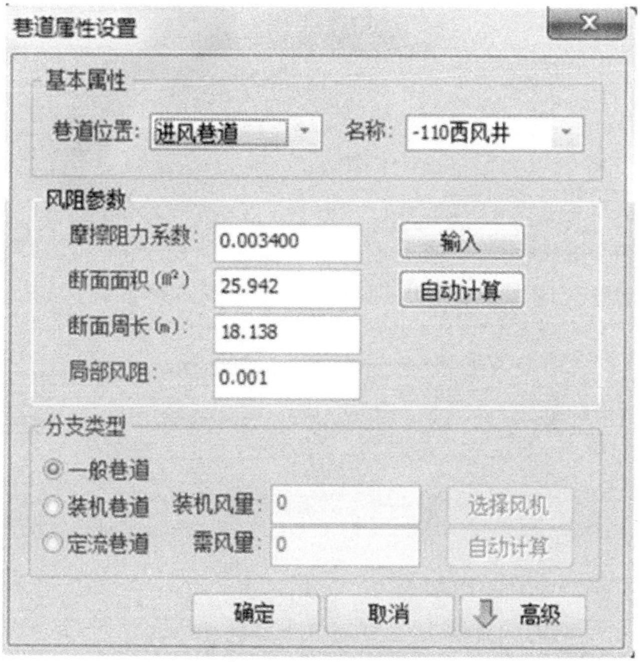

巷道属性设置

基本属性

巷道位置: 进风巷道　名称: -110西风井

风阻参数

摩擦阻力系数: 0.003400　输入

断面面积 (m²) 25.942　自动计算

断面周长 (m): 18.138

局部风阻: 0.001

分支类型

◎ 一般巷道

○ 装机巷道　装机风量: 0　选择风机

○ 定流巷道　需风量: 0　自动计算

确定　取消　高级

图 4－5　风阻计算

4.1.2 局部风阻与局部阻力

1)局部阻力

风流经过井巷某些局部区段(如断面突然扩大、突然缩小、巷道拐弯、巷道分叉等)时,由于风流速度的大小和方向发生急剧变化,引起空气相互间的激烈冲击与附加摩擦,形成极为紊乱的涡流现象,从而造成风流能量的损失。这种能量损失称为局部损失。风流经过上述局部区段时所产生的附加阻力,是造成局部损失的原因,这种附加阻力称为局部阻力。局部阻力与局部损失在数值上是相等的。

井下产生局部阻力的地点有风硐、风桥、巷道拐弯与断面变化处、巷道分叉处、调节风窗、扇风机扩散器等。局部阻力在全矿通风阻力中所占的比例通常小于20%,但在特殊情况下可能更大些。因此,局部阻力不可忽视。

局部阻力 h_j 一般也用动压的倍数来表示:

$$h_j = \xi \frac{\rho}{2} v^2 \tag{4-10}$$

式中:ξ 为局部阻力系数,无因次。

又 $v = Q/S$,则:

$$h_j = \xi \frac{\rho}{2S^2} Q^2 \tag{4-11}$$

下面介绍几种常见的局部阻力产生的类型。

(1)井巷断面突变时的局部阻力

紊流通过井巷断面突变的部分时,由于惯性作用,出现主流与边壁脱离的现象,在主流与边壁之间形成涡旋区(见图4-6),从而增加能量的损失。

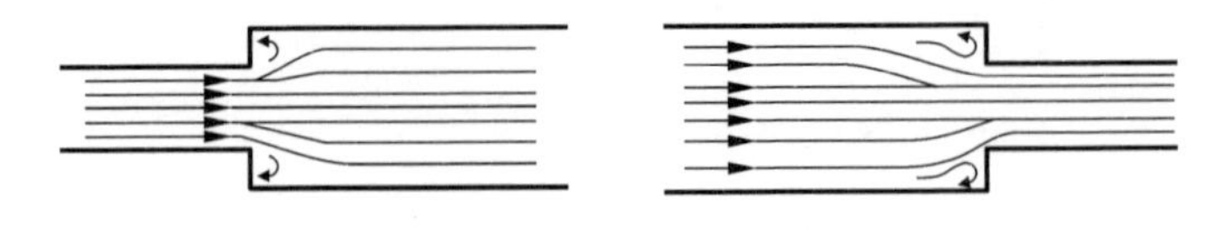

图4-6 巷道断面突变

(2)井巷断面渐变时的局部阻力

井巷断面渐变时的局部阻力主要是由于沿流动方向出现减速增压,使边壁附近形成涡旋而产生的。因为压差的作用方向与流动方向相反,使边壁附近本来就小的流速趋于0,导致这些地方的主流与边壁面脱离,出现与主流方向相反的流动，即面涡旋，从而形成局部阻力，如图 4－7 所示。

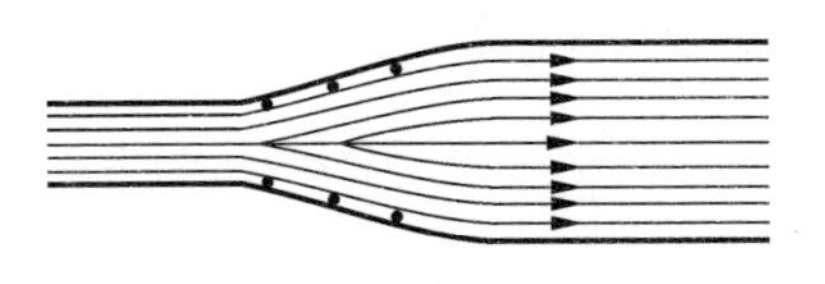

图 4－7　巷道断面渐变

(3)井巷断面转弯处的局部阻力

流体质点在转弯处受到离心力作用，在外侧减速增压，出现涡旋，从而形成局部阻力，如图 4－8 所示。

(4)井巷分岔与会合处的局部阻力

当一条井巷的风流突然分成两股时，会产生局部阻力损失。同样，两股风流突然汇合成一股风流时，也会产生局部阻力损失，如图 4－9 所示。

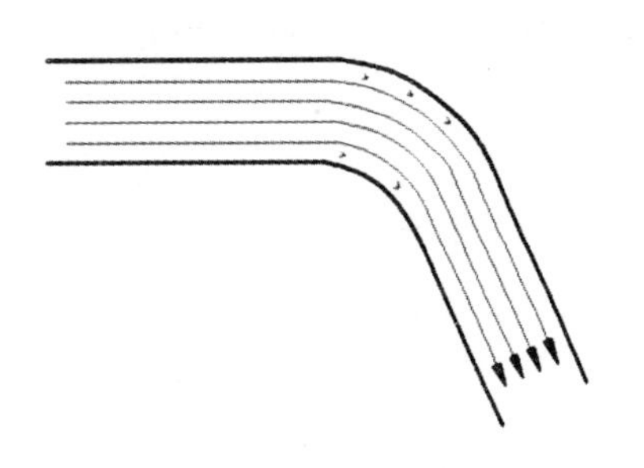

图 4－8　巷道断面转弯

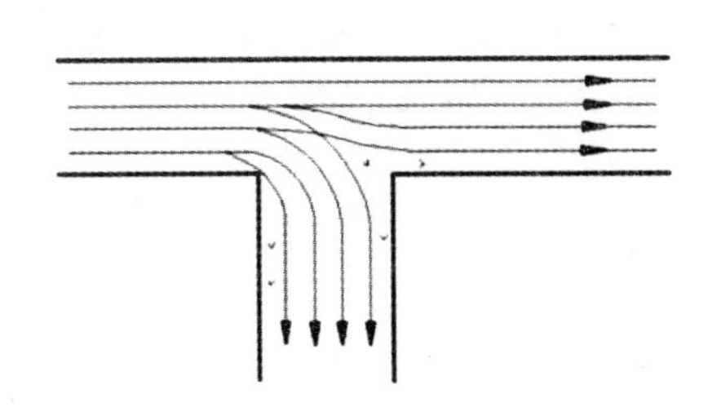

图 4－9　巷道断面分岔与会合

综上所述，局部的能量损失主要与存在的涡流区有关。涡流区越大，能量损失的就越多，局部阻力就越大。

2)局部阻力系数

产生局部阻力的过程非常复杂，因而确定局部阻力系数 ξ 也是非常复杂的。大量实验研究表明，紊流局部阻力系数 ξ 主要取决于局部阻力物的形状，而边壁的粗糙程度为次要因素。

(1)巷道突然扩大的局部阻力系数

$$h_j = \left(1 - \frac{S_1}{S_2}\right)\frac{\rho v_1^2}{2} = \xi_1 \frac{\rho v_1^2}{2} = \xi_1 \frac{\rho}{2S_1^2}Q^2 \tag{4-12}$$

$$h_j = \left(\frac{S_2}{S_1} - 1\right)\frac{\rho v_2^2}{2} = \xi_2 \frac{\rho v_2^2}{2} = \xi_2 \frac{\rho}{2S_2^2}Q^2 \tag{4-13}$$

式中：v_1，v_2 为小断面和大断面的平均流速，m/s；S_1，S_2 分别为小断面与大断面的面积，m；ρ_m 为空气平均密度，kg/m^3。

对于粗糙度较大的井巷，紊流局部阻力系数 ξ 需要用式(4－14)进行修正：

$$\xi' = \xi\left(1 + \frac{\alpha}{0.01}\right) \tag{4-14}$$

(2)巷道突然缩小的局部阻力系数

对于小断面的动压，ξ 值可按式(4-15)计算：

$$\xi = 0.5\left(1 - \frac{S_2}{S_1}\right),\ \xi' = \xi\left(1 + \frac{\alpha}{0.013}\right) \tag{4-15}$$

(3)巷道逐渐扩大的局部阻力系数

逐渐扩大的局部阻力比突然扩大的局部阻力小得多，其能量损失可认为由摩擦损失和扩张损失两部分组成。

当 $\theta < 20°$时，渐扩段的局部阻力系数 ξ 可用式(4-16)计算：

$$\xi = \frac{\alpha}{\rho\sin\frac{\theta}{2}}\left(1 - \frac{1}{n^2}\right)\sin\theta\left(1 - \frac{1}{n}\right)^2 \tag{4-16}$$

式中：α 为巷道的摩擦阻力系数，$N \cdot s^2/m^4$；n 为巷道大、小断面面积之比，即 S_2/S_1；θ 为扩张角，(°)。

(4)巷道转弯、分叉与汇合的局部阻力系数

有关风流转弯、分叉与汇合的局部阻力系数的计算比较复杂，而且这些公式都是半经验半理论的，通常通过查阅有关矿井通风手册选取确定。

除上述计算公式外，本书附录二列出了若干类型的局部阻力系数，可供参考与选用。

3)局部风阻

在局部阻力计算式中，有：

$$\xi\frac{\rho}{2S^2} = R_j \tag{4-17}$$

式中：R_j 为局部风阻，$N \cdot s^2/m^8$。

因此，紊流状态下井巷的摩擦阻力计算式为：

$$h_j = R_jQ^2 \tag{4-18}$$

式(4-18)表明，在紊流条件下局部阻力与风量的平方成正比。

4.1.3 正面风阻与正面阻力

井巷内存在着某些物体(如罐道梁、电机车、矿车、堆积物)，当空气在井巷中流动时，只能在这些物体的周围流过，使风流受到附加阻力的作用，这种附加阻力称为正面阻力；此时因风流速度的大小和方向发生了急剧变化，引起风流本身的激烈冲击，从而发生能量损失，这种能量损失称为正面损失。正面阻力与正面损失在数值上是相等的。

正面阻力的计算公式为：

$$h_c = C\frac{S_m}{S - S_m} \times \frac{\rho v^2}{2} \tag{4-19}$$

式中：h_c 为正面阻力，Pa；S_m 为正面阻力物在垂直于风流总方向上的投影面积，m^2；C 为正面阻力系数，无因次；S 为井巷断面面积，m^2；v_m 为风流通过空余断面 $(S-S_m)$ 时的平均风速，m/s；ρ 为风流(空气)的密度，kg/m^3。

因 $v_m=\dfrac{Q}{S-S_m}$，则

$$h_c=\frac{\rho CS_m}{2(S-S_m)^3}Q^2 \tag{4-20}$$

C、S、S_m、ρ 均为常数，故可令

$$R_c=\frac{\rho CS_m}{2(S-S_m)^3} \tag{4-21}$$

式中：R_c 为正面风阻，$N\cdot s^2/m^8$。

由式(4-20)与式(4-21)，得

$$h_c=R_cQ^2 \tag{4-22}$$

式(4-22)表明，正面阻力为正面风阻与风量的平方的乘积。

式(4-20)与式(4-22)均可用来计算正面阻力，而式(4-21)可用来计算正面风阻，计算的关键在于确定正面阻力系数 C 的数值。在矿井通风井巷中，实际测定正面阻力物的正面阻力系数的方法、步骤、使用仪表，基本上与测定局部阻力系数时相同，这里不再叙述。

4.1.4　通风阻力定律

通过对井巷摩擦阻力、局部阻力与正面阻力的计算式进行分析，可知在完全紊流的状态下，风流的三种阻力均符合下列关系式：

$$h=RQ^2 \tag{4-23}$$

式中：R 为井巷风阻，$N\cdot s^2/m^8$。

R 是由井巷中通风阻力物的种类、几何尺寸和壁面粗糙程度等因素决定的，反映井巷的固有特性。当通过井巷的风量一定时，井巷通风阻力与风阻成正比。因此，风阻值大的井巷其通风阻力也大；反之，风阻值小的井巷其通风阻力也小。可见井巷风阻值的大小标志着通风难易程度，风阻大时通风困难，风阻小时通风容易。所以，在矿井通风中把井巷风阻值的大小作为判别矿井通风难易程度的一个重要指标。

式(4-23)就是井巷中风流处于紊流状态时的矿井通风阻力定律，它反映了风阻 R 一定时，井巷通风总阻力与井巷通过的风量二次方成正比，适用于井下任何巷道。

需要说明的是，式(4-23)只适用于井巷风流处于紊流状态的情况，而对于

层流状态与中间过渡流态的风流，可用一般通风阻力定律：

$$h = RQ^n \tag{4-24}$$

$n=1$ 时是层流通风阻力定律，$n=2$ 时是紊流通风阻力定律，$1<n<2$ 时是中间过渡状态通风阻力定律，式(4－24)就是矿井通风学中最一般的通风阻力定律。由于井下只有个别风速很小的地点才有可能用到层流或中间过渡状态下的通风阻力定律，所以紊流通风阻力定律 $h=RQ^2$［式(4－23)］是通风学中应用最广泛、最重要的通风定律。

4.2 矿井总风阻与等积孔

4.2.1 井巷阻力特性

在紊流条件下，通风阻力定律 $h=RQ^2$。当风阻 R 一定时，用纵坐标表示通风阻力 h，横坐标表示风量 Q，则对每一风量 Q_i 值，均有一通风阻力 h_i 值与之对应，根据坐标点(Q_i，h_i)即可画出一条抛物线。这条曲线就叫作井巷阻力特性曲线。曲线越陡，井巷风阻越大，通风越困难；反之，曲线越缓，井巷风阻越小，通风越容易，如图 4－10 所示。

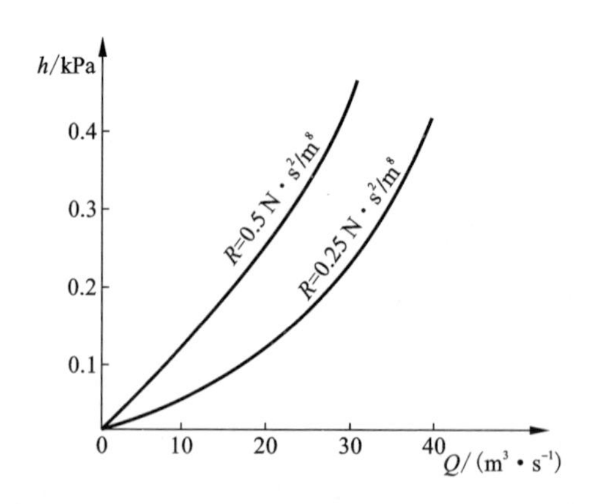

图 4－10　井巷阻力特性曲线

4.2.2 矿井总风阻

对于一个确定的矿井通风网路，其总风阻值就叫作矿井总风阻。当矿井通风网络的风量分配后，其总风阻值则是由网路结构、各支路风阻值所决定的。矿井总风阻与总风量、总阻力的关系为：

$$R_{总} = \frac{h_{总}}{Q_{总}} \tag{4-25}$$

式中：$R_{总}$ 为矿井总风阻，$N \cdot s^2/m^8$，表示矿井通风的难易程度，是评价矿井通风系统经济性的一个重要指标，也是衡量一个矿井通风安全管理水平的重要尺度，$R_{总}$ 越大，矿井通风越困难；$h_{总}$ 为矿井总阻力，Pa，对于单一进风井和单一出风井，其值等于从进风井到主要通风机入口按顺序连接的各段井巷的通风阻力累加起来的值，对于多风井进风或多风井回风的矿井通风系统，矿井总阻力是根据全矿井总功率来确定；$Q_{总}$ 为矿井总风量，m^3/s。

4.2.3　矿井等积孔

为了更形象、更具体、更直观地衡量矿井通风难易程度，矿井通风学上用一个假想的、与矿井风阻值相当的孔的面积作为评价矿井通风难易程度的指标，这个假想孔的面积就叫作矿井等积孔。

假定在无限空间有一薄壁，在薄壁上开一面积为 $A(m^2)$ 的孔口，见图4-11。当孔口通过的风量等于矿井总风量 $Q_{总}$，而且孔口两侧的风压差等于矿井通风总阻力($p_1 - p_2 = h$)时，孔口的面积 A 值就是该矿井的等积孔。现用能量方程来寻找矿井等积孔 A 与矿井总风量 $Q_{总}$ 和矿井总阻力 $h_{总}$ 之间的关系。

如图4-11所示，设风流从Ⅰ流至Ⅱ，且无能量损失，列出能量方程式：

$$p_1 + \frac{\rho}{2}v_1^2 = p_2 + \frac{\rho}{2}v_2^2 \tag{4-26}$$

又 $v_1 = 0$，则

$$p_1 - p_2 = \frac{\rho}{2}v_2^2 = h_{总} \tag{4-27}$$

式(4-27)中，

$$v_2 = \sqrt{2h_{总}/\rho} \tag{4-28}$$

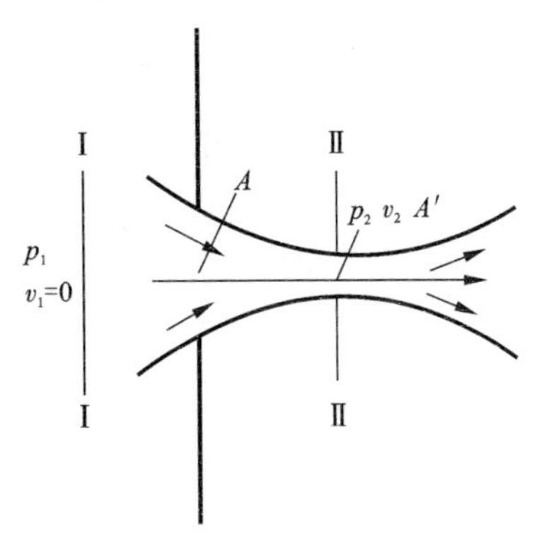

图4-11　等积孔

风流收缩处断面面积 A_2 与孔口面积 A 之比称为收缩系数 φ，由工程力学可知，一般 $\varphi = 0.65$，故 $A_2 = 0.65A$。则 $v_2 = Q_{总}/A_2 = Q_{总}/0.65A$，代入式(4-28)整理得：

$$A = \frac{Q_{总}}{0.65\sqrt{2h_{总}/\rho}} \tag{4-29}$$

取 $\rho = 1.2\ kg/m^3$，则：

$$A = 1.19 \frac{Q_{总}}{\sqrt{h_{总}}} \quad (4-30)$$

因 $R = h_{总}/Q_{总}^2$，则：

$$A = \frac{1.19}{\sqrt{R}} \quad (4-31)$$

式(4－29)和式(4－30)是矿井等积孔的计算公式，适用于任何井巷。这两个公式表明，如果矿井的通风阻力 $h_{总}$ 相同，等积孔 A 越大的矿井，风量 $Q_{总}$ 越大，表示通风容易；等积孔 A 越小的矿井，风量 $Q_{总}$ 越小，表示通风困难。因此，矿井等积孔能够反映不同矿井或同一矿井不同时期通风技术管理水平。同时，也可以评判矿井通风设计是否经济。式(4－31)表明，等积孔 A 与风阻 R 的平方根成反比，即井巷或矿井的风阻越小时，等积孔 A 越大，通风越容易；反之，越困难。所以，根据矿井总风阻和矿井等积孔的不同，通常把矿井通风难易程度分为三级，如表 4－1 所示。

表 4－1　矿井通风难易程度的分级标准

通风阻力等级	通风难易程度	风阻 $R/(N \cdot s^2 \cdot m^{-8})$	等积孔 A/m^2
大阻力矿	困难	>1.42	<1
中阻力矿	中等	1.42～0.35	1～2
小阻力矿	容易	<0.35	>2

必须指出的是：表 4－1 所列衡量矿井通风难易程度的等积孔值是 1873 年缪尔格根据当时的生产情况提出的，一直沿用至今。由于现代化矿井开采规模、开采方法、机械化程度和通风能力等较以前有很大的发展和提高，表中的标准对中小型矿井还有一定的参考价值，但对大型矿井或多风机通风矿井则不一定适用。

4.3　降低矿井通风阻力的方法

降低矿井通风阻力是一项非常庞大的系统工程，要综合考虑诸多方面因素。首先要保证通风系统运行安全可靠，矿井主要通风机要经济、合理、高效运转，及时调节矿井总风量，尽量避免通风机风量过剩或不足；通风网络要合理、简单、稳定；通风方法和通风方式要适应降阻的要求(如抽出式通风要比压入式通风的阻力大，中央并列式通风路线要长)；减少局部风量调节(主要是增阻调节法)的地点和数量，使调节后的总风阻接近不加调节风窗时的风阻，调节幅度要小、质量要高。降低矿井通风阻力的重点在于降低最大阻力路线上公共段的通风阻力。由于矿井通风系统的总阻力等于该系统最大阻力路线上各分支的摩擦阻力、局部阻力与正面阻力之和。因此，在降阻之前首先要确定通风系统的最大阻力路线，通过阻力测定，了解最大阻力路线上的阻力分布状况，找出阻力较大的分支，对其实施降阻措施。具体方法如下。

1)降低摩擦阻力的措施

根据摩擦阻力计算公式 $h_f = \alpha \frac{LP}{S^3}Q^2$，降低摩擦阻力的措施有：

(1)降低摩擦阻力系数

矿井通风设计时尽量选用摩擦阻力系数值小的支护方式，如锚喷、砌碹、锚杆、锚锁、钢带等，尤其是服务年限长的主要井巷，一定要选用摩擦阻力较小的支护方式，如砌碹巷道的摩擦阻力系数值仅有支架巷道的30%～40%。施工时一定要保证施工质量，应尽量采用光面爆破技术，尽可能使井巷壁面平整光滑，使井巷壁面的凹凸度不大于50 mm。对于支架巷道，要注意支护质量，支架不仅要整齐一致，有时还要刹帮背顶，并且要注意支护密度。及时修复被破坏的支架，失修率不大于7%。在不设支架的巷道，一定注意把顶板、两帮和底板修整好，以减少摩擦阻力。

(2)井巷风量合理

因为摩擦阻力与风量的平方成正比，因此在通风设计和技术管理过程中，不能随意增大风量，各用风地点的风量在保证安全生产要求的条件下，应尽量减少。掘进初期用局部通风机通风时，要对风量加以控制，及时调节主通风机的工况，减少矿井富裕总风量。避免巷道内风量过于集中，要尽可能使矿井的总进风早分开、总回风晚汇合。

(3)保证井巷通风断面

因为摩擦阻力与通风断面积的三次方成反比，所以扩大井巷断面能大大降低通风阻力，当井巷通过的风量一定时，井巷断面扩大33%，通风阻力可减少一半，故常将扩大井巷断面作为主要通风路线上高阻力段的减阻措施。当受到技术和经济条件的限制，不能任意扩大井巷断面时，可以采用双巷并连通风的方法。在日常通风管理工作中，要经常修整巷道，减少巷道堵塞物，使巷道清洁、完整、畅通，保持巷道足够断面。

(4)减少巷道长度

因为巷道的摩擦阻力和巷道长度成正比，所以在矿井通风设计和通风系统管理时，在满足开拓开采的条件下，要尽量缩短风路长度，及时封闭废弃的旧巷和甩掉那些经过采空区且通风路线很长的巷道，及时对生产矿井通风系统进行改造，选择合理的通风方式。

(5)选用周长较小的井巷断面

在井巷断面相同的条件下，圆形断面的周长最小，拱形次之，矩形和梯形的周长较大。因此，在矿井通风设计时，一般要求立井井筒采用圆形断面，斜井、石门、大巷等主要井巷采用拱形断面，次要巷道及采区内服务年限不长的巷道可以考虑矩形和梯形断面。

2)降低局部阻力措施

产生局部阻力的直接原因是局部阻力地点巷道断面的变化，引起了井巷风流速度的大小、方向、分布的变化。因此，降低局部阻力就是改善局部阻力物断面的变化情况，减少风流流经局部阻力物时产生的剧烈冲击和巨大涡流，减少风流能量损失，主要措施如下：

(1)最大限度减少局部阻力地点的数量。井下应尽量少地使用直径很小的铁风桥，减少调节风窗的数量；应尽量避免井巷断面的突然扩大或突然缩小。

(2)当连接不同断面的巷道时，要把连接的边缘做成斜线形或圆弧形，见图4－12。

(3)巷道拐弯时，转角越小越好(见图4－13)，在拐弯的内侧做成斜线形或圆弧形；要尽量避免出现直角弯；巷道尽可能避免突然分叉或突然汇合，在分叉和汇合处的内侧也要做成斜线形或圆弧形。

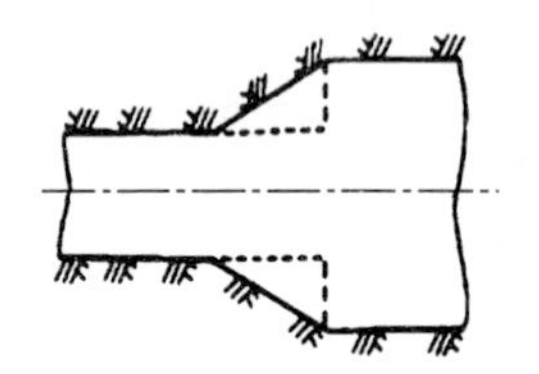

图4－12　巷道连接处为斜线形

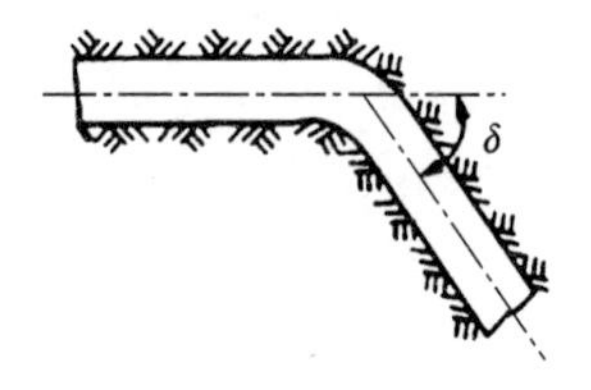

图4－13　巷道拐弯处为圆弧形

(4)减少局部阻力地点的风流速度及巷道的粗糙程度。

(5)在风筒或通风机的入风口安装集风器，在出风口安装扩散器。

3)降低正面阻力的措施

(1)减少井巷正面阻力物，及时清理巷道中的堆积物，采掘工作面所用材料要按需使用，不能集中堆放在井下巷道中。巷道管理要做到无杂物、无淤泥、无片帮，保证有效通风断面。在可能的条件下尽量不使成串的矿车长时间地停留在主要通风巷道内，以免阻挡风流，使通风状况恶化。

(2)将某些永久性的正面阻力物做成流线型(实验证明，方形正面阻力物的正面阻力系数是与其面积相同的流线型正面阻力物的正面阻力系数的20倍甚至更多)，以减少其正面阻力系数，从而降低正面阻力。

第 5 章　矿井自然风压与需风量计算

5.1　矿井自然风压

自然风压是矿井中客观存在的一种自然现象，是井上、井下多种自然因素所造成的促使空气沿井巷流动的一种能量差，这种能量差存在于包括平巷在内的所有井巷中。一方面，充分合理利用自然风压进行矿井通风，既可改善井下的工作环境，确保矿井安全生产，又可大大地减少通风资金投入、节能降耗；另一方面，在矿井通风过程中，由于自然风压的影响，往往会使矿井或局部井巷出现无风、微风，甚至风流反向的现象，给矿井生产安全带来严重的威胁。因此，必须掌握自然风压的类型、自然风压的实质、自然风压的影响因素及自然风压的控制与利用，并采取针对性的措施，把不利的自然风压转变为有利的自然风压，保持矿井各供风区域风量和风压的稳定，保障矿井生产安全。

5.1.1　自然风压的分类

根据矿井的实际情况，由井上、井下热力因素和生产活动的热力效应所产生的自然能量差可将自然风压概括为三种形式：自然热位差、水平热压差(或者水平气压差)以及大气自然风。

1)自然热位差

由于地面气温、井下热力因素、含湿量、气体成分等变化所引起的进、回风井筒内空气平均密度不等，从而造成进、回风井筒中产生空气柱压差，该空气柱压差即为自然热位差。

在机械通风停止后，因自然热位差的作用，在图 5－1 所示情况下，冬季风流从进风井筒进入，经井底平巷由回风井筒流出；夏季炎热时，其风流方向则相反。在有机械通风的矿井中，冬季自然风压与机械风压方向相同，帮助扇风机克服通风阻力；夏天则可能相反，自然风压起削弱机械通风压力的作用。

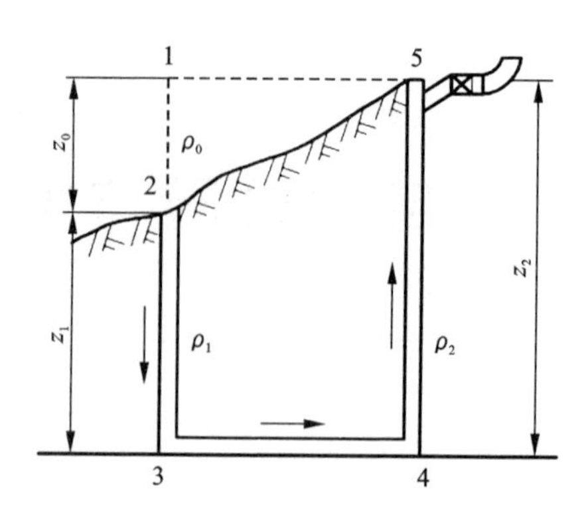

图 5-1　自然热位差示意图

在垂直坐标向上为正的情况下，图 5-1 所示通风回路的热位差可用下式表示。

$$p_n = -g\int\rho\mathrm{d}z = \int_1^2\rho_0 g\mathrm{d}z + \int_2^3\rho_1 g\mathrm{d}z - \int_3^4\rho_2 g\mathrm{d}z \qquad (5-1)$$

式中：g 为重力加速度，m/s^2；ρ_0、ρ_1、ρ_2 分别为 1-2、2-3 和 4-5 井巷中 dz 段密度，kg/m^3。

以前一些有关通风的书上就把该种形式的热位差叫作自然风压，这对自然风压的概括是不全面的。

2）水平热压差

在地表，由于多种因素造成空气温度、湿度、成分等的差异，同一标高水平上的大气压力也有差别。这种同一标高水平上的气压差，在气象上称为气压梯度，由气压梯度所产生的旁压力称为气压梯度力（N/kg）。水平气压梯度力可表示为：

$$G_n = -\frac{1}{\rho}\times\frac{\partial p}{\partial n} \qquad (5-2)$$

式（5-2）中水平气压梯度力的方向是由高指向低，其大小与$\partial p/\partial n$（即 Δp）成正比，和空气密度成反比。在水平气压梯度力的作用下，形成大气风。气压梯度力越大，风速也越大。

在矿井水平井巷中也能因温度等自然因素变化引起风流密度上的差异，从而造成同一标高水平上的压力差异。井巷中同一水平上主要因温差而形成的压力差称为水平热压差。这种水平热压差也能促使空气沿井巷流动，形成自然风。一般情况下这种自然风速很小，往往不被人所注意，但在某些条件下，仍能明显地显现出来。

图 5-2（a）是表示冬季洞内温度比地面温度高，巷道内空气逐渐被加热，热

气上升从巷道顶部流出，而地面冷空气从巷道下部进入；图5-2(b)是表示夏季洞内温度比地面温度低，巷道内空气逐渐降温，冷空气下降由巷道底部流出，而地面热空气从巷道顶部进入。这是借助自然因素通风的最简单方式。

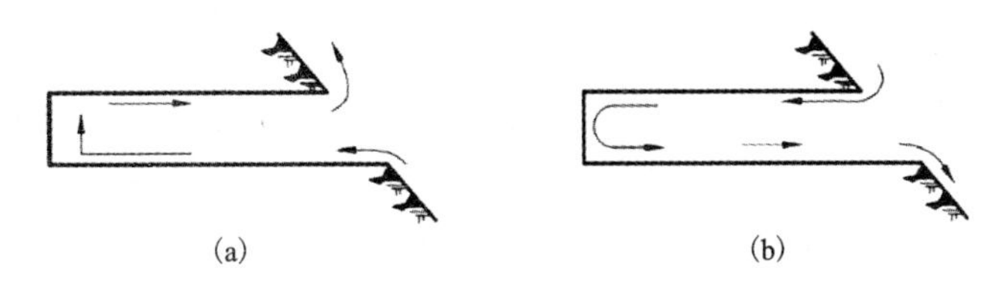

图5-2 水平巷自然通风示意图

3)大气自然风

地面吹向平峒口的大气风，其动压可转变成静压，形成矿井自然风，影响矿井通风量的大小。该动压 p_v 的计算方法为：

$$p_v = \frac{\delta\rho v^2}{2} \tag{5-3}$$

式中：δ 为系数，由风向、山坡表面形状倾斜度、洞口形状和尺寸等决定；ρ 为大气自然风流密度，kg/m^3；v 为大气风速，m/s。

大气自然风对抽出式通风矿井的进风平峒和压入式通风矿井出风平峒的风量影响较显著，能使前者风速明显增加，后者风流停滞甚至反向。

综上所述，以上三种形式的能量差都应属于自然风压的范畴。所以，自然风压是由井内、外自然因素所造成促进所有井巷风流流动的能量，而单位体积风流所具有的这种能量称作自然风压。

5.1.2 自然风压的实质

矿井是地面空间向地下的延伸，与地面形成大气风的道理一样，只要在一定的自然因素条件下，形成足以克服井巷阻力的压力差，就会产生自然风。在矿井中，井筒之间或井筒与地面之间同一标高上的水平热压差沿垂直方向累加形成了自然热位差，自然热位差强度较大，易被人注意到，而水平热压差在一些特定条件下也是较明显的。如图5-3所示的通风火灾试验巷道示意图，在平巷中进行火灾试验时，随着燃烧平巷4断面上燃烧温度的升高，使回风侧7、8点断面温度也相应增高，风流密度降低；燃烧段并联平巷中的2点段面与7、8点断面之间的水平热压差也相应增大，从而导致2点断面风量增加。多次试验证明，2点断面风量的增加与4点断面及其回风侧的温度同步，即4点断面及其回风侧温度升高，2点断面风速亦增加，且温度越高，风速增加越快。同时，在燃烧段进风巷中

3 点风速小于 1 m/s 的条件下，4 点断面燃烧时，空气受热上升，使其断面上部产生空气积聚和膨胀作用，导致该断面上部与风流上、下风侧断面上部之间均产生热压差，促使 4 点断面上部风流倒向，即产生所谓的“逆流现象”。逆流层长度最长达 25.7 m，厚约 1.5 m，为巷道高度的 1/2，逆流速度为 0.15 m/s。无疑在顺风流方向也有一个相同的热压差与机械风压叠加在一起，促使风流顺向流动。这些现象完全可以说明，一定条件下热压差在平巷中也是存在的，只是平巷中难以形成热位差，因而需要更强的热力效应才能形成明显的水平热压差；而热力效应在垂直井巷中可以积蓄变成热位差，所以只要较小的热力效应就可显现出较大的热位差。

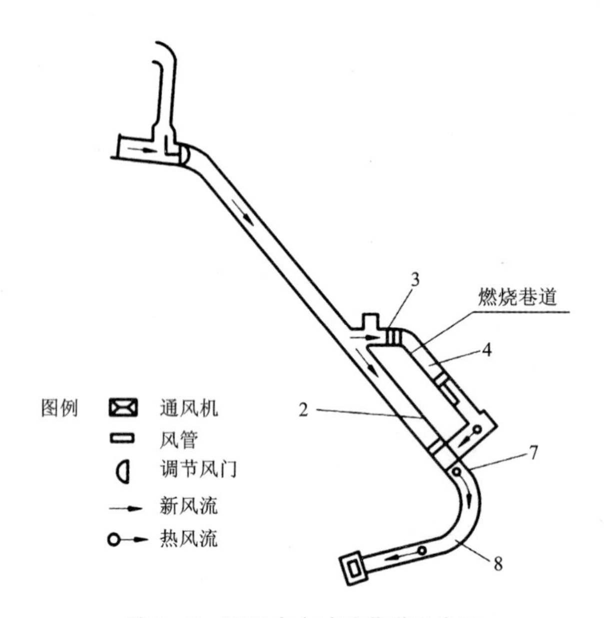

图 5－3　通风火灾试验巷道示意图

有时即使只有一个出口的正在掘进的井筒或平峒也可以形成自然风。冬天当井筒周壁不淋水时就可出现井筒中心部下风和周围上风的现象；夏天，则可能出现与之相反的现象。大爆破产生大量温度稍高的有毒有害气体以后，特别是当井下发生火灾产生大量温度较高的火烟气体时，就会出现局部自然风压(所谓“火风压”)，进而扰乱原来通风系统的风流状况。火风压不能与自然风压混为一谈，火灾时只是产生了更强烈的热力效应，使风流超出了不可压缩气体的范畴。但在压差关系方面，火风压与自然风压对风流状态的影响是一样的。另外，自然风压包括热风压对山区和深部矿井以及发生火灾时期矿井的通风状态均有很大的影响。

综上所述，自然风压是井上、井下热力效应等自然因素在矿井中形成的热压差，它存在于包括平巷在内的所有井巷中。大气自然风是地面水平热压差的结果对矿井通风的一种自然作用力，是间断性的；自然热位差是井筒间和井筒与地面间水平热压差累加形成的，是持续性的。所以，水平热压差是其余两种形式自然压差产生的基础，而自然热位差和大气自然风是水平热压差在不同条件下的不同表现形式而已。

5.1.3　矿井自然风压计算

在矿井自然风压计算中，遇到的情况往往比较复杂，既要尽可能反映实际情况，又要便于计算，并以满足矿井主扇风机的选型为最终目标。

影响矿井自然风压的因素主要有气候变化及矿井开采时期。气候影响最大的是夏、冬两季，开采影响最大的是矿井生产通风最易和最难时期。气候和开采对矿井通风负压影响的极值通常有以下几种：

$$H_e + H_{ew},\ H_e - H_{es};\ H_d + H_{dw},\ H_d - H_{ds} \tag{5-4}$$

式中：H_e、H_d 分别为矿井通风最易、最难（不计自然风压）时的通风计算负压，Pa；H_{ew}、H_{es}分别为矿井通风最易时冬、夏季自然风压的极值，Pa；H_{dw}、H_{ds}分别为矿井通风最难时冬、夏季自然风压的极值，Pa。

矿井主扇风机选型参数主要有矿井通风量、负压。风量一定时，负压主要考虑最大负压、最小负压。此时负压关系为：

$$H_d - H_{ds} < H_d + H_{dw} < H_e - H_{es} < H_e + H_{ew} \tag{5-5}$$

式中：矿井通风负压最小为 $H_e + H_{ew}$，最大为 $H_d - H_{ds}$。

计算时，需分别计算矿井通风容易时期（冬天）和困难时期（夏天）的矿井负压（极值），即 $H_e + H_{ew}$，$H_d - H_{ds}$。

1）矿井自然风压的计算方法

几种不同情况下的自然风压计算方法归纳如下：

（1）进、回风井井口标高相同的情况

①通风容易时期（冬季）的自然风压 H_{ew}

$$H_{ew} = (\rho_{oe} - \rho_{iw}) \times g \times H \tag{5-6}$$

式中：ρ_{oe}为通风容易时期回风井筒中湿空气的平均密度，kg/m^3；ρ_{iw}为冬季进风井筒中湿空气的平均密度，kg/m^3；H 为井筒垂深，m。

②通风困难时期（夏季）自然风压 H_{ds}

$$H_{ds} = (\rho_{od} - \rho_{is}) \times g \times H \tag{5-7}$$

式中：ρ_{od}为通风困难时期回风井筒中湿空气的平均密度，kg/m^3；ρ_{is}为夏季进风井筒中湿空气的平均密度，kg/m^3；H 为井筒垂深，m。

（2）回风井井口高于进风井井口的情况

①通风容易时期(冬季)的自然风压 H_{ew}

$$H_{ew}=(\rho_{冬地}\times H_c+\rho_{iw}\times H_j-\rho_{oe}H_h)\times g \tag{5-8}$$

式中：$\rho_{冬地}$为冬季进风井筒侧地表湿空气的平均密度，kg/m^3；ρ_{iw}为冬季进风井筒中湿空气的平均密度，kg/m^3；ρ_{oe}为通风容易时期回风井筒中湿空气的平均密度，kg/m^3；H_c 为进、回风井井口标高差，m；H_j 为进风井筒的垂深，m；H_h 为回风井筒垂深，m。

②通风困难时期(夏季)的自然风压 H_{ds}

$$H_{ds}=(\rho_{夏地}\times H_c+\rho_{is}\times H_j-\rho_{od}H_h)\times g \tag{5-9}$$

式中：$\rho_{夏地}$为夏季进风井筒侧地表湿空气的平均密度，kg/m^3。ρ_{is}为夏季进风井筒中湿空气的平均密度，kg/m^3；ρ_{od}为通风困难时期回风井筒中湿空气的平均密度，kg/m^3；H_c 为进、回风井井口标高差，m；H_j 为进风井筒的垂深，m；H_h 为回风井筒垂深，m。

(3)回风井井口低于进风井井口的情况

①通风容易时期(冬季)自然风压 H_{ew}

$$H_{ew}=(\rho_{iw}\times H_j-\rho_{冬地}\times H_c-\rho_{oe}H_h)\times g \tag{5-10}$$

式中：ρ_{iw}为冬季进风井筒中湿空气的平均密度，kg/m^3；$\rho_{冬地}$为冬季进风井筒侧地表湿空气的平均密度，kg/m^3；ρ_{oe}为通风容易时期回风井筒中湿空气的平均密度，kg/m^3；H_c 为进、回风井井口标高差，m；H_j 为进风井筒的垂深，m；H_h 为回风井筒垂深，m。

②通风困难时期(夏季)自然风压 H_{ds}

$$H_{ds}=(\rho_{is}\times H_j-\rho_{夏地}\times H_c-\rho_{od}H_h)\times g \tag{5-11}$$

式中：ρ_{is}为夏季进风井筒中湿空气的平均密度，kg/m^3；$\rho_{夏地}$为夏季进风井筒侧地表湿空气的平均密度，kg/m^3；ρ_{od}为通风困难时期回风井筒中湿空气的平均密度，kg/m^3；H_c 为进、回风井井口标高差，m；H_j 为进风井筒的垂深，m；H_h 为回风井筒垂深，m。

2)矿井自然风压相关参数计算

(1)空气平均密度

计算自然风压时，关键是计算各种状态下的空气平均密度。通常按式(5-12)计算空气密度。

$$\rho=3.484\times\frac{P-0.3779\varphi P_s}{273.15+T} \tag{5-12}$$

式中：ρ 为湿空气平均密度，kg/m^3；P 为湿空气绝对静压，kPa；φ 为湿空气相对湿度，%；T 为湿空气温度，℃；P_s 为湿空气中饱和水蒸气绝对分压，kPa。

在许多情况下，矿井湿空气密度也可用式(5-13)近似计算。

$$\rho = \frac{3.45P}{273.15 + T} \tag{5-13}$$

(2)湿空气绝对静压

①地表的情况

例如，已知海平面 ±0 m 处的大气静压力 $P_0 = 1.01325 \times 10^5$ Pa，海平面 +1000 m处的大气静压力 $P = 0.888P_0$，则：

$$P_{表} = \frac{1 - 0.112H_{表}}{1000} \times 1.01325 \times 10^5 \tag{5-14}$$

式中：$P_{表}$ 为地表湿空气绝对静压，Pa；$H_{表}$ 为计算井筒井口地表标高，m。

②进风井筒的情况

$$P_{进} = P_{表} - 0.5 \times P_h \tag{5-15}$$

式中：$P_{进}$ 为进风井筒湿空气的绝对静压平均值，Pa；P_h 为进风井筒上、下风压差（通过通风网络计算求得），Pa。

③回风井筒的情况

a. 通风容易时期：

$$P_{回易} = P_{表} + P_{f易} + 0.5 \times P_h \tag{5-16}$$

式中：$P_{回易}$为容易时期回风井筒湿空气的绝对静压平均值，Pa；$P_{f易}$为容易时期通风网络总负压，Pa；P_h 为通风容易时期回风井筒井口、井底风压差（通过通风网络计算求得），Pa。

b. 通风困难时期：

$$P_{回难} = P_{表} + P_{f难} + 0.5P_{h'} \tag{5-17}$$

式中：$P_{回难}$为困难时期回风井筒湿空气的绝对静压平均值，Pa；$P_{f难}$为困难时期通风网络总负压，Pa；$P_{h'}$为通风困难时期回风井筒井口、井底风压差（通过通风网络计算求得），Pa。

(3)相对湿度

进风井筒风流的相对湿度 φ 一般取 60%，回风井筒的一般取 100%。

(4)饱和水蒸气的绝对分压

饱和水蒸气的绝对分压 P_s 随湿空气温度(T)变化而变化。

(5)湿空气温度

①地表湿空气温度的确定。夏季以当地历年记载最高气温为准，℃；冬季以当地历年记载最低气温为准，℃。

②进风井筒湿空气温度的确定。通常夏季为当地历年最高气温与井下气温(22℃)的平均值，℃；冬季在进风井筒有加温设施时，取 2℃与井下气温(22℃)的平均值 12℃。

③回风井筒湿空气温度确定。据调查，矿井生产过程中回风井筒内空气温度

变化很小，计算时可取22℃。

3）自然风压的近似计算

对于新设计或延深、扩建矿井的自然风压仍可用式(5－1)计算，但式中两侧空气柱平均密度值需进行估算。

(1)当井深在100 m以内时，按等容过程计算

$$H_n = gZ(\rho_1 - \rho_2) \tag{5-18}$$

式中：H_n 为自然风压，Pa；ρ_1 为进风井空气柱的平均密度，kg/m^3；ρ_2 为回风井空气柱的平均密度，kg/m^3；Z 为井筒深度，m。

由气体状态方程，近似地可得：

$$\rho_1 = \frac{P}{RT_1},\ \rho_2 = \frac{P}{RT_2} \tag{5-19}$$

式中：P 为矿井最高点与最低水平间的平均气压，Pa；T_1、T_2 分别为进、回风侧空气柱的平均气温，K；

将式(5－19)代入式(5－18)中，得：

$$H_n = gZ\frac{P}{R}\left(\frac{1}{T_1} - \frac{1}{T_2}\right) \tag{5-20}$$

(2)井深超过100 m时，按等温过程计算

$$H_n = 0.465kP_0Z\left(\frac{1}{T_1} - \frac{1}{T_2}\right) \tag{5-21}$$

式中：k 为校正系数，$k = 1 + Z/10000$；P_0 为当地井口大气压，Pa；T_1 为进风井空气柱平均绝对温度，K；T_2 为回风井空气柱平均绝对温度，K。

5.1.4 自然风压的影响因素

1）影响自然风压的因素

矿井自然风压在一年之间(甚至在一天之间)是不断变化的。一般而言，冬季自然风压方向与风机作用方向一致，有利于矿井通风；夏季自然风压作用方向则与风机方向相反，从而起阻力作用，不利于矿井通风系统稳定、高效工作。

根据矿井自然风压的定义，可以把自然风压看成是空气密度(ρ)和井深(Z)的函数，而空气密度与空气温度、压力、湿度和成分等息息相关。影响矿井自然风压的因素包括温度、空气状态、标高、扇风机的工作状态、风量大小、矿井的工作水平数、开拓系统布局等。具体因素分析如下：

(1)温度

由于矿区地形、开拓方式和矿井深度的不同以及采用主扇通风与否，使得地表气温变化对自然风压的影响也会有所不同。对于山区平硐开拓的矿井，或者深

部露天转地下的矿井，或者井筒开拓的浅矿井，自然风压受地表气温变化的影响较大。在侵蚀基准面以下竖井开拓的深矿井，由于地温随深度增加而增加，地面空气进入矿井后与岩体发生热交换，地表温度的影响就比较小了，因此自然风压大小在一年内虽有变化，但其方向一般不太可能变化，特别是在有主扇通风的情况下。

矿井某一回路中两侧空气柱的温差是影响自然风压的主要因素。影响气温差的主要因素是地面入风气温和风流与围岩的热交换。其影响程度随矿井的开拓方式、采深、地形和地理位置的不同而有所不同。对于大陆性气候的山区浅井，自然风压大小和方向受地面气温影响较为明显，一年四季，甚至昼夜之间都有明显变化。由于风流与围岩的热交换作用，使机械通风的回风井中一年四季的气温变化不大，而地面进风井中气温则随季节变化，两者综合作用的结果导致一年中自然风压发生周期性的变化。但对于深井，其自然风压受围岩热交换影响比浅井显著，一年四季的变化较小。

(2)井深

当两侧空气柱温差一定时，自然风压与回路中最高与最低点(水平)之间的高差成正比。

(3)空气成分与湿度

因为各种气体的气体常数是不同的，按道尔顿定律，可以算出含有不同气体成分的空气的气体常数，由此可以算出它对空气压力的影响，但在一般情况下，这种影响很小。

(4)扇风机

因为矿井主要通风机工作决定了主风流的方向，加之风流与围岩的热交换，使冬季回风井气温高于进风井，在进风井周围形成了冷却带以后，即使风机停转或通风系统改变，这两个井筒之间在一定时期内仍有一定的气温差，从而仍有一定的自然风压起作用。有时甚至会干扰通风系统在改变后的正常通风工作，这在建井时期表现得尤为明显。

2)自然风压对矿井通风的影响

自然风压对矿井通风的主要影响是矿井通风系统风流的稳定性。在春、冬季节，矿井的自然风压为正值，和机械风压的作用方向相同，帮助主扇通风；在夏、秋季节，矿井的自然风压为负值，和机械风压的作用方向相反，阻碍主扇通风；在春夏之交和夏秋之交，矿井的自然风压等于零或很小。因此，在计算矿井各个时期的自然风压时，按冬天考虑；在计算困难时期的自然风压时，按夏天考虑。因此，矿井通风考虑了最容易和最困难两个时期的通风状况，需从中选出符合实际需要的主要扇风机，以保证矿井通风系统风流的稳定性。

5.1.5 自然风压的控制与利用

自然风压既可能成为矿井通风动力，也可能成为矿井通风阻力。因此，控制和利用好自然风压具有十分重要的意义。在生产过程中，自然风压的控制与利用措施主要有：

(1)新设计矿井在选择开拓方案、拟定通风系统时，应充分考虑利用地形和当地气候特点，使在全年大部分时间内自然风压作用的方向与机械通风风压作用的方向一致，以便利用自然风压。例如，在山区要尽量增大进、回风井井口的高差，进风井井口布置在背阳处等。

(2)根据自然风压的变化规律，应适时调整主要通风机的工况点，使其既能满足矿井通风需要，又可节约电能。例如在冬季利用自然风压帮助机械通风时，可采用减小叶片角度或转速的方法降低机械风压。

(3)在多井口通风的山区，要掌握自然风压的变化规律，防止因自然风压作用造成某些巷道无风或反向而发生事故。

(4)在建井时期，要注意因地制宜和因时制宜利用自然风压通风，如在表土施工阶段可利用自然通风；在主副井与风井贯通之后，有时也可利用自然通风；有条件时还可利用钻孔构成回路，形成自然风压，解决局部地区通风问题。

(5)利用自然风压做好非常时期的通风。一旦主要通风机因故遭受破坏停风时，便可利用自然风压进行通风。这在制订矿井事故预防和处理计划时应予以考虑。

(6)为了控制和利用自然风压，可人工调整进、回风井内的空气温差。有些矿井在进风井巷设置水幕或者淋水，以冷却空气，同时起到净化风流的作用。

5.2 需风量计算

矿井通风系统的作用是借助于机械或自然风压，向井下各需风点连续输送适量的新鲜空气，供给人员呼吸，稀释并排出各种有毒有害气体和粉尘，创造良好的劳动条件，保证井下人员的身体健康，提高劳动生产率。

矿井中需要供给新鲜风流的场所主要有回采或采煤、掘进、装矿、卸矿以及炸药库等各种工作面。通常情况下，风量越大，通风效果越好；但风量越大，井下通风所消耗的能量也越大，而且有时会造成二次扬尘。因此，正确计算需风量、合理确定供风量是矿井通风系统设计、优化改造的重要基础。

具体计算矿井需风量的方法有两种：一是按井下同时工作的最多人数计算；

二是按回采或采煤、掘进、硐室及其他等工作面实际需风量的总和进行计算，见图 5 –4、图 5 –5。

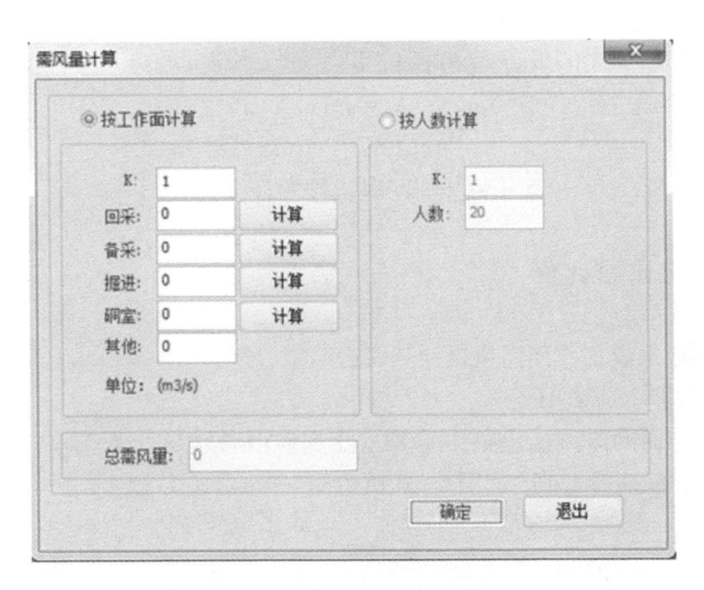

图 5 –4　金属非金属矿山需风量计算

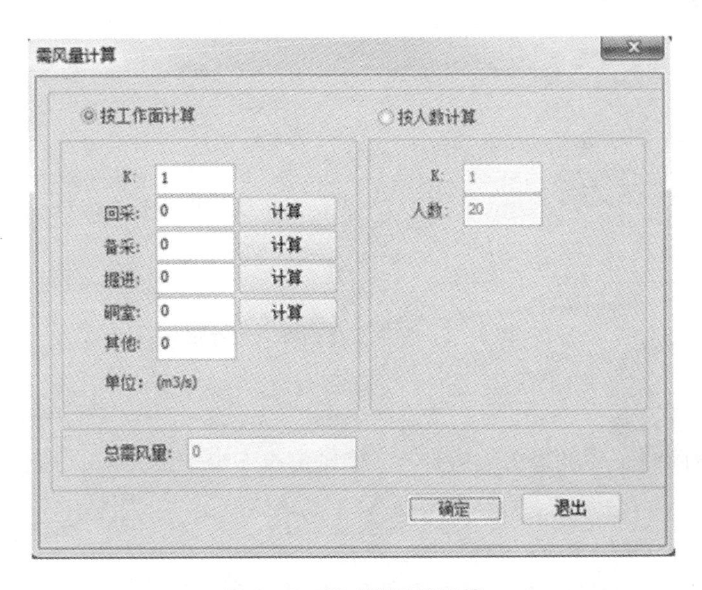

图 5 –5　煤矿需风量计算

5.2.1　按人数计算

按井下同时工作的最多人数计算，供风量应不少于每人 4 m^3/min：

$$Q = \frac{4\sum n}{60} = \frac{\sum n}{15} \tag{5-22}$$

式中：Q 为风量，m^3/s；$\sum n$ 为井下同时工作的最多人数。

5.2.2　按工作面计算

1）回采或采煤工作面需风量计算

（1）金属非金属矿山

回采工作面的需风量，按照《金属非金属矿山通风技术规范》，应该按下列要求分别计算，取其最大值，如图 5－6 所示。

图 5－6　回采工作面需风量计算

①按人数计算

按井下同时工作的最多人数计算，供风量应不少于每人 4 m^3/min

$$Q = \frac{4\sum n}{60} = \frac{\sum n}{15} \tag{5-23}$$

式中：Q 为风量，m^3/s；$\sum n$ 为井下同时工作的最多人数。

②按排尘风速计算

$$Q = Sv \tag{5-24}$$

式中：S 为工作面过风面积，m^2；v 为要求的排尘风速，m/s；硐室型采场最低风速不少于 0.15 m/s，巷道型采场、凿岩巷道与掘进巷道应不小于 0.25 m/s；装运机作业的工作面风速应不小于 0.4 m/s；电耙道、二次破碎巷道和溜井卸矿口的风速不小于 0.5 m/s；无底柱崩落法的进路，风速应不小于 0.25 m/s。

③按运行的柴油设备计算

有柴油设备运行的矿井，按同时作业机台数每千瓦每分钟供风量为 4 m^3 计算：

$$Q = \frac{4\sum P}{60} = \frac{\sum P}{15} \tag{5-25}$$

式中：Q 为风量，m^3/s；$\sum P$ 为同时作业的柴油设备功率，kW。

(2)煤矿

采煤工作面的风量应该按下列方法分别计算，取其最大值。

①按瓦斯涌出量计算

$$Q_{wi} = \frac{100 \times Q_{gwi} \times k_{gwi}}{60} \tag{5-26}$$

式中：Q_{wi}为第 i 个采煤工作面需要的风量，m^3/s；Q_{gwi}为第 i 个采煤工作面瓦斯平均绝对涌出量，m^3/min；可根据该采煤工作面的煤层埋藏条件、地质条件、开采方法、顶板管理、瓦斯含量、瓦斯来源等因素进行计算；抽放矿井的瓦斯涌出量，应扣除瓦斯抽放量之后计算；生产矿井可按条件相似的工作面推算；k_{gwi}为第 i 个采煤工作面瓦斯涌出不均匀时的备用风量系数，它是该工作面瓦斯绝对涌出量的最大值与平均值之比；生产矿井可根据各个工作面生产条件正常时，在整个工作面开采期间，均匀地选取不少于 5 个昼夜进行观测，得出 5 个比值，取其最大值；通常根据采煤方法可按表 5－1 选取备用风量系数。

表 5－1　各种采煤工作面瓦斯涌出不均匀的备用风量系数

采煤方法	k_{gwi}
机采工作面	1.2～1.6
炮采工作面	1.4～2.0
水采工作面	2.0～3.0

②按工作面进风流温度计算

采煤工作面应有良好的气候条件。进风流温度可根据风流温度预测的方法进行计算。其气温与风速应符合表 5－2 的规定：

表 5－2　采煤工作面空气温度与风速对应表

采煤工作面进风流气温/℃	采煤工作面风速/(m·s^{-1})
<15	0.3～0.5
15～18	0.5～0.8
18～20	0.8～1.0
20～23	1.0～1.5
23～26	1.5～1.8

采煤工作面需要的风量按式(5－27)计算：

$$Q_{wi} = v_{wi} \times S_{wi} \times k_{wi} \tag{5-27}$$

式中：v_{wi}为第 i 个采煤工作面的风速，按采煤工作面进风流温度从表 5－2 中选取，m/s；S_{wi}为第 i 个采煤工作面的平均有效断面，按最大和最小控顶有效断面的平均值计算，m^2；k_{wi}为第 i 个工作面的长度系数，可按表 5－3 选取。

表 5－3　采煤工作面长度与风量系数对应表

采煤工作面长度/m	工作面长度风量系数 k_{wi}
<15	0.8
15～80	0.9
80～120	1.0
120～150	1.1
150～180	1.2
>180	1.30～1.40

③按使用炸药量计算

按每公斤炸药爆破后稀释炮烟所需的新鲜风量为 500 m^3 计算：

$$Q_{wi} = \frac{500 \times A_{wi}}{60t} \tag{5-28}$$

式中：Q_{wi}为风量，m^3/s；A_{wi}为第 i 个采煤工作面一次爆破所用的最大炸药量，kg；t 为爆破后稀释炮烟的通风时间，min，一般取 20～30 min。

④按工作人员数量计算

按每人每分钟应供给 4 m^3 新鲜风量计算：

$$Q_{wi} = \frac{4 \times n_{wi}}{60} = \frac{n_{wi}}{15} \tag{5-29}$$

式中：Q_{wi}为风量，m^3/s；n_{wi}为在第i个采煤工作面同时工作的最多人数。

⑤按风速进行验算

按《煤矿安全规程》规定的最低风速，以式(5－30)验算最小风量：

$$Q_{wi} \geq 0.25 \times S_{wi} \tag{5-30}$$

综采和综放工作面的最小风量应按式(5－31)验算：

$$Q_{wi} \geq 0.5 \times S_{wi} \tag{5-31}$$

按《煤矿安全规程》规定的最高风速，以式(5－32)验算最大风量：

$$Q_{wi} \leq 4 \times S_{wi} \tag{5-32}$$

式中：S_{wi}为第i个采煤工作面的平均有效断面面积，m^2。

采煤工作面有串联通风时，按最大需风量计算。备用工作面也应按上述满足瓦斯、二氧化碳、风流温度和风速等的要求来计算需风量，且不得低于其回采时需风量的50%。

2）备采工作面需风量计算（见图5－7）

对于金属非金属矿山而言，难于密闭的备用回采工作面，如备用电耙道和凿岩道等，其风量应与作业工作面相同；能够临时密闭的备用工作面如采场的通风井或平巷等，可用盖板、风门等临时密闭着，其风量可取作业工作面风量的一半，即$Q_{s'}=0.5Q_s$。

图5－7 备采工作面需风量计算

对于煤矿而言，备用工作面也应按采煤工作面的要求，满足瓦斯、二氧化碳、风流温度和风速等规定计算需风量，且不得低于其回采时需风量的50%。

3）掘进工作面需风量计算（见图5－8）

（1）金属非金属矿山

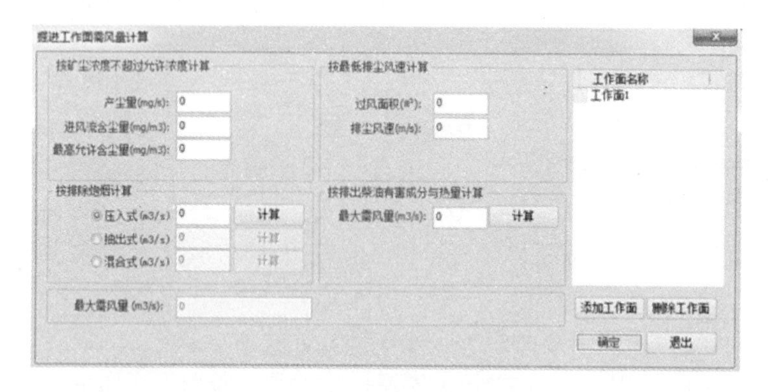

图 5-8　掘进工作面需风量计算

①按矿尘浓度不超过允许浓度计算

$$Q_{\mathrm{d}} = \frac{E}{G_{\mathrm{p}} - G_i} \tag{5-33}$$

式中：Q_{d} 为稀释掘进工作面粉尘不超过允许浓度所需风量，$\mathrm{m^3/s}$；E 为掘进巷道的产尘量，mg/s；G_{p} 为最高允许含尘量，当矿尘中含游离 SiO_2 达到或超过 10% 时为 2 $\mathrm{mg/m^3}$，当矿尘中含游离 SiO_2 小于 10% 时为 10 $\mathrm{mg/m^3}$；G_i 为进风流中含尘量，一般要求不超过 0.5 $\mathrm{mg/m^3}$。

②按最低排尘风速计算

$$Q_0 = v_0 S \tag{5-34}$$

式中：Q_0 为排出掘进工作面粉尘所需风量，$\mathrm{m^3/s}$；v_0 为最低排尘风速，在岩石巷道中按排尘确定为 0.15 m/s。

③按排除炮烟计算

a. 压入式通风(见图 5-9)

当风筒出口到掘进工作面的距离 $L_{\mathrm{p}} \leqslant L_{\mathrm{s}} = (4 \sim 5)\sqrt{S}$ 时，掘进工作面所需风量(即风筒出风口的风量)可按式(5-35)计算。

$$Q_{\mathrm{p}} = \frac{0.465}{t}\left(\frac{AbS^2L^2}{\varphi^2 C_{\mathrm{a}}}\right)^{1/3} \tag{5-35}$$

式中：Q_{p} 为压入式通风时掘进工作面所需风量，$\mathrm{m^3/s}$；t 为通风时间，s，一般取 1200 ~ 1800 s；A 为一次爆破炸药的消耗量，kg；b 为每千克炸药爆破产生的 CO 量，煤巷爆破取 100 L/kg，岩巷爆破取 40 L/kg；S 为巷道断面积，$\mathrm{m^2}$；L 为巷道通风长度，m；φ 为风筒始端(风筒与扇风机连接端)与末端(风筒靠近工作面的一端)的风量比，即风筒漏风备用系数；C_{a} 为通风所达到的 CO 浓度允许值，常取 0.02% 作为通风的初步要求以计算风量，%。

若取 $b=100$ L/kg，$\varphi=1$，$C_a=0.02$，可得：

$$Q_{\mathrm{p}}=\frac{7.8}{t}\sqrt[3]{AS^2L^2} \tag{5-36}$$

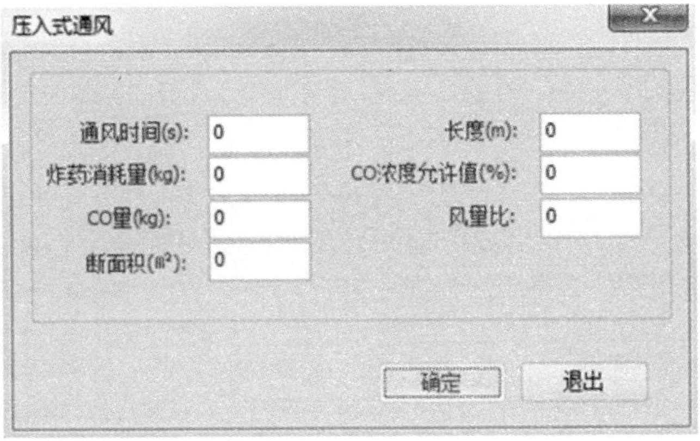

压入式通风

通风时间(s): 0　　长度(m): 0
炸药消耗量(kg): 0　　CO浓度允许值(%): 0
CO量(kg): 0　　风量比: 0
断面积(㎡): 0

确定　退出

图 5-9　压入式通风

b. 抽出式通风(见图 5-10)

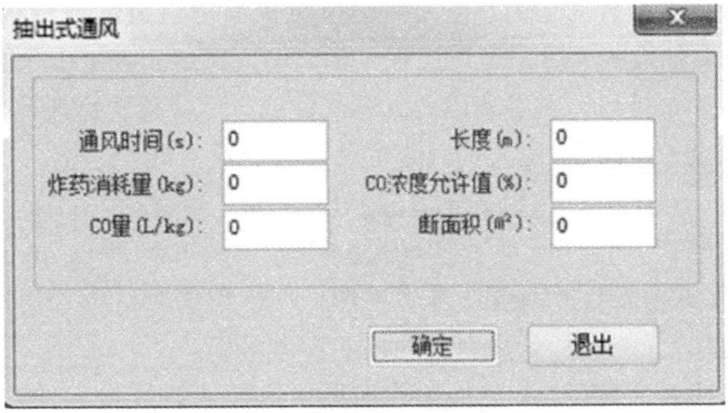

抽出式通风

通风时间(s): 0　　长度(m): 0
炸药消耗量(kg): 0　　CO浓度允许值(%): 0
CO量(L/kg): 0　　断面积(㎡): 0

确定　退出

图 5-10　抽出式通风

当风筒出口到掘进工作面的距离 $L_{\mathrm{p}} \leqslant L_{\mathrm{e}}=1.5\sqrt{S}$时，掘进工作面所需风量(即风筒入风口的风量)可按式(5-37)计算。

$$Q_{\mathrm{e}}=\frac{0.254}{t}\sqrt{\frac{AbSL_t}{C_{\mathrm{a}}}} \tag{5-37}$$

式中：Q_{e} 为抽出式通风时掘进工作面所需风量，$\mathrm{m^3/s}$；L_t 为炮烟抛掷带长度，其大小取决于爆破方式及炸药消耗量；电雷管起爆且爆破后立即开始通风时，$L_t=15+\frac{A}{5}$；火雷管起爆且爆破后立即开始通风时，$L_t=15+A$，m。

若取 $b=100$ L/kg，$C_a=0.02$，可得：

$$Q_e=\frac{18}{t}\sqrt{ASL_t} \tag{5-38}$$

c. 混合式通风(见图5－11)

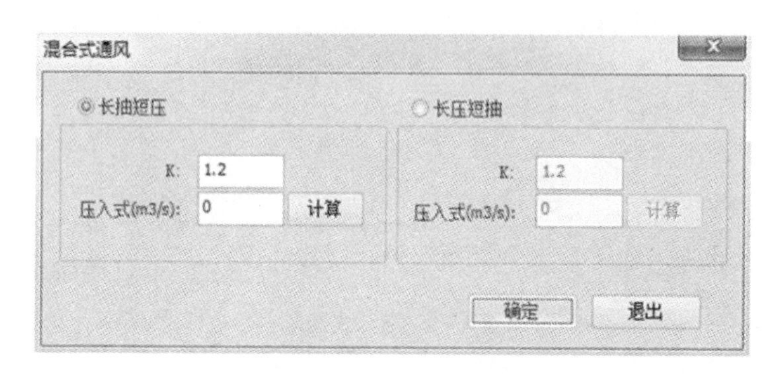

图5－11　混合式通风

在长抽短压混合式布置时，压入式扇风机风筒出口风量 Q_p 按式(5－35)计算，计算时 L 取抽取式风筒出风口或压入式局扇入风口到掘进工作面的距离。为了防止循环风和维持风筒重叠巷道内具有最低的排尘或稀释瓦斯速度，则抽出式风筒吸风口风量 Q_e 应大于压入式风筒出风口风量 Q_p，即：

$$Q_e=(1.2\sim1.25)Q_p \tag{5-39}$$

$$Q_e=Q_p+60vS_1 \tag{5-40}$$

式中：v 为风筒重叠段巷道的最低排尘风速，一般为0.15～0.25 m/s，稀释瓦斯的最低风速为0.5 m/s；S_1 为风筒重叠段的巷道面积，m^2。

在长压短抽混合式布置时，抽出式扇风机风筒入口风量 Q_e 按式(5－37)计算。为了防止循环风和维持风筒重叠段巷道内具有最低的排尘或稀释瓦斯风速，则压入式风筒的出风口风量 Q_p 应大于抽出式风筒吸风口风量 Q_e，即

$$Q_p=(1.2\sim1.25)Q_e \tag{5-41}$$

$$Q_p=Q_e+60vS_1 \tag{5-42}$$

④按排出柴油机废气中的有害成分与热量计算

柴油设备具有生产能力大、效率高和机动灵活等优点，在金属矿山得到了广泛的应用。由于柴油设备排出大量的废气和热量，因此矿井通风风量应能满足将柴油设备所排出的废气中有害成分稀释至允许浓度以下，以及将柴油设备所排出的热量

全部带走的要求。按排出柴油机废气中的有害成分与热量计算，如图 5 - 12 所示。

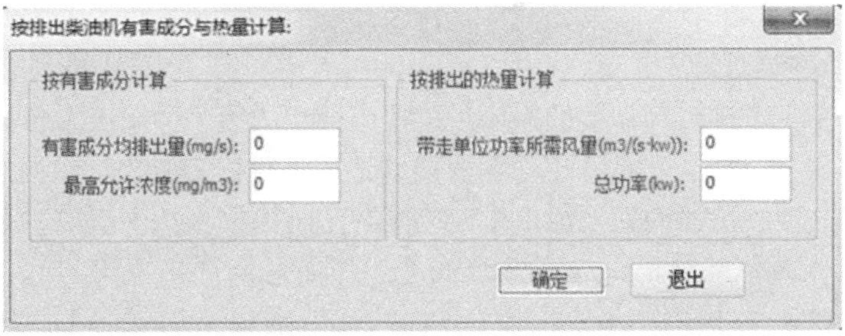

图 5 - 12　按排出柴油机有害成分与热量计算

a. 按稀释柴油设备排出的有害成分不超过允许浓度计算

柴油设备所排放的废气成分很复杂，所包含的有害成分有氮氧化合物、含氧碳氢化合物、低碳化合物、硫的化合物、碳氧化合物、油烟等，其主要成分是一氧化碳和氮氧化合物。按照风流的稀释作用，风流中保证柴油设备所排出的有害成分不超过允许浓度的风量可按式(5 - 43)计算。

$$Q_c = \frac{E_c}{G_c} \tag{5-43}$$

式中：Q_c 为稀释掘进工作面柴油设备所排出的有害成分不超过允许浓度所需的风量，m^3/s；E_c 为柴油设备有害成分的平均排放量，mg/s；G_c 为有害成分的最高允许浓度，一氧化碳的 G_c 为 30 mg/m^3，氮氧化合物的 G_c 为 5 mg/m^3。

b. 按带走柴油设备所排出的热量计算

$$Q_r = q_r N_r \tag{5-44}$$

$$N_r = N_1K_1 + N_2K_2 + \cdots + N_nK_n \tag{5-45}$$

式中：Q_r 为带走掘进工作面柴油设备所排放的热量所需的风量，m^3/s；q_r 为带走柴油设备单位功率产生的热量所需的风量，$q_r = 0.06 \sim 0.07\ m^3/(s \cdot kW)$；$N_r$ 为所有柴油设备的总功率，kW；N_1，N_2，N_3，…，N_n 为各种柴油设备的额定功率，kW；K_1，K_2，K_3，…，K_n 为各种柴油设备实际运转时间占总工作时间的比例。

⑤按巷道最高风速进行验算

在岩巷、半煤岩和煤岩中，最高允许风速为 4 m/s。因此，上述各式分别计算出来的 Q_p(或者 Q_e)、Q_w、Q_d、Q_0、Q_c 和 Q_r 中，应选择一个最大者 Q_{max} 进行最高风速验算，若符合要求，该 Q_{max} 就是井巷掘进工作面的合理需风量；若不符合要求，就要重新设计和计算。

(2)煤矿

煤巷、半煤岩巷和岩巷掘进工作面的需风量，应按下列因素分别计算，取其最大值。

①按瓦斯涌出量计算

$$Q_{di} = \frac{100q_{gdi}k_{gdi}}{60} \tag{5-46}$$

式中：Q_{di}为第 i 个掘进工作面的需风量，m^3/s；q_{gdi}为第 i 个掘进工作面的平均绝对瓦斯涌出量，m^3/min。按该工作面煤层的地质条件、瓦斯含量和掘进方法等因素进行计算，抽放矿井的瓦斯涌出量，应扣除瓦斯抽放量。生产矿井可按条件相似的掘进工作面来推算。k_{gdi}为第 i 个掘进工作面瓦斯涌出不均匀的备用风量系数，其含义和观察计算方法与采煤工作面的瓦斯涌出不均匀的备用风量系数相似。通常，机掘工作面 k_{gdi}取 1.5 ~2.0；炮掘工作面 k_{gdi}取 1.8 ~2.5。当有其他有害气体时，应根据《煤矿安全规程》规定的允许浓度按上式计算的原则计算所需风量。

②按炸药量计算

按每公斤炸药爆破后稀释炮烟所需的新鲜风量为 500 m^3 计算：

$$Q_{di} = \frac{A_{di} \times 500}{60t} \tag{5-47}$$

式中：A_{di}为第 i 个掘进工作面一次爆破所用的最大炸药量，kg；t 为爆破后稀释炮烟的通风时间，min，一般取 20 ~30 min。

③按局部通风机吸风量计算

$$Q_{di} = \frac{k_{fdi} \times \sum q_{fdi}}{60} \tag{5-48}$$

式中：$\sum q_{fdi}$ 为第 i 个掘进工作面同时运转的局部通风机额定风量的总和，m^3/min。各种通风机的额定风量可按表 5 -4 选取。k_{fdi}为防止局部通风机吸循环风的风量备用系数，一般取 1.15 ~1.25。进风巷中无瓦斯涌出时取 1.15，有瓦斯涌出时取 1.25。

表 5 -4　各种局部通风机的额定风量

风机型号	额定风量/($m^3 \cdot s^{-1}$)
JBT -51(5.5 kW)	150
JBT -52(11 kW)	200
JBT -61(14 kW)	250
JBT -62(28 kW)	300

④按工作人员数量计算

$$Q_{di}=\frac{4\times n_{di}}{60} \tag{5-49}$$

式中：n_{di}为第i个掘进工作面同时工作的最多人数。

⑤按风速进行验算

按《煤矿安全规程》规定的最低风速验算最小风量：

无瓦斯涌出的岩巷：

$$Q_{di}\geqslant 0.15\times S_{di} \tag{5-50}$$

有瓦斯涌出的岩巷、半煤岩巷和煤巷：

$$Q_{di}\geqslant 0.25\times S_{di} \tag{5-51}$$

按《煤矿安全规程》规定的最高风速验算最大风量：

$$Q_{di}\leqslant 4\times S_{di} \tag{5-52}$$

式中：S_{di}为第i个掘进工作面巷道的净断面积，m^2。

4)硐室需风量计算

(1)金属非金属矿山

金属非金属矿山硐室需风量为破碎硐室、装卸矿硐室、炸药库以及机修硐室等硐室需风量之和，见图5－13。

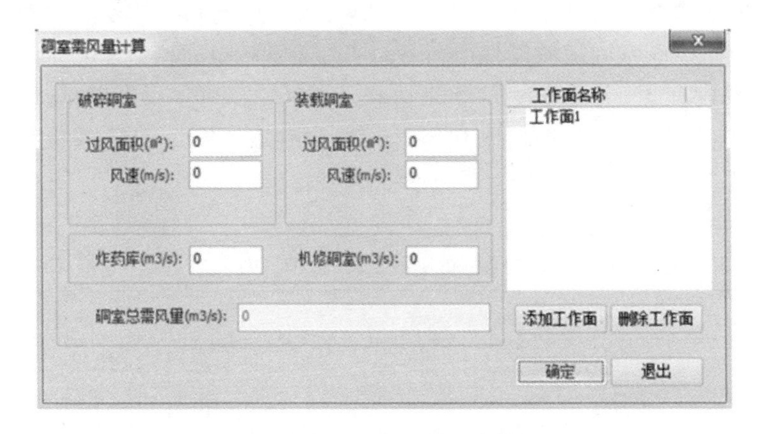

图5－13　硐室需风量计算

①破碎硐室

井下破碎硐室是重大产尘点，为防止其产尘污染井下风流，应当有连通总回风系统的排尘回风道，形成独立的贯穿风流通风，确定的排尘风速应不小于0.25 m/s。

②装矿、卸矿硐室

装矿、卸矿硐室也是井下主要产尘点，确定的排尘风速应不小于0.25 m/s，产尘较大的溜井卸矿口应不小于0.5 m/s。主溜井使用过的含尘污风，原则上应排入矿井回风系统。

③炸药库

炸药库是井下主要危险源，为防止其自燃、自爆、氧化分解时产生的有毒气体污染井下风流，必须构建通达总回风系统的专用回风道，并形成独立的贯穿风流，需风量可取1～2 m^3/s。

④机修硐室

机修硐室经常进行电焊、氧焊、气割等作业，一般保持1～1.5 m^3/s的通过风量。

(2)煤矿

各个独立通风硐室的供风量，应根据不同类型的硐室分别进行计算：

①机电硐室

发热量大的机电硐室，按硐室中运行的机电设备发热量进行计算：

$$Q_{ri}=\frac{3600\times\sum P\times\theta}{60\times\rho\times C_p\times 60\times\Delta t}=\frac{\sum P\times\theta}{\rho\times C_p\times\Delta t} \tag{5-53}$$

式中：Q_{ri}为第i个机电硐室的需风量，m^3/s；$\sum P$为机电硐室中运转的电动机(或变压器)总功率(按全年中最大值计算)，kW；θ为机电硐室的发热系数，可根据实际情况由机电硐室内机械设备运转时的实际热量转换为相当于电器设备容量做无用功的系数确定，也可按表5－5来选取；ρ为空气密度，一般取$\rho=1.2$ kg/m^3；C_p为空气的定压比热，一般可取$C_p=1.0006$ kJ/(kg·K)；Δt为机电硐室进、回风流的温度差，K。

表5－5 机电硐室发热系数(θ)表

机电硐室名称	发热系数
空气压缩机房	0.15～0.18
水泵房	0.01～0.03
变电所、绞车房	0.02～0.04

采区小型机电硐室，按经验值确定需风量或取为60～80 m^3/min。

②爆破材料库

按库内空气每小时更换4次计算：

$$Q_{ri}=\frac{4V}{3600} \tag{5-54}$$

式中：Q_{ri}为第i个爆破材料库的需风量，m^3/s；V为库房容积，m^3；

但大型爆破材料库需风量不得小于100 m^3/min，中小型爆破材料库需风量不得小于60 m^3/min。

③充电硐室

按其回风流中氢气体积浓度不大于0.5%计算：

$$Q_{ri}=\frac{200\times q_{rhi}}{60} \tag{5-55}$$

式中：Q_{ri}为第i个充电硐室的需风量，m^3/s；q_{rhi}为第i个充电硐室在充电时产生的氢气量，m^3/min，但充电硐室的供风量不得小于100 m^3/min。

5)其他需风量计算

(1)金属非金属矿山

其他需风点的需风量，如主溜井装卸矿点、穿脉装矿点及主风流中的装卸矿点所需风量，视对主风流的污染程度而考虑全部计入、部分计入或不计入。

(2)煤矿

其他用风巷道的需风量，应根据瓦斯涌出量和风速分别进行计算，采用其最大值。

①按瓦斯涌出量计算

a. 采区内的其他用风巷道

$$Q_{ei}=\frac{100q_{gei}k_{gei}}{60} \tag{5-56}$$

b. 采区外的其他用风巷道

$$Q_{ei}=\frac{133\times q_{gei}\times k_{gei}}{60} \tag{5-57}$$

式中：Q_{ei}为第i个采区内、外的其他用风巷道的需风量，m^3/s；q_{gei}为第i个其他用风巷道的瓦斯绝对涌出量，m^3/min；k_{gei}为第i个其他用风巷道瓦斯涌出不均匀时的风量备用系数，一般可取$k_{gei}=1.1\sim1.3$。

②按风速验算

a. 一般巷道

$$Q_{ei}\geqslant 0.15\times S_{ei} \tag{5-58}$$

b. 有架线机车行走的巷道

$$Q_{ei}\geqslant 1.0\times S_{ei} \tag{5-59}$$

式中：S_{ei}为第i个其他用风井巷净断面积，m^2。

5)矿井总需风量计算

(1)金属非金属矿山

按回采、掘进、硐室及其他等工作面实际需风量的总和进行计算，见图5-4和图5-5。根据式(5-60)即可计算一个通风单元的需风量，也可计算整个通风系统的需风量。

$$Q = K(\sum Q_{\mathrm{s}} + \sum Q_{\mathrm{s'}} + \sum Q_{\mathrm{d}} + \sum Q_{\mathrm{r}} + \sum Q_{\mathrm{h}}) \tag{5-60}$$

式中：K 为风量备用系数，对于金属非金属矿山而言，一般矿井 $K=1.3\sim1.5$，漏风容易控制的矿井 $K=1.25\sim1.40$，漏风难以控制的矿井 $K=1.35\sim1.5$，对于煤矿而言，可取 $1.15\sim1.25$；Q 为通风单元或通风系统的需风量，$\mathrm{m^3/s}$；Q_{s} 为回采或采煤工作面所需风量，$\mathrm{m^3/s}$；$Q_{\mathrm{s'}}$为难于密闭的备用回采工作面所需风量，如备用电耙道和凿岩道等，其风量应与作业工作面相同；能够用盖板、风门等临时密闭的备用工作面如采场的通风井或平巷等，其风量可取作业工作面风量的一半，即 $Q_{\mathrm{s'}}=0.5Q_{\mathrm{s}}$；$Q_{\mathrm{d}}$ 为掘进工作面(包括开拓、采准、切割)所需风量，$\mathrm{m^3/s}$；Q_r 为炸药库、破碎硐室等要求独立风流通风的硐室所需风量，$\mathrm{m^3\cdot s^{-1}}$，但变电室、绞车房、水泵站、空压机硐室的降温问题要由过路风流解决，故在计算矿井总需风量时，这类硐室所需风量不应纳入总需风量来计算，只需在设计风流的输送与调控方案时，考虑如何使其风量分配达到设计要求即可；Q_{h} 为其他需风点的需风量，如主溜井装卸矿点、穿脉装矿点及主风流中的装卸矿点所需风量，视对主风流的污染程度而考虑全部计入、部分计入或不计入。

(2)煤矿

矿井的总需风量，应按采煤、掘进、硐室以及其他地点实际需风量的总和计算：

$$Q = (\sum Q_{wt} + \sum Q_{dt} + \sum Q_{rt} + \sum Q_{et}) \times k \tag{5-61}$$

式中：Q 为采区所需总风量，$\mathrm{m^3/s}$；$\sum Q_{wt}$为该采区内各采煤工作面和备用工作面所需风量之和，$\mathrm{m^3/s}$；$\sum Q_{dt}$为该采区内各掘进工作面所需风量之和，$\mathrm{m^3/s}$；$\sum Q_{rt}$为该采区内各硐室所需风量之和，$\mathrm{m^3/s}$；$\sum Q_{et}$为该采区内其他用风巷道风量之和，$\mathrm{m^3/s}$；k 为考虑采区的漏风和配风不均匀等因素影响时的备用风量系数。应从实测中统计求得，一般可取 1.1～1.2。

5.3 矿井漏风及有效风量率

矿井漏风可使作业面有效风量降低，降低通风效果。矿井漏风也可使通风系统的可靠性和风流的稳定性遭到破坏，使某些角联风路出现风流反向、烟尘倒流现象。大量漏风风流的存在可使矿井总风阻降低，从而破坏主扇的正常工况，造成主扇效率降低，增加无益的电能消耗。此外，矿井漏风还能加速可燃性矿物自燃。因此，减少漏风、提高有效风量是矿井通风系统管理工作的一项重要任务。

5.3.1　矿井漏风分类及漏风原因

1）漏风分类

矿井漏风是指空气进入矿井后，一部分风流未经用风地点而直接进入回风部分或直接流向地表的现象。矿井漏风可分为两类：外部漏风与内部漏风。外部漏风是指风流由地面直接渗入排风道，或由进风道直接渗入地面的漏风，简而言之，是地表与矿井之间的漏风；而内部漏风是指风流进入矿井后，没有清洗工作面，却经其他通道渗入排风道，简而言之，是从进风部分直接漏入回风部分。外部漏风的通道常常是不严密的井口、风硐或采空区、塌陷区，而内部漏风的通道常常是矿井不严密的通风构筑物或采空区。

矿井通风又可分为有害漏风与有益漏风两种。一般把会削弱工作面有效风量的漏风称之为有害漏风，如从矿井进风部分直接漏入回风部分的漏风，主扇安装在地表时，压入式通风矿井进风段至地表的漏风，抽出式通风矿井从地表至回风段的漏风，这些有害漏风会使通风系统的有效性、可靠性和风流的稳定性遭到破坏；与之对应，将能减少矿井通风阻力、降低通风电耗、增大矿井有效风量的漏风称为有益漏风，如把主扇安装在井下时，压入式通风矿井地表至进风段的漏风、抽出式通风矿井回风段至地表的漏风等。因此，如何控制有害漏风，利用有益漏风，提高有效风量率，降低通风电耗是矿井通风系统设计和管理的重要任务。

2）漏风原因

一般而言，有漏风通道存在，并在漏风通道两端有压差时，就可产生漏风。一般矿山的主要漏风地点和产生的原因有：

（1）抽出式通风的矿井产生的通过地表塌陷区及采空区直接漏入排风道的短路漏风的原因，这是由于开采上缺乏统一规划，过早地形成了地表塌陷区；在回风道上部没有保留必要的隔离矿柱；同时对地表塌陷区和采空区未及时进行充填或隔离。

（2）压入式通风的矿井产生的通过井底车场或井口的短路漏风的原因，常常是由于井底车场或井口风门不严密甚至失效所致。

（3）有些矿山井下作业面分散，很多废旧巷道不能及时进行封闭，形成漏风通道。

（4）井口封闭、反风装置、风门、风桥、风墙等通风构筑物不严密或管理不善造成漏风。

5.3.2 矿井漏风率与有效风量率

1)漏风量

通过漏风通道的漏风量 Q_L 与漏风通道的风阻 R_L 和两端的压差 h 之间存在如下关系：

$$Q_L = \sqrt[n]{\frac{h}{R_L}} \tag{5-62}$$

式中：n 为漏风风流的流态指数，其中层流状态 $n=1$，紊流状态 $n=2$，中间流态$n=1\sim2$。

当漏风风流通过砂层和致密的充填层时，风速很低，属层流状态。当风流通过风门的缝隙、风筒接头、崩落不久的岩石层和溜矿井的矿石层时，一般呈紊流状态，有时也呈过渡的中间状态。由于漏风风流流态的变化较大，阻力状况比较复杂，用计算法确定漏风量比较困难。

2)漏风率与有效风量率

从地表进入井下的新风，到达作业地点，达到通风目的的风量称为有效风量。各工作面实际得到的有效风量总和与矿井总风量(即主扇风量或一级主风机站)之比的百分数，称为通风系统的有效风量率。有效风量率反映了矿井总风量的有效利用程度。《金属非金属矿山通风技术规范》要求矿井通风系统的有效风量率不得低于60%。

矿井总风量由有效风量、内部漏风量和外部漏风量三部分组成。从原则上说，进入用风部分的风量由有效风量及内部漏风量组成，其关系如下：

$$Q_Y = \sum Q_{Gi} \tag{5-63}$$

$$Q_{WL} = Q_Z - Q_U \tag{5-64}$$

$$Q_{NL} = Q_X - Q_Y \tag{5-65}$$

式中：Q_Y 为矿井有效风量；Q_{Gi}为各工作面实得风量；Q_Z为矿井总风量(压入式通风矿井为总进风量，抽出式通风矿井为总排风量)；Q_X 为实际进入需风部分的风量；Q_{WL}为外部漏风量；Q_{NL}为内部漏风量。

Q_Y、Q_{WL}、Q_{NL}三者与总风量之比的百分数分别称为有效风量率、外部漏风率、内部漏风率，即：

$$\eta_Y = \frac{Q_Y}{Q_Z} \times 100\% \tag{5-66}$$

$$\eta_{WL} = \frac{Q_{WL}}{Q_Z} \times 100\% \tag{5-67}$$

$$\eta_{\mathrm{NL}} = \frac{Q_{\mathrm{NL}}}{Q_Z} \times 100\% \tag{5-68}$$

式(5－66)～式(5－68)中：η_{Y} 为有效风量率；η_{WL} 为外部漏风率；η_{NL} 为内部漏风率。

有效风量率、外部漏风率、内部漏风率的关系为：

$$\eta_{\mathrm{Y}} + \eta_{\mathrm{WL}} + \eta_{\mathrm{NL}} = 100\% \tag{5-69}$$

因此，有效风量率不仅能反映风量的利用情况，而且能反映漏风量大小。

5.3.3　漏风控制、利用与弥补措施

1)漏风控制与利用措施

(1)矿井开拓系统、开采顺序、开拓方法等因素对矿井漏风有很大影响。中央并列式通风系统，由于进风井与排风井相距较近、通风构筑物较多、压差较大，故其比对角式通风漏风大。采用后退式开采顺序，采空区由两翼向中央发展，对于减少漏风和防止风流串联都有好处。充填采矿法比其他采矿法漏风少。在巷道布置上，主要运输道和通风巷道采用脉外布置，使其在开采过程中不至于过早遭受破坏，对维持正常通风系统，并减少漏风有利。

(2)采用抽出式通风的矿井，应特别注意地表塌陷区和采空区的漏风。从采矿设计和生产管理上，要尽量避免过早地形成地表塌陷区。已形成地表塌陷区的矿井，应采取在回风道上部留有保护矿柱，并充填采空区或密闭天井口等措施。采用压入式通风的矿井，应特别注意防止进风井井底车场或井口的漏风。为此在进风井和提升井之间(或进风道与平硐之间)至少要建立两道可靠的自动风门。有些矿井在各阶段进风井穿脉巷道口试用空气幕或导风板引导风流，防止井底车场漏风。有些矿山由进风井底开凿专用进风巷道，避开运输系统，直接将新风送到各采区，也可减少井底车场漏风。

(3)提高通风构筑物的质量，加强通风构筑物的严密性是防止矿井漏风的基础。风墙与风门的面积要尽量小些，风墙四周与岩壁接触处要用混凝土抹缝。风门最好用双层木板、中间夹胶皮或其他致密材料。铁门板四周焊缝要严，门框边缘要钉胶皮或麻布，风门下边要挂胶皮帘并设置门槛，以保持严密。

(4)降低风阻与平衡风压也是减少漏风的一个重要措施。漏风风路两端压差的大小主要取决于并联用风地点的通风阻力。降低用风地点风阻，使两端压差减少，能降低并联漏风风路的漏风量。通过在用风风路中安设辅助扇风机或采取多级机站的工作方式，降低漏风风路两端的压差或在生产区段形成零压区，也能起到减少漏风的作用。在选用调节风量方式时，采用降阻调节比增阻调节更为有利，降阻调节可使通风网络总风阻降低，从而降低各风路的压差值。采用分区通

风的系统，可缩短风流路线，也可降低风路的压差。在条件允许时，将主扇安装在井下，可减少主扇装置的漏风，并由于扇风机距工作面近，可提高作业面风量。同时还可利用较多井巷进行进风或回风，以降低通风阻力。

2）漏风的弥补措施

为了弥补漏风，矿井供风量应在需风量的基础上留有一定的备用系数，即：

$$Q_{\mathrm{G}} = k\sum Q_X \tag{5-70}$$

式中：Q_{G} 为矿井设计供风量；k 为漏风备用系数（$k \geqslant 1$）；$\sum Q_X$ 为工作面设计要求的所需风量的总和。

又电耗与风量之间呈三次方关系：$W = H \cdot Q = RQ^3$。可知，加大供风量导致电耗上升、成本增加的幅度也大幅提升，所以设计时应根据通风系统漏风状况慎重确定漏风备用系数。

第 6 章　矿井扇风机系统及其工作特性

6.1　扇风机特性

6.1.1　扇风机的工作参数

衡量扇风机性能的主要工作参数包括扇风机的风压 H、风量 Q、功率 N、效率 η 和转速 n 等。

1) 扇风机的(实际)风量 Q

扇风机的实际风量是指单位时间内通过扇风机入口空气的体积，也称体积流量(无特殊说明时均指在标准状态下)，单位为 m^3/s。

2) 扇风机(实际)全压 H_t 与静压 H_S

扇风机的全压 H_t 是指扇风机对空气做功时给予每 1 m^3 空气的能量，其值为扇风机出口风流的全压与入口风流全压之差，单位为 $N \cdot m/m^3$ 或 Pa。扇风机的全压 H_t 包括扇风机的静压 H_S 和动压 h_v 两部分，即：

$$H_t = H_S + h_v \tag{6-1}$$

扇风机的动压 h_v 用于克服风流在扇风机扩散器出口断面的局部阻力。对于抽出式通风矿井，风流从扩散器出口断面直接进到了地表大气，这种突然扩散到大气中的局部阻力系数 $\xi = 1$，所以 h_v 就是扇风机扩散器出口断面的动压；对于压入式通风矿井，风流从扩散器出口断面直接进到了风硐。参照抽出式通风矿井 h_v 的计算方法，压入式通风矿井扇风机动压 h_v 也用扇风机扩散器出口断面的动压来计算。总之，无论是抽出式还是压入式通风的矿井，扇风机的动压 h_v 就是扇风机扩散器出口断面的动压。

3) 扇风机的功率

扇风机的功率分为输出功率(又称空气功率)和输入功率(又称轴功率)。

输出功率以扇风机全压计算时称为全压功率 N_t，单位为 kW。

$$N_t = \frac{H_t Q}{1000} \quad (6-2)$$

输出功率用扇风机静压计算时称为静压功率 N_s，单位为 kW。

$$N_s = \frac{H_s Q}{1000} \quad (6-3)$$

扇风机的轴功率是指电动机向风机输入的功率，可用全压功率或静压功率计算，单位为 kW。

$$N = \frac{N_t}{\eta_t} = \frac{H_t Q}{1000\eta_t} \quad (6-4)$$

或

$$N = \frac{N_s}{\eta_s} = \frac{H_s Q}{1000\eta_s} \quad (6-5)$$

式中：η_t，η_s 为扇风机的全压和静压效率。

设电动机的效率为 η_m，传动效率为 η_{tr}，电动机的输入功率为 N_m，则：

$$N_m = \frac{N}{\eta_m \eta_{tr}} \quad (6-6)$$

4）扇风机的效率

扇风机的效率是指扇风机的输出功率与输入功率之比。因为扇风机的输出功率有全压输出功率和静压输出功率之分，所以扇风机的效率分全压效率 η_t 和静压效率 η_s。

$$\eta_t = \frac{N_t}{N} \quad (6-7)$$

$$\eta_s = \frac{N_S}{N} \quad (6-8)$$

显然，扇风机的效率越高，说明扇风机的内部阻力损失越小，性能也越好。

6.1.2 扇风机的个体特性曲线

当扇风机以某一转速在风阻为 R 的风网上作业时，可测算出一组工作参数风压 H、风量 Q、功率 N 和效率 η，这就是该扇风机在风网风阻为 R 时的工况点。改变风网的风阻，便可得到另一组相应的工作参数，通过多次改变风网风阻，可得到一系列工况参数。将这些参数对应描绘在以 Q 为横坐标，以 H、N 和 η 为纵坐标的直角坐标系上，并用光滑曲线分别把同名参数点连接起来，即得 $H-Q$、$N-Q$和 $\eta-Q$ 曲线，这组曲线称为扇风机在该转速条件下的个体特性曲线。

为了减少扇风机的出口动压损失，抽出式通风时主要扇风机的出口均外接扩散器。通常把外接扩散器看作是扇风机的组成部分，并与扇风机一起总称为扇风

机装置。扇风机装置的全压 H_{td} 为扩散器出口与扇风机入口风流的全压之差，与扇风机全压 H_t 的关系为

$$H_{td} = H_t - h_{Rd} \tag{6-9}$$

式中：h_{Rd} 为扇风机装置阻力，Pa。

扇风机装置静压 H_{sd} 与扇风机全压 H_t 的关系为

$$H_{sd} = H_t - (h_{Rd} + h_{vd}) \tag{6-10}$$

式中：h_{vd} 为扩散器出口阻力，Pa。

比较式(6－1)与式(6－10)，可见只有当 $h_{Rd} + h_{vd} < h_v$ 时，才有 $H_{sd} > H_s$，即扇风机装置阻力与其出口动压损失之和小于扇风机出口动压损失时，扇风机装置的静压才会因加扩散器而有所提高，即扩散器起到回收损失动压的作用。

图 6－1 表示了 H_t、H_{td}、H_s 和 H_{sd} 之间的相互关系。由该图可见，安装了设计合理的扩散器之后，虽然增加了扩散器阻力，使 $H_{td}-Q$ 曲线低于 H_t-Q 曲线，但由于 $h_{Rd} + h_{vd} < h_v$，故 $H_{sd}-Q$ 曲线高于 H_s-Q 曲线。若 $h_{Rd} + h_{vd} > h_v$，则说明扩散器设计不合理。

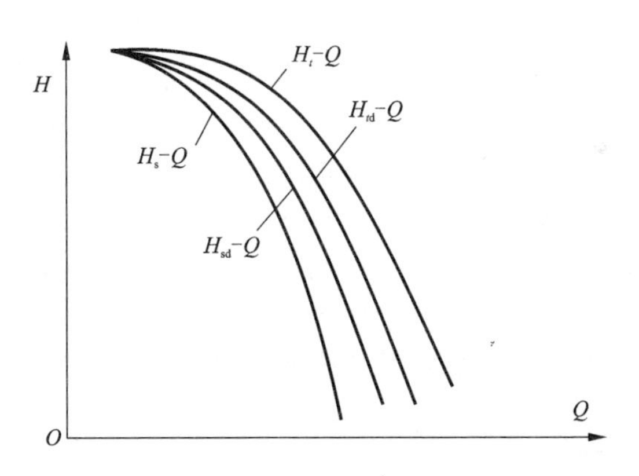

图 6－1　H_t、H_{td}、H_s 与 H_{sd} 之间的关系图

安装扩散器后回收的动压相对于扇风机全压来说很小，所以通常并不把扇风机特性和扇风机装置特性严加区别。

扇风机厂提供的特性曲线往往是根据模型试验资料换算绘制的，一般是未考虑外接扩散器的，而且有的厂方提供全压特性曲线，有的提供静压特性曲线，因此应用时应根据具体条件进行正确的换算。

图 6－2 和图 6－3 分别为轴流式和离心式扇风机的个体特性曲线示例。

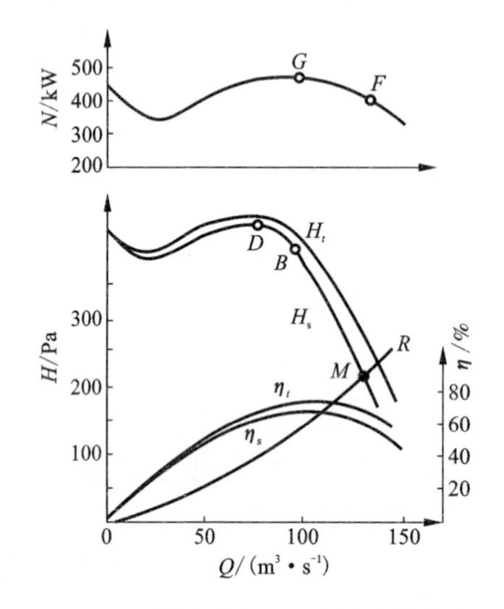

图6-2 轴流式扇风机个体特性曲线

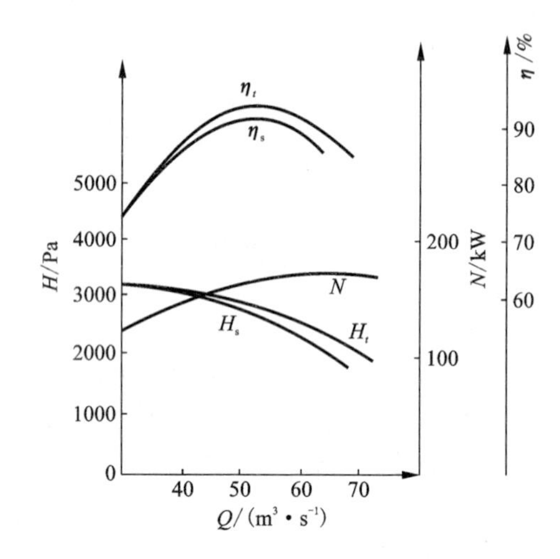

图6-3 离心式扇风机个体特性曲线

轴流式扇风机的风压特性曲线一般都有马鞍形驼峰存在，而且同一台扇风机的驼峰区随叶片装置角度的增大而增大。驼峰点 D 以右的特性曲线为单调下降区段，是稳定工作段；点 D 以左是不稳定工作段，扇风机在该段工作，有时会引起扇风机风量、风压和电动机功率的急剧波动，甚至机体发生震动，发出不正常的噪声，产生所谓喘振(或飞动)现象，严重时会损坏扇风机。离心式扇风机风压曲线驼峰不明显，且随叶片后倾角度增大而逐渐减小，其风压曲线工作段较轴流式扇风机平缓；当风网风阻作相同量的变化时，其风量变化比轴流式扇风机要大。

离心式扇风机的轴功率 N 随 Q 增加而增大，只有在接近风流短路时功率才略有下降。因而，为了保证安全启动，避免因启动负荷过大而烧坏电动机，离心式扇风机在启动时应将风硐中的闸门全闭，待其达到正常转速后再将闸门逐渐打开。当供风量超过需风量时，常常利用闸门加阻的方式来减少工作风量，以节省电能。

轴流式扇风机的叶片装置角不太大时，在稳定工作段内，功率 N 随 Q 增加而减小。所以轴流式扇风机应在风阻最小时(如常常打开闸门)启动，以减少启动负荷。

对于叶片安装角度可调的轴流式扇风机，除了绘制效率特性曲线外，常把不同安装角度的特性曲线画在同一坐标上，并把特性曲线上效率相等的点连起来，这就是轴流式扇风机的等效率曲线。

6.1.3 扇风机相似原理

目前扇风机种类较多，同一系列的产品有许多不同的叶轮直径，同一直径的产品又有不同的转速。如果仅仅用个体特性曲线表示各种扇风机性能，就显得过于复杂。还有，在设计大型扇风机时，首先必须进行模型实验。那么模型和实物之间应保持什么关系？如何把模型的性能参数换算成实物的性能参数？这些问题都涉及扇风机的类型特性参数与类型特性曲线。

1）类型特性参数

（1）扇风机的相似条件

两个扇风机相似是指气体在风机内流动过程相似，或者说它们之间在任一对应点的同名物理量之比保持常数，这些常数叫相似常数或比例系数。同一系列风机在相应工况点的流动是彼此相似的，几何相似是风机相似的必要条件，运动相似和动力相似则是风机相似的充分条件，满足动力相似的条件是雷诺数和欧拉数分别相等。同系列风机在相似的工况点符合扇风机相似的充要条件。

（2）扇风机类型特性参数

扇风机类型特性参数主要有：

a. 压力系数 $\overline{H}$。同类型扇风机在相似工况点的全压和静压系数均为常数。可用下式表示：

$$\frac{H_t}{\rho u_2^2}=\overline{H_t},\ \frac{H_s}{\rho u_2^2}=\overline{H_s} \tag{6-11}$$

或

$$\frac{H}{\rho u_2^2}=\overline{H}=常数 \tag{6-12}$$

式中：$\overline{H_t}$、$\overline{H_s}$、$\overline{H}$ 分别为全压系数、静压系数和压力系数；u_2 为动轮外缘圆周速度，m/s。

b. 流量系数 $\overline{Q}$。由几何相似和运动相似可以推得

$$\frac{Q}{\frac{\pi}{4}D^2u_2}=\overline{Q}=常数 \tag{6-13}$$

式中：D 为扇风机动轮外缘直径，m；u_2 同上。

c. 功率系数 $\overline{N}$。在扇风机轴功率计算公式 $N=\frac{HQ}{1000\eta}$ 中，将 H 和 Q 分别用 $\overline{H}$ 和 $\overline{Q}$ 代替，得

$$\frac{1000N}{\frac{\pi}{4}\rho D^2u_2^3}=\frac{\overline{HQ}}{\eta}=\overline{N}=常数 \tag{6-14}$$

由式(6－14)知，同类型扇风机在相似工况点的效率相等，功率系数 $\overline{N}$ 为常数。

$\overline{H}$、$\overline{Q}$ 和 $\overline{N}$ 三个参数就是扇风机的类型特性参数，它们都不含有因次，也被称为无因次系数。

2)类型特性曲线

$\overline{H}$、$\overline{Q}$、$\overline{N}$ 和 η 可用相似扇风机的模型试验获得，根据扇风机模型的几何尺寸、实验条件及实验时所得的工况参数 Q、H、N 和 η，计算出该类型扇风机的 $\overline{H}$、$\overline{Q}$、$\overline{N}$ 和 η。然后以 $\overline{Q}$ 为横坐标，以 $\overline{H}$、$\overline{N}$ 和 η 为纵坐标，绘出 $\overline{H}-\overline{Q}$，$\overline{N}-\overline{Q}$ 和 $\eta-\overline{Q}$曲线，此曲线即为该类型扇风机的类型特性曲线。可根据扇风机类型特性曲线和扇风机直径、转速换算得到扇风机个体特性曲线。需要指出的是，对于同一类型扇风机，当几何尺寸相差较大时，在加工和制造过程中很难保证流道表面相对粗糙度、叶片厚度以及机壳间隙等参数完全相似，为了避免因尺寸相差较大而造成误差，有些扇风机的类型特性曲线可以有多条，按不同直径尺寸而选用。

3)扇风机比例定律与通用特性曲线

由式(6－12)、式(6－13)和式(6－14)知，同类型扇风机在相似工况点的无因次系数 $\overline{H}$、$\overline{Q}$、$\overline{N}$ 和 η 是相等的。它们的压力 H、流量 Q 和功率 N 与其转速 n、动轮外缘直径 D 和空气密度 ρ 成一定比例关系，这种比例关系叫比例定律。将动轮外缘圆周速度$u_2=(\pi Dn)/60$ 代入式(6－12)、式(6－13)和式(6－14)，得：

$$H=0.00274\rho D^2n^2\overline{H} \tag{6-15}$$

$$Q=0.04108D^3\overline{nQ} \tag{6-16}$$

$$N=1.127\times10^{-7}\rho D^5n^3\overline{N} \tag{6-17}$$

对于两个相似扇风机而言，$\overline{Q_1}=\overline{Q_2H_1}=\overline{H_2}$、$\overline{N_1}=\overline{N_2}$，所以其风压、风量和功率间关系为：

$$\frac{H_1}{H_2}=\frac{0.00274\rho_1D_1^2n_1^2\overline{H_1}}{0.00274\rho_2D_2^2n_2^2\overline{H_2}}=\frac{\rho_1}{\rho_2}\left(\frac{D_1}{D_2}\right)^2\left(\frac{n_1}{n_2}\right)^2 \tag{6-18}$$

$$\frac{Q_1}{Q_2}=\frac{0.04108D_1^3n_1\overline{Q_1}}{0.04108D_2^3n_2\overline{Q_2}}=\left(\frac{D_1}{D_2}\right)^3\frac{n_1}{n_2} \tag{6-19}$$

$$\frac{N_1}{N_2}=\frac{1.127\times10^{-7}\rho D_1^5n_1^3\overline{N_1}}{1.127\times10^{-7}\rho D_2^5n_2^3\overline{N_2}}=\frac{\rho_1}{\rho_2}\left(\frac{D_1}{D_2}\right)^5\left(\frac{n_1}{n_2}\right)^3 \tag{6-20}$$

各种情况下相似扇风机的换算公式如表 6－1 所示。

由比例定律知，同类型同直径扇风机的转速变化时，其相似工况点在等效风阻曲线上发生变化。

表6－1　两台相似扇风机 H、Q 和 N 的换算

换算项目＼对应参数	$D_1 \neq D_2$ $n_1 \neq n_2$ $\rho_1 \neq \rho_2$	$D_1 = D_2$ $n_1 = n_2$ $\rho_1 \neq \rho_2$	$D_1 = D_2$ $n_1 \neq n_2$ $\rho_1 = \rho_2$	$D_1 \neq D_2$ $n_1 = n_2$ $\rho_1 = \rho_2$
风压换算	$\frac{H_1}{H_2} = \frac{\rho_1}{\rho_2} \cdot \left(\frac{D_1}{D_2}\right)^2 \cdot \left(\frac{n_1}{n_2}\right)^2$	$\frac{H_1}{H_2} = \frac{\rho_1}{\rho_2}$	$\frac{H_1}{H_2} = \left(\frac{n_1}{n_2}\right)^2$	$\frac{H_1}{H_2} = \left(\frac{D_1}{D_2}\right)^2$
风量换算	$\frac{Q_1}{Q_2} = \left(\frac{D_1}{D_2}\right)^3 \cdot \frac{n_1}{n_2}$	$Q_1 = Q_2$	$\frac{Q_1}{Q_2} = \frac{n_1}{n_2}$	$\frac{Q_1}{Q_2} = \left(\frac{D_1}{D_2}\right)^3$
功率换算	$\frac{N_1}{N_2} = \frac{\rho_1}{\rho_2} \cdot \left(\frac{D_1}{D_2}\right)^5 \cdot \left(\frac{n_1}{n_2}\right)^3$	$\frac{N_1}{N_2} = \frac{\rho_1}{\rho_2}$	$\frac{N_1}{N_2} = \left(\frac{n_1}{n_2}\right)^3$	$\frac{N_1}{N_2} = \left(\frac{D_1}{D_2}\right)^5$
效率换算	$\eta_1 = \eta_2$			

6.1.4　扇风机工况点确定

所谓工况点，即风机在某一特定转速和工作风阻条件下的工作参数，如 Q、H、N 和 η 等，一般是指 H 和 Q 这两个参数。

1）工况点的确定方法

已知通风机的特性曲线，假设矿井自然风压忽略不计，则可用下列方法求风机工况点。

（1）图解法

当只有一台扇风机工作时，若风机风压特性曲线的函数式为 $H_t = F_t(Q)$ 或 $H_s = F_t(Q)$，矿井风阻特性（或称阻力特性）曲线函数式是 $h = RQ^2$，不计自然风压，我们可以得出抽出式通风（安有外接扩散器）H 和 h 的关系：

$$H_t = h + h_{\mathrm{Rd}} + h_{\mathrm{v}} \tag{6-21}$$

$$H_{\mathrm{S}} = h + h_{\mathrm{Rd}} \tag{6-22}$$

$$H_{\mathrm{Sd}} = h \tag{6-23}$$

式中：H_t 为扇风机全压，Pa；H_{S} 为扇风机静压，Pa；H_{Sd} 为扇风机装置静压，Pa；h_{Rd} 为扩散器阻力，Pa；h_{v} 为扩散器出口动压，Pa；h 为矿井通风网络阻力，Pa。

因此，对于抽出式通风矿井，只要根据扇风机的 $H_t - Q$ 特性曲线或 $H_{\mathrm{S}} - Q$ 特性曲线作出扇风机装置 $H_{\mathrm{Sd}} - Q$ 特性曲线，然后在 $H_{\mathrm{Sd}} - Q$ 特性曲线坐标上，按相同比例作出扇风机的风阻曲线与 $H_{\mathrm{Sd}} - Q$ 特性曲线的交点之坐标值，即为抽出式

扇风机的工作风压和风量。通过交点作 Q 轴垂线与 $N-Q$、$\eta-Q$ 曲线相交，交点的纵坐标即为抽出式扇风机的轴功率 Q 和效率 η。

同理，不计自然风压，压入式通风矿井 H 和 h 的关系为：

$$H_t = h \tag{6-24}$$

$$H_S = h - h_v \tag{6-25}$$

因此，对于抽出式通风矿井，只要在扇风机的 H_t-Q 特性曲线坐标上，按相同比例作出扇风机的风阻曲线与 H_t-Q 特性曲线的交点之坐标值，即为抽出式扇风机的工作风压和风量。通过交点作 Q 轴垂线与 $N-Q$、$\eta-Q$ 曲线相交，交点的纵坐标即为抽出式扇风机的轴功率 Q 和效率 η。

应当指出，在一定条件下运行时，不论是否安装外接扩散器，通风机全压特性曲线是唯一的，而通风机装置的全压和静压特性曲线则因所安装的扩散器的规格、质量不同而有所变化。

(2)解方程法

随着电子计算机的应用，复杂的数学计算已成为可能。风机的风压曲线可用下面多项式拟合

$$H = a_0 + a_1Q_1 + a_2Q_2^2 + a_3Q_3^3 + \cdots + a_nQ_n^n \tag{6-26}$$

式中：a_1、a_2、a_3，…，a_n 为曲线拟合系数；曲线的多项式次数根据计算精度的要求确定，一般取3，精度要求较高时也可取5。

在风机风压特性曲线的工作段上选取 i 个有代表性的工况点(H_i，Q_i)，一般取 $i=6$。通常用最小二乘法求方程中的各项系数，也可将已知的 H_i、Q_i 值代入上式，即得含 i 个未知数的线性方程，解此联立线性方程组，即得风压特性曲线方程中的各项拟合系数。

对于某一特定矿井，可列出通风阻力方程

$$h = RQ^2 \tag{6-27}$$

式中：R 为通风机工作管网风阻。

解式(6-26)与式(6-27)，即可得到风机工况点。

如果矿井自然风压不能忽略，用图解法求工况点的方法见通风机在自然风压下串联工作的情况。

若井口漏风较大，通风系统因外部漏风通道并联而风阻减小，此时应算出考虑外部漏风后的矿井系统总风阻，然后按上述方法求工况点。

2)扇风机工况点的合理工作范围

为使通风机安全、经济地运转，它在整个服务期内的工况点必须在合理的范围之内。

从经济角度出发，扇风机的运转效率不应低于60%；从安全方面考虑，其工况点必须位于驼峰点右下侧的单调下降的直线段上。由于轴流式扇风机的性能曲

线存在马鞍形区段，为了防止矿井风速的风阻偶尔增加等原因造成工况点进入不稳定区，一般限定实际工作风压不得超过最高风压的90%，即 $H<0.9H_{Smax}$。

轴流式通风机的工作范围如图6-4阴影部分所示。上限为最大风压0.9倍的连线，下限为 $\eta=0.6$ 的等效曲线。

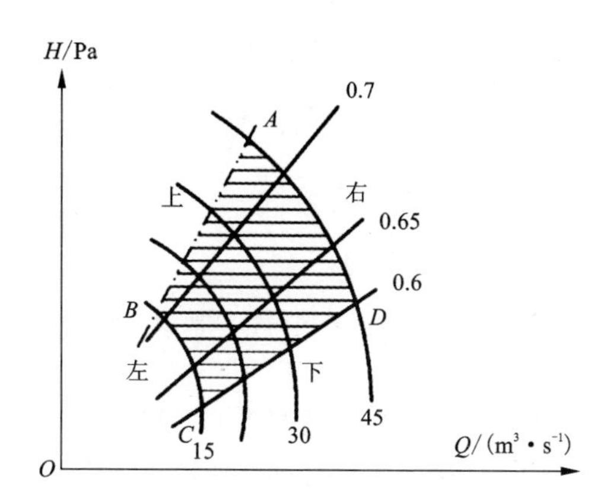

图6-4 轴流式扇风机的合理工作范围

分析主要通风机的工况点合理与否，应使用实测的风机装置特性曲线。因厂方提供的曲线一般与实际不符，应用时会得出错误的结论。

3)主要扇风机的工况调节

在矿井中，主要扇风机的工况点常因采掘工作面的增减和转移等条件变化和扇风机本身性能变化(如磨损)而改变。为了保证矿井的按需供风和扇风机经济运行，需要适时地进行工况点调节。实质上，工况点调节就是供风量的调节。由于扇风机的工况点是由扇风机风压和矿井风阻两者的特性曲线决定的，所以，欲调节工况点，只需改变两者之一或同时改变即可。据此，工况点调节方法主要有改变矿井风阻特性曲线调节方法和改变扇风机风压特性曲线调节方法。

(1)改变矿井风阻特性曲线调节法

当扇风机风压特性曲线不变时，改变矿井的总风阻时，工况点沿扇风机特性曲线移动，见图6-5。

①增风调节。为增加矿井的供风量，可以采取下列措施：

减少矿井总风阻。在矿井(或通风系统)的主要进、回风道采取增加并联巷道、缩短风路、扩大巷道断面、更换摩擦阻力系数小的支架(护)、减小局部阻力系数等措施，均可收到减少矿井总风阻的效果。这种调节措施的优点主要是扇风机的运转费用较低；缺点是工程量和工程费用较大，施工周期也较长。

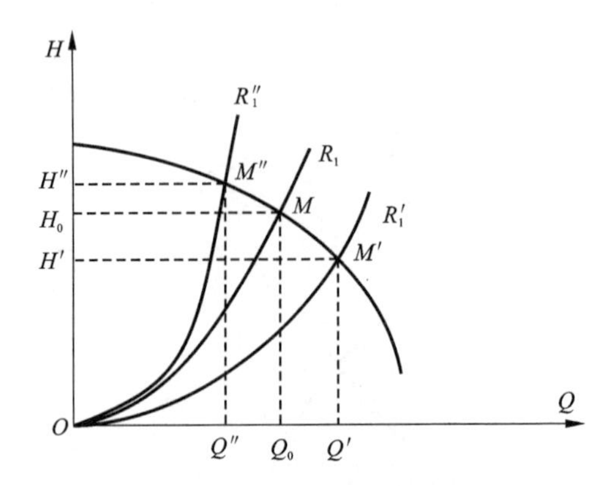

图 6－5　改变矿井风阻特性曲线调节法

当地面外部漏风较大时，可以采取堵塞地面的措施。这样扇风机的风量虽然因其工作风阻增大而减小，但矿井风量却因有效风量率的提高而增大。这种方法实施简单，经济效益较好，但调节幅度不大。

②减少风量的调节。当矿井风量过大时，应采取减少风量的调节措施。其方法有：

增加矿井总风阻。离心式扇风机可利用风硐中闸门来增加风阻(减小其开度)。这种方法实施起来较简单，但因增大风阻而增加了附加能力损耗，所以调节时间不宜过长，只能用于一些临时减少风量的情况。

对于轴流式扇风机，当其 $N-Q$ 曲线在工作段具有单调下降特点时，因种种原因不能实施低转速和减少叶片安装角度 θ 时，可以用增大外部漏风的方法来减小矿井风量。这种方法比增阻调节要经济，但调节幅度较小。

(2)改变扇风机风压特性曲线调节法

这种调节方法的特点是保持矿井总风阻不变，改变扇风机风压特性曲线，工况点沿风阻特性曲线移动，见图 6－6。调节方法如下：

①轴流式风机可改变叶安装角度以达到增减风量的目的。

对于有些轴流式扇风机，还可以改变叶片数以改变扇风机的特性。改变叶片数时，应按说明书规定进行。对于能力过大的双级动(叶)轮扇风机，还可以减少动(叶)轮级数，从而减少供风。目前，有些从国外进口的扇风机能够在运转时自动调节叶片安装角。如德国的 GVI 轴流式扇风机，自带状态监测和控制计算机，只需向计算机输入要求的扇风机工作量，计算机就能自动选择并调节到合适的叶片安装角。但要注意的是，需防止因增大叶片安装角度而导致扇风机进入不稳定区运行。

②装有前导器叶片后发生一定的预旋，能在很小或没有冲角的情况下进入扇

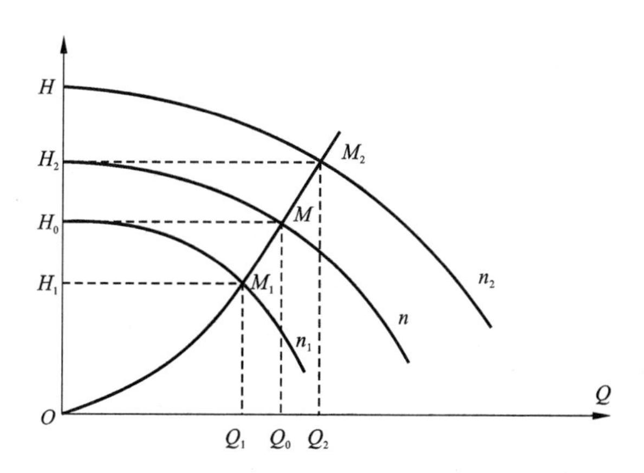

图 6－6　改变扇风机风压特性曲线调节法

风机。

前导叶片角由 0°变到 90°时，风压曲线降低，扇风机效率也有所降低。而且调节幅度不大(70% 以下)时，比增加矿井总风阻来调节要经济一些。

③改变扇风机转速。

无论是轴流式还是离心式扇风机都可采用。调节的理论依据是相似定律，即

$$\frac{n}{n_0}=\frac{Q}{Q_0}=\sqrt{\frac{H}{H_0}}=\sqrt[3]{\frac{N}{N_0}} \tag{6-28}$$

要改变电动机转速，可采用可控硅串联调速；使用更适合转速的电机和变速电机(此种电机价格较高)等方法。

利用传动装置调速。如利用液压联轴器传动的扇风机，可通过改变联轴器工作室内的液体量来调节扇风机转速；又如利用皮带轮传动的扇风机，可以更换不同直径的皮带轮，改变传动比。这种方法只适用于小型离心式扇风机。

调节转速时没有额外的能量损耗，对扇风机的效率影响不大，因此也是一种较经济的调节方法，当调节期长、调节幅度较大时应优先考虑。但要注意，增大转速时可能会使扇风机震动频率增加、噪音增大、轴承温度升高以及发生电动机超载等问题。

调节方法的选择，取决于调节期长短、调节幅度、投资大小和实施的难易程度。调节之前应拟定多种方案，经过技术和经济比较后择优选用。选用时，还要考虑实施的可能性。有时，可以考虑采用综合措施。

6.2 扇风机联合作业

在矿井生产和建设时期，通风系统的阻力是经常变化的。当矿井通风系统的阻力变大到使一台扇风机不能保证按需供风时，就有必要利用两台或两台以上扇风机进行联合作业，以达到增加风量的目的。两台或两台以上的扇风机同时对一个矿井通风系统或一个风网进行工作，叫作扇风机的联合作业。扇风机的联合作业可分为串联和并联两种。

6.2.1 扇风机串联作业

一台扇风机的进风口直接或通过一段巷道(或管道)连接到另一台扇风机的出风口上并与其同时运转，分别称为扇风机的集中或间隔串联作业。图 6－7 为两台扇风机的集中串联作业。扇风机串联作业时，其总风量等于每台扇风机的风量(没有漏风)，其总风压等于每台扇风机的风压之和。根据上述特性，扇风机串联作业时的等效合成特性曲线可按“风量相等，风压相加”的原则绘制。

图 6－7　两台扇风机的集中串联作业

1)风压特性曲线不同的扇风机串联作业分析

(1)串联扇风机的等效合成特性曲线

如图 6－8 所示，两台不同型号的扇风机的特性曲线分别为 F_1 和 F_2。两台扇风机串联的等效合成特性曲线 F_1+F_2 按风量相等、风压相加原则求得。即在两台扇风机的风量范围内，做若干条风量坐标的垂线(等风量线)，在等风量线上将两台扇风机的风压相加，得该风量下串联等效扇风机的风压(点)，将各等效扇风机的风压点连起来，即可得到扇风机串联作业时的等效合成特性曲线 F_1+F_2。

(2)扇风机的实际工况点

扇风机在风阻为 R 的风网上串联作业时，各扇风机的实际工况点按下述方法求得：在等效扇风机特性曲线 F_1 和 F_2 上作风网风阻特性曲线 R_1，两者交点为 M_0，过 M_0 作横坐标垂线，分别与曲线 F_1 和 F_2 相交于 M_1 和 M_2，此两点即是两扇风机的实际工况点。

为了衡量串联作业的效果，可用等效扇风机产生的风量 Q 与能力较大的扇风

机 F_2 单独作业时产生的风量 $Q_{\text{Ⅱ}}$ 之差表示。由图 6-8 可见，当工况点位于合成特性曲线与能力较大扇风机风压特性曲线 F_2 的交点 A(通常称为临界工况点)的左上方(如 M_0)时，$\Delta Q = Q - Q_{\text{Ⅱ}} > 0$，则表示串联有效；当工况点 M' 与 A 点重合(即风网风阻 R' 通过 A 点)时，$\Delta Q = Q - Q_{\text{Ⅱ}} = 0$，则串联无增风；当工况点 M'' 位于 A 点右下方(即风网风阻为 R'')时，$\Delta Q = Q - Q_{\text{Ⅱ}} < 0$，则串联不但不能增风，反而有害，即小扇风机成为大扇风机的阻力。这种情况下串联显然是不合理的。

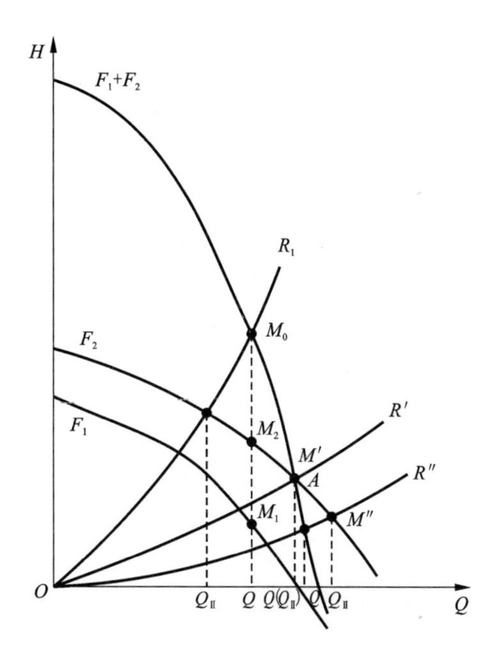

图 6-8　风压特性曲线不同的扇风机串联作业时的等效合成特性曲线

通过 A 点的风阻为临界风阻，其值的大小取决于两扇风机的特性曲线。欲将两台风压特性曲线不同的扇风机串联工作时，事先应将由两台扇风机所决定的临界风阻 R' 与风网风阻 R 进行比较，当 $R' < R$ 时方可应用。还应该指出的是，对于某一形状的合成特性曲线，串联增加的风量取决于风网风阻。

从图 6-8 可以看出，扇风机串联作业时不能充分发挥每台扇风机的风压作用。风网的风阻越小，串联作业效果越差，尤其当风网的风阻小于临界风阻 R' 时，小能力扇风机对风网通风起副作用。反之，风网的风阻越大，串联作业效果越好。故扇风机串联作业只适用于风网阻力较大而风量不足的情况，而且只有在选择不到高风压的扇风机或矿井扩建时已经有一台风压不能满足要求的扇风机时，才能采用多台扇风机的串联作业。

2)风压特性曲线相同的扇风机串联作业

图6－9所示是两台特性曲线相同（性能曲线Ⅰ和Ⅱ重合）的扇风机串联作业的情况。由图可见，临界点A位于Q轴上。这就意味着在整个合成曲线范围内串联作业都是有效的，只是风网风阻不同增风效果不同而已。可见，风压特性曲线相同的比不相同的扇风机串联作业效果要好。

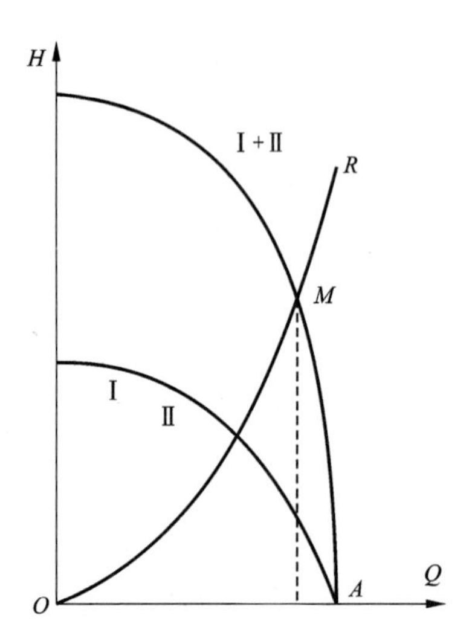

图6－9　风压特性曲线相同的扇风机串联作业时的等效合成特性曲线

6.2.2　自然风压对风机特性的影响

井上、井下自然因素和生产活动的热力效应导致矿井各处空气之间产生总能量差，而当两点之间存在这种能量差且具有通风通道时，空气总会由总能量大的地方流向总能量小的地方。空气的这种自然流动就是自然风。两点之间的单位体积空气的总能量差就是自然风压。

自然风压是矿井中客观存在的一种自然现象，其作用有时对矿井通风有利，有时却相反。自然风压的存在客观上会影响风机的运转特性。

1）自然风压特性

自然风压特性是指自然风压与风量之间的关系。在机械通风矿井中，冬季时自然风压会随风量增大略有增大；夏季，若自然风压为负时，其绝对值亦将随风量增大而增大。扇风机停止作业时自然风压依然存在。故一般用平行Q轴的直线表示自然风压的特性。如图6－10中Ⅱ和Ⅱ′分别表示正和负的自然风压特性。

2）自然风压对扇风机工况点的影响

在机械通风矿井中自然风压对机械风压的影响，类似于两台扇风机串联作业

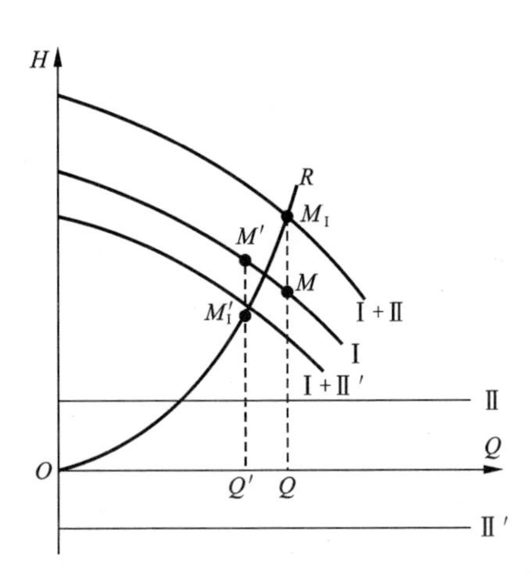

图 6-10　扇风机与自然风压串联作业时的等效合成特性曲线

的情况。如图 6-10 所示，矿井风阻曲线为 R，扇风机特性曲线为Ⅰ，自然风压特性曲线为Ⅱ和Ⅱ′，按风量相等风压相加原则，可得到扇风机受自然风压影响时的特性曲线Ⅰ+Ⅱ和Ⅰ+Ⅱ′。风阻 R 与其交点分别为 M_{I} 和 M'_{I}，据此可得扇风机的实际工况点为 M 和 M'。由此可见，当自然风压为正时，机械风压与自然风压共同作用来克服矿井通风阻力，使矿井风量增加；当自然风压为负时，成为矿井通风阻力，使矿井风量减少。

6.2.3　扇风机并联作业

两台扇风机的进风口直接或通过一段巷道连接在一起作业，叫作扇风机的并联。扇风机并联有集中并联和对角并联之分。图 6-11(a)所示为集中并联，图 6-13(a)所示为对角并联。

1)集中并联

从理论上讲，集中并联时扇风机的进风口(或出风口)可视为连接在同一点。所以扇风机并联作业时，其总风压等于每台扇风机的风压，其总风量等于每行扇风机的风量之和。根据上述特性，扇风机并联作业时的等效合成特性曲线可按“风压相等，风量相加”的原则绘制。

(1)风压特性曲线不同的扇风机并联作业

①扇风机集中并联作业时的等效合成特性曲线如图 6-11(b)所示，两台不同型号扇风机的风压特性曲线分别为Ⅰ、Ⅱ。两台扇风机并联后的等效合成曲线Ⅰ+Ⅱ可按风压相等、风量相加的原则求得。即在两台扇风机的风压范围内，作

若干条等风压线(压力坐标轴的垂线)，在等风压线上把两台扇风机的风量相加，得该风压下并联等效扇风机的风量(点)，将等效扇风机的各个风量点连起来，即可得到扇风机并联作业时的等效合成特性曲线Ⅰ+Ⅱ。

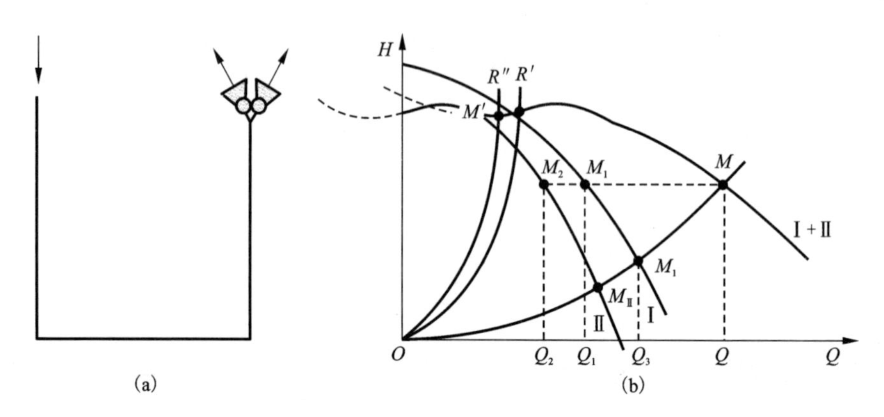

图6-11　风压特性曲线不同的扇风机集中并联作业时的等效合成特性曲线

②扇风机的实际工况点。扇风机并联后在风阻为 R 的风网上工作，R 与等效风机的特性曲线Ⅰ+Ⅱ的交点为 M，过 M 作纵坐标轴垂线，分别与曲线Ⅰ和Ⅱ相交于 M_1 和 M_2，此两点即是两扇风机的实际工况点。

并联工作的效果，也可用并联等效扇风机产生的风量 Q 与能力较大的扇风机Ⅰ单独工作时产生的风量 Q_1 之差来分析。由图6-11(b)可见，当 $\Delta Q = Q - Q_1 > 0$，即工况点 M 位于合成特性曲线与大扇风机曲线的交点 A(临界点)的右侧时，则并联有效；当风网风阻 R' 通过 A 点时(R' 称为临界风阻)，$\Delta Q = 0$，则并联无增风；当风网风阻 $R'' > R'$，工况点 M'' 位于 A 点左侧时，$\Delta Q < 0$，即小扇风机反向进风，则并联不但不能增风，反而有害。

从图6-11(b)可见，扇风机并联作业时不能充分发挥每台扇风机的风量作用。风网的风阻越大，并联作业效果越差，尤其当风网的风阻大于临界风阻 R' 时，小能力扇风机不但抽不出风，反而成为进风口。反之，风网的风阻越小，并联作业效果越好。故扇风机并联作业只适用于风网阻力较小而风量不足的情况。

此外，由于轴流式扇风机的风压特性曲线存在马鞍形区段，因而合成特性曲线在小风量时比较复杂。当风网风阻 R 较大时，扇风机可能出现不稳定运行的情况。所以，使用轴流式扇风机并联作业时，除要考虑并联效果外，还要进行稳定性分析。

(2)风压特性曲线相同的扇风机并联作业

图6-12所示的是两台特性曲线Ⅰ(Ⅱ)相同的扇风机并联作业。Ⅰ+Ⅱ为其合成特性曲线，R 为风网风阻。M 和 M' 为并联的工况点和单独工作的工况点。

由 M 作等风压线与曲线Ⅰ(Ⅱ)>相交于 M_1，此即扇风机的实际工况点。由图可见，总有 $\Delta Q = Q - Q_1 > 0$，且 R 越小，ΔQ 越大。可见，风压特性曲线相同的较不相同的扇风机并联作业效果要好。

应该指出，两台风压特性曲线相同的扇风机并联作业时，同样存在不稳定运转情况。

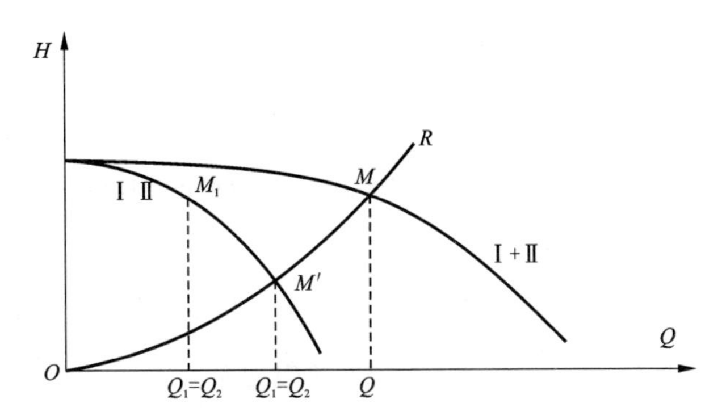

图 6-12　风压特性曲线相同的扇风机集中并联作业时的等效合成特性曲线

2) 对角并联工况分析

如图 6-13(a)所示为对角并联通风系统，两台不同型号扇风机的特性曲线分别为图 6-13(c)中的 F_1 和 F_2，各自单独工作的风网分别为 OA(风阻为 R_1)和 OB(风阻为 R_2)，公共风路为 OC(风阻为 R_0)。为了分析对角并联系统的工况点，先将两台风机移至 O 点。方法是，按照等风量条件下把扇风机 F_1 的风压与风路 OA 的阻力相减的原则，求扇风机 F_1 为风路 OA 服务后的剩余特性曲线 F'_1，即作若干条等风量线，在等风量线上将扇风机 F_1 的风压减去风路 OA 的阻力，得扇风机 F_1 服务风路 OA 后的剩余风压点，将各剩余风压点连起来即得剩余特性曲线 F'_1。按相同方法，在等风量条件下，把扇风机 F_2 的风压与风路 OB 的阻力相减得到风机 F_2 为风路 OB 服务后的剩余特性曲线 F_2。这样就变成了等效风机 F_1 和 F_2 集中并联于 O 点，为公共风路 OC 服务，如图 6-13(b)所示。按风压相等、风量相加原则求得等效扇风机 F'_1 和 F'_2 集中并联的特性曲线 $F'_1 + F'_2$，它与风路 OC 的风阻 R_0 曲线交点为 M_0，由此可得 OC 风路的风量 Q_0。

过 M_0 作 Q 轴平行线与特性曲线 F_1' 和 F_2' 分别相交于 M'_1 和 M'_2 点。再过 M'_1 和 M'_2 点作 Q 轴垂线与曲线 F_1 和 F_2 相交于 M_1 和 M_2，此即为两台扇风机的实际工况点，其风量分别为 Q_1 和 Q_2，显然 $Q_0 = Q_1 + Q_2$。

若扇风机 F_1 服务的 $C-O-A-C$ 风网风阻为 R_{F1}，根据通风阻力定律有 $R_{F1}Q_1{}^2 = R_1Q_1{}^2 + R_0Q_0{}^2$，即

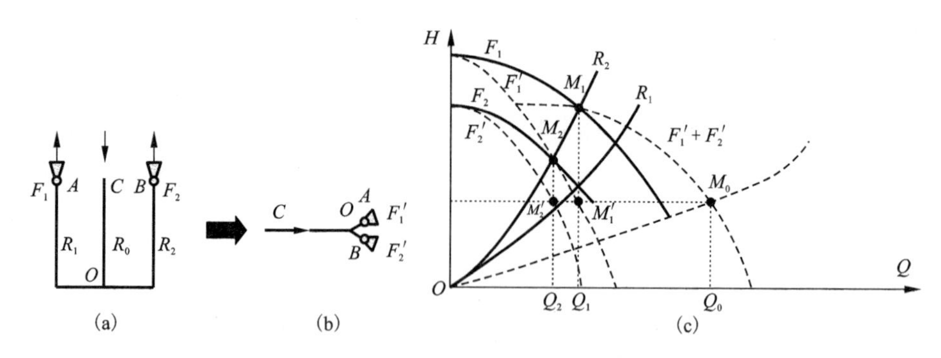

图 6-13　风压特性曲线不同的扇风机对角并联作业时的工况分析

$$R_{F_1}=R_1+R_0\left(1+\frac{Q_2}{Q_1}\right)^2$$

若扇风机 F_2 服务的 $C-O-B-C$ 风网风阻为 R_{F2}，则同理可得

$$R_{F_2}=R_2+R_0\left(1+\frac{Q_1}{Q_2}\right)^2$$

由此可见，每台扇风机的实际工作风阻除与各自风路的风阻 R_1 和公共风路的风阻 R_0 有关外，还与两台扇风机的实际风量的比例有关。相应地，每台扇风机的实际工况点 M_1 和 M_2，既取决于各自风路的风阻和公共风路的风阻，又取决于两台扇风机的实际风量的比例。当 R_1 和 R_2 一定时，R_0 增大，两台风机的实际工作风阻 R_{F_1} 和 R_{F_2} 增大，工况点上移；当 R_0 一定时，某一分支的风阻增大而另一分支的风阻不变，如 R_1 增大而 R_2 不变，则 F_1 扇风机的实际工作风阻 R_{F_1} 增大并使其工况点上移，而 F_2 扇风机的实际工作风阻 R_{F_2} 减小并使其工况点下移；反之亦然。这说明两台风机的工况点是相互影响的。因此，采用轴流式扇风机并联作业的矿井，要注意和防止因一个扇风机工作风阻的减小导致另一个并联作业扇风机工作风阻的增大，从而造成该并联作业扇风机可能进入不稳定区工作。

6.2.4　并联与串联作业的比较

如图 6-14 所示，两台型号相同的离心式扇风机的风压特性曲线为Ⅰ，两者串联和并联工作的特性曲线分别为Ⅱ和Ⅲ，$N-Q$ 为其功率特性曲线，R_1、R_2 和 R_3 为大小不同的三条风网风阻特性曲线。当风阻为 R_2 时，正好通过Ⅱ、Ⅲ两曲线的交点 B。若并联则扇风机的实际工况点为 M_1，而若串联则实际工况点为 M_2。显然在这种情况下，串联和并联工作的增风效果相同。但从消耗能量(功率)的角度来看，并联的功率为 NP，而串联的功率为 NS，显然 $NS>NP$，故采用并联是合理的。当扇风机的工作风阻为 R_1，并联运行时工况点 A 的风量比串联运行时工况点 F 的风量大，而每台扇风机的实际功率反而较小，故采用并联较合理。当扇风机的工作风阻为 R_3，并联运行时工况点为 E，串联运行工况点为 C，则串联比并联增风效果好。对于轴流式扇风机则可根据其风压和功率特性曲线进行类似分析。

多台扇风机联合作业与一台扇风机单独作业有所不同。如果不能掌握扇风机联合作业的特点和技术，将会事与愿违，产生不良后果，甚至可能损坏扇风机。因此，在选择扇风机联合作业方案时，应从扇风机联合运转的特点、效果、稳定性和合理性出发，在考虑风网风阻对工况点影响的同时，还要考虑运转效率和轴功率大小。在保证增加风量或按需供风后应选择能耗较小的方案。

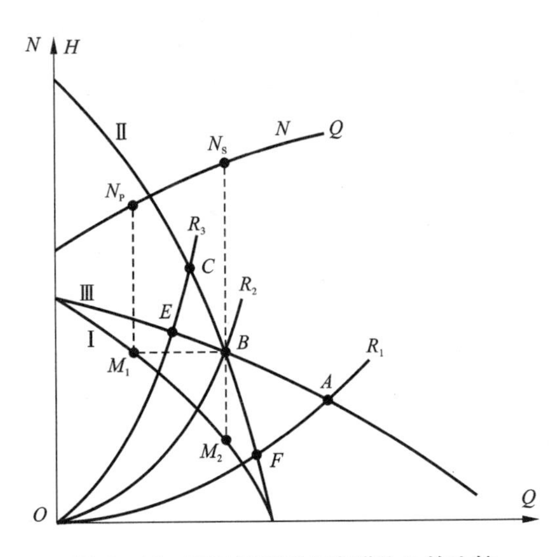

图 6－14　扇风机并联与串联作业的比较

6.3　扇风机数值模拟

6.3.1　风机特性曲线拟合

扇风机特性曲线是反应风机在风阻 R 下的一系列工况参数，包括风压 H、风量 Q、功率 N 和效率 η。通过一定的曲线拟合方法将这些参数反映在坐标系上，并用光滑的曲线分别将这些参数点连接起来，即可得风压－风量曲线、功率－风量曲线以及效率－风量曲线。

风机特性曲线拟合的方法主要有插值法与最小二乘法两种。其中，插值法是通过已知点来确定模拟函数的方法，这要求模拟函数必须严格通过所有的已知点，其适用于数据准确且数据量较小的情况，否则可能产生局部较大的误差。而最小二乘法不要求模拟函数必须通过所有已知点，它追求的是所有点到模拟函数的误差达到最小化，其比较适合数据有误差、数据量较大的情况。风机特性曲线的风压－风量曲线、功率－风量曲线以及效率－风量曲线所需数据是通过在一定条件下对风机的风量、风压、转速、功率、效率等进行测定得到的，数据难免存在误差，因而采用最小二乘法比较合适。

1）最小二乘法

最小二乘法多项式曲线拟合是根据给定的 m 个点，并不要求这条曲线精确地经过这些点，而是曲线 $y=f(x)$ 的近似曲线 $y=\varphi(x)$。

（1）最小二乘法原则

①偏差：一般，对给定的一组数据，不能要求 $y=f(x)$ 严格通过所有数据点 (x_i, y_i)。若拟合曲线为 $y=\varphi(x)$，称 $\delta_i=\varphi(x_i)-y_i$ 为偏差（$i=1, 2\cdots, n$）（注意：拟合时尽量使 $\delta_i\to 0$）。

②常用方法：

a. 使偏差绝对值之和最小，即 $\sum_{i=1}^{m}|\delta_i|=\sum_{i=1}^{m}|\varphi(x_i)-y_i|$ 最小。

b. 使偏差最大绝对值最小，即 $\max\limits_{1\leqslant i\leqslant m}|\delta_i|=\max\limits_{1\leqslant i\leqslant m}|\varphi(x_i)-y_i|$ 最小。

c. 使偏差平方和最小，即 $\sum_{i=1}^{m}\delta_i^2=\sum_{i=1}^{m}[\varphi(x_i)-y_i]^2$。

其中以使偏差平方和最小的原则选取拟合曲线，并且采取二项式方程为拟合曲线的方法，称为最小二乘法。

（2）最小二乘法曲线拟合步骤

步骤1：设拟合多项式为：

$$y=a_0+a_1x+\cdots+a_nx^n \tag{6-29}$$

式中：a_0，a_1，…，a_n 为曲线拟合系数；n 为拟合幂次。

步骤2：各采样点到该多项式曲线的偏差平方和为：

$$r^2=\sum_{i}^{n}[y_i-(a_0+a_1x_i+\cdots+a_nx_i^n)]^2 \tag{6-30}$$

步骤3：上述等式对 a_i 求偏导数：

$$\begin{aligned}
&-2\sum_{i}^{n}[y_i-(a_0+a_1x_i+\cdots+a_nx_i^n)]=0\\
&-2\sum_{i}^{n}[y_i-(a_0+a_1x_i+\cdots+a_nx_i^n)]x_i=0\\
&\qquad\vdots\\
&-2\sum_{i}^{n}[y_i-(a_0+a_1x_i+\cdots+a_nx_i^n)]x_i^n=0
\end{aligned} \tag{6-31}$$

步骤 4：将上述求偏导后的方程组转化为矩阵形式，该矩阵为范德蒙德矩阵，将该范德蒙德矩阵简化，得到：

$$
\begin{bmatrix} 1 & x_1 & \cdots & x_1^n \\ 1 & x_2 & \cdots & x_2^n \\ \vdots & \vdots & & \vdots \\ 1 & x_n & \cdots & x_n^n \end{bmatrix} \begin{bmatrix} a_0 \\ a_1 \\ \vdots \\ a_n \end{bmatrix} = \begin{bmatrix} y_0 \\ y_1 \\ \vdots \\ y_n \end{bmatrix} \tag{6-32}
$$

步骤 5：求解得到系数矩阵 $\boldsymbol{A} = \boldsymbol{x}^{-1} \times \boldsymbol{y}$，即得到所求拟合曲线的系数（$a_0$，$a_1$，…，$a_n$）。

拟合出 $y-x$ 曲线方程为：$y = a_0 + a_1 x + \cdots + a_n x^n$。

2）风机特性曲线拟合

风机特性曲线是矿井通风网络解算的基础，其一般采用最小二乘法拟合得到。具体做法如下：

（1）在实际风机特性曲线上取点，取点原则是所取的点应包括风机特性曲线的关键点，即风量的最大值和最小值所对应的点、风压的最大值和最小值所对应的点及风机合理工作范围所对应的点。根据以上原则，得到拟合分析所需的原始数据，如图 6－15 所示。

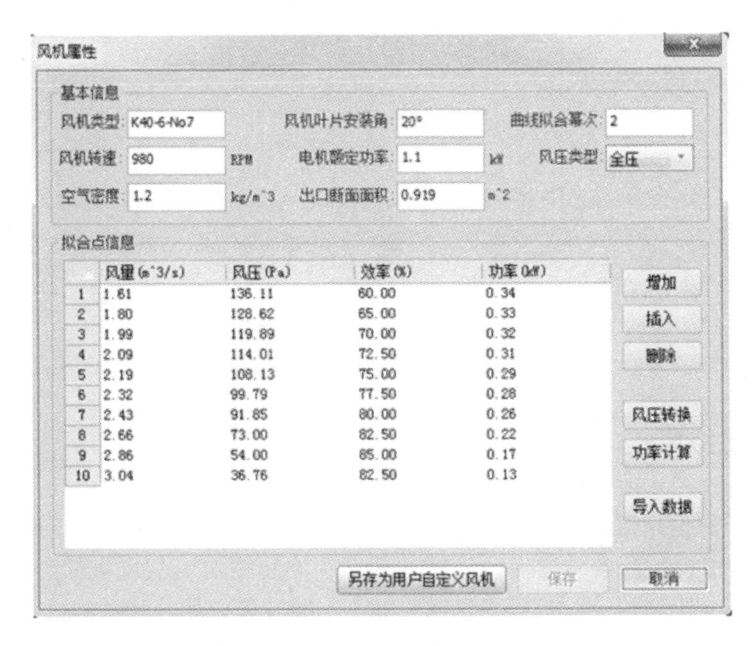

	风量(m^3/s)	风压(Pa)	效率(%)	功率(kW)
1	1.61	136.11	60.00	0.34
2	1.80	128.62	65.00	0.33
3	1.99	119.89	70.00	0.32
4	2.09	114.01	72.50	0.31
5	2.19	108.13	75.00	0.29
6	2.32	99.79	77.50	0.28
7	2.43	91.85	80.00	0.26
8	2.66	73.00	82.50	0.22
9	2.86	54.00	85.00	0.17
10	3.04	36.76	82.50	0.13

图 6－15　K40－6－No. 7 特性曲线拟合数据

(2)用不小于二次的多项式进行拟合，见图6－16；贾进章根据最小二乘法原理，采用曲线拟合方法，对矿井主扇性能测定的实际特性曲线数据进行逐次拟合，通过比较得出风机特性曲线在采用5次多项式拟合时效果最佳。

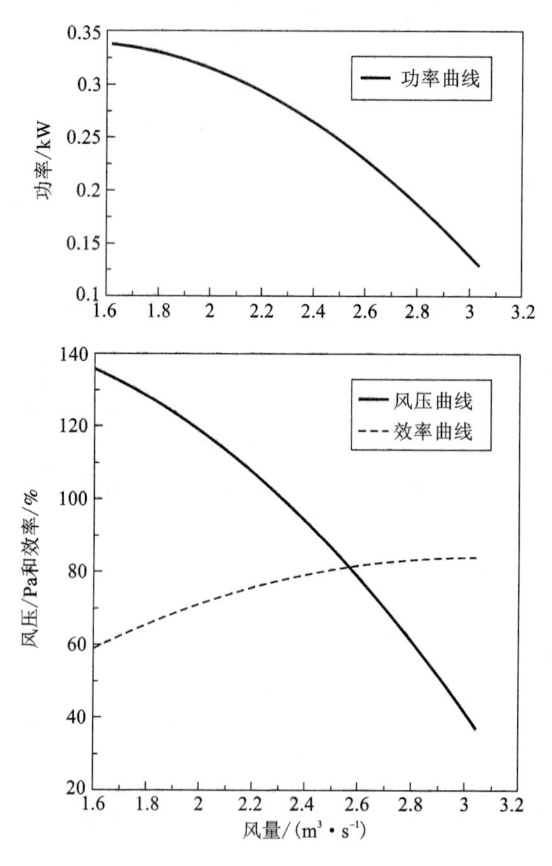

图6－16　K40－6－No7 特性曲线

6.3.2　虚拟风机

虚拟风机是指以装机风量为依据，通过一定的实验或模型参数，确定三个拟合点，从而拟合出一条风量－风压特性曲线，该曲线对应的风机即为虚拟风机。虚拟风机与实际风机一样可以提供通风动力，拥有确定的特性曲线，来模拟真实风机在此处对矿井通风系统所产生的影响。因此，虚拟风机的作用主要有：一是当三维矿井通风仿真软件中不存在实际矿山中风机的风量－风压特性曲线时，可通过虚拟风机模拟该风机对矿井通风系统的影响；二是风机选型时，可先通过模拟虚拟风机的风量－风压特性曲线，再通过该虚拟风机的风量－风压特性曲线在三维矿井通风仿真软件风机库中查找最接近该特性曲线的风机，确保所选风机更接近实际情况。

1）虚拟风机模型参数

虚拟风机风量－风压特性曲线拟合的基本思路是依据装机风量，计算出装机风量所对应的装机风压值，再通过虚拟风机的具体数学模型与实验参数，确定虚拟风机中其余两点的风量、风压值，最后通过最小二乘法得到虚拟风机风量－风压特性曲线。因此，确定虚拟风机风量－风压特性曲线即是确定虚拟风机特性曲线拟合点，也就是确定虚拟风机模型参数。

结合金属非金属矿山多风机多级机站通风风机的低风压、大风量、小功率等特点和实际生产情况，确定虚拟风机计算模型：

$$\begin{cases} Q_A = 1.05Q_i & Q_B = Q_i & Q_C = 0.95Q_i \\ H_A = R_iQ_i^2 + \Delta H_A & H_B = R_iQ_i^2 + \Delta H_B & H_C = R_iQ_i^2 + \Delta H_C \end{cases} \tag{6-33}$$

式中：Q_i 为装机风量；ΔH_A、ΔH_B、ΔH_C 为风压修正值，由 Q_i 值的大小确定。

针对 K 系列风机确定虚拟风量与风压值，通过数学模拟与实验，一般可取：

$$\begin{cases} Q_A = 1.05Q_i & Q_B = Q_i & Q_C = 0.95Q_i \\ H_A = 0.2H_i & H_B = H_i = R_iQ_i^2 & H_C = 2H_i \end{cases} \tag{6-34}$$

计算完式(6－34)中各参数值，再对 H_i 进行修正，修正式如下：

$$H_i = kQ_i \tag{6-35}$$

式中：k 为系数，一般取 10～20。

2）虚拟风机特性曲线

风机特性曲线由至少3个风量－风压点，采用最小二乘法拟合得到。风量－风压特性曲线是以风量为横轴，风压为纵轴，由 $n(n\geqslant 3)$ 组风量风压工况点数据，通过最小二乘法拟合出风量－风压特性曲线方程，计算步骤为：

步骤1：设拟合多项式为：

$$H = a_0 + a_1Q + \cdots + a_jQ^j \tag{6-36}$$

式中：a_0，a_1，…，a_j 为曲线拟合系数；j 为拟合幂次。

步骤2：各采样点到该多项式曲线的偏差平方和为：

$$r^2 = \sum_i^n [H_i - (a_0 + a_1Q_i + \cdots + a_jQ_i^j)]^2 \tag{6-37}$$

步骤3：上述等式对 a_i 求偏导数：

$$
\begin{aligned}
-2\sum_{i}^{n}[H_i-(a_0+a_1Q_i+\cdots+a_jQ_i^j)]&=0\\
-2\sum_{i}^{n}[H_i-(a_0+a_1Q_i+\cdots+a_jQ_i^j)]Q_i&=0\\
&\vdots\\
-2\sum_{i}^{n}[H_i-(a_0+a_1Q_i+\cdots+a_jQ_i^j)]Q_i^j&=0
\end{aligned}
\tag{6-38}
$$

步骤 4：将上述求偏导后的方程组转化为矩阵形式，该矩阵为范德蒙德矩阵，将该范德蒙德矩阵简化，得到：

$$
\begin{bmatrix} 1 & Q_1 & \cdots & Q_1^j \\ 1 & Q_2 & \cdots & Q_2^j \\ \vdots & \vdots & & \vdots \\ 1 & Q_n & \cdots & Q_n^j \end{bmatrix}
\begin{bmatrix} a_0 \\ a_1 \\ \vdots \\ a_j \end{bmatrix}
=
\begin{bmatrix} H_0 \\ H_1 \\ \vdots \\ H_n \end{bmatrix}
\tag{6-39}
$$

步骤 5：求解得到系数矩阵 $\boldsymbol{A}=\boldsymbol{Q}^{-1}\times\boldsymbol{H}$，即得到所求拟合曲线的系数（$a_0$，$a_1$，$\cdots a_j$）。

拟合出 $\boldsymbol{H}-\boldsymbol{Q}$ 特性曲线方程为：$\boldsymbol{H}=a_0+a_1Q+\cdots+a_jQ^j$。

6.3.3 风机变频模拟

风机特性曲线分为个体特性曲线、类型特性曲线、通用特性曲线三类。根据扇风机比例定律，同类型的风机参数具有一定的比例关系，如表 6－2 所示，其中 H 为风压、Q 为风量、N 为功率、n 为风机转速、D 为尺寸、ρ 为空气密度。扇风机比例定律是风机变频模拟的重要理论。

传统大主扇通风机由于无法变频调速，只能依靠调整风机安装角度或调节风门开口面积的方法来调节风量大小，这无疑增大了通风能耗，增加了通风成本。变频风机则可以在不改变风机效率的情况下，通过改变电机的转速来调节风速。通过风机变频调速使风机运行在高效区，提高风机运行效率。变频风机的电机转速 n 计算如下：

$$
n=60f(1-s)/p \tag{6-40}
$$

式中：f 为电源频率，Hz；s 为转差率；p 为电机磁极对数。对于变频风机特定的电机，s 和 p 一般为定值，电机转速与频率成正比，此时，可以根据比例定律模拟变频风机特性曲线。

表6－2　扇风机比例定律

换算参数 \ 换算条件	$D_1 \neq D_2$ $n_1 \neq n_2$ $\rho_1 \neq \rho_2$	$D_1 = D_2$ $n_1 = n_2$ $\rho_1 \neq \rho_2$	$D_1 = D_2$ $n_1 \neq n_2$ $\rho_1 = \rho_2$	$D_1 \neq D_2$ $n_1 = n_2$ $\rho_1 = \rho_2$
风压换算	$\frac{H_1}{H_2} = \frac{\rho_1}{\rho_2} \cdot \left(\frac{D_1}{D_2}\right)^2 \cdot \left(\frac{n_1}{n_2}\right)^2$	$\frac{H_1}{H_2} = \frac{\rho_1}{\rho_2}$	$\frac{H_1}{H_2} = \left(\frac{n_1}{n_2}\right)^2$	$\frac{H_1}{H_2} = \left(\frac{D_1}{D_2}\right)^2$
风量换算	$\frac{Q_1}{Q_2} = \left(\frac{D_1}{D_2}\right)^3 \cdot \frac{n_1}{n_2}$	$Q_1 = Q_2$	$\frac{Q_1}{Q_2} = \frac{n_1}{n_2}$	$\frac{Q_1}{Q_2} = \left(\frac{D_1}{D_2}\right)^3$
功率换算	$\frac{N_1}{N_2} = \frac{\rho_1}{\rho_2} \cdot \left(\frac{D_1}{D_2}\right)^5 \cdot \left(\frac{n_1}{n_2}\right)^3$	$\frac{N_1}{N_2} = \frac{\rho_1}{\rho_2}$	$\frac{N_1}{N_2} = \left(\frac{n_1}{n_2}\right)^3$	$\frac{N_1}{N_2} = \left(\frac{D_1}{D_2}\right)^5$
效率换算	$\eta_1 = \eta_2$			

风机变频节能原理：如图6－17所示，当风量调节要求从 Q_1 减少到 Q_2 时，传统调节方式采用改变风网阻力特性曲线的方法，使风网风阻由 R_1 变化到 R_2，代表轴功率的面积 OQ_2BH_1 与调节前相比变化不大；风机变频调节方式采用改变风机转速而不改变风网风阻的方法，使风机转速由 n_1 变化到 n_2，代表轴功率的面积 OQ_2CH_3 与调节前面积相比小得多。

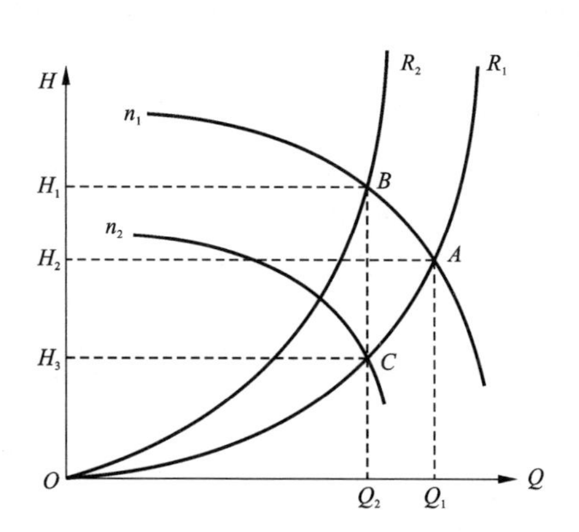

图6－17　风机变频节能原理

通过对风机曲线进行变频模拟，可以预测不同转速下的风机工况点，优化变频风机最佳运行转速，在风量调节时按优化转速进行变频调节。iVent矿井通风系统根据风机比例定律实现了风机特性曲线的变频模拟，图6－18所示为风机型号K40－8－No.18的风机变频前后特性曲线的对比。

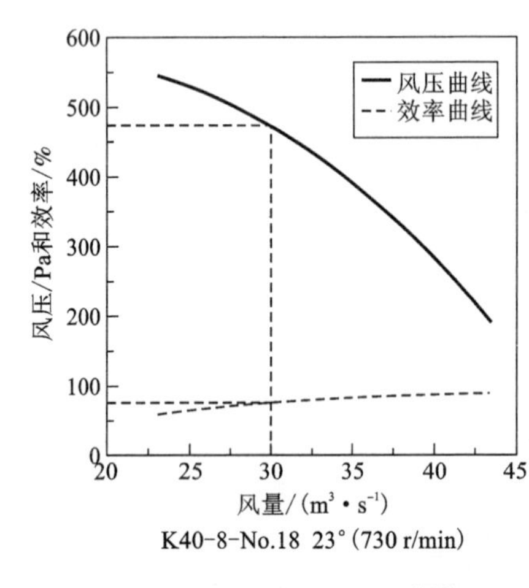

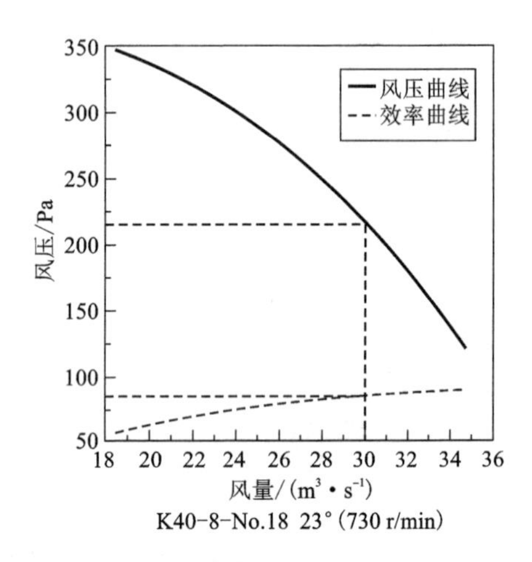

图 6－18　原风机曲线(730RPM)和变频曲线(584RPM)对比

6.3.4　风机反风模拟

调整风机方向、设置风机反转后运行特性曲线，可以模拟风机反转运行情况，指导制定合理的反风演习方案，根据实际反风演习的测量数据对通风系统进行安全评价。

为了确定风机反转情况下，相对原始风机特性曲线的风机反转性能，假定风机反风特性曲线与原始风机特性曲线相似，定义风机反转风量、风压因子，按比例因子缩放原始风机曲线模拟风机反风特性曲线。由于大部分风机厂商设计时都没有考虑风机反转，所以并没有提供这些反转参数。实际风机反风特性曲线需要通过在风机反转状态下试验测定获取。iVent 矿井通风系统根据风量风压因子来对风机反风特性曲线进行模拟，图 6－19 所示为风机型号 K45－6－No.12 的风机反风前后特性曲线的对比。

6.3.5　风机静压与全压模拟

传统通风网络分风计算时一般采用静压法模拟，忽略了巷道出口动压损失和风机静、全压曲线的区别。这种简化对一般的通风系统影响不大，但在某些特殊的通风系统中容易产生较大的误差。在实际通风网络建模时，应考虑风机是采用全压法还是静压法模拟。

从理论上来说，全压法模拟是进行风量分配计算的正确方法。全压法模拟假

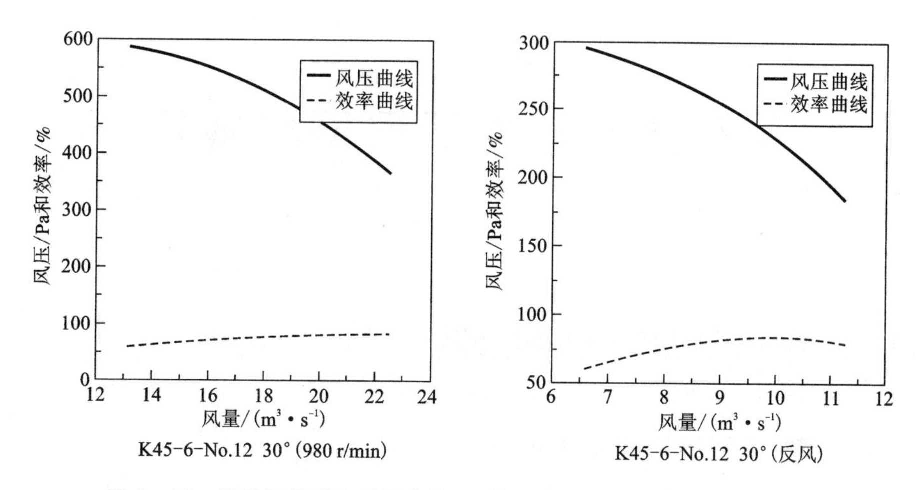

图6－19　原风机曲线和反风曲线(反转风量、风压因子均为0.5)对比

定风机的全部风压都给矿井通风提供动力。全压法模拟时应考虑出风口的系统动压损失，有扩散器时考虑扩散器出口动压损失。

对于风机厂家提供的静压曲线，可以根据曲线测定的空气状态通过一定的方法转化为全压曲线。首先，计算风机出口动压。风机出口动压与风机出口断面的面积尺寸有关：

$$H_{\mathrm{v}} = \frac{\rho Q^2}{2S^2} \tag{6-41}$$

式中：Q 为风机特性曲线中的流量参数，$\mathrm{m^3/s}$；ρ 为流经风机气流的密度，$\mathrm{kg/m^3}$，一般取为 1.2 $\mathrm{kg/m^3}$，实际应根据风机特性曲线实测环境而定。

在已知风机静压(H_s)曲线时，计算风机全压(H_t)曲线：

$$H_t = H_{\mathrm{s}} + H_{\mathrm{v}} = H_{\mathrm{s}} + \frac{\rho Q^2}{2S^2} \tag{6-42}$$

静压法是一种传统上普遍被采用的方法，这种方法假定风机动压全部损失，并不给系统提供通风动力，同时不考虑出口动压损失。但在理论上，静压法是不正确的，其模拟结果具有一定的误差。尤其是在多级机站通风网络解算中，静压法相比于全压法模拟结果的误差将会显著增加。

第 7 章　矿井通风网络解算

7.1　矿井通风网络术语及风流流动的基本定律

7.1.1　矿井通风网络的基本术语

矿井通风网络中，存在一些常见且与矿井通风网络解算有关的基本术语：

巷道风阻：主要是指巷道的摩擦风阻与局部风阻之和，即巷道风阻 = 摩擦风阻 + 局部风阻。

自然风压：一般认为，风流流动所发生的热交换等因素使矿井进、出风侧（或进、出风井筒）产生温度差而导致其平均密度不等，使两侧空气柱底部压力不等，其压差就是自然风压。

地表节点：指与地表大气相连的通风巷道的始节点或末节点，该巷道的始节点或末节点称为地表节点。

节点压力：选择通风网络中某一节点为参考节点，则其余每个节点与参考节点的风压差，就叫作这个节点的节点压力；一般某一具体巷道的节点压力的计算公式为：末节点压力值 = 始节点压力值 - 解算风压。

解算风压：解算风压 = 通风阻力 - 风机工况风压 - 自然风压 - 固定风压 - 不平衡压降。

固定风压：即在一通风巷道上设置的固定风压值。

不平衡压降：通风网络自然分风各回路风压本是平衡的（即回路风压值之和为零），但由于网络中设置固定风量，从而造成通风网络中存在回路风压不平衡现象，而不平衡的那一部风风压即为不平衡压降。

允许风速：指各通风巷道设置的风速最大值，若通风巷道的解算风速超过允许风速设置值，系统将自动预警。

虚拟风机：以装机风量为依据，通过一定的实验或模型参数，确定三个拟合点，从而拟合出一条风量 - 风压特性曲线，该曲线对应的风机即为虚拟风机。

风压模拟方法：依据通风网络中各风机特性曲线中的风压值，分为静压法、全压法与混合法。

最大通风能力：指允许流过整个通风网络最大的风量。

出口动压损失：指在全压法或混合法模拟下，由于回风井出口的风速引起的动压损失，动压 $h=\frac{1}{2}\rho v^2$。

网络效率：指摩擦损失功率与电机输入功率之比。

7.1.2 矿井通风易混淆术语

矿井通风易混淆术语有：

1)分支与虚拟分支：分支是指两节点间的连线，也称通风巷道，在风网图上一般用单线表示。虚拟分支一般是指通风网络中，从回风井口到进风井口虚拟的一段风阻值为零的分支。

2)生成树与最小生成树：树是指任意两节点间至少存在一条通路但不含回路的一类特殊图。生成树则是指包含通风网络中全部节点的树，生成树概念主要包括三点：①包含通风网络中的全部节点；②任意两节点之间至少存在一条通路；③通风网络中不含回路。最小生成树是指赋权图中，所有生成树中树枝权重值之和最小的树。

3)树枝与余树枝：树中的分支称为树枝。余树枝则是指通风网络中，除生成树分支以外的分支。

4)回路、独立回路与网孔：由两条或两条以上方向并不都相同的分支首尾相连形成的闭合线路称为回路；独立回路是指在任意一通风网络的每棵生成树中，每增加一条余树枝就构成一个独立回路；网孔是一种特殊的独立回路，且回路中无分支，它是一个平面上的概念，在实际空间上是不存在的，而现有的网孔法也仅仅是让独立回路接近于网孔。

5)通路与独立通路：在有向图中，从源点到汇点的有向路径称为通路；独立通路则是指能把通风网络中所有通路都表示出来的线性无关通路。

7.1.3 矿井通风网络风流流动基本定律

1)风量平衡定律

风量平衡定律是指在稳态通风条件下，单位时间内流入某节点的空气质量等于流出该节点的空气质量；或者说，流入与流出某节点的各分支空气质量流量的代数和等于零，即

$$\sum M_i = 0 \tag{7-1}$$

式中：M_i 表示通风网络流入(取正号)或流出(取负号)第 i 个节点的各分支空气

质量流量，kg/s。

若不考虑风流密度的变化(即矿井空气不压缩)，流入与流出某节点的各分支空气的体积流量(风量)代数和等于零，即

$$\sum Q_i = 0 \tag{7-2}$$

式中：Q_i 表示通风网络流入(取正号)或流出(取负号)第 i 个节点的各分支体积流量，m^3/s。

2)阻力定律

矿井通风风流在通风网络中的流动，绝大多数处于完全紊流状态，遵守阻力定律，即

$$h_i = R_i Q_i^2 \tag{7-3}$$

式中：h_i 表示通风网络第 i 条分支的通风阻力，Pa；R_i 表示通风网络第 i 条分支的风阻，$N \cdot s^2/m^8$；Q_i 表示通风网络第 i 条分支的风量，m^3/s。

3)能量平衡定律

一般规定：回路中分支风流流向为顺时针时，通风阻力取"+"；分支风流流向为逆时针时，通风阻力取"-"。

(1)无能量源(即回路中不存在扇风机或自然风压)。通风网络中无能量源的回路，回路中各分支阻力代数和为零。即

$$\sum h_i = 0 \tag{7-4}$$

(2)有能量源(即回路中存在扇风机或自然风压)。通风网络中有能量源的回路，回路中各分支阻力代数和等于该回路中扇风机风压 H_F 与自然风压的 H_N 代数和。即

$$\sum H_F + \sum H_N = \sum h_i \tag{7-5}$$

7.2 矿井通风网络解算方法

7.2.1 通风网络解算特点

随着矿产资源开采深度加大，矿井巷道数量多、空间布置错综复杂，造成矿井通风系统极其庞大与复杂，从而对矿井通风提出了更高的要求：一是解决通风巷道数量多且错综复杂等问题；二是解决效率、压力分布、风量调控和能耗等问题；三是井下循环风问题等。以上问题最终对复杂矿井通风网络解算也提出了更高的要求，其主要特点如下：

1)能够解决角联结构问题：要看一个通风网络是否复杂，不是根据通风网络分支数与节点数来判断，而是依据其是否含角联结构及其数目的多少来判断，所

以，角联结构是判断通风网络是否复杂的基础。

2）能够解决多风机多级机站问题：金属非金属矿山为解决矿井漏风、压力分布不均匀、风量难调控、能耗大等问题，逐渐采用多风机多级机站可控式通风方式代替统一大主扇通风方式。对于矿井通风网络解算来说，传统的统一大主扇通风网络系统采用回路风量法进行解算时，一般将风机分支作为余树枝以避免同一回路中有多个风机分支，从而避免解算不收敛。当通风系统采用多风机多级机站时，则经常出现同一回路中含有多个风机的情况，从而造成解算不收敛。因此，解决多风机多级机站对通风网络解算影响的问题是必要的。

3）能够解决单向回路问题：该问题主要是针对回路风量法，需圈划回路，一旦通风网络中存在单向回路，则通路的矩阵算法以及一切基于通路概念的算法都将失效，从而造成解算失败。然而在进行矿井通风网络解算时，单向回路问题是无法避免的。因此，单向回路问题是复杂矿井通风网络解算中又一必须解决的问题。

4）能够解决固定半割集解算问题：矿井通风网络进行按需解算时，要求固定风量个数小于等于独立回路数，即分支数减节点数再加1（$n-m+1$），并且图 $G-E$ 仍为连通图（G 为参与解算的矿井通风网络连通图，E 为固定风量分支集合）。当 E 为半割集时，即连通图 G 被半割集 E 分割为两个子连通图时，会造成通风网络不能解算。因此，解决固定半割集解算问题也是很有必要的。

7.2.2　通风网络解算方法分类

通风网络解算作为矿井通风网络最核心的理论，一直受到通风研究工作者的高度关注，以模拟法、试算法、解析法、图解法、等效法和渐近法（数值法）等为代表，目前通风网络解算方法多达几十种。而其中尤以渐近法为代表的数值模拟方法为最重要的通风网络解算方法。

通风网络解算方法分类如图7－1所示：

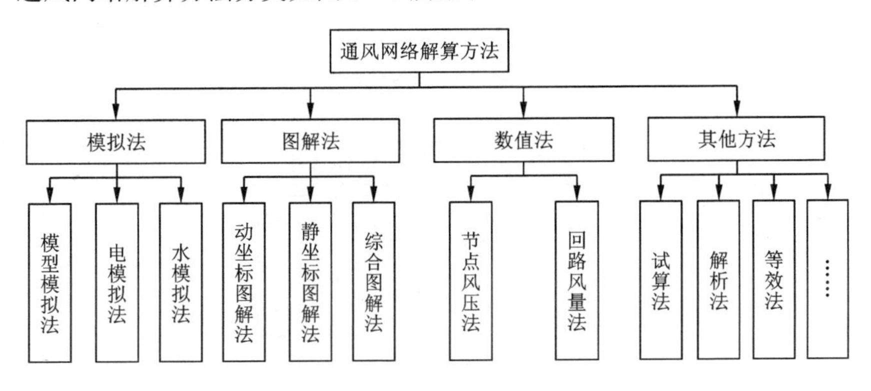

图7－1　网络解算方法分类

各种通风网络解算方法之间既有联系又有区别，其中数值解算法分类的主要依据是选取的基本未知量和迭代计算方法。根据选取基本未知量的不同，解算方法分为风量解法和风压解法，将相应的独立风量变量或独立风压变量作为求解对象，如图 7－2 所示，原始求解方法以 N 个分支风量和 N 个分支风压为未知量。演化的风量法中，回路风量法以 $M=N-J+1$ 个回路风量为未知量；而网孔风量法以 $M=N-J+1$ 个网孔风量为未知量。演化的风压法中，割集风压法以 $J-1$ 个割集风压为未知量；而节点风压法以 $J-1$ 个节点风压为未知量。

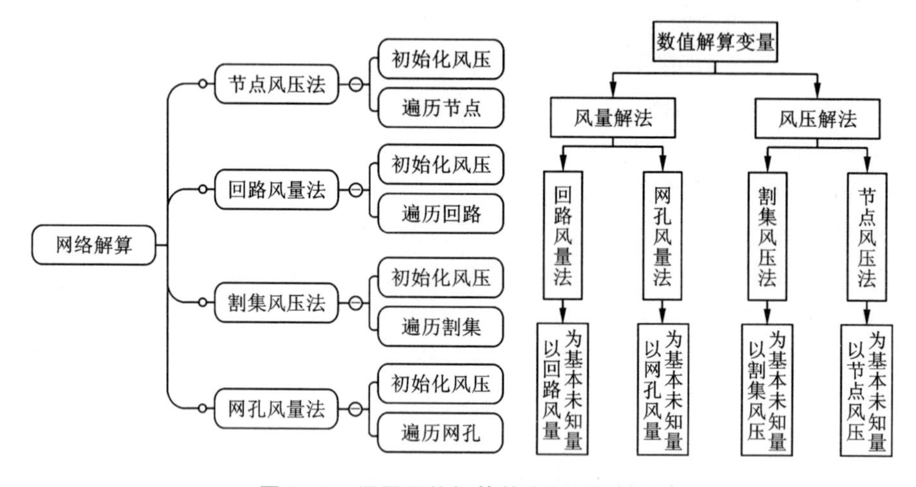

图 7－2 通风网络解算基本数值解算法

目前国内外采用的数值法种类比较多，尤其是 Hardy-Cross(Scot-Hinsley)法、牛顿法、节点风压法、线性代换法等，它们又可归纳为三类：迭代法、斜量法和直接代入法。其中 Scot-Hinsley 法属于迭代法；拟牛顿法是近似的牛顿法，采用一阶导数来近似牛顿法的二阶导数，属于斜量法；平均风量逼近法则属于直接代入法，如图 7－3 所示。

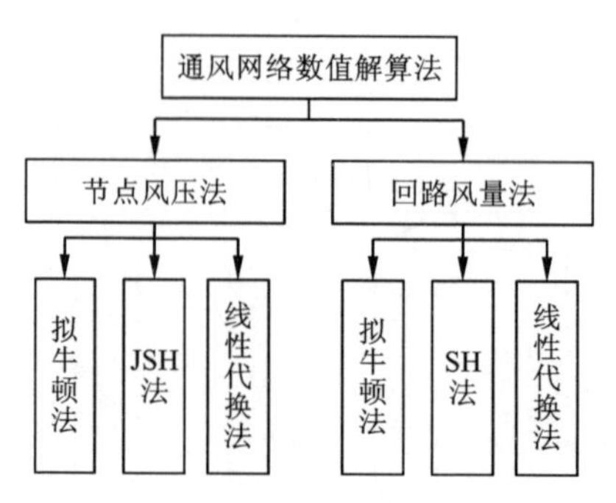

图 7－3 通风网络数值解算方法分类

7.2.3　回路风量法

1)数学模型

在通风网络图 $G(E_N, V_J)$ 中圈划一组独立回路，设定初始余支风量 $Q_C=(q_1, q_2, \cdots, q_M)^T$，可以得到一组关于 M 个变量的非线性方程组 $f_i(Q_C)=f_i(q_1, q_2, \cdots, q_M)=0$，即：

$$f_i(Q_C) = \sum_{j=1}^{N} b_{ij}(r_j|q_j|q_j - h_{Nj} - h_{Fj}) = 0 \quad i=1, 2, \cdots, M \tag{7-6}$$

式(7-6)就是回路风量的基本方程组，方程个数为 $M=N-J+1$ 个，对应 M 个未知的余支风量。

在回路风量法中，回路风量是一组完备的独立的风量变量。它是一种以回路风量(余树分支风量)为求解变量，通过初拟回路风量(余树分支风量)，并逐步校正回路风量来平衡回路不平衡风压的方法。

对 $f_i(Q_C)$ 按泰勒级数展开，忽略高阶项，可用矩阵表示如下：

$$F = F^0 + \boldsymbol{J}\Delta\boldsymbol{Q}_L + \frac{1}{2}\Delta\boldsymbol{Q}_L^T\boldsymbol{H}\Delta\boldsymbol{Q}_L \tag{7-7}$$

式中：$\boldsymbol{J}$ 为一阶导数矩阵，即 Jacobi 矩阵；H 为二阶导数矩阵，即 Hessian 矩阵；F^0 为常量。

其中：

$$\boldsymbol{J} = \begin{bmatrix} \frac{\partial f_1}{\partial q_1} & \frac{\partial f_1}{\partial q_2} & \cdots & \frac{\partial f_1}{\partial q_M} \\ \frac{\partial f_2}{\partial q_1} & \frac{\partial f_2}{\partial q_2} & \cdots & \frac{\partial f_2}{\partial q_M} \\ \vdots & \vdots & & \vdots \\ \frac{\partial f_M}{\partial q_1} & \frac{\partial f_M}{\partial q_2} & \cdots & \frac{\partial f_M}{\partial q_M} \end{bmatrix} \quad \boldsymbol{H} = \begin{bmatrix} \frac{\partial^2 f_1}{\partial q_1^2} & \frac{\partial^2 f_1}{\partial q_2^2} & \cdots & \frac{\partial^2 f_1}{\partial q_M^2} \\ \frac{\partial^2 f_2}{\partial q_1^2} & \frac{\partial^2 f_2}{\partial q_2^2} & \cdots & \frac{\partial^2 f_2}{\partial q_M^2} \\ \vdots & \vdots & & \vdots \\ \frac{\partial^2 f_M}{\partial q_1^2} & \frac{\partial^2 f_M}{\partial q_2^2} & \cdots & \frac{\partial^2 f_M}{\partial q_M^2} \end{bmatrix} \tag{7-8}$$

2)拟牛顿法

基本思路：拟牛顿法采用一阶导数来近似牛顿法，以避免进行复杂的二阶导数运算，是求解非线性方程组常用的方法。先将非线性方程组化为线性方程组，再逐次迭代求解。

设定一组初始余支风量 $\boldsymbol{Q}_C=(q_1, q_2\cdots, q_M)^T$ 使得 $f_i(Q_C)=f_i(q_1, q_2\cdots, q_M)\neq 0$，再给出一组风量增量 $\Delta\boldsymbol{Q}_C=(\Delta q_1, \Delta q_2, \cdots, \Delta q_M)^T$，使得：

$$f_i(\boldsymbol{Q}_C+\Delta\boldsymbol{Q}_C)=f_i(q_1+\Delta q_1, q_2+\Delta q_2, \cdots, q_M+\Delta q_M)=0 \tag{7-9}$$

将上式按泰勒公式展开，忽略二阶以上高阶微量，可得线性化近似式：

$$f_i(\boldsymbol{Q}_{\mathrm{C}} + \Delta\boldsymbol{Q}_{\mathrm{C}}) = f_i(\boldsymbol{Q}_{\mathrm{C}}) + \sum_{k=1}^{M}\left(\frac{\partial f_i}{\partial q_k}\Delta q_k\right) = 0 \quad i = 1, 2, \cdots, M \tag{7-10}$$

这是一组线性代数方程组，其矩阵形式为：

$$\begin{bmatrix} \frac{\partial f_1}{\partial q_1} & \frac{\partial f_1}{\partial q_2} & \cdots & \frac{\partial f_1}{\partial q_{\mathrm{M}}} \\ \frac{\partial f_2}{\partial q_1} & \frac{\partial f_2}{\partial q_2} & \cdots & \frac{\partial f_2}{\partial q_{\mathrm{M}}} \\ \vdots & \vdots & & \vdots \\ \frac{\partial f_{\mathrm{M}}}{\partial q_1} & \frac{\partial f_{\mathrm{M}}}{\partial q_2} & \cdots & \frac{\partial f_{\mathrm{M}}}{\partial q_{\mathrm{M}}} \end{bmatrix} \begin{bmatrix} \Delta q_1 \\ \Delta q_2 \\ \vdots \\ \Delta q_{\mathrm{M}} \end{bmatrix} = - \begin{bmatrix} f_1 \\ f_2 \\ \vdots \\ f_m \end{bmatrix} \tag{7-11}$$

或 $\boldsymbol{J}\Delta\boldsymbol{Q}_{\mathrm{C}} = -\boldsymbol{F}$，$\boldsymbol{J}$ 即为 Jacobi 矩阵，从式中解出：$\Delta\boldsymbol{Q}_{\mathrm{C}} = -(\boldsymbol{J}^{-1})\boldsymbol{F}$。

矩阵 $\boldsymbol{J}$ 中的元素为(i, $l=1$, 2, …, M)：

$$J_{il} = \frac{\partial f_i}{\partial q_l} = \sum_{j=1}^{N} b_{ij}b_{lj}[2r_j \mid q_j \mid - (\beta_j + 2\alpha_j q_j)] = 0 \quad i \neq l \tag{7-12}$$

$$J_{ii} = \frac{\partial f_i}{\partial q_i} = \sum_{j=1}^{N} b_{ij}^2[2r_j \mid q_j \mid - (\beta_j + 2\alpha_j q_j)] = 0 \tag{7-13}$$

回路不平衡风压中的元素为：

$$f_i = \sum_{j=1}^{N} b_{ij}(r_j \mid q_j \mid q_j - h_{Nj} - h_{Fj}) \tag{7-14}$$

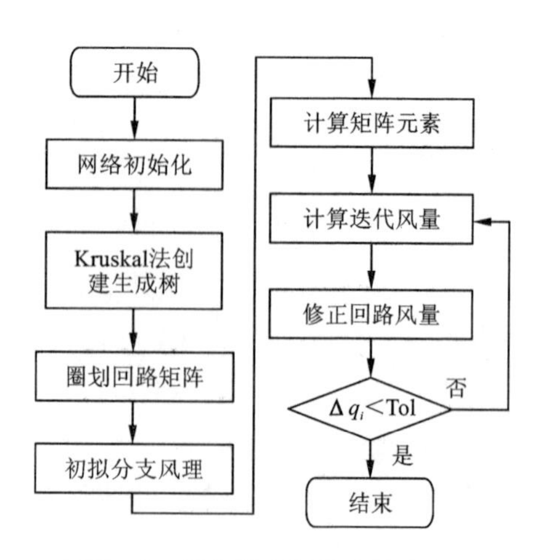

图 7-4 拟牛顿法解算步骤流程图

拟牛顿法算法流程如图 7-4 所示，具体描述如下：

步骤1：初始化通风网络图 $G(N, J)$，构建节点－分支拓扑关系及属性参数；

步骤2：采用Kruskal算法构建一颗生成树，获取余树分支；采用试探回溯法圈划独立回路，创建 M 个独立回路矩阵；

步骤3：按余树分支初拟一组分支风量，并计算树枝风量；

步骤4：对 M 个回路分别计算相应的不平衡风压值及对应的Jacobi矩阵元素；

步骤5：根据公式 $\Delta \boldsymbol{Q}_C = -(\boldsymbol{J}^{-1})F$ 求解迭代值，对每个回路分别进行风量修正；

步骤6：判断风量迭代精度，如果 $\max\{\Delta q_i\} > \mathrm{Tol}$，则返回步骤4；

步骤7：修正分支风向，输出计算结果，退出程序。

3）SH法

基本思路：在拟牛顿法的基础上进一步简化线性方程组，使Jacobi矩阵形成主对角矩阵。

Scott-Hinsley法简称SH法，也称为Hardy-Cross法，属于常用的回路风量法。对于Jacobi矩阵，当主对角线元素比非对角线上的元素大得多时，若略去非对角线上的元素，即取 $\partial f_i/\partial q_l = 0 (i \neq l)$，则Jacobi矩阵变为：

$$\begin{bmatrix} \frac{\partial f_1}{\partial q_1} & & & 0 \\ & \frac{\partial f_2}{\partial q_2} & & \\ & & \ddots & \vdots \\ 0 & & \cdots & \frac{\partial f_M}{\partial q_M} \end{bmatrix} \begin{bmatrix} \Delta q_1 \\ \Delta q_2 \\ \vdots \\ \Delta q_M \end{bmatrix} = - \begin{bmatrix} f_1 \\ f_2 \\ \vdots \\ f_m \end{bmatrix} \tag{7-15}$$

根据上式可求出风量 $\boldsymbol{Q}_C$：

$$\Delta q_i = \frac{-f_i}{\partial f_i/\partial q_i} = \frac{-\sum_{j=1}^{N} b_{ij}(r_j |q_j| q_j - h_{Nj} - h_{Fj})}{\sum_{j=1}^{N} b_{ij}^2 [2r_j |q_j| - (\beta_j + 2\alpha_j q_j)]} \quad i = 1, 2, \cdots, M \tag{7-16}$$

要求有如下关系：

$$\frac{\partial f_i}{\partial q_i} \Delta q_i \gg \sum_{i=1, j \neq i}^{M} \frac{\partial f_i}{\partial q_j} \Delta q_j \tag{7-17}$$

则可做如下简化：

$$f_i^{(K+1)} = f_i^{(K)} + \left(\frac{\partial f_i}{\partial q_i} - F_i'\right) \Delta q_i^{(K)} = 0 \tag{7-18}$$

$$f_i^{(K+1)} - f_i^{(K)} = \left(\frac{\partial f_i}{\partial q_i} - F_i'\right) \Delta q_i^{(K)} = -f_i \tag{7-19}$$

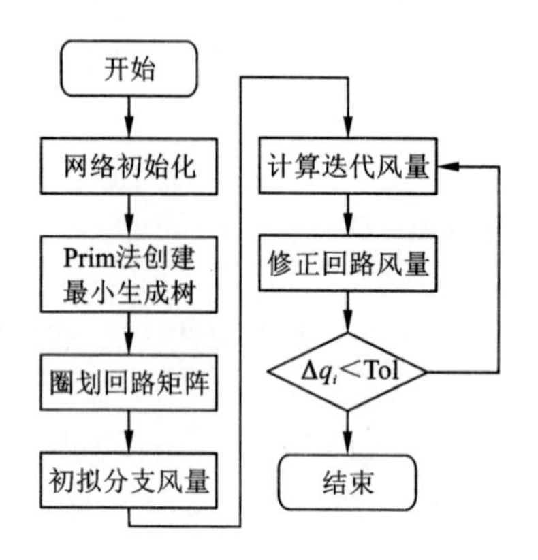

图 7-5　SH 法解算步骤流程图

SH 法算法流程如图 7-5 所示，具体描述如下：

步骤 1：初始化通风网络图 $G(N, J)$，构建节点-分支拓扑关系及属性参数；

步骤 2：采用 Prim 算法创建最小生成树，获取余树分支；采用双通路法圈划独立回路，创建 M 个独立回路矩阵；

步骤 3：按余树分支初拟一组分支风量，并计算树枝风量；

步骤 4：对 M 个回路进行迭代计算，按公式$\Delta q_i = \dfrac{-f_i}{\partial f_i / \partial q_i}$求解迭代风量值，并立即修正回路风量；

步骤 5：判断风量迭代精度，如果 $\max\{\Delta q_i\} > \text{Tol}$，则返回步骤 4；

步骤 6：修正分支风向，输出计算结果，退出程序。

7.2.4　节点风压法

1) 数学模型

由于分支风压：$h_j = h_{Lj} - h_{Nj} - h_{Fj} = r_j |q_j| q_j - h_{Nj} - h_{Fj}$，故：

$$q_j = \text{Sign}(h_j + h_{Nj} + h_{Fj}) \sqrt{\frac{|h_j + h_{Nj} + h_{Fj}|}{r_j}} \tag{7-20}$$

风量平衡方程为：

$$\sum_{j=1}^{N} a_{ij} q_j = \sum_{j=1}^{N} a_{ij} \text{Sign}(h_j + h_{Nj} + h_{Fj}) \sqrt{|h_j + h_{Nj} + h_{Fj}| / r_j} \quad i = 1, 2, \cdots, J-1 \tag{7-21}$$

$$\sum_{j=1}^{N} a_{ij} q_j = 0 \quad i = 1, 2, \cdots, J-1 \tag{7-22}$$

由于余支风压可以由树枝风压线性表出，故可以消去余支风压，得到 $J-1$ 个关于树枝风压的方程组。

节点风压法是以一种以节点风压为求解变量，初拟节点风压，通过逐步校正节点风压来平衡节点不平衡风量的方法。

节点风压解算法具体包括拟牛顿法、JSH 法和线性代换法。

2）拟牛顿法

基本思路：拟牛顿法采用一阶导数来近似牛顿法，以避免进行复杂的二阶导数运算，是求解非线性方程组常用的方法。先将非线性方程组化为线性方程组，再逐次迭代求解。

设置一个参考节点，假定一组独立节点风压值，再给出一组风压增量 $\Delta P(i=1, 2, \cdots, J-1)$ 使得：

$$f_i(P+\Delta P)=f_i(p_1+\Delta p_1, p_2+\Delta p_2, \cdots, p_{J-1}+\Delta p_{J-1})=0 \tag{7-23}$$

将上式按泰勒公式展开，忽略二阶以上高阶微量，得到牛顿方程组：

$$\begin{bmatrix} \frac{\partial f_1}{\partial p_1} & \frac{\partial f_1}{\partial p_2} & \cdots & \frac{\partial f_1}{\partial p_{J-1}} \\ \frac{\partial f_2}{\partial p_1} & \frac{\partial f_2}{\partial p_2} & \cdots & \frac{\partial f_2}{\partial p_{J-1}} \\ \vdots & \vdots & & \vdots \\ \frac{\partial f_M}{\partial p_1} & \frac{\partial f_M}{\partial p_2} & \cdots & \frac{\partial f_M}{\partial p_{J-1}} \end{bmatrix} \begin{bmatrix} \Delta p_1 \\ \Delta p_2 \\ \vdots \\ \Delta p_{J-1} \end{bmatrix} = -\begin{bmatrix} f_1 \\ f_2 \\ \vdots \\ f_{J-1} \end{bmatrix} \tag{7-24}$$

$\boldsymbol{J}_{\mathrm{p}}\Delta\boldsymbol{P}=-\boldsymbol{F}_{\mathrm{P}}$，$\boldsymbol{J}_{\mathrm{P}}$ 即为 Jacobi 矩阵，从式中解出：$\Delta\boldsymbol{P}=-(\boldsymbol{J}_{\mathrm{P}}^{-1})\boldsymbol{F}_{\mathrm{P}}$。

$\boldsymbol{J}_{\mathrm{P}}$ 中的元素由下式给出（$i, j=1, 2, \cdots, J-1$）：

$$J_{\mathrm{p}ij}=\sum_{l\in S_{\mathrm{R}}}\frac{a_{il}a_{jl}}{2\sqrt{r_1|p_{jl}-p_{il}+h_{\mathrm{Nl}}|}}-\sum_{l\in S_{\mathrm{F}}}a_{il}a_{jl}(2a_l|p_{jl}-p_{il}|+b_1) \tag{7-25}$$

$$J_{\mathrm{p}ii}=\sum_{l\in S_{\mathrm{R}}}\frac{a_{il}^2}{2\sqrt{r_1|p_{jl}-p_{il}+h_{\mathrm{Nl}}|}}-\sum_{l\in S_{\mathrm{F}}}a_{il}^2(2a_1|p_{jl}-p_{il}|+b_1) \tag{7-26}$$

拟牛顿法算法流程如图 7-6 所示，具体描述如下：

步骤 1：初始化通风网络图 $G(N, J)$，构建节点-分支拓扑关系及属性参数；

步骤 2：选择参考节点，初拟节点风压，计算分支风压，获得初拟风量；

步骤 3：根据网络拓扑关系构建基本关联矩阵；

步骤 4：建立 Jacobi 矩阵，根据公式 $\Delta\boldsymbol{P}=-(\boldsymbol{J}_{\mathrm{P}}^{-1})\boldsymbol{F}_{\mathrm{P}}$ 计算迭代风压值；

步骤 5：对于节点 i，根据计算值修正节点风压；

步骤 6：对于节点 i，修正关联分支风压，并修正关联分支风量；

步骤 7：判断风压迭代精度，如果 $\max\{\Delta p_i\}>\mathrm{Tol}$，则返回步骤 4；

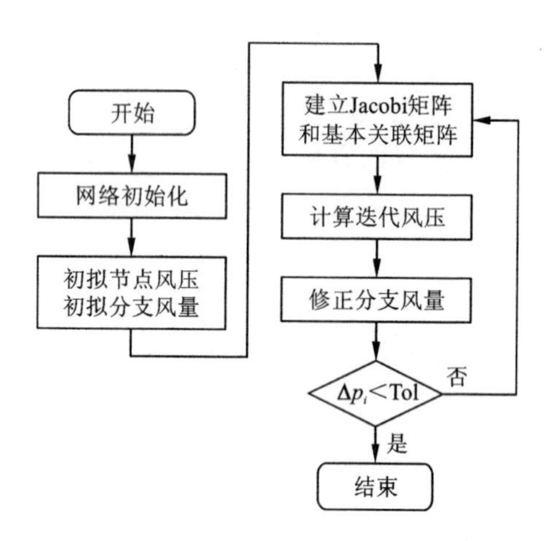

图 7-6　拟牛顿法解算步骤流程图

步骤 8：修正分支风向，输出计算结果，退出程序。

3) JSH 法

基本思路：在拟牛顿法的基础上进一步简化线性方程组，使 Jacobi 矩阵形成主对角矩阵。

节点风压中的 Scott-Hinsley 法简称 JSH 法，也称为主节点风压偏微分近似法，属于常用的节点风压法。对于 Jacobi 矩阵，当主对角线元素比非对角线上的元素大得多时，若略去非对角线上的元素，即取$\partial f_i / \partial p_1 = 0 (i \neq l)$，则 Jacobi 矩阵变为：

$$\begin{bmatrix} \frac{\partial f_1}{\partial p_1} & & & 0 \\ & \frac{\partial f_2}{\partial p_2} & & \\ & & \ddots & \vdots \\ 0 & & \cdots & \frac{\partial f_{J-1}}{\partial p_{J-1}} \end{bmatrix} \begin{bmatrix} \Delta p_1 \\ \Delta p_2 \\ \vdots \\ \Delta p_{J-1} \end{bmatrix} = - \begin{bmatrix} f_1 \\ f_2 \\ \vdots \\ f_{J-1} \end{bmatrix} \tag{7-27}$$

根据上式可求出节点风压迭代公式 $\boldsymbol{\Delta P}$：

$$\Delta p_i = \frac{-f_i}{\partial f_i / \partial p_i} \quad i = 1, 2, \cdots, J-1 \tag{7-28}$$

JSH 法算法流程如图 7-7 所示，具体描述如下：

步骤 1：初始化通风网络图 $G(N, J)$，构建节点-分支拓扑关系及属性参数；

步骤 2：选择参考节点，初拟节点风压，计算分支风压，获得初拟风量；

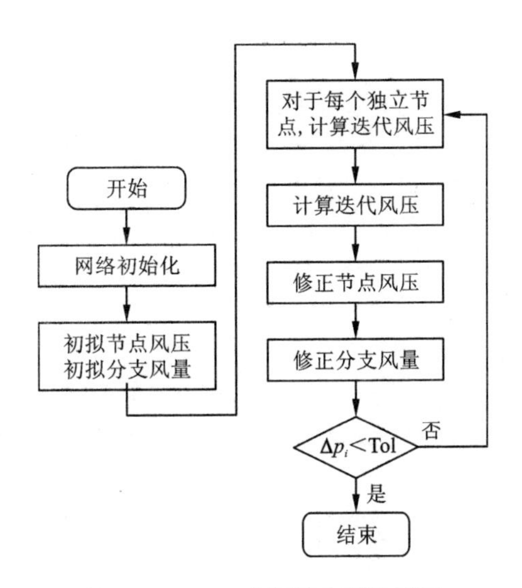

图7-7　JSH法解算步骤流程图

步骤3：从节点 $i=1$ 到 $J-1$，开始进行迭代计算；

步骤4：对于节点 i，根据公式 $\Delta p_i=\dfrac{-f_i}{\partial f_i/\partial p_i}$ 计算迭代风压值，并修正节点风压；

步骤5：对于节点 i，修正关联分支风压，并修正关联分支风量；

步骤6：判断风压迭代精度，如果 $\max\{\Delta p_i\}>\mathrm{Tol}$，则返回步骤3；

步骤7：修正分支风向，输出计算结果，退出程序。

7.2.5　通风网络解算方法综合对比

1）解算方法评价准则

当前网络解算以数值计算方法为主，主要分为回路风量法和节点风压法，而风量法和风压法又分别有十几种常见的解法。不同的解算方法具有不同的收敛性，同一种解算方法也有多种迭代控制方法，由于独立变量、初拟风量或迭代控制不当都有可能使算法收敛缓慢甚至趋于发散，因此寻找一种稳定的快速收敛算法具有重要意义。

徐瑞龙提出了一种判别通风网络解算方法稳定性、收敛性的实验方法[106]，具体如下：

（1）在求解网络的取值区间[0，Q_t]内，任取一组初拟值，算法都能收敛；

（2）当改变通风网络规模时，算法仍能得到满意的结果。

若算法能同时满足以上两个准则时，则该算法的稳定性和收敛性就比较好。

2）多种解算法算例

基于 iVent 矿井通风系统进行二次开发，实现了回路风量中的拟牛顿解算法和 SH 解算法、节点风压中的拟牛顿解算法和 JSH 解算法。如图 7－8 所示，以新疆阿舍勒铜矿简化通风网络为例，对风量－SH 法、风量－拟牛顿法、风压－JSH 法和风压－拟牛顿法四种解算方法的收敛性进行对比分析。

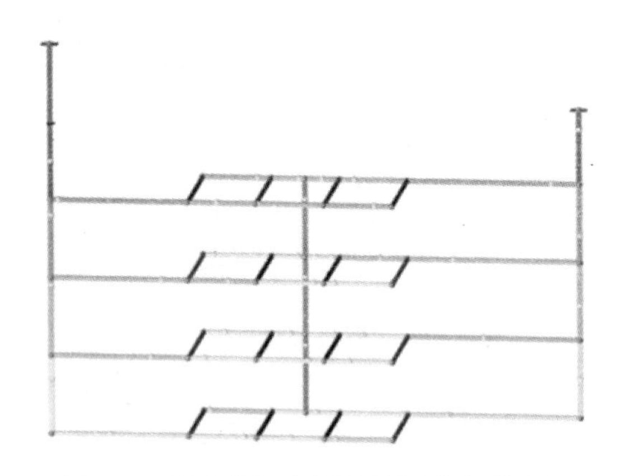

图 7－8　阿舍勒铜矿简化通风网络解算实例

四种解算方法收敛情况如表 7－1、如图 7－9、图 7－10 和图 7－11 所示。

表 7－1　多种解算方法算例收敛情况

解算方法 / 收敛性分析	风量		风压	
	SH 法	拟牛顿法	JSH 法	拟牛顿法
迭代次数	33	48	3176	8
迭代时间/ms	94	141	9169	31
风量初始迭代误差/($m^3 \cdot s^{-1}$)	103	121.71	200.01	190
风压初始迭代误差/Pa	405.29	1287.5	1.55	4.94
风量迭代精度/($m^3 \cdot s^{-1}$)	0.00006	108848	0.009	0.00001
风压迭代精度/Pa	0.00007	99451690	0.0001	0.00001
收敛性	收敛	发散	缓慢	收敛

从收敛性分析图中可以看出，四种解算方法中风量－拟牛顿法发散，风压－JSH 法收敛缓慢，风量－SH 法和风压－拟牛顿法收敛性较好。

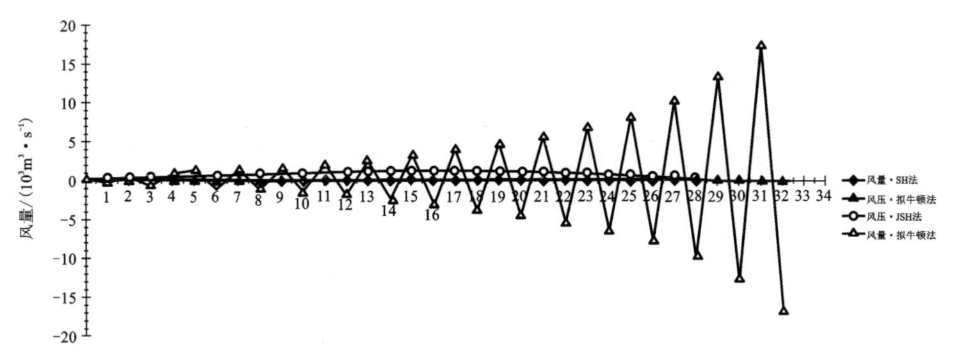

图7-9　多网络解算方法收敛图

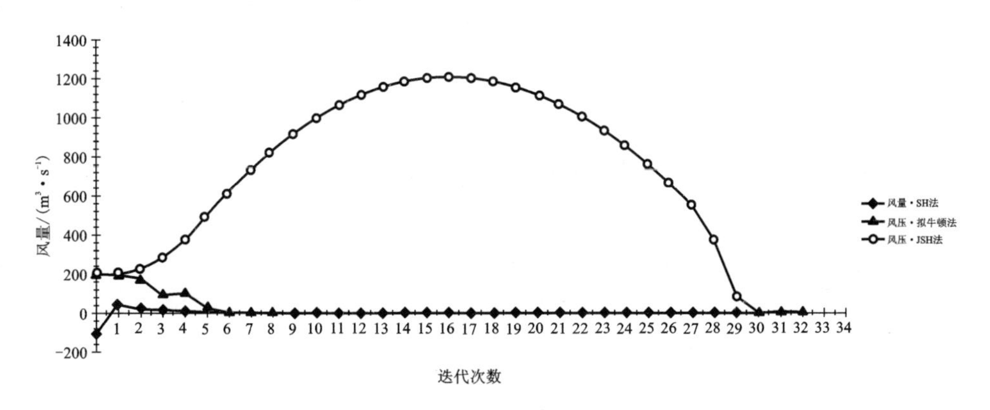

图7-10　多网络解算方法收敛图

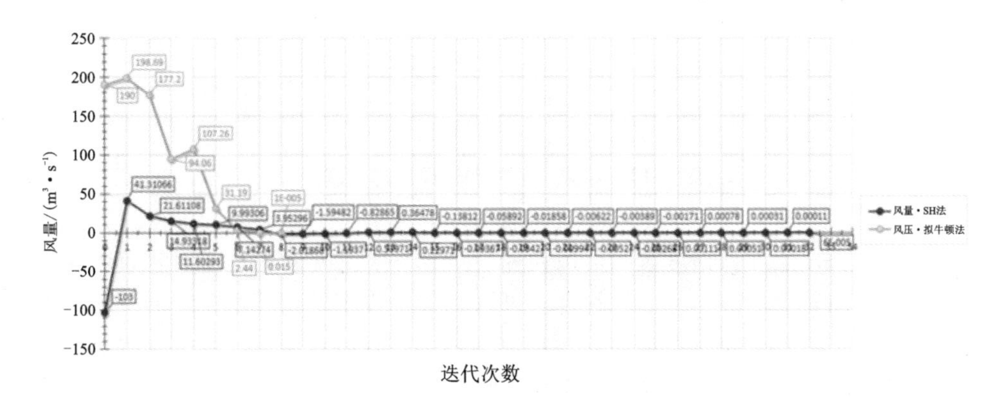

图7-11　多网络解算方法收敛图

对于风量－拟牛顿法，如表 7－1 所示，风量初始迭代误差为 121.71 m^3/s，风压初始迭代误差为 1287.5 Pa；相比于风量－SH 法，风量初拟误差并不大，而风压迭代误差较大，由于拟牛顿法对初值的敏感性使得不利收敛因素呈扩大趋势，如图 7－12、图 7－13 所示，收敛图呈“之”字形发散。值得注意的是，拟牛顿法采用矩阵迭代计算，不合理的迭代过程控制也可能使解算过程发散。

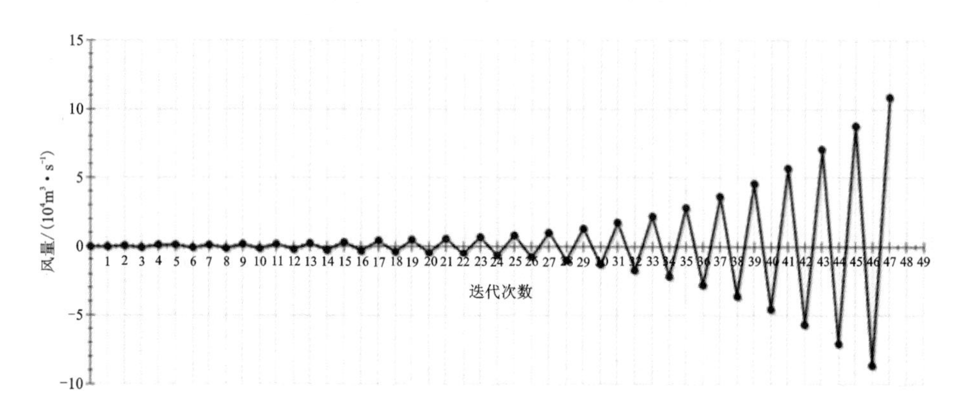

图 7－12　风量－拟牛顿法风量迭代误差

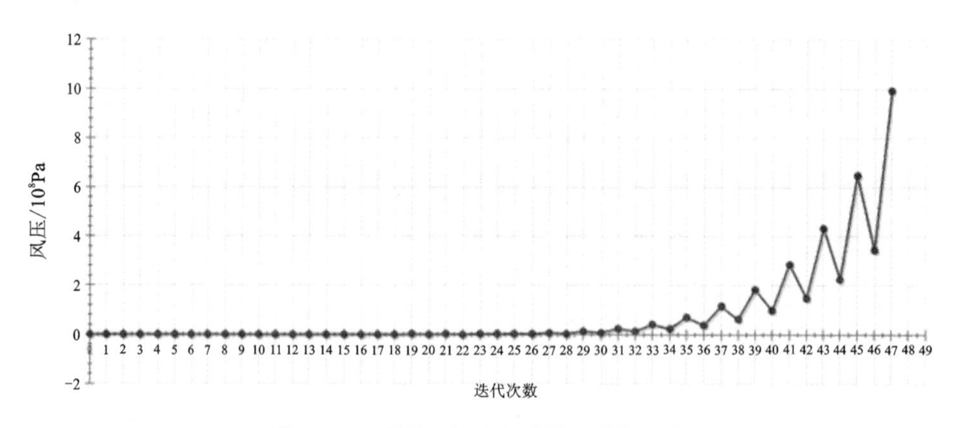

图 7－13　风量－拟牛顿法风压迭代误差

风压－JSH 法在低精度区间可以快速收敛，当修正风量靠近真值时收敛速度明显减慢。如图 7－14 所示，尽管算法可以收敛于设定的精度值，但由于算法的二次简化使其在高精度区间收敛速度极其缓慢。在这种情况下，风压－牛顿法则体现了一定的优越性，算法在 8 次迭代过程内快速趋于收敛，而且风量迭代精度高达 0.1×10^{-4} m^3/s、风压迭代精度为 0.1×10^{-4} Pa。

从收敛性准则上看，准则 I 要求算法对于较大范围内的任意初值都能收敛，

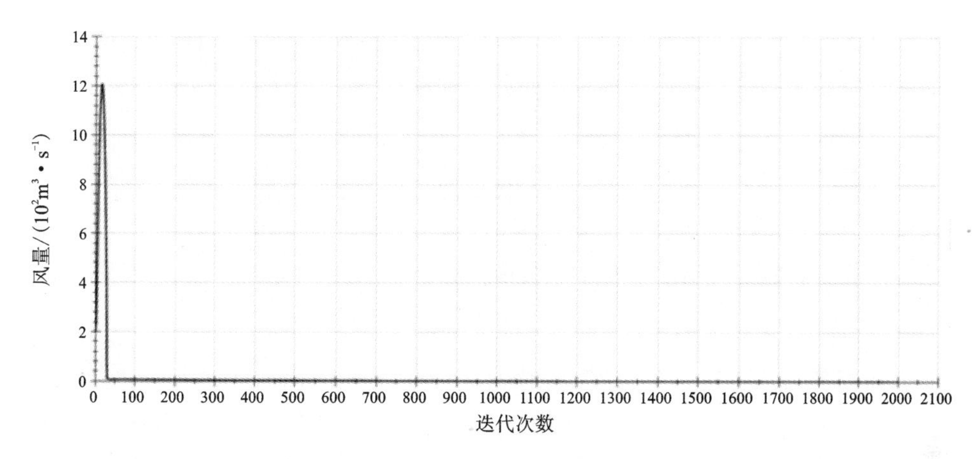

图7-14　风压-JSH法风量迭代误差

这种情况下，SH法相比于拟牛顿法具有更大的适应性，拟牛顿法对初值比较敏感，不合理的初值假设容易使拟牛顿法趋于发散；准则Ⅱ要求改变通风网络规模时(如巷道数和风机数)，算法仍能收敛，这种情况下，风量法相比于风压法具有更强的适应性，风压法的相关研究较少，不合理的迭代过程控制容易使风压法收敛缓慢。风量-SH法能较好地满足以上两个收敛性准则，因此，可以认为该算法的稳定性和收敛性比较好。

3)综合对比结果

不同的解算方法其初拟风量、迭代控制过程不尽相同。算法对初始值的要求是非线性问题的特点，由于非线性函数可能存在多组解，当初始值选取得不合适时，任何一种解算算法都有可能不收敛或假收敛。

风压解法相比于风量解算，不需要创建生成树、也不需要圈划回路，在算法实现上比较简单，但目前对风压解法的研究较少，一般的节点风压初拟和迭代控制方法使其收敛比较缓慢，无法适应大型复杂通风系统的网络解算要求。

在基本解算方法中，同一类模型均可演化出三种求解方法：拟牛顿法、SH法(Scott-Hinsley)和线性逼近法。

拟牛顿法是求解非线性方程组的最一般方法，在理论上比较严密，但对初值要求较高，初拟风量(风压)时应采取相应的初值估算方法，以避免出现迭代不收敛的情况。拟牛顿法收敛次数与生成树的选择几乎无关，而Scott-Hinsley法的迭代次数差别很大。由于拟牛顿法中需要计算更多Jacobi矩阵元素并求逆矩阵，因此尽管收敛次数较少，总的解算时间却可能更长。在复杂通风系统中，相对于大型的Jacobi矩阵，收敛时间差别更加明显。

SH法(Scott-Hinsley)是从拟牛顿法中进行二次简化演变而来的，所略去的

Jacobi 矩阵中非主对角线元素的大小与独立回路或独立割集的选择有关，不同的回路或割集具有不同的简化效果。非主对角线元素绝对值越大，略去后对方程影响越大，因而 SH 法的收敛性与所选回路的影响较大。传统的做法是，在回路风量中，选风阻赋权的最小树来构造独立回路矩阵，节点风压法中则选风阻赋权的最大树来构造割集矩阵。

7.3 基于网孔法的通风网络解算

通过对通风网络解算方法进行综合评价，分析了各种解算方法的收敛性及优缺点。基于回路风量法的 S-H 法作为国内外通风软件最常用的解算方法，相关研究中对其提出了较成熟的迭代控制过程，SH 法在水网解算中也有较好的迭代效果，通过改进 S-H 法可以形成一种稳定的快速收敛算法。

iVent 矿井通风系统在 Scott-Hinsley 法的基础上，提出了一种基于网孔法的通风网络解算快速收敛算法，即通过内置的特殊网孔圈划功能，搜索通风最小连通图、对于部分网孔进行适当调整、绕开重复性的固定风量分支，使它们成为各个独立的网孔，然后通过迭代使各网孔的压降为 0。

7.3.1 通风网络解算分析

1)单向回路分析

有向图中始节点与末节点重合的通路所构成的回路称为单向回路，在矿井下表现为循环风。井下的循环风有两类：一是由于风机、自然风压等动力源的原因引起井下循环风的形成，造成工作面上新鲜风流的减少、有毒有害物质的增加，从而给作业面上人的安全健康、设备的正常运转造成较大的威胁，该类循环风应尽量避免；二是在保证通风安全的前提下，为满足部分作业面的各项通风指标达到矿井通风安全规程要求，人工控制的可控或受控循环风，该类循环风随着矿井开采深度的加深与开采距离的加长有着突出的应用价值。

矿井通风网络中，无论是风机或自然风压等动力源引起的循环风，还是人工控制的可控循环风在通风网络解算中都表现为单向回路问题。单向回路问题从动力源方向分析，是由于风机设置不合理或自然风压等原因引起的；从解算方面分析，由于某些分支不能确定其风流的流向，从而按假定的风流流向确定其拓扑关系，引起单向回路问题；此外，在矿井通风网络解算中设置固定风量，也会造成单向回路问题。然而按照目前的解算算法，当通风网络中存在单向回路问题时，所有含有单向回路的通风网络通路矩阵算法都将失效，其中一切以通路解决问题的算法也将失效，导致通风网络无法解算成功，从而需寻找其他解算算法加以解决。

国内外学者已对单向回路问题进行了比较深入的研究，其中刘剑教授(详见参考文献[54])提出当通风网络中出现单向回路时，通过修改通路搜索策略，即采用改进的深度优先搜索法搜索通路，使解算成功收敛；黄俊歆(详见参考文献[8])提出了使用节点风压法与回路风量法相结合的解算算法来解决单向回路问题等。以上都是在通风网络中出现单向回路后，再应用其他搜索算法或解算算法来加以解决的，虽然单向回路问题最终可能得以解决，但解决收敛的速度势必会受到影响。实际上矿井通风网络图是赋权有向连通图，单向回路问题在任何通风网络中都可能存在，而在实际的矿井通风网络下，通过通风网络迭代计算让单向回路中的压降平衡问题得以解决。因此并非所有的单向回路都将导致通风网络解算失败，也不是回路风量法不适用于解算所有含单向回路的通风网络。要想解算快速收敛，圈划回路时就应避免单向回路问题，若基于通路的概念圈划回路，则应避免圈划到单向回路；网孔法则是在基于生成树的基础上采用双通路法圈划回路，完全可以避免出现单向回路的情况。

此外，对于矿井通风网络中由于风机设置不合理或自然风压等引起的单向回路问题，运用多次回路迭代方式进行检查，检验其回路的收敛情况，从而让回路的压降趋向于零；固定风量引起的单向回路问题，因在迭代计算时固定风量分支不参与，从而不可能出现解算不收敛的情况；假拓扑关系引起的单向回路问题，在迭代计算时，随着分支风流方向的不断校正，假拓扑关系得以不断消除，单向回路问题也相应地得以消除，从而也不可能出现解算不收敛的情况。然而在复杂矿井通风网络中，因假拓扑关系的存在，在一次迭代计算中单向回路难以降低压降时，可直接将该单向回路中的风量置为零而无须继续迭代。

2)多风机多级机站解算

多风机多级机站是在矿井通风系统中，根据需要将一定数量的扇风机分为若干级机站，通过进风机站将地表的新鲜空气以接力的方式输送到各作业区域，经过各作业区域后形成的污浊空气再通过回风机站，也以接力的方式排出到地表，即串联风机输送排出风流，并联风机解决区域分风的通风调控方式。多风机多级机站通风系统因多台扇风机串并联工作，其对整个通风系统的风流输送、分配和排出都有严格控制，因此，与传统的统一大主扇通风系统相比，其具有内外漏风少、风量利用率高、风压分布较均匀、调节灵活，且有很好的节能效益等优点。因此，这种通风调控方式在金属矿山也越来越受到重视。

复杂矿井通风网络解算，按照传统的统一大主扇通风系统，一般将风机所在分支作为余树枝迭代计算，从而避免同一回路中出现多台扇风机。然而对于多风机多级机站调控系统，则经常出现同一回路中有多台扇风机的情况，从而造成解算不能正常进行，因此，对通风网络解算算法的改进是必要的。在多风机多级机站矿井通风网络解算中，为了避免一个网孔中出现多台风机的情况，应尽量让最小生成树中的风机所在分支不分布在树干中，故多风机多级机站解算的最大不同之处在于：一是回路迭代式 ΔQ_i 不同；二是回路圈划方法不同。其中回路迭代式 ΔQ_i 为：

$$\Delta Q_i = \frac{\sum_{i=1}^{b}(R_{ij} \times Q_{ij} | Q_{ij} | - F_{ij} \pm N_{ij})}{\sum_{i=1}^{b}(2R_{ij} \times | Q_{ij} | - \alpha_{ij})} \tag{7-29}$$

式中：ΔQ_i 为第 i 个独立回路的风量修正值；Q_{ij}为第 i 个独立回路第 j 条分支的风量值；R_{ij}为第 i 个独立回路第 j 条分支的风阻值；F_{ij}为第 i 个独立回路第 j 条分支上风机的工况风压值；N_{ij}为第 i 个独立回路第 j 条分支上的自然风压值；α_{ij}为第 i 个独立回路第 j 条分支上的风机特征曲线斜率，$\alpha_{ij} = \mathrm{d}F/\mathrm{d}Q$；$b$ 为第 i 个独立回路上的分支数。

3）固定半割集解算

矿井通风网络解算中的按需分风，要求固定风量的分支数不能超过 $n-m+1$（n 为分支数，m 为节点数），并且要求去掉固定风量后的通风网络图仍为连通图即 $G-E$ 为连通图（G 为参与解算的矿井通风网络，E 为固定风量分支组成的集合）。若 E 为矿井通风网络的一个半割集，即 E 将图 G 切割成两个子连通图，则称为固定半割集下的按需分风。在已有的国内外通风网络解算算法中，此类问题一般难以解决。MVSS 软件对于此类问题的解决方法为：首先运用通路法让含有半割集 E 的通风网络达到预平衡，再对余下的 $G-E$ 进行自然分风。

在前人研究的基础上，为使固定半割集下的通风网络按需分风，以生成树树枝和余树枝之间的关系为出发点，允许固定风量分支参与生成树的形成，并依据双通法圈划回路，从而直接找出所有相冲突的固定风量分支，并进行消除，实现固定半割集下的通风网络按需分风。该方法的基本思想是允许固定风量分支形成生成树，并通过双通法快速圈划其所在回路，并找出其相对应的余树枝，以得到与其重复设置的固定风量分支，当其不存在逻辑关联错误时，可任意修改其中一固定风量分支为一般分支，即可实现固定半割集下的通风网络解算。

7.3.2 最小生成树原理

生成树即包含通风网络中所有节点的树，从概念上理解，可以将其归纳为三点：一是含有通风网络中的所有节点；二是不含回路；三是任意两节点间至少存在一条通路。然而通过给通风网络图中的每条分支赋权重值，在构成的所有生成树中权重之和最小的生成树即为最小生成树。目前，最小生成树采用的算法主要有破圈法、kruskal 算法（也称加边法）和 Prim 算法（也称加点法），其中 kruskal 算法和 Prim 算法最为经典。下面重点介绍下 kruskal 算法和 Prim 算法的基本原理：

1）Prim 算法的基本原理

设连通图 $G=(V, E)$，$T=(U, S)$ 为图 G 的最小生成树，从图 G 中的某一节点 u_0 出发，选择与 u_0 相关联分支中权重最小的分支，将其节点加入最小生成树 T 的节点集合 U 中，分支加入集合 S 中，再从最新加入集合 U 的节点出发，直到图 G 中所有节点都加入最小生成树 T 的节点集合 U 中为止，即得到最小生成树 T。其具体算法步骤如下（流程图，见图 7－15）：

第一步：给连通图 G 中所有的分支赋权重；

第二步：从连通图 G 中选择节点 u_i 作为出发点，并将该节点加入集合 U 中；

第三步：选择与节点 u_i 相关联分支中权重值最小的分支；

第四步：判断该分支是否合理：将该分支加入集合 S 中，看是否形成回路。若形成回路，选择其他相关分支权重最小的；若不形成回路，该分支的另一节点 u_{i+1} 加入集合 U 中，并将该节点作为新的出发点；

第五步：判断集合 U 是否与集合 V 相等，若相等，完成最小生成树的搜索，程序结束；若不相等，跳回第二步。

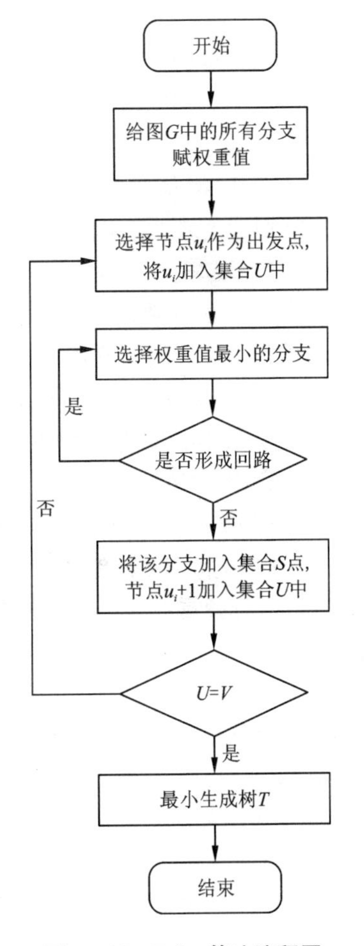

图 7－15　Prim 算法流程图

2）kruskal 算法的基本原理

kruskal 算法的核心思想是：将带权连通图 $G=(V, E)$ 中的分支按其权重值由小到大的顺序依次选取，若选择的分支不构成回路，则保留；否则，去掉该条分支。其算法步骤如下（流程图，见图 7－16）：

第一步：给图 G 中的所有分支赋权重值；

第二步：所有分支按权重值由小到大的顺序进行排列；

第三步：依次选取权重值小的分支，并进行判定。若构成回路，去掉该条分支；若不构成回路，将该条分支加入最小生成树 $T=(U, S)$ 中的 S 集合中；

第四步：循环第三步，直到图 G 中的所有权重值加入 T 中，即 $E=V$，程序结束，得到最小生成树。

3) Prim 算法与 kruskal 算法对比

kruskal 算法储存节点与分支数据所需的内存空间比 Prim 算法少，但 kruskal 算法在分支数与节点数较多时，运算速度比 Prim 算法慢很多，尤其复杂矿井通风网络的节点数与分支数少则几百、多则上千条，此时运算速度就显得尤其重要了。此外，Prim 算法为定向圈划回路提供外向树信息，保证了圈划的回路较优，且圈划速度较快。因此，基于网孔法的通风网络解算算法是采用 Prim 算法圈划回路。

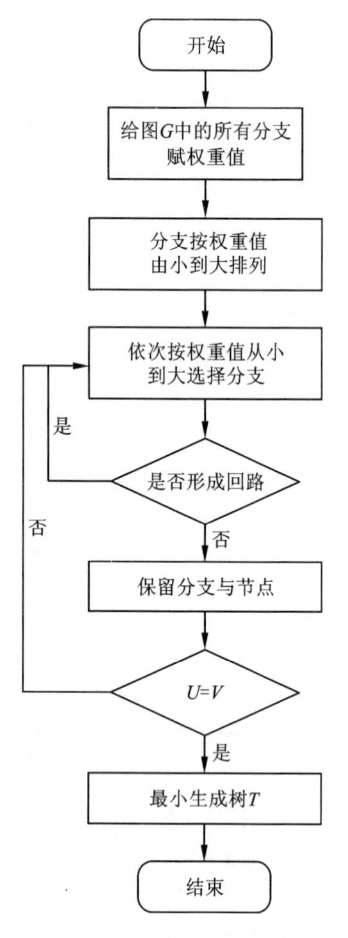

图 7－16　kruskal 算法流程图

为保证迭代收敛速度，应尽量保证公共分支的权重值较小，因而选择一棵合适的生成树对迭代收敛具有较大的影响。一般的方法就是选择一棵最小生成树，其中分支的权重值一般按 $R \cdot Q$（R 为风阻，Q 为风量）排序，但迭代开始时 Q 值不太准确。因此，有人采取的方法是：迭代到一定次数时，重新按 $R \cdot Q$ 的权重值排序，选择最小生成树，以加快迭代收敛速度。

基于网孔法的通风网络解算算法为加快解算算法迭代收敛的速度，采用的分支权重赋值方法是：先将所有分支分为一般分支、装机分支与定流分支，其中所有定流分支的权重值最大，其次是装机分支，再是一般分支，装机分支与一般分支再按分支的风阻值大小赋权重值（风阻值小，权重小）。

7.3.3　基于双通路法的网孔圈划原理

网孔是一种特殊的独立回路，在实际空间上是不存在的，但本书的网孔为近似网孔，即所选的独立回路接近于网孔。当矿井通风网络的最小生成树确定后，独立回路也是确定的（独立回路是在最小生成树的基础上，每添加一条余树枝即构成一个独立回路）。因此，如何快速地圈划回路是解决圈划回路的核心问题。

目前，圈划回路的方法主要有试探回溯法、矩阵法与双通路法等。试探回溯法是从余树枝的末节点出发，选择任一与末节点相关联的分支作为独立回路分支，再以该分支的另一节点为出发点，继续搜索，直到不能回到原始出发点，再逐点回溯，直到回到最开始的出发点；矩阵法是通过节点关联矩阵运算，找出所有与余树分支末节点相通的通路，最后找出回到原始出发点的回路；双通路法则通过计算树根与最小生成树各节点的距离、邻接分支数组以及邻接节点等外向树信息，再依据外向树信息一次就可选到正确的回路。试探回溯法需反复试探回溯，圈划速度较慢；矩阵法则通过矩阵运算，计算出所有通路信息，速度更慢且占用内存较大；而双通路法根据外向树信息，一次就能圈划出正确的回路，大大加快了圈划回路的速度。

一棵有向树图，若有向树中存在节点 i，从节点 i 出发到有向树图中其他任意节点 j 均存在一条有向通路，则称这种树为外向树。其中，节点 i 称为树根，节点 j 到节点 i 的距离称为 j 节点的深度。

在一棵外向树中，除树根节点以外，每个节点的入度均为 1；若分支 k 的始节点为 i、末节点为 j，则称节点 i 为节点 j 的前趋节点，分支 k 为节点 j 的入支。图 7 – 17所示为一棵外向树，其中树根节点为①，节点②的前趋节点为节点①，入支为分支 1。

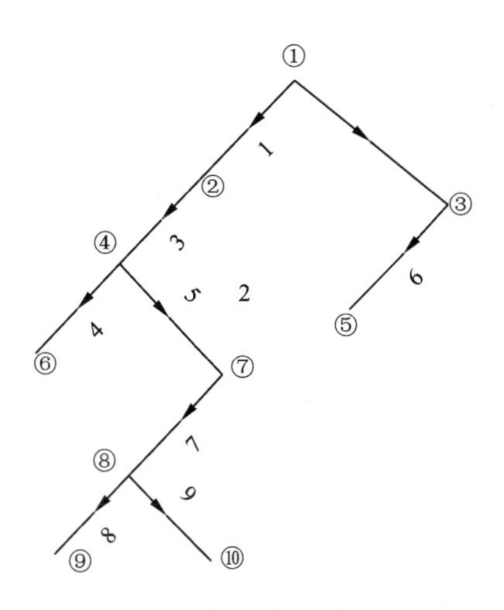

图 7 – 17　外向树图

双通路法圈划网孔的外向树信息在基于 Prim 算法的最小生成树中就能得以保存，还不仅避免了重复计算各节点的距离、邻接分支数组以及邻接节点等外向树信息，也减少了内存，这也是选用 Prim 算法的重要原因之一。双通法的算法步骤如下（流程图见图 7 – 18）：

第一步：选树根节点，并计算最小生成树中所有节点与树根之间的距离；

第二步：求出最小生成树的邻接节点数组与邻接分支数组：某节点 i 的邻接

节点是指与节点 i 相邻且离树根节点近的节点；邻接分支数是指与邻接节点相对应的树枝，并规定树枝的正方向，若相反，则取负值；

第三步：从第一条余树枝开始，寻找“前通路”与“后通路”，并分别存入两数组中，直到前后通路汇合于某点时结束；依次类推，直到最后一条余树枝；

第四步：余树枝的数量为分支数减去节点数再加一，即 $m=n-j+1$，判断 $i>m=n-j+1$，若成立，则完成所有网孔的圈划，程序结束；否则，跳到第三步。

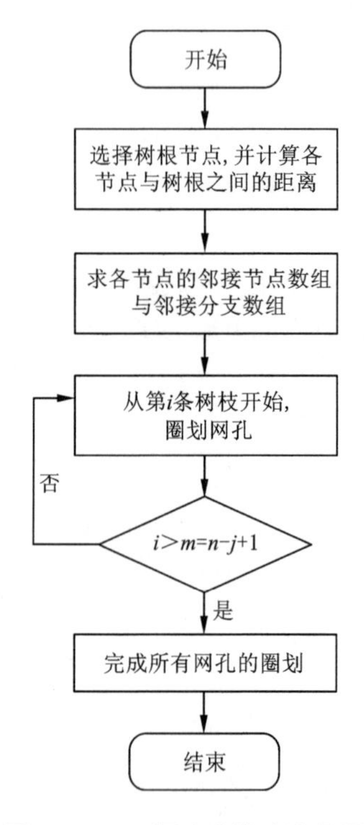

图 7－18　双通路法算法流程图

7.3.4　算法流程与步骤

基于网孔法的通风网络解算算法是在深入研究 Scott-Hinsley 法原理的基础上，对其进行有效改进，解决了复杂矿井通风网络解算过程中存在的单向回路、多风机多级机站以及固定半割集下的通风网络解算等问题；采用了无初值通风网络解算，避免了赋初值时的盲目性以及减少迭代误差；使用双通路法快速圈划回路，不仅加快了圈划回路的速度，而且为解决单向回路问题与多风机多级机站解算问题提供了保证。因此，该算法完全具有解决复杂矿井通风解算中所涉及问题的能力，且迭代收敛速度快。基于网孔法的复杂矿井通风网络解算算法流程图见图 7-19，其具体步骤如下：

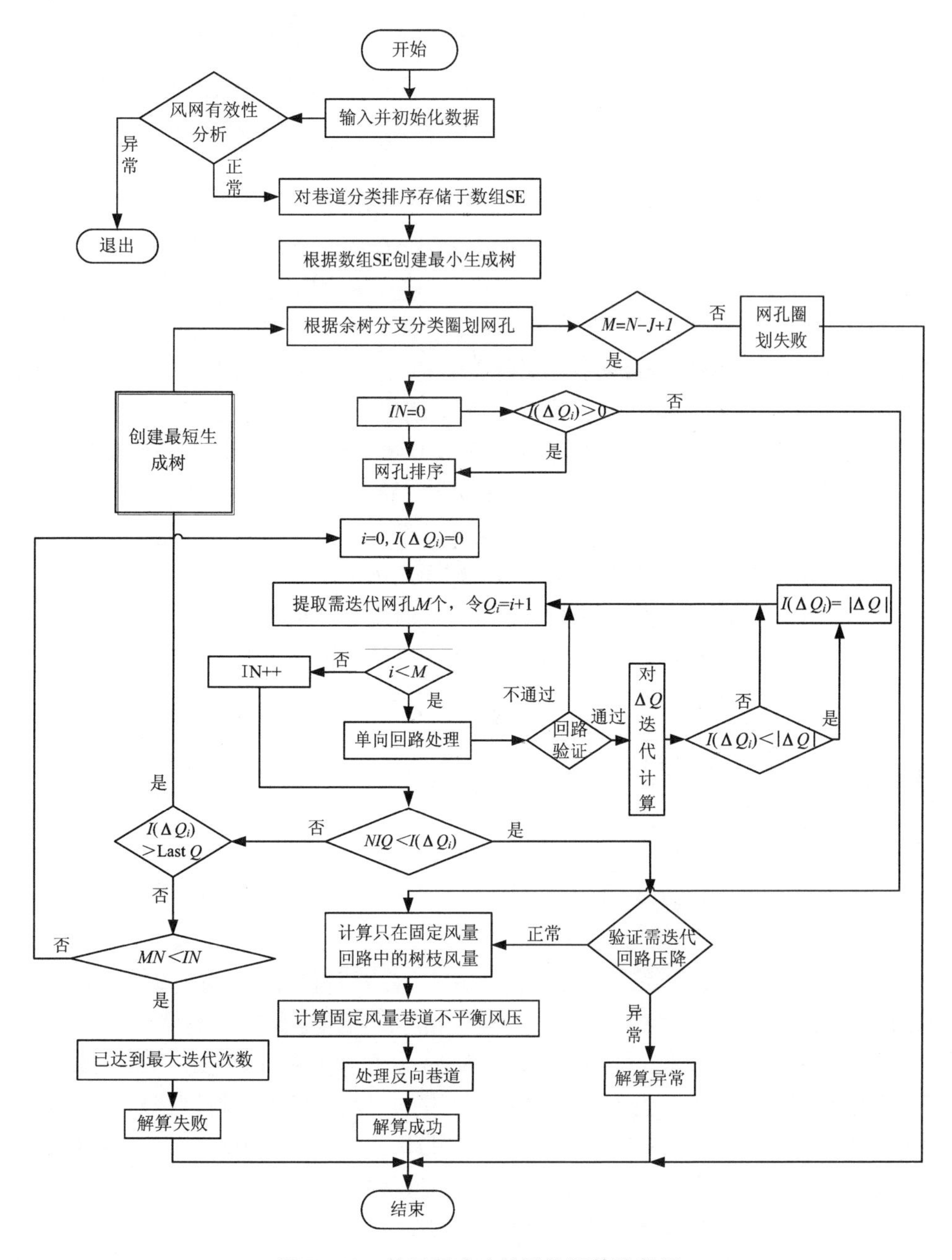

图 7-19　基于网孔法的网络解算流程图

第一步：根据通风网络图，输入并初始化风阻参数、风机参数、自然风压、固定风量等通风网络数据；

第二步：对通风网络分支进行分类，将其分为一般巷道、装机巷道和定流巷道，然后按分支的权重值对所有分支进行升序排列，并将其存储于 SE 数组中；

第三步：根据分支在 SE 数组中的排序，采用 Prim 算法快速创建最小生成树；

第四步：从余树枝出发，运用双通路法圈划网孔，其中网孔数为 $M = N - J + 1$；

第五步：遍历所有需迭代网孔，验证其迭代精度；若达到所需精度，则不进行迭代；否则，需计算每个网孔的风量修正值 ΔQ_i，对网孔中每条分支的风量进行修正；

第六步：判断单次循环后的迭代精度，若此时迭代精度 $NI(\Delta Q_i)$ 小于预设迭代精度 $I(\Delta Q_i)$，则验证迭代网孔中的压降，若网孔中的压降和趋于零，表示网孔迭代正常，可进行下一步处理；若此时迭代精度 $NI(\Delta Q_i)$ 大于预设迭代精度 $I(\Delta Q_i)$，则判断网孔的迭代次数，若网孔的迭代次数 IN 大于预设的迭代次数 MN，则达到最大迭代次数并提示，退出程序；否则，跳到第五步；

第七步：计算网孔中含固定风量分支的其他分支的风量：因固定风量所在网孔不参与迭代，则网孔中的其他分支需依据固定风量来直接计算；

第八步：计算网孔中的不平衡压降：矿井通风网络解算按需分风时，固定风量所在网孔，因固定风量的存在，造成网孔中压降不为零，不为零的压降称为不平衡压降；

第九步：处理矿井通风网络中风流反向的分支：在迭代计算过程中，若风量出现负值，则将该分支反向；

第十步：解算成功，程序结束。

7.3.5 实际矿山解算实例

基于 iVent 矿井通风系统，以狮子山铜矿、普朗铜矿、北洺河铁矿、大红山铜矿通风系统为例，如图 7－20 所示，建立了相应的三维通风网络模型。

基于 iVent 三维通风软件平台，利用 VC＋＋开发工具进行二次开发，实现了基于网孔法的通风网络解算算法，对四个矿井通风网络模型进行网络解算。运行环境为 Windows 7，CPU 为 Intel(R) Core(TM)i5－3470 3.2GHz，内存为 4GB。网络解算结果如表 7－2 所示，矿井通风网络解算收敛性如图 7－21、图 7－22 所示，北洺河铁矿三处装机点分支风量收敛性如图 7－23 所示。

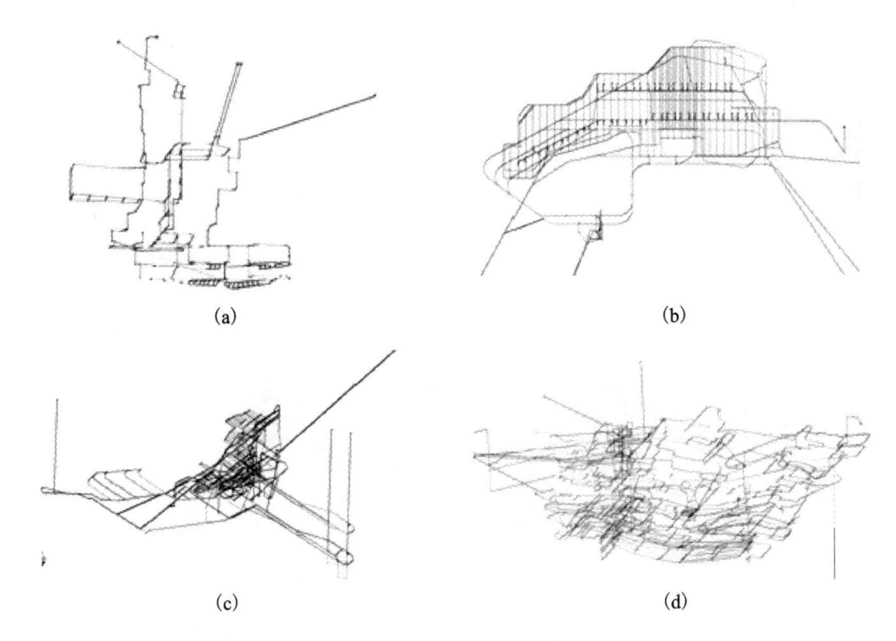

图 7－20　实际矿山通风网络模型

(a)狮子山铜矿三维通风网络模型；(b)普朗铜矿三维通风网络模型；
(c)北洺河铁矿三维通风网络模型；(d)大红山铜矿三维通风网络模型

表 7－2　四个矿井通风网络解算结果

网络参数 \ 矿山	狮子山铜矿	普朗铜矿	北洺河铁矿	大红山铜矿
网络分支数/条	272	594	660	908
网络节点数/个	215	443	482	671
网络风机数/台	8	24	3	69
独立回路数/个	58	152	179	238
实际迭代次数/次	19	51	67	78
实际迭代时间/ms	49	150	180	276
风量迭代误差/($m^3 \cdot s^{-1}$)	0.0001	0.0001	0.0001	0.0001
风压迭代误差/Pa	0.01814	0.00451	0.00401	0.00561

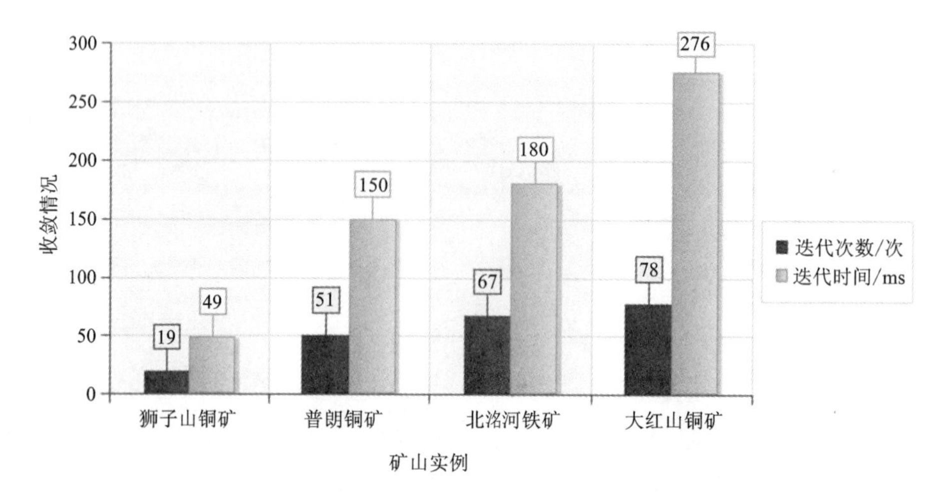

图 7－21　四个矿井通风网络解算收敛情况

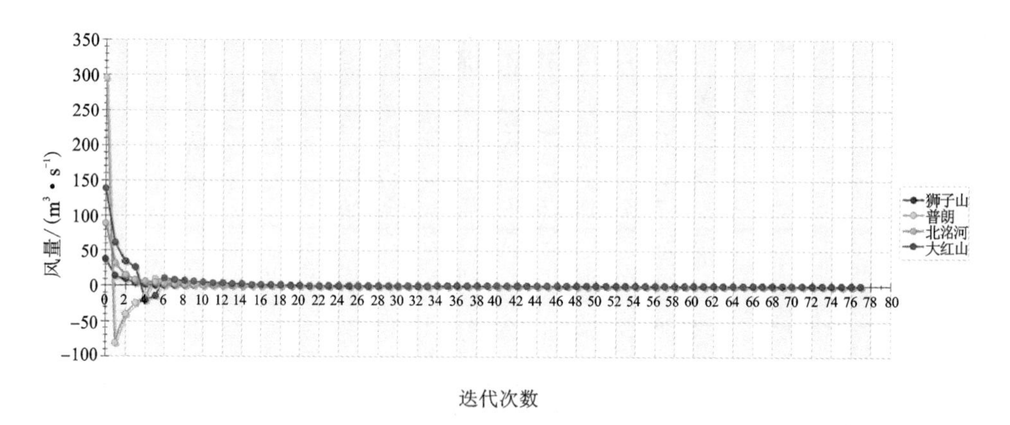

图 7－22　四个矿井通风网络解算收敛图

北洺河铁矿采用多级机站通风，其中 －50 m 水平机站并联安装两台型号为 DK40－8－No. 26 型风机，－230 m 水平东、西两侧机站分别并联安装两台型号为 K40－6－No. 18 型风机。在北洺河铁矿多级机站解算时，各级机站风机均按转速比 90%（RPM%）进行风机变频模拟，各级风机收敛情况如图 7－23 所示。

从四个矿井通风网络解算收敛图（图 7－22）上可以看出，基于网孔法的通风网络解算算法收敛效果较好，在多风机多级机站解算中也能快速趋于收敛，可以适应大规模复杂矿井通风网络快速解算的要求。

从矿井通风网络复杂度来看，四个矿山通风网络越来越复杂，独立回路数分别为 58、152、179 和 238 个，但改进闭合环解算法时迭代次数并没有显著增加，

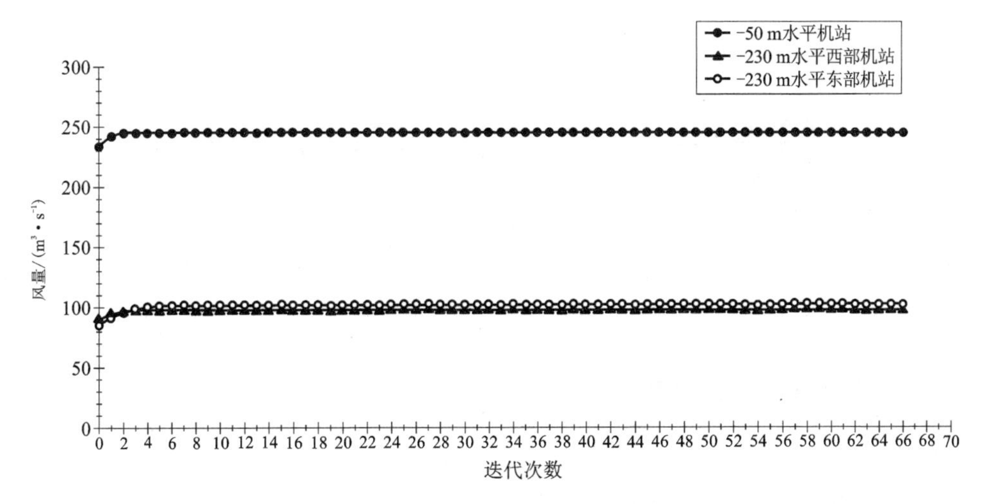

图 7－23　北洺河铁矿各风机收敛图

实际对应迭代次数为 19、51、67 和 78 个，基本随网络复杂程度呈线性增长的趋势。因此，可以基本认为，基于网孔法的通风网络解算算法具有较好的收敛性和稳定性。

第8章　矿井通风风流调控

8.1　矿井通风构筑物

矿井通风构筑物是矿井通风系统中的风流调控设施，用以保证风流按生产需要的路线流动。凡用于引导风流、遮断风流和调节风量的装置，统称为通风构筑物。矿井通风系统要使新风按规定路线送到工作面，污风按规定路线排出地表，这在很大程度上要用通风构筑物来保证。

合理地安设通风构筑物，并使其经常处于完好状态，是矿井通风设计与管理的一项重要任务。通风构筑物可分为两大类：一类是通过风流的构筑物，包括主扇风硐、反风装置、风桥、导风板、调节风窗和风障；另一类是遮断风流的构筑物，包括挡风墙和风门等。

8.1.1　主扇扩散器、扩散塔和反风装置

大型主扇安装在地表时，在风机出风口外连接一段断面逐渐扩大的风筒称扩散器。在扩散器后边还有一段方形风硐和排风扩散塔(如图8-1所示)。这些装置的作用都是降低出风口的风速，以减少扇风机的动压损失，提高扇风机的有效静压。轴流式扇风机的扩散器是由圆锥形内筒和内筒构成的环状扩散风筒构成，外圆锥体的敞开角可取7°~12°，内圆锥体的收缩角可取3°~4°。离心式扇风机的扩散器是长方形的，扩散器的敞开角取8°~15°。排风扩散塔是一段向上弯曲的风道，又称排风弯道。它与水平线所成的倾角可取45°或60°。

反风装置是用来改变井下风流方向的一种装置，包括反风道和反风闸门等设施。机械通风的矿井，在主扇机房应设置反风装置。当进风井或井底车场附近发生火灾时，为防止有毒有害气体侵袭作业地点且适应救护工作，需要进行反风。反风装置由反风道及闸门等设施构成。正常工作时，如图8-1(a)所示，废风由风井进入主扇，排往地表；反风时按图8-1(b)所示，将闸门1关闭，闸门2将通

往地表的出口关闭，此时扇风机由地表进风，从反风道压入井下。

轴流式扇风机还可利用扇风机动轮反转反风。反风时，用电磁接触器调换电动机电源的两相接点，改变电机和扇风机动轮的转动方向，使井下风流反向。但这种方法反风后的风量仅为上一种方法的 40% ~60%。

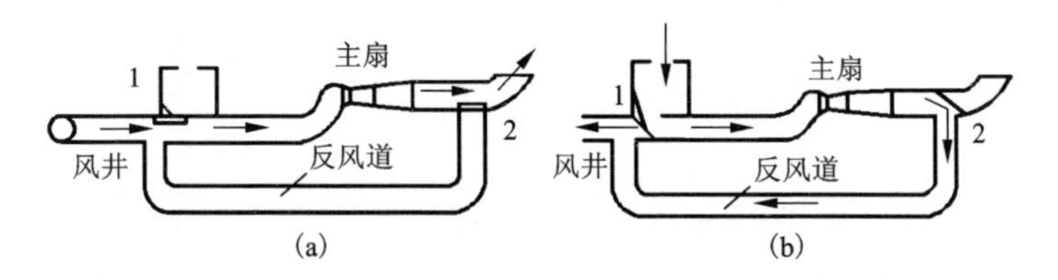

图 8 –1　主扇、风硐、扩散塔和反风装置原理图

(a)正常工作；(b)反风

8.1.2　风桥

通风系统中进风道与回风道交叉处，为使新风与污风互相隔开，需构筑风桥。对风桥的要求是风阻小、漏风少、具有足够的坚固性。主要风桥应开凿立体交叉的绕道或采用砖石或混凝土构筑(图 8 –2，图 8 –3)，塑料管、铁筒风桥可在次要风路中使用(图 8 –4)。

混凝土风桥也比较坚固，其结构如图 8 – 3 所示。铁筒风桥可在次要风路中使用，通过的风量不大于 10 m^3/s。铁筒制成圆形或矩形，铁板厚度不小于 5 mm。

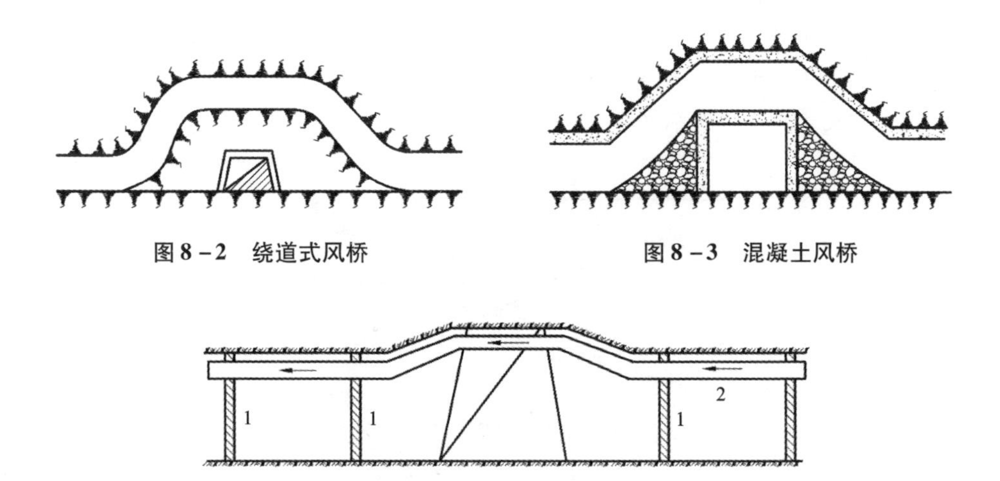

图 8 –2　绕道式风桥

图 8 –3　混凝土风桥

图 8 –4　塑料管、铁筒风桥

8.1.3 风墙

不通过风流的废巷道及采空区，需设置风墙，风墙又称密闭。根据使用年限不同，风墙分为永久风墙与临时风墙两种。

在建造永久风墙时，可根据材料来源选用砖或石料建成，也可用混凝土建造。风墙应尽量建在岩石稳固及漏风少的地点。若在巷道周边刻槽使风墙镶入围岩中，并在风墙表面及四周抹水泥砂浆，就能有效地提高风墙的严密性。当巷道中有水时，在挡风墙下部应留有放水管。为防止漏风，可把放水管一端做成U形，保持水封（见图8－5）。临时风墙可用木板和废旧风筒布钉成，也可用帆布做成风帘临时遮断风流。

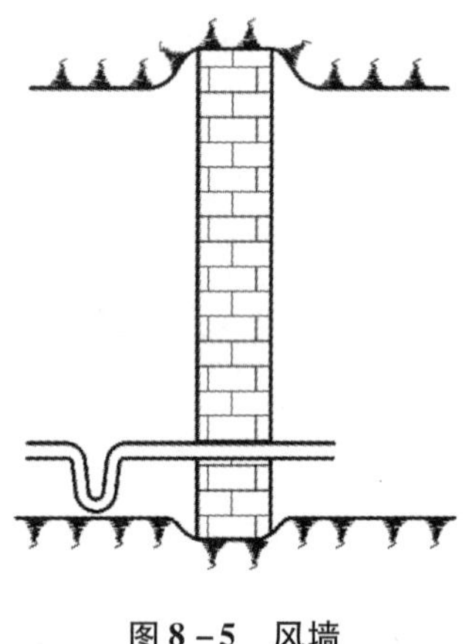

图8－5　风墙

8.1.4 风门

某些巷道既不让风流通过，又要保证人员及车辆通行，就得设置风门。

在主要巷道中，运输频繁时应构筑自动风门。目前广泛使用的风门是光电控制的自动风门。为了使风门开启时不破坏通风系统，必须设置两道风门，人员或矿车通过风门时应使一道风门关闭后，另一道风门才开启。因此，两道风门之间要间隔一定的距离。

次要巷道中可修筑简易风门，有手动式及撞杆式，如图8－6所示。为了保证风门能自动关闭，风门应沿风流方向略微倾斜。

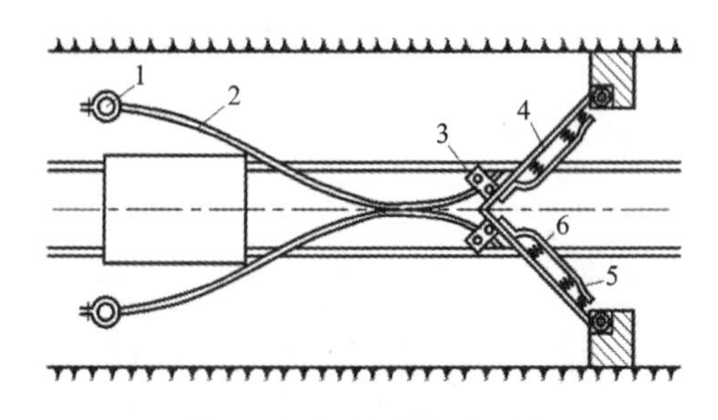

图8－6　碰撞式自动风门

1—杠杆回转轴；2—碰撞推门杠杆；3—门耳；4—门板；5—推门弓；6—缓冲弹簧

电动风门是以电动机为动力，经减速后带动联动机构使风门开闭。电机的启动与停止，可借车辆触动电气开关或光电控制器自动控制。电动风门应用较广，适应性较强，但减速和传动机构较复杂。电动风门样式较多，图8－7是其中一种。风门的电气控制方式通常包括辅助滑线(也称复线)控制、光电控制和轨道接点控制。

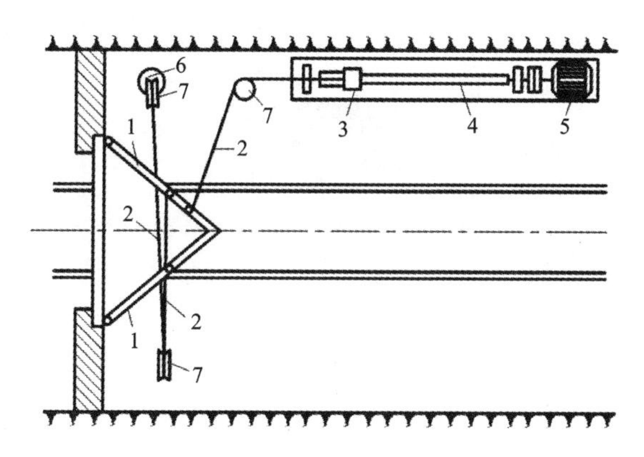

图8－7　电力自动风门

1—门扇；2—牵引绳；3—滑块；4—螺杆；5—电动机；6—配置；7—导向滑轮

辅助滑线控制方式是在距风门一定距离的电机车架线旁约0.1 m处，另架设一条长1.5～2.0 m的滑线(铜线或铁线)。当电机车通过时，靠接电弓子将正线与复线接通，从而使相应的继电器带电，控制风门开闭。滑线控制方式简单实用、动作可靠，但只有电机车通过时才能发出信号，手推车及人员通过时需另设开关。光电控制方式是将光源和光敏电阻分别布置在距风门一定距离的巷道两侧。当列车或行人通过时，光线受到遮挡，光敏电阻阻值发生变化，使光电控制开关动作，再经其他电控装置使风门启闭。光电控制方式对任何通过物都能起作用，动作比较可靠，但光电元件易受损坏。轨道接点控制方式是把电气开关设置在轨道附近，靠车轮压动开关控制风门。轨道开关只能用于巷道条件较好、行车不太频繁的巷道中。

8.1.5　风窗

风窗是以增加巷道局部阻力的方式，调节巷道风量的通风构筑物。在挡风墙或风门上留一个可调节其面积大小的窗口，通过改变窗口的面积来控制所通过的风量(见图8－8)。调节风窗多设置在无运输行人或运输行人较少的巷道中。

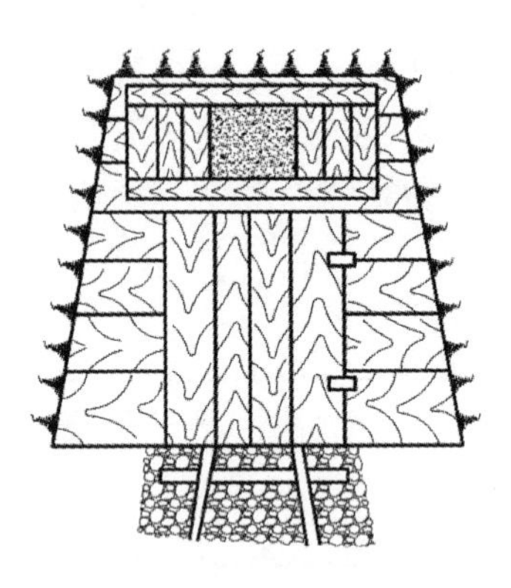

图 8-8 带调节风窗的风门

8.1.6 空气幕

利用特制的供风器(包括扇风机)，由巷道的一侧或两侧以很高的风速和一定的方向喷出空气，形成门板式的气流来遮断或减弱巷道中通过的风流，称为空气幕，如图 8-9 所示，它可克服使用调节风窗或辅扇时存在的某些不可避免的缺点，特别是在运输巷道中采用空气幕时，既不妨碍运输，又工作可靠。

空气幕布置方式如图 8-10 所示。改变空气幕的喷射方向及出风量，就可以调节巷道中的风量。在 iVent 软件中，空气幕对巷道的增阻作用需以风窗或附加风阻的等效方式来表达。

图 8-9 空气幕

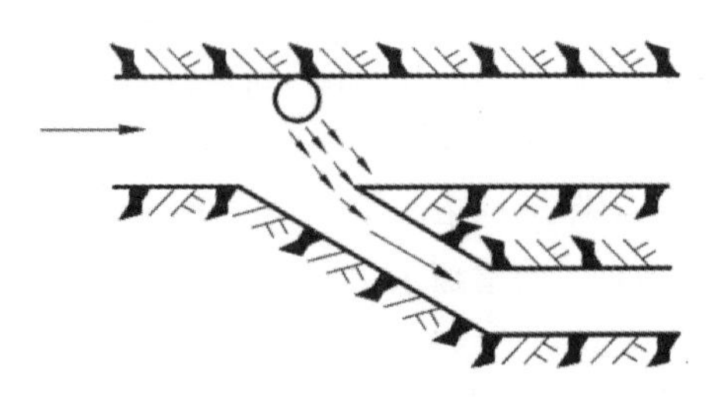

图 8-10 用空气幕遮断风流

8.1.7　导风板

压入式通风的矿井，为防止井底车场漏风，在进风石门与阶段沿脉巷道交叉处，安设引导风流的导风板，利用风流动压的方向性改变风流，提高矿井有效风量率。图 8－11 是导风板安装示意图。导风板可用木板、铁板或混凝土板制成。设计导风板时，其出风口断面 S_b 可按下式计算：

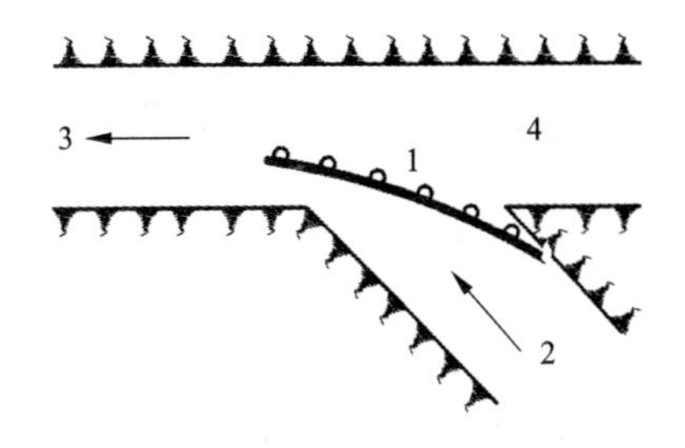

图 8－11　导风板

1—导风板；2—进风石门；
3—采区巷道；4—井底车场巷道

$$S_b = \frac{1}{SR}$$

式中：S 为巷道断面面积，m^2；R 为通风采区系统的总风阻，$N \cdot s^2/m^8$；

进风巷道与沿脉巷道的交叉角可取 45°。巷道转角和导风板都要做成圆弧形。导风板的长度应超过巷道交叉 0.5～1.0 m。

在 iVent 软件中，挡风板对巷道交叉口的风量增阻起调节作用，可以用安装巷道的局部阻力等效方式来表达。

8.2　矿井风流调控方式选择

一般来说，将地表新风输送至井下并不难，难的是按照生产要求将其分配至各个工作面，实现按需分配。这就不仅要采取一定的调节控制措施，而且还要讲究一定的方式和方法。从我国通风系统建设与变革的过程可以看出，50 年来随着技术与装备的发展，逐步出现了多种各具特色的风流输送与调控方式，按照风机布局和调控措施，可分为主扇－风窗、主扇－辅扇、多级机站和单元调控四种。

8.2.1　主扇－风窗调控

主扇－风窗调控方式依靠主扇的动力将新风送入井下，把污风排出地表，用风部分各中段风量分配则利用风窗进行调节控制，如图 8－12 所示。

由于风窗是一种被动的调控措施，在简单通风网络中的可行性和有效性较好，而在复杂网络中使用时，风窗过风面积的计算、调节十分困难，难以在大中型复杂系统中推广应用，仅适用于小型系统的一两个中段或少数几个工作面的风流调控。

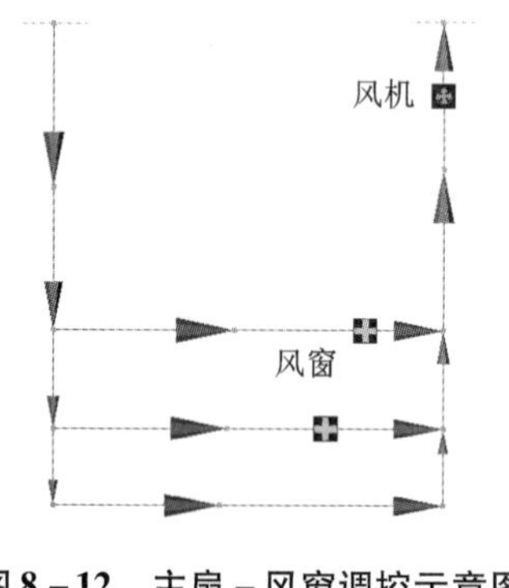

图 8－12　主扇－风窗调控示意图

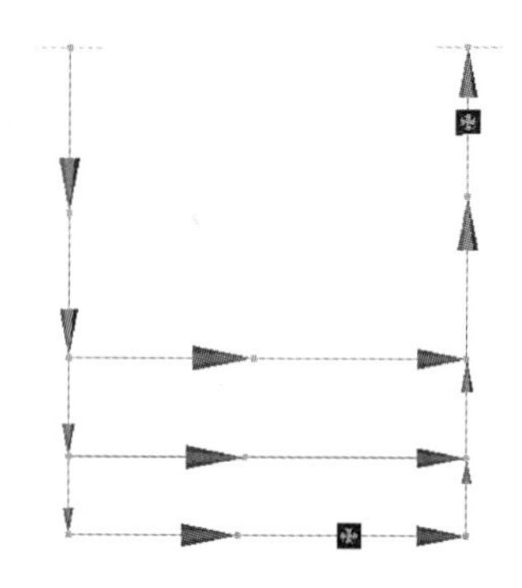

图 8－13　主扇－辅扇调控示意图

8.2.2　主扇－辅扇调控

主扇－辅扇调控方式依靠主扇动力将新风送入井下，把污风排出地表，用风部分风量不足的中段分配利用辅扇进行调节，如图 8－13 所示。由于辅扇是一种主动的调控措施，辅扇调节比风窗调控简便，可以承担系统内多个中段风量调节任务。但是，由于通风网络的复杂性，这样仅解决了中段的分风问题，中段内部各工作面风流的按需分配仍然是一个难题。辅扇调控不能简单地理解为哪里风量不足就在哪里安装一台辅扇，辅扇安装地点和风量的选择必须统筹考虑，否则会因出现循环风流、反转风流而造成危害。

8.2.3　多级机站调控

在一个通风系统中使用一定数量的扇风机，根据需要把扇风机分为若干级机站(每个机站视需要由若干台风机串联或并联构成)，再由几级进风机站以接力方式将新鲜空气经进风井巷压送到作业区，再由几级回风机站将作业时形成的污浊空气经回风井巷排出矿井，用机站串联工作输送风流，用机站并联工作解决区域分风。这样的风流输送与调控方式，称为多风机串并联多级机站。

多级机站是主扇压抽混合式通风的扩展，可用三级、四级，甚至五级、六级联合压抽。一般多采用如图 8－14 所示的四级机站输送和调控风流，各级机站的作用及布置原则是：

第Ⅰ级是系统的进风主导压入式机站，在全系统内起主导作用。由其将新鲜风流压入矿井，它的风量为全矿总进风量。

第Ⅱ级起通风接力及分风的作用。把新鲜风流分配并压入采区，保证作业区域的供风，所以风机应靠近用风段作压入式供风；

第Ⅲ级机站把作业区域的废风直接排至回风道，是采区回风控制机站，所以安装在用风部分靠近回风一侧作抽出式通风；

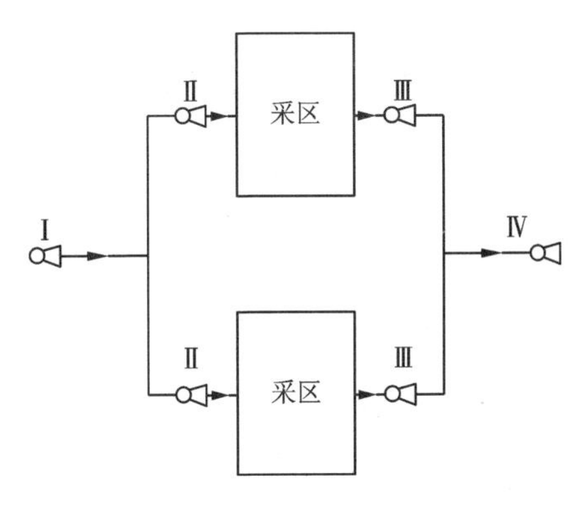

图8－14　多级机站典型布置模式

第Ⅳ级作抽出式通风，把采区排出的污风集中起来排至地表，是系统的总回风主控机站。

多级机站由多行风机串、并联工作，用扇风机对整个通风网络各采区的风流输送与分配严加控制，因此，内部、外部漏风少，有效风量率较高，矿井供风量比主扇－风窗、主扇－辅扇调控方式略有减少，故可取得较好的节能效益。但从图8－14也可以看出，多级机站只能对采区的进风量和回风量控制，尚不能细化到控制采区内各工作面的风量分配，大部分工作面处于自然分风状态。

由于安装各级机站简要专用的进风道和回风道，增加了掘进成本。故从各个矿山使用情况的调查得知，那些条件适合的矿山取得了良好的通风与节能效果，而条件不适宜的矿山应用效果并不佳。尤其是那些不具备专用进风道的矿山，如果放弃了阻力小、电耗低、易管理的人行运输井巷多路进风模式，重新开拓专用进风道设置压入式机站，不仅耗费大量投资，而且电耗也随着阻力增大而增大。

多级机站风机多、分布散，系统可靠性较低，因而其风机管理是一个难题，要求有较高的通风管理水平才能将其管好、用好。

8.2.4　单元调控

矿井通风系统宏观构建方案拟定为单元通风的矿井，它以工作面为核心建立通风单元，解决用风部分各个工作面的风量按需分配问题之后，从整个通风系统设计工作来说，就必须以通风单元为基础建立高效低耗通风系统。即在通风单元的基础上，建立与之相宜的进风部分，把将供需相当的新风送入通风单元；组建与其相适的回风部分，将通风单元排出的污风集中起来快捷地排出地表。通风系统的进风部分和排风部分与通风单元之间要相互匹配，既使通风单元内的工作面分风均衡稳定，保证工作面通风效果，又能使通风单元和整个通风系统有机结合。

根据金属矿山变化很大的实际情况，如何以通风单元为基础，建立与之匹配的进风和排风部分，不应遵循现成的、固定的模式，只有根据各矿山具体情况因地制宜地灵活决定，才符合矿山开采的客观条件。

松树脚锡矿分别以矿体和溜井群建立通风单元之后（见图 8－15），针对原进风系统漏风严重、控氡效能差等诸多问题，开拓了 1720 中段进风平巷至 1540 中段采区中心部位的专用进风斜井，并在其中安装两台压入式主扇，将新风从 1720 坑口直接压入到通风单元，使进风部分处于正压状态，避免了氡对入风的污染。各单元排出的污风，由两台回风主扇经废弃井巷和采空区排出地表。

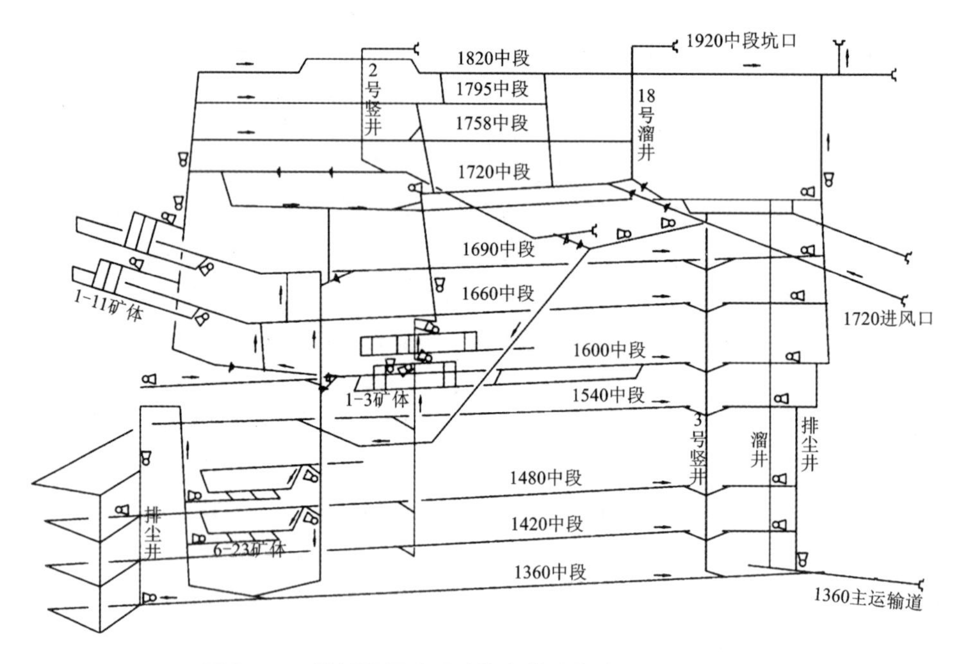

图 8－15　松树脚锡矿以矿体为基础的单元通风示意图

云锡公司塘子凹矿段以空间位置相邻相近、回风能够集中的 24 个矿体，两级抽出组成通风单元以后（见图 8－16），在总回风井底设置抽出式主扇，将污风汇集到总回风井后排至地表。矿井的进风部分根据氡析出程度分成两种情况来建设。在采空区小、氡析出少的生产初期，让新风在回风主扇和单元辅扇的负压作用下，由 2340 进风井、1950 平坑和 1850 平坑自然进入生产单元。到生产后期，随着采空区的增大，氡析出量增多，此时需在 2340 专用进风井中增设压入式主扇，改变进风方式加以控制。即将上述三路自然进风，改为 2340 一路压入式供风，将矿井的进风部分和用风部分置于正压状态，方可满足控氡要求。

综上所述，以通风单元为基础建立通风系统的基本原则如下：

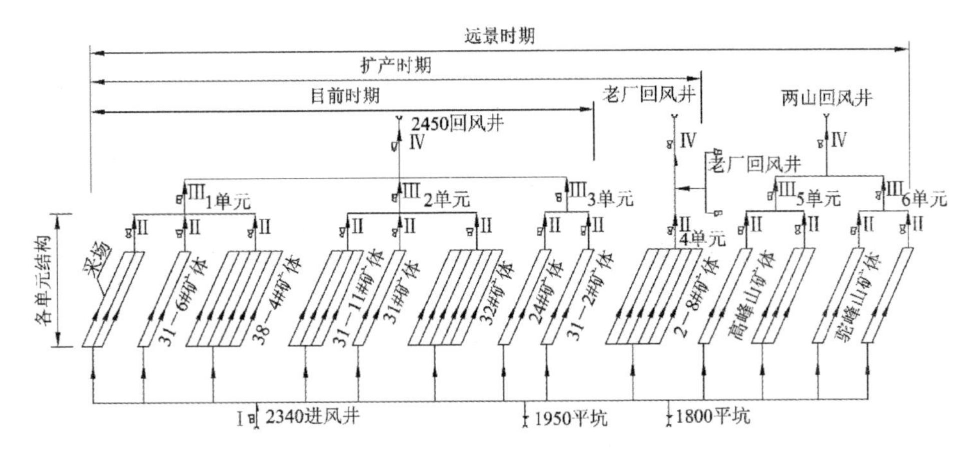

图 8－16　塘子凹矿段单元通风示意图

①通风系统的进风与出风部分，要从矿山具体条件和生产要求出发，因地制宜、不拘一格，结合各通风单元实际来建立。

②排风系统要有很强的回风控制能力，能够用合理的工程投资、较低的电能消耗，快捷干净地将单元的污风排出地表。

③进风系统要能够用最短的路径、最小的电耗、最少的投资、最简便的管理方式，将质量和数量合格的新风直接送入各单元。一般情况下，在没有氡污染的矿井，尽量采用功耗最小、投资最少、管理简便的抽出式自然进风；在有氡危害的矿井，必须采用压入式供风，使进风部分和用风部分处于正压状态，防止氡和氡子体向矿内渗流而污染风源。

④尽量采用多路进风和多路排风，并使各路风量分配与各路阻力状况相适应。

8.2.5　选择调控方式的法则

各矿山因其自然条件和开采方式各不相同，因而选择调控方式也要因地制宜。不仅要衡量能耗大小、有效风量率和风速合格率的高低，还要考虑适用性、安全可靠性与管理维护是否方便等因素。它的关键在于能否形成以工作面为服务核心的高效低耗调控机制。

各类调控方式中，单元调控因势利导，分风均衡性与稳定性较高，管理使用较为简便，系统的可控性、有效性、灵活性和经济性较为优越。多级机站压抽结合控制漏风效果较好，但应用条件要求较高。主扇－辅扇调控方式仅解决了中段的分风问题，而中段内部各工作面的风流按需分配仍然是一个难题。主扇－风窗调控方式总功耗最高，分风稳定性最差。因此，各种调控方式的选用法则如下：

①网络结构比较简单的通风系统，宜选用主扇－风窗调控。只要在最大阻力线路上不再设置风窗，就符合该种调控方法的最小功耗原则。

②网络结构稍微复杂的通风系统，直接选用主扇－辅扇调控。只要在最小阻力线路以外的其余风路设置辅扇，即可达到调控风量的目的，并符合该种调控方法的最小功耗原则。

③网络结构较为复杂、有氡危害的通风系统，建议选用多级机站或单元调控方式。

④网络结构比较复杂、开采范围较大的通风系统，建议选用单元调控方式或不同类型的组合调控方式。

8.3 矿井风量调节

在矿井生产中，随着生产的发展和变化，以及工作面的推进和更替，巷道风阻、网络结构及所需的风量等均在不断变化，要求及时进行风量调节。从调节设施来看，有扇风机、风窗、风幕、增加并联井巷和扩大通风断面等；按其调节的范围，可分为局部风量调节与矿井总风量调节；从通风能量的角度看，可分为增能调节、耗能调节和节能调节。

8.3.1 局部风量调节

局部风量调节是指在采区内部各工作面间、采区之间或生产水平之间的风量调节。其调节方法有增阻调节法、降阻调节法及增能调节法。

1）增阻调节法

增阻调节法是通过在通风巷道中安设调节风阻等设施，增大巷道中的局部阻力，从而降低与该通风巷道处于同一风路中的风量，相应增大与其并联的其他风路上的风量，以实现各风路的风量按需供给。

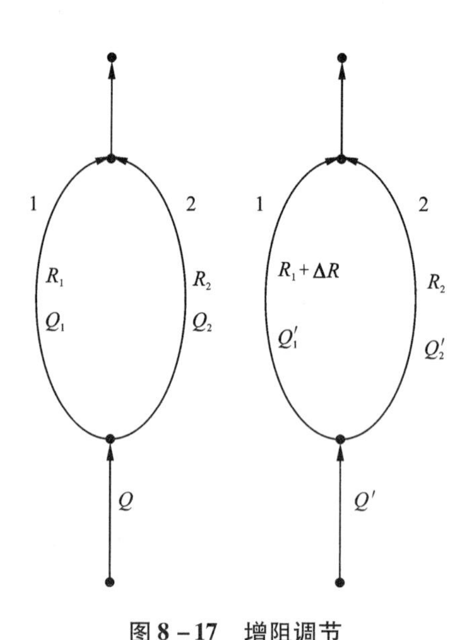

图 8－17　增阻调节

增阻调节是一种增能调节，其基本原理如下：

（1）通风网络基本情况

在图 8 - 17 中所示的并连通风网络中，分支 1、2 的风阻分别为 R_1 和 R_2，风量分别为 Q_1 和 Q_2，总风量 $Q = Q_1 + Q_2$。两分支的阻力分别为 $h_1 = R_1Q_1^2$、$h_2 = R_2Q_2^2$，由能量平衡定律可知 $h_1 = h_2$。

(2) 风量要按需分配

若由于生产等情况发生变化，风量 Q_2 要求增大到 Q'_2，而分支 1 的风量 Q_1 又有富余，即 Q_2 增大到 Q'_2 时 Q_1 可以减少到 Q'_1，总风量为 $Q' = Q'_1 + Q'_2$，此时 $h'_2 = R_2Q'^2_2 > h'_1 = R_1Q'^2_1$，显然，这是不符合并连通风网络两并联分支通风阻力相等的能量平衡定律。因此，必须进行调节，以使得调整风量后两并联分支的通风阻力相等。

(3) 增阻调节

采用增阻调节法，就是以调整风量后阻力大的分支 2 的阻力 h'_2 为依据，在阻力小的分支 1 上增加一项局部阻力 h_w，从而使得两并联分支的通风阻力相等（即 $h_w + h'_1 = h'_2$），这时进入两分支的风量即为所需要的风量。显然

$$h_w = h'_2 - h'_1 \tag{8-1}$$

$$\Delta R = \frac{h_w}{Q'^2_1} \tag{8-2}$$

式中：ΔR 为阻力小的分支 1 上增加的调节风阻，$N \cdot s^2/m^8$。

(4) 增阻调节措施

增加局部阻力的主要措施是：设置调节风窗、临时风帘以及空气幕调节装置等，其中使用最多的是调节风窗。

①设置调节风窗。如图 8 - 18 所示，调节风窗就是在风门或挡风墙上开一个面积可调的小窗口，风流流过窗口时，由于突然收缩和突然扩大而产生一个局部阻力 h_w。调节窗口的面积，可使此项局部阻力 h_w 和该分支所需增加的局部阻力值相等。要求增加的局部阻力值越大，风窗面积越小；反之则越大。

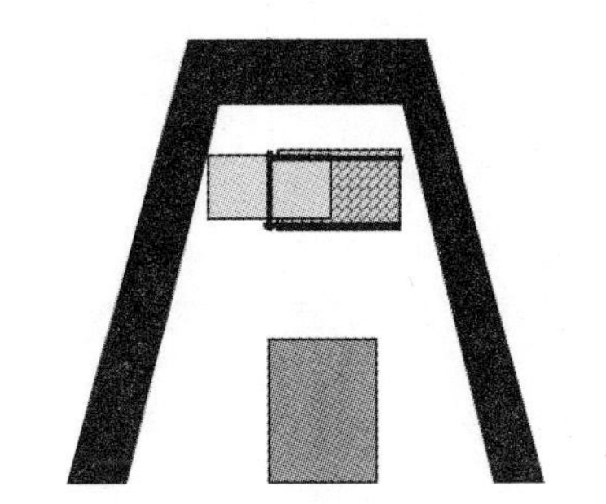

图 8 - 18　调节风窗

调节风窗的开口面积 S_w 计算如下：

当 $S_w/S \leqslant 0.5$ 时，

$$S_w = \frac{QS}{0.65Q + 0.84S\sqrt{h_w}} \tag{8-3}$$

或

$$S_w = \frac{S}{0.65 + 0.84S\sqrt{\Delta R}} \tag{8-4}$$

当 $S_w/S > 0.5$ 时，

$$S_w = \frac{QS}{Q + 0.759S\sqrt{h_w}} \tag{8-5}$$

或

$$S_w = \frac{S}{1 + 0.759S\sqrt{\Delta R}} \tag{8-6}$$

式中：S_w 为调节风窗的开口面积，m^2；S 为巷道的断面面积，m^2；Q 为调节后的风量，m^3/s；h_w 为调节风窗阻力，Pa；ΔR 为调节风阻，$N \cdot s^2/m^8$。

②设置临时风帘

临时风帘是一个由机翼形叶片组成的百叶帘，悬挂于需要增加局部阻力的分支。利用改变叶片角度(0～80°)的方法来增加或减少其产生的局部阻力，从而实现风量的调节。该方法的特点是可连续平滑调节，调节范围较宽，调节比较均匀；当含尘空气通过叶片时，由于粉尘粒子的撞击以及随后的减速，非常有利于降尘。但这种调节装置不利于人和设备的通行，故一般只能设在回风道中。

③空气幕调节

空气幕(亦称气幕)是由扇风机通过供风器以较高的风速按一定方向喷射出来的一股扁平射流，可用于隔断巷道中的风流或调节巷道中的风量。

空气幕由供风器、整流器和风机组成，见图8－19。供风器内可设分流片，以提高出口风速分布的均匀性，但会增加内部阻力；也可不设分流片。

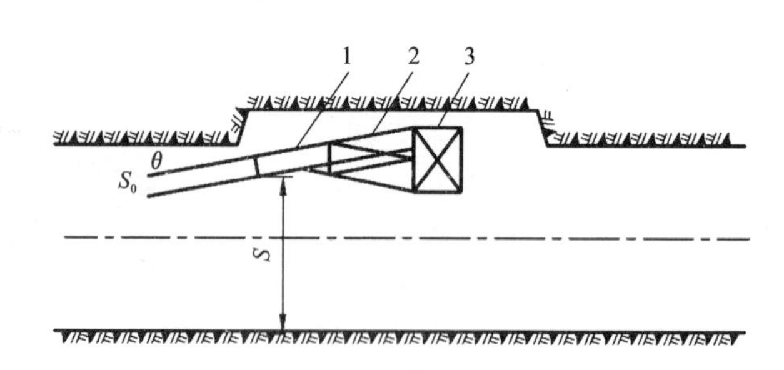

图8－19　矿用空气幕

1—供风器；2—整流器；3—扇风机

当采用宽口大风量循环型矿内空气幕时，其有效压力 ΔH 可按下式计算：

$$\Delta H = \frac{2\cos\theta}{K_s + 0.5\cos\theta} H_{fc} \tag{8-7}$$

式中：ΔH 为空气幕的有效压力，等于要求调节的通风阻力差值，Pa；H_{fc} 为空气幕出口动压，Pa；K_s 为断面比例系数，$K_s = S/S_0$；S 为设置空气幕分支的断面积，m^2；S_0 为空气幕出口断面积，m^2；θ 为空气幕射流轴线与巷道轴线夹角，(°)。

由于地下巷道凹凸不平，θ 角取 30°为好。空气幕的供风量受巷道允许风速的限制，设计时可取空气幕的风量在巷道中形成的风速不大于4 m/s。在此条件下，空气幕的断面比列系数K_s按下式计算：

$$K_s \geqslant 0.03\left(\Delta H + \sqrt{\Delta H^2 + 28.8\Delta H}\right) \tag{8-8}$$

在已知设置空气幕分支的过风断面面积为S和所需的调节风压为ΔH条件下，空气幕参数的设计程序如下：

①由最小通风断面面积S_n和最大允许风速v_m，确定空气幕的供风量Q_0，即$Q_0 = v_m S_n$；

②按所需的调节风压确定断面比例系数K_s；

③确定空气幕出口断面面积S_0，$S_0 = S/K_s$；

④计算扇风机全压H_f，$H_f = 12.5K_s$；

⑤求扇风机功率N_f，$N_f = Q_0 H_f/1000\eta$，η为扇风机效率。

空气幕在需要增加风量的巷道中，顺巷道风流方向工作；在需要减少风量的巷道中，逆风流方向工作，可起增阻调节作用。空气幕在运输巷道中可代替风门起隔断风流的作用。空气幕还可以用来防止漏风、控制风向、防止平硐口结冻和保护工作地点以防止有毒气体侵入。空气幕在运输频繁的巷道中工作时不妨碍运输，工作可靠。

(5)增阻调节法的条件

增阻分支风量有富余。

(6)增阻调节法的特点

①增阻调节法具有简单、方便、易行、见效快等优点，是采区内巷道间的主要调节措施。

②增阻调节法会增加矿井总风阻，若主要扇风机风机特性曲线不变，则会导致矿井总风量减少。因而，一条风路所减少的风量，并没有全部增加到另一条风路上去，而是减少得多，增加得少，它们之间的差值恰好等于总风量的减少值。矿井总风量的减少值与主要扇风机风压特性曲线的陡缓有关，若想保持矿井总风量不减少，就得改变主要扇风机风压特性曲线来提高风压，这就增加了通风电力费。

③增阻调节法是通过减少一条通风巷道的风量来增加另一条通风巷道的风量，其调节的风量有一个最大限制范围，如果调节的风量超过了这个最大限制范围，增阻调节法就不能达到调节的目的。

(7)增阻调节法注意事项

①调节风窗一般安设在回风巷道中，以免影响运输；

②在复杂矿井通风网络中采用增阻法调节时，应按先内后外的顺序逐渐调节，最终使每个回路的阻力达到平衡；

③调节风窗一般安设在风桥之后，以减少风桥的漏风量。

2)降阻调节

降阻调节法是在并连通风网络中以阻力最小通风巷道的阻力值为依据，设法降低阻力大的通风巷道的阻力值，从而增加阻力大的通风巷道的风量，相应地减少与其并联的其他通风巷道的风量，以实现各通风巷道风量的按需供给。

降阻调节是一种节能调节法，下面以图 8-17 的例子说明降阻调节法的基本原理。

(1)通风网络的基本情况

同增阻调节法。

(2)风量按需分配

同增阻调节法。

(3)降阻调节

采用降阻调节法是以调整风量后阻力最小的分支 1 的阻力 h'_1为依据，在阻力大的分支 2 上通过采取降阻措施使其通风阻力由 h'_2降低到 h'_1(即 $h'_2=h'_1$)，从而使两并联分支的通风阻力相等，这时进入两并联分支的风量即为需要的风量。显然

$$h'_2=R'_2Q'_2=h'_1 \tag{8-9}$$

$$R'_2=\frac{h_1}{Q'^2_2} \tag{8-10}$$

式中：R'_2 为分支 2 采取降阻措施后的风阻，$N\cdot s^2/m^8$。

(4)降阻调节措施

降阻调节的主要措施有：

①扩大巷道断面：因摩擦阻力与通风巷道断面积的三次方成反比，因而扩大巷道断面可有效降低通风巷道的通风阻力。当所降通风阻力值较大时，可考虑采用这种措施。

②降低通风巷道的摩擦阻力系数：由于摩擦阻力与摩擦阻力系数成正比，因而可通过改变支架类型(即改变摩擦阻力系数)或巷道壁面平滑程度来降低其通风阻力，如用混凝土支护代替木支架，或在木支架的棚架间铺以木板等。

③清除巷道中的局部阻力物：这种措施减少通风阻力的效果一般不明显，但应首先使用，然后再考虑采用其他降低通风阻力的措施。

④开掘并联巷道：在阻力大巷道旁侧开掘并联巷道(可利用废旧巷道)，也可以起到降低通风阻力的作用。

⑤缩短风流路线的总长度：因为摩擦阻力与风流路线的长度成正比，所以在条件允许时，可采取这种措施来减少巷道的通风阻力。

通常，降低阻力采取的主要措施是扩大巷道断面和降低巷道的摩擦阻力系数。

①扩大巷道断面。若将分支 2 的断面扩大到 S'_2，根据摩擦风阻计算公式可知

$$R'_2 = \frac{\alpha'_2 L_2 U'_2}{S_2^3} \tag{8-11}$$

式中：α'_2 为分支 2 扩大断面后的摩擦阻力系数，$N \cdot s^2/m^4$；L_2 为分支 2 的长度，m；U'_2 为分支 2 扩大断面后的断面周长，m。

$$U'_2 = C\sqrt{S'_2} \tag{8-12}$$

式中：C 为常数，梯形断面 C 为 4.03 ~ 4.28，一般取 4.16；三心拱断面 C 为 3.80 ~ 4.06，一般取 3.85；半圆拱断面 C 为 3.78 ~ 4.11，一般取 3.90；圆形断面 C 为 3.54。

将式(8－12)代入式(8－11)，得扩大断面后分支 2 的断面积 S'_2 为

$$S'_2 = \left(\frac{\alpha'_2 C L_2}{R'_2}\right)^{\frac{2}{5}} \tag{8-13}$$

如果分支 2 扩大断面前的摩擦阻力系数 α_2 与扩大断面后的摩擦阻力系数 α'_2 相等(即 $\alpha_2 = \alpha'_2$)，也可按下式计算分支 2 扩大断面后的断面积 S'_2：

$$S'_2 = S_2\left(\frac{R_2}{R'_2}\right)^{\frac{2}{5}} \tag{8-14}$$

式中：S_2 为分支 2 扩大断面前的断面积，m^2；R_2 为分支 2 扩大断面前的风阻，$N \cdot s^2/m^8$；

②降低巷道摩擦阻力系数。如果采用降低摩擦阻力系数减少阻力，降低后的摩擦阻力系数为

$$\alpha'_2 = \frac{R'_2 S_2^3}{L_2 U_2} = \frac{R'_2 S_2^{2.5}}{L_2 C} \tag{8-15}$$

或

$$\alpha'_2 = \alpha_2 \frac{R'_2}{R_2} \tag{8-16}$$

降阻调节的优点是使矿井总风阻减少，若扇风机性能不变，将增加矿井总风量。它的缺点是工程量大、工期长、投资多，有时需要停产施工，所以一般在对矿井通风系统进行较大的改造时才采用。因此，在采取降阻调节措施之前，应根据具体情况，结合扇风机特性曲线进行分析和计算，在确认有效和经济合理时，才能确定和采用降阻调节措施。

3)增能调节法

增能调节法是在并连通风网络中以阻力最小风道的阻力值为依据，在阻力大的风道里通过采取增能措施来提高克服该风道通风阻力的通风压力，从而增加该风道的风量，以实现各风道的风量按需供给。

增能调节的主要措施有：辅助扇风机调节（又称增压调节）、利用自然风压调节。

（1）辅助扇风机调节法（简称辅扇调节法）

当并连通风巷道中两并联巷道的阻力相差悬殊，用增阻或降阻调节都不合理或不经济时，可在风量不足的巷道中安设辅扇，以提高克服该巷道通风阻力的通风压力，从而达到调节风量的目的。用辅扇调节时，应将辅扇安设在阻力大（风量不足）的巷道中，下面以图 8－20 的例子说明辅扇调节法的基本原理。

通风网络基本情况：同增阻调节法。

风量按需分配：同增阻调节法。

辅助调节：采用辅扇调节法，就是以调节风量后阻力最小的分支 1 的阻力 h'_1 为依据，在阻力大的分支 2 上安装辅助扇风机，并使辅助扇风机 H_v 等于调整风量后两并联分支的通风阻力差（$h'_2-h'_1$），即

$$H_b=h'_2-h'_1 \tag{8-17}$$

这样使两并联分支的通风阻力相等，而且进入两并联分支的风量即为所需要的风量。显然，辅助扇风机风量 Q_b 为

$$Q_b=Q'_2 \tag{8-18}$$

在实际生产中，辅扇调节的方法有两种，即带风墙的辅扇调节法和无风墙的辅扇调节法。

①带风墙的辅扇调节法

带风墙的辅扇是在安设辅扇的巷道断面上，除辅扇外其余断面均匀密闭，巷道内的风流全部通过辅扇，见图 8－20。为了检查的方便，在风墙上开一个小门，且小门一定要严密。

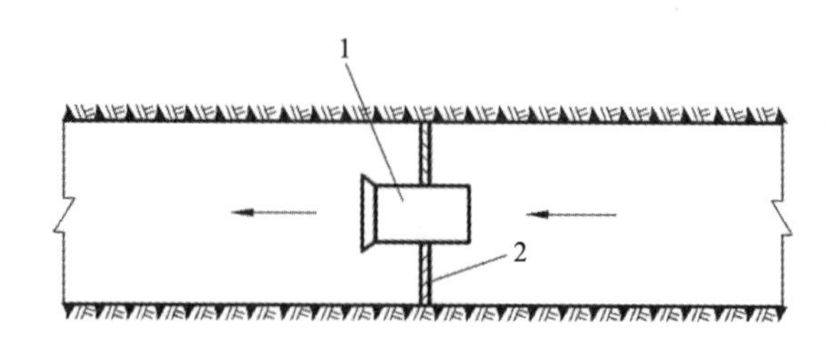

图 8－20　有风墙辅扇布置图

1—辅扇；2—风墙

若在运输巷道里安设辅扇时，为了不影响运输，必须在调节风道中掘一绕道，将辅扇安装在绕道中，并在运输巷道的绕道进风口与出风口段中至少要安装两道自动风门，自动风门的间距要大于一列矿车的长度。

用带风墙辅扇调节风量时，辅扇的能力必须选择适当才能达到预期效果。如

果辅扇能力不足，则不能调节到所需的风量值；若辅扇能力过大，可能造成与其并联风道的风量大量减少，甚至无风或造成风流大循环；若安设辅扇的风墙不严密，在辅扇周围出现局部风流循环，将降低辅扇的通风效果。

辅扇可依据式(8-17)和式(8-18)计算出的辅扇风压 H_b 和风量 Q_b 进行选择。带风墙辅扇是靠扇风机的全压做功，能克服较大的通风阻力，可用于需要调节的并联分支中通风阻力差较大的区域性风量调节中。

②无风墙辅扇调节法

如图8-21所示，无风墙辅扇不带风墙，辅扇安装时无须绕道，也不装风门，它只在辅扇出风侧加装一段截头圆锥形的引射器，由于引射器出风口的面积比较小(只为辅扇出风口面积的0.2~0.5倍)，则通过辅扇的风量从引射器出风口射出时速度较大，形成较大的引射器出口动压。引射器出口动压再引射出风侧的风流，同时带动一小部分风量从辅扇以外的风道中流过来，从而使该风道的风量有所提高。

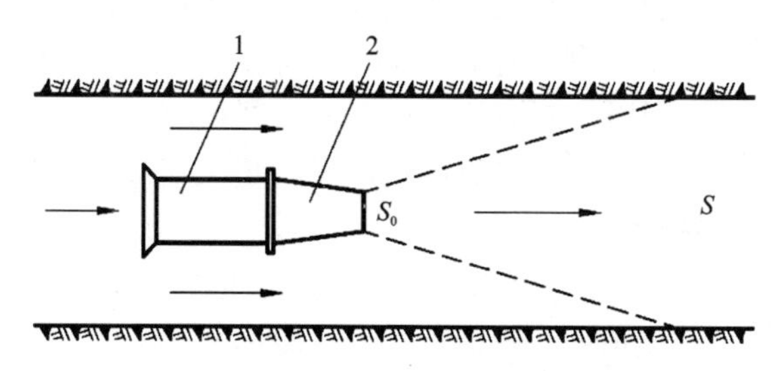

图8-21　无风墙辅扇的布置

1—扇风机；2—引射器

无风墙辅扇在风道中工作时，其出口动压除去由辅扇出口到风道全断面突然扩大的能量损失和风流绕过扇风机能量损失外，所剩余的能量均用于克服风道阻力。单位体积流体的这部分能量称为无风墙辅扇的有效压力，以 ΔH 表示。无风墙辅扇在巷道中所造成的有效压力可按下式计算：

$$\Delta H = K_b h_b \frac{S_0}{S} \tag{8-19}$$

$$h_b = \frac{\rho_b v_b^2}{2} \tag{8-20}$$

式中：h_b 为辅扇出口动压，Pa；ρ_b 为辅扇出口处的空气密度，kg/m^3；v_b 为辅扇出口的风速，m/s；S_0，S 分别为辅扇出口和安设辅扇巷道的断面积，m^2；K_b 为与辅扇在巷道中安装条件有关的实验系数，K_b 为1.5~1.8，安装条件好时取大值。

无风墙辅扇的风量，在无其他通风动力的风道中单独工作时，辅扇风量 Q_b

与安设辅扇风道的风量 Q'_2 及风道风阻 R_2 的关系如下式：

$$Q'_2 = \frac{0.102Q_b}{\sqrt{R_2 S_0 S}} \tag{8-21}$$

无风墙辅扇安装方便，对运输影响较小。但安装时应注意以下几个问题：

a. 无风墙辅扇的有效风压与辅扇出口动压成正比，故采用大风量中低压扇风机，可提高出口的总动压，即提高了通风效果。

b. 辅扇有效风压与安设辅扇巷道的断面面积成反比，故辅扇应安设在巷道平直、断面较小的地方，且为减少辅扇出口动压损失应尽量安装在巷道中央。

c. 无风墙辅扇只靠动压做功，能力较小，若巷道风阻较大时，风机附近可能出现循环风。

因此，无风墙辅扇在两并联风道需要调节阻力差值时使用较为适宜。

(2)利用自然风压的调节法

由于通风网络的进风道和回风道不可能全部都分布在同一水平上，因而自然风压的作用在矿井中是普遍存在的。当需要增大一个风道的风量时，在条件允许时可在进风道中设置水幕或利用井巷淋水来冷却空气，以增大进风风流的空气密度；在回风道最低处可利用地面锅炉余热来提高回风流气温，以减少回风井风流的空气密度。这样一来，该风道中的自然风压就增大了，在自然风压帮助下，该风道的风量相应就会增大一些。

当然，自然风压调节风量的作用是很小的，但能在风道实施喷淋和设置水幕净化风流的同时提高该风道中的自然风压，从而提高通过该风道的风量，这是值得考虑的。

(3)增能调节法的特点

增能调节法的优点是使用简便、易行，并能降低矿井总阻力，增大矿井总风量；缺点是管理复杂，安全性差，尤其是使用不当时容易造成循环风流，此时在有爆炸性气体的矿山中使用则更加不安全，此外，还增加了辅助扇风机的购置费、安装费和电费，带风墙的辅扇调节还有绕道的开掘费等。因此，增能调节法只有在需要调节的并联风道阻力相差悬殊、矿井主要通风机能力不能满足较大阻力风道用风量要求时才使用。

4)几种风量调节法调节效果的比较

图8－22表示了三种主要风量调节方法的风量变化情况。横坐标表示一条风路风量增加的百分数，纵坐标表示另一风路风量减少的百分数。图中曲线 b 为降阻调节，曲线 c 为辅扇调节，由图可见，两曲线效果基本相同，其风量增加的百分数大于风量减少的百分数，虽然总风量有所增加，但降阻调节有一定限度。曲线 a 为增阻(风窗)调节的效果，它表明一条风路风量增加不多，而另一条风路风量减少得较多，所以风窗调节的效果不如其他两种方法。

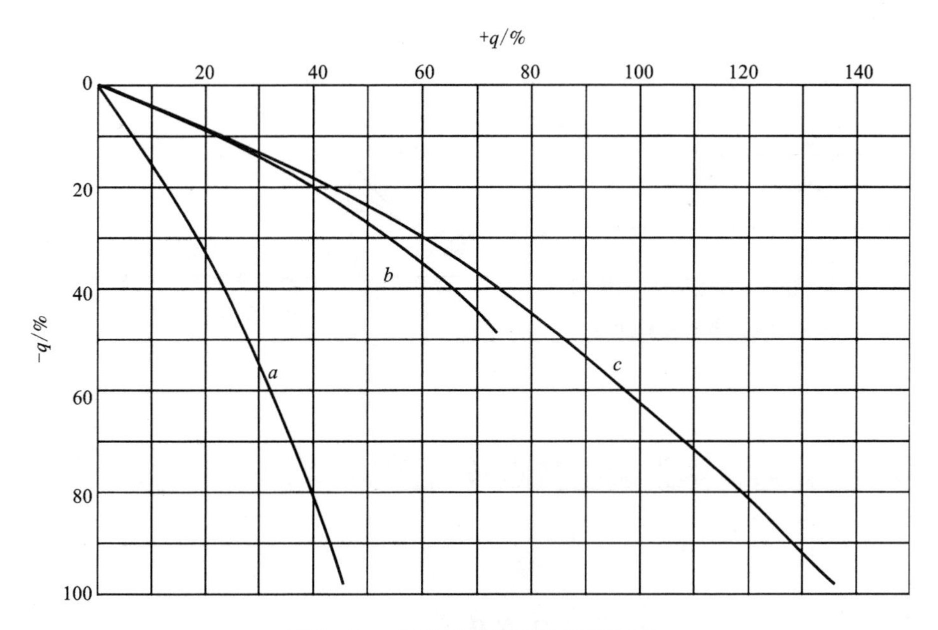

图 8 - 22　三种风量调节的风量变化

a—增阻；*b*—降阻；*c*—辅扇

8.3.2　矿井总风量调节

当矿井(或一翼)总风量不足或过剩时，需调节总风量，也就是调整主扇风机的工况点。采取的措施是：改变主扇风机的工作特性，或改变矿井通风系统的总风阻。

1)改变主扇风机的工作特性

通过改变主扇风机的叶轮转速、抽流式扇风机叶片安装角度和离心式风机前导器叶片角度等，可以改变扇风机的风压特性，从而达到调节扇风机所在系统总风量的目的，见图 8 - 23。

2)改变矿井总风阻

(1)风硐闸门调节法：如果在扇风机风硐内安设调节闸门，通过改变闸门的开口大小可以改变扇风机的总工作风阻(见图 8 - 24)，从而可调节扇风机的工作风量。

(2)降低矿井总风阻：当矿井总风量不足时，如果降低矿井总风阻，则可增大矿井总风量。

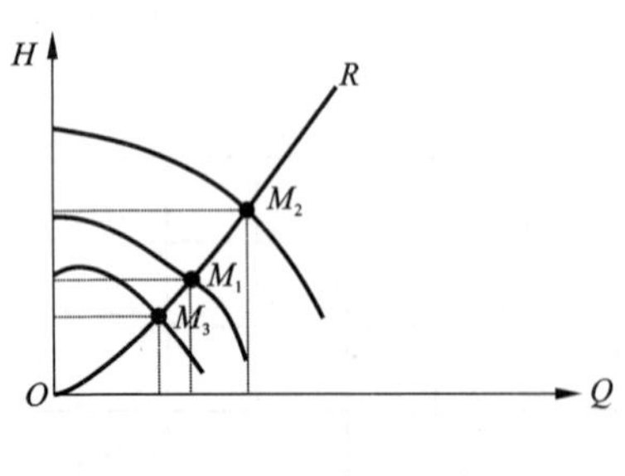

图 8-23　改变扇风机的风压特性曲线调节矿井总风量

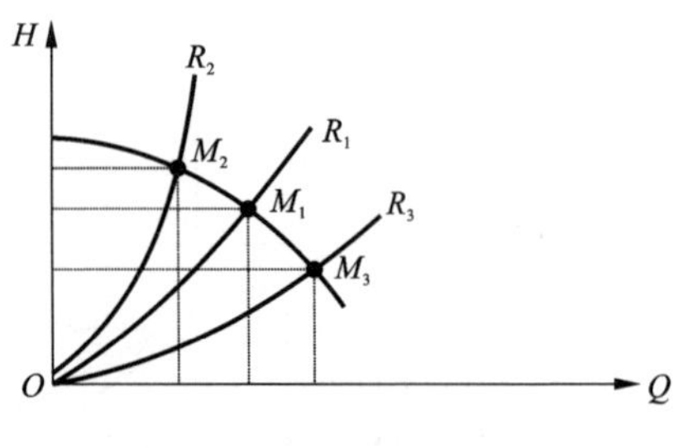

图 8-24　改变矿井总风阻调节矿井总风量

8.4　矿井通风网络调控特点及方法

8.4.1　通风网络调控特点及方法分类

矿井通风是将地表的新鲜空气，通过通风动力设施，将其输送到井下的各用风地点，再通过一定的调节设施(风窗、风墙、风桥、风机等)进行调控，从而实现矿井按需分风的目的。然而随着矿产资源不断往深部开采，矿井巷道数多、空间布置错综复杂，矿井通风系统极其庞大与复杂，从而出现新鲜风流达不到用风地点、风流短路、漏风、污风循环等情况，最终给矿井通风管理调控带来较大困难。因此，复杂矿井通风网络不仅给矿井通风网络解算提出了更高的要求，也给矿井通风网络优化调控增加了较大难度。因此，如何实现矿井按需分风、易于实施，且能耗最小的优化调控方案，是复杂矿井通风网络优化调控研究的目的。

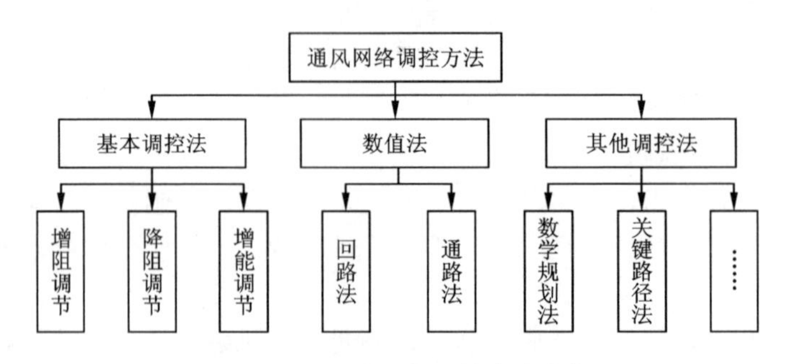

图 8-25　通风网络调控方法分类

目前国内外矿井通风网络调节的方法主要有增能调节、增阻调节、降阻调节、双树法、通路法、图解法等，如图 8－25 所示。从调节手段上看，调节方法可分为增能调节、增阻调节、降阻调节；而从算法模型的角度看，调节方法可分为回路法和通路法，如图 8－26 所示。

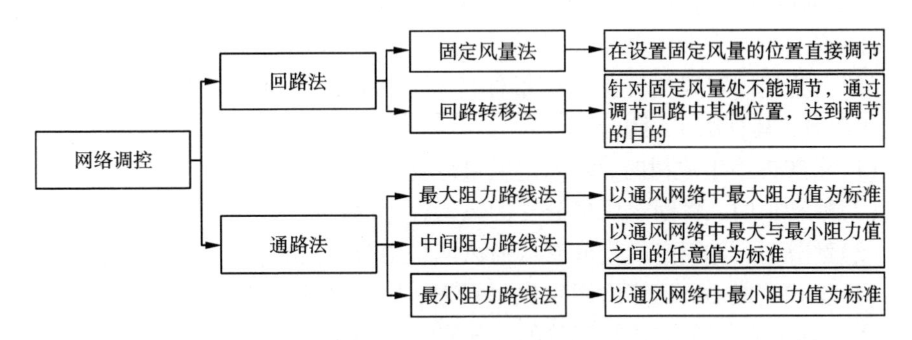

图 8－26　回路法与通路法

本节主要从算法模型的角度对复杂矿井通风网络优化调控的主要特点进行总结，内容如下：

(1) 矿井总需风量确定：调节的前提是矿井总需风量为定值，这样可以在总需风量不变的情况下，有效地利用总需风量，进行有效的优化调节，提高风量利用率。

(2) 调节点数目的确定：从矿井通风管理来说，调节设施数目越多，管理就越困难。从矿井通风网络解算的角度来看，固定风量设置数目不能超过独立回路数即 $n-m+1$，且这 $n-m+1$ 个调节点必须包含在同一棵余树中。因此，只要控制好这 $n-m+1$ 个调节点，就控制好了整个通风网络中各分支的风量。

(3) 调节点位置的确定：由于调节点必须包含在同一棵余树中，但矿井通风网络的生成树不是唯一的，因此通风网络中任何一条通风巷道都可能成为调节点，且调节点位置不同对整个通风网络的影响是不一样的，因此调节位置的确定需考虑两个方面：一是为避免调节设施重复设置，所有调节点必须包含在同一棵余树中；二是通风巷道的调节方式应与该巷道的客观条件相符合：进回风区、主运输巷道、串联风路、大阻力路线等不宜增阻调节，采区内服务年限短的巷道不宜降阻调节等。

(4) 调节优化：从能耗的角度来看，调节优化即应尽量降低通风总能耗。从调节算法模型的角度分析，回路法调节是局部调节，因而很难判断其对整个通风网络功耗的影响；而通路法，因要确定最大阻力路线，故只要降低最大阻力路线的总阻力值，即可将整个通风网络的能耗降低。

8.4.2 固定风量法

固定风量法是回路法中的一种，其实质是在设置固定风量的分支上直接进行调节。根据风量平衡定律、风压平衡定律以及阻力定律这三大定律，设置固定风量，而造成固定风量所在回路的压降不为零，其中不为零的部分 Δh 称之为“不平衡压降”。为使固定风量分支的风量保持不变，在进行通风网络解算时，其不参与迭代解算，其算法步骤如下：

(1)求解最小生成树时，将固定风量分支加入余树集中；

(2)赋初值时，将固定风量分支的风量设为固定值；

(3)解算时，将固定风量分支从通风网络中分离出来，不参与迭代；

(4)迭代完成后，计算由固定风量设置，以及造成回路风压压降不为零的压降值 Δh(Δh 值的正负与选取回路的方向有关)，来决定采取的调节手段是增阻调节还是降阻调节或增能调节。若选回路的顺时针方向为正方向，则 $\Delta h>0$，需采用降阻调节或增能调节；$\Delta h<0$，则采用增阻调节。

当 $\Delta h<0$ 时，需增阻调节，由 $\Delta h=\Delta RQ^2$ 得，调节风阻值 $\Delta R=\dfrac{\Delta h}{Q^2}$。增阻调节的主要措施有：设置风窗、空气幕与临时风帘等。本书主要采用风窗进行增阻调节，该调节设施简单易调节，方便矿山实施。风窗的开口面积 S_c 计算公式为：

当$\dfrac{S_c}{S}\leqslant 0$ 时，

$$S_c=\frac{S}{0.65+0.84\cdot S\sqrt{\Delta R}} \tag{8-22}$$

当$\dfrac{S_c}{S}>0.5$ 时，

$$S_c=\frac{S}{1+0.759\cdot S\sqrt{\Delta R}} \tag{8-23}$$

式中：S 为风窗设置巷道的断面面积，m^2。

当 $\Delta h>0$ 时，需降阻调节或增能调节。①增能调节是根据 Δh 与固定风量值 Q 在风机库中优选出合适的风机进行调节；但固定风量 Q 与压降 Δh 较小时，是无法在风机库选到合适风机的，此时需改为降阻调节；②降阻调节主要方式为扩大断面面积与降低摩擦阻力系数值，由 $\Delta h=\Delta RQ^2$ 得，调节风阻值 $\Delta R=\dfrac{\Delta h}{Q^2}$；又原有巷道的风阻值 $R=\dfrac{\alpha LP}{S^3}$，调节后的风阻值 $R'=\dfrac{\alpha' LP'}{S'^3}$，且 $\Delta R=R-R'$，从而计算出调节后的摩擦阻力系数值 α' 与断面面积 S'。

基于 iVent 矿井通风系统进行二次开发，实现了固定风量法，其算法流程图与界面图分别见图 8－27 与图 8－28。

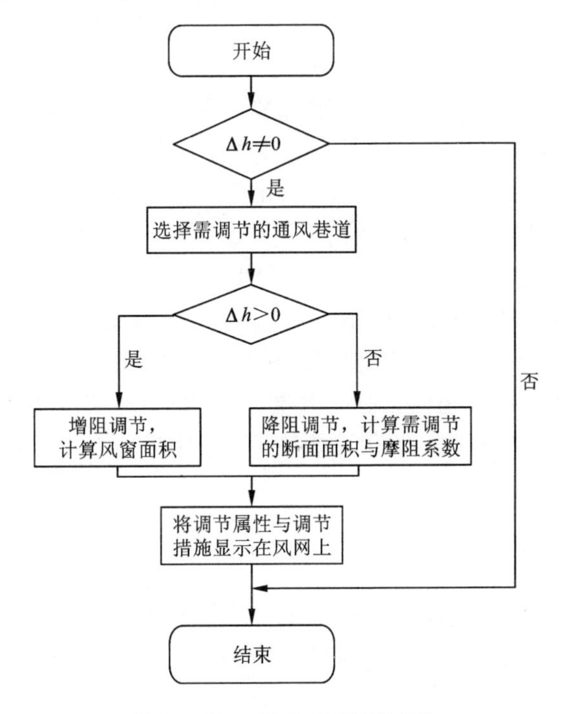

图 8－27　固定风量法流程图

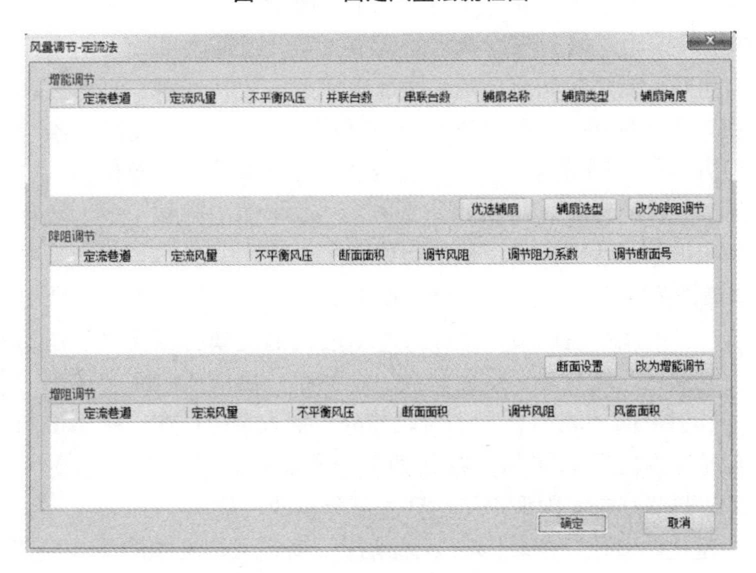

图 8－28　固定风量法界面图

固定风量法是在设置固定风量的分支上直接进行调节，由于不平衡压降 Δh 是设置固定风量造成的，所以直接在固定风量分支上进行增阻、降阻以及增能调节时实现起来相对较容易。因此，固定风量法的最大优点是该方法原理简单，实现较容易。然而实际矿井通风巷道存在着各种约束条件(如进回风区、主运输巷道、串联风路、大阻力路线等不宜增阻调节；采区内服务年限短的巷道不宜降阻调节等)，不能直接在设置固定风量的分支上进行调节。因此，固定风量法存在着三大缺陷：一是根据矿井通风网络解算的原理，为保证有固定风量分支的通风网络除固定风量分支外仍为连通的通风网络，从而不允许穿过用风区的割集全部设置为固定风量分支，最终导致实际矿井用风区的按需分风难以实现；二是调节位置与调节范围的局限，如进回风区、主运输巷道、串联风路、大阻力路线、采区内服务年限短的巷道等不宜在固定风量分支上直接调节，降阻调节时，若调节的风阻值大于巷道本身的风阻值，则不能调节；三是不能实现整体优化，固定风量法调节为局部调节，增阻调节时很可能使矿井总阻力增大，从而导致能耗增大。

8.4.3 回路法

回路法是在固定风量法的基础上，假设设置固定风量的分支不可调节时，通过一定的方式转移调节位置，安装调节设施使回路中的压降得以平衡，如图 8－29 所示。

回路法中调节位置转移的实质是生成树的变换，其具体方法如下：

(1)如果是按固定风量法计算出的调节方案，固定风量所在的余树枝需降阻调节，但该巷道不能降阻调节，则需通过生成树的变换实现：将不可调节的固定风量分支加入生成树中，从而构成一个回路；再从该回路中找出一条与不可调节分支相邻但方向相反的分支作为调节分支加入余树枝中，从而得到一棵新的生成树，实现调节位置的转移。在新的调节方案中，本需降阻调节的，转移后在新的分支上为增阻调节，达到按需分风的目的。

(2)如果是按固定风量法计算出的调节方案，固定风量所在的余树枝需增阻调节，但该巷道不能增阻调节，也可通过生成树的变换得以实现：将不可调节的固定风量分支加入生成树中，从而构成一个回路。再从该回路中找出一条与不可调节分支相邻但方向相同的分支作为调节分支加入余树枝中，从而得到一棵新的生成树，实现调节位置的转移。在新的调节方案中，不可调节分支可不增阻调节，而在新的调节分支增阻调节，达到按需分风的目的。

回路法通过调节位置的转移很好地解决了固定风量法中的两大缺陷：一是实现了矿井用风区按需分风；二是解决了调节位置与调节范围的局限。回路法仍为局部调节，因而未能实现节能，仍需通过其他调节方法得以解决。

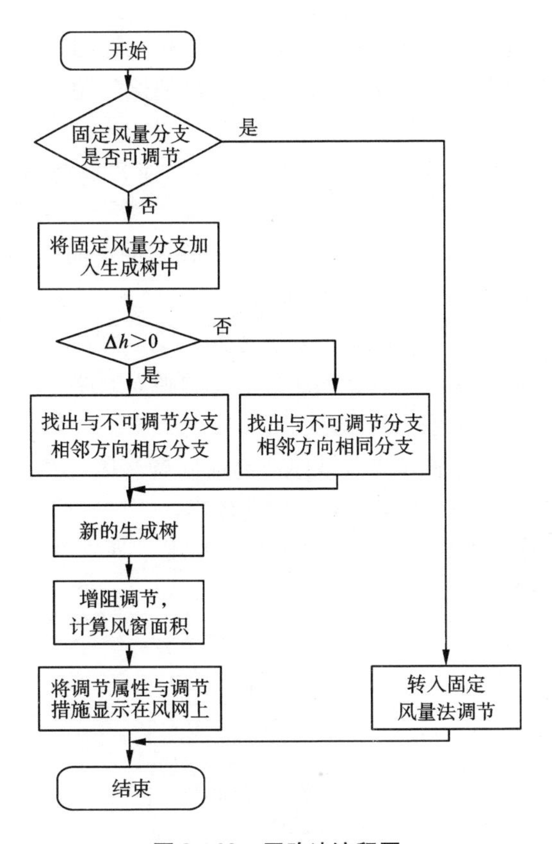

图 8－29　回路法流程图

8.4.4　通路法

通路法的实质是通过搜索通风网络中从进风节点到回风节点的所有独立通路，计算各独立通路的阻力值之和，并选择出基准通路，由基准通路与各独立通路的总阻力差值来计算调节量与确定调节手段。通路用矩阵表示 $\boldsymbol{P}=(p_{ij})_{t\times n}$（$t$ 表示全部通路数），其中

$$p_{ij}=\begin{cases}1,\ 分支\,j\,在通路\,P_i\,中\\0,\ 分支\,j\,不在通路\,P_i\,中\end{cases}$$

令 $\boldsymbol{H}^{\mathrm{T}}=[h_1,\ h_2,\ \cdots,\ h_t]$，其中 h_i 为通路的总阻力值之和，则

$$\boldsymbol{H}_{\mathrm{p}}=\boldsymbol{P}\cdot\boldsymbol{H} \tag{8-24}$$

式中：$\boldsymbol{H}_{\mathrm{p}}$ 为各独立通路总阻力列向量，$\boldsymbol{H}^{\mathrm{T}}=[h_1,\ h_2,\ \cdots,\ h_t]$。

在所有的独立通路中选择一条通路作为基准通路，以基准通路为目标进行调节。若选择的基准通路为最大阻力通路，则该调节只能为增阻调节，此时通路法也称为“最大阻力路线法”。由于调节只能在余树边上进行，选择独立通路时，至少应包含一条余树边，而余树边最好只属于一条独立通路，调节即在此余树边上进行。令基准通路的阻力值为 h_0，则其他非基准通路的阻力调节值为：

$$\Delta h = h_i - h_0 \tag{8-25}$$

计算出各条非基准通路的调节量，可得一个通路调节量向量 $\Delta \boldsymbol{H}_{\mathrm{P}}^{\mathrm{T}} = (\Delta h_1, \Delta h_2, \cdots, \Delta h_n)$。

若 $\Delta h_i > 0$，需降阻调节或增能调节。采用降阻调节时，Δh_i 为需降低的阻力值；采用增能调节时，Δh_i 为风机的风压值。

若 $\Delta h_i < 0$，需增阻调节。此时需安装风窗，$|\Delta h_i|$ 为风窗的阻力值。

通路法中的通路是从进风节点到回风节点的独立通路，通路法是对通风网络整体的调节。因此，它不仅解决了固定风量法中调节位置与调节范围的缺陷，而且解决了回路法不能实现矿井通风整体节能的问题。因此该方法进行通风调节，优于固定分量法与回路法，但实现起来相对较难。

基于 iVent 矿井通风系统进行二次开发，实现了通路法，其算法流程图与界面图分别见图 8-30 与图 8-31。

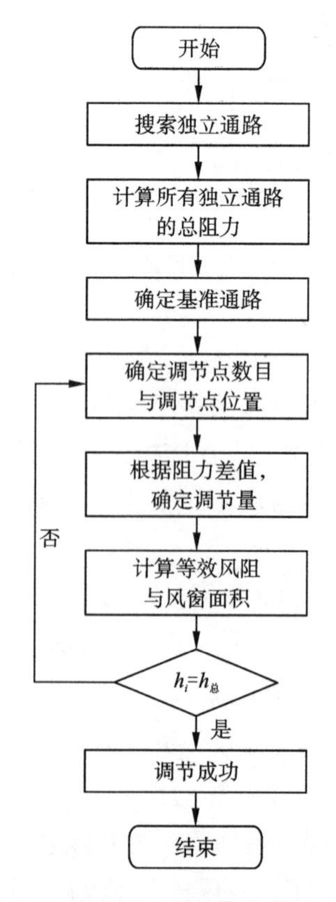

图 8-30　矿井通风网络调节算法流程图

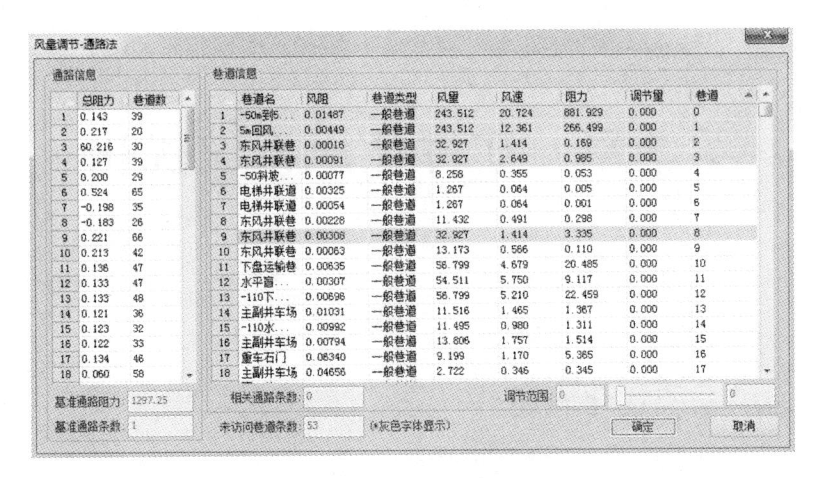
风量调节-通路法
通路信息
巷道信息
总阻力
巷道数
巷道名
风阻
巷道类型
风量
风速
阻力
调节量
基准通路阻力
基准通路条数
相关通路条数
未访问巷道条数
(*灰色字体显示)
调节范围
确定
取消

图 8 - 31　通路法界面图

第9章　矿井通风系统优化

9.1　通风系统优化概述

随着矿井开采向深度、广度扩展和机械化程度的不断提高，矿井通风网络的安全运行、维护和管理成本不断增加，通风系统优化研究与应用的重要性日渐凸显出来。

矿井通风系统优化，是从通风系统分析开始到给出最优矿井通风系统为止的一系列工作的总称。主要分为两个层次的内容，一是对矿井通风系统方案的优化，即在各拟定的系统设计或改造方案之间选择最优通风系统，包括通风井巷断面最优化、矿井通风压力最优化、主要通风机选型最优化；二是矿井通风系统调节最优化，包括矿井通风网络和主要通风机的调节最优化，使矿井通风系统达到和保持最佳的运行状态。

当人们有某一任务需要完成时，往往存在着可实现目标的若干种不同的方案，这些方案虽都可达到预期的目标，但其技术和经济效果是有差异的。那么哪些方案好，哪些方案差，哪些方案合理，哪些方案不合理，这是工程项目决策者首先要考虑的问题。人们往往希望找到能充分利用现有的条件，达到技术、经济总体最佳效果的方案，这就是所谓的最优化问题。

9.1.1　最优化问题

最优化技术是研究和解决最优化问题的一门学科，它是应用数学的一个分支，通常是指研究和解决最优化问题的数值计算方法。最优化技术中最关键的步骤有两个：一是把具体的工程技术或技术经济问题用数学模型进行描述；二是求解所建立的数学模型。

把具体工程技术或技术经济问题用数学符号进行描述而得到的数学表达式称为数学模型。最优化问题的数学模型通常包括目标函数和约束条件两部分。

(1)目标函数。所谓目标，是指判断和评价方案的指标，通常为要解决的工程技术问题的总体指标或某一最重要最关键的指标。表示目标与问题中其他参数之间的数学关系的表达式就称为目标函数。

如果在目标函数中，要求确定的目标值越大越好(如产量、利润等)，则建立的模型称为最大化模型。如果在实际问题中，确定的目标值越小越好(如成本、能源消耗等)，则称为最小化模型。

(2)约束条件。影响目标值的各种参数，通常不可随意确定，而要受各种因素的制约。例如，客观条件对各参数的限制、实际工程对某些参数的特定要求、各参数之间必须满足的自然法则等。这些制约因素，用数学的方法描述出来，就称为约束条件。约束条件可用等式或不等式进行描述。

若数学模型中只有目标函数，没有约束条件，或者约束条件隐含于目标函数中，这时最优化问题也称为极值问题，或称为无约束优化问题。

实际建立的数学模型通常是非定解的，且具有多种形式，不同的模型应采用不同的求解方法。常用的方法有：

(1)线性规划方法。适用于目标函数和约束条件均为线性函数的规划问题。

(2)非线性规划方法。适用于目标函数和约束条件中至少有一个非线性函数的规划问题。

(3)图与网络的方法。适用于求解图论和网络理论方面的问题，如最小树问题、最长路问题等。

(4)其他方法，如动态规划法、优选法等。

优化模型逐步由线性转化为非线性，优化方法也随之由线性规划法转为非线性规划法，使得风网调节问题由求解局部最优解逐步向求解全局最优解方向迈进。

9.1.2 通风系统优化分析

矿井通风系统最优化问题，指从一条巷道断面的最优化，到矿井通风系统某些参数的最优化，直至整个矿井通风系统的最优化，包括的内容很多。严格地说，只有对整个矿井通风系统进行优化，才能得到真正的最优化，即全局最优化。而对其中任一子系统进行优化，都只是局部最优。但是，在实际工程中，一项大工程往往可分成若干个单项工程，一个大系统也可分为若干个子系统。这些单项工程或子系统之间，往往具有相对的独立性。因此，人们往往首先对一些重要的子系统的优化问题进行研究。另外，一个系统的优化问题，往往是在一些条件给定的前提下，求出一些未知参数的最优值。当已知条件不同时，则同一系统优化问题的内容和形式也不同。因此，对一个系统来说，就会出现不同的优化问题。

矿井通风系统中，通常会遇到如下问题：

(1)通风网络调节的优化。当网络中各分支的风阻为已知，各分支的风量都已给定或已计算出来后，如何确定通风机的最佳风压值和各调节设施的最佳位置和参数，以使得矿井通风总功率最小。

(2)网络中风量分配的优化。当网络中各分支的风阻为已知，主要用风地点的风量已给定后，如何求网络中其他各分支的最佳风量值，以使得矿井通风总功率最小。

(3)通风机的优选。当风机所需负担的风压和风量为已知，如何选择满足矿井通风要求且通风功率最小的风机。

(4)风道断面的优化。当某井巷主要用于通风时，如何求出使该巷道的掘进费、维护费、通风电费的总和为最小的最优断面。

(5)矿井风压的优化。在保证矿井需风量的前提下，求使巷道的掘进费、维护费和通风电费总和为最小的矿井风压值。

(6)矿井通风系统优化设计。在矿井通风设计中，根据矿井实际条件，提出多种不同的设计方案。将这些方案用方案比较法、多目标决策法、层次分析法、模糊综合评判法等进行比较选择，确定出技术、经济总体效果最佳的方案。

上述问题中，(1)(2)两项都以矿井通风网络作为分析研究的对象，又称为矿井通风网络优化，本章将主要讨论这个问题。

9.2 通风网络优化分析

9.2.1 通风网络优化类型

正在使用的矿井巷道中，一般均有风流流动。有些巷道的风量，只需满足安全规程规定的风速上、下限要求，而在此范围内对风量数值的大小并无严格要求，这类巷道称为自然分风分支。而另一些巷道，如工作面、硐室等，其风量是根据实际条件计算确定的，必须满足这些条件，这类巷道常称为用风巷道，或称按需分风分支。风量分配的主要原则，就是要满足所有按需分风分支的风量。对整个矿井通风网络，根据按需分风分支数的多少，可以划分为以下三类：

(1)自然分风网络，即按需分风分支数为零，所有分支皆为自然分风分支。对生产矿井通风现状进行分析时，常可将实际网络作为纯自然分风网络处理，这就是所谓的通风网络解算问题。

(2)控制型分风网络，即所有分支的风量都为已知，这时待求的参数只是风机风压和调节参数，这就是所谓的风量优化调节问题。

(3)混合型分风网络，即网络中部分按需分风分支的风量已知，其他分支的风量待求，这也是生产矿井调风和矿井通风设计中常常遇到的实际情况。

已经证明，在满足矿井总风量要求的条件下，自然分风网络的功耗自动达到最小。在控制型分风网络中，各分支的风阻和风量已知，其风压也自然确定，这种网络的优化与调节问题是一个线性规划问题，求解方法有单纯形法、关键路径法、回路法和道路法等。自然分风网络解算、控制型分风网络优化目前已经得到较好的解决。

混合型通风网络优化模型是一个非凸规划模型，目前还没有可靠的求解方法。由于调节设施的位置待定，通风网络优化模型中变量非常多。因而混合型通风网络优化模型的求解十分困难，已成为目前研究的重点和难点。用非线性规划的方法来解决矿井通风网络优化调节问题，存在函数求导、矩阵求逆、初始值敏感和算法效率低的缺点。因此，通常将通风网络优化问题分解为风量最优分配和最优调节两个子问题，这种方法不仅减少了非线性规划问题的规模，提高了算法的效率，对于混合型通风网络的优化调节还具有一定的理论和实际意义。

9.2.2　通风网络优化基本数学模型

根据两步法的思想，通风系统优化问题也可以分为两个子问题，即通风网络中风流的最优分配和网络的最优调节。通风网络的优化调节和风量的优化分配两个问题，均属通风网络优化问题。风量调节的目的是为了保证需风量，计算的最优风量必须通过调节才能得到。风量调节时必须满足风压平衡定律，风量分配必须满足风量平衡定律，在矿井实际生产过程中，这两个定律必须同时满足。两个问题都以通风总功率最小作为优化目标。因此，两个问题在实质上是一个问题，可根据特勒根定律建立目标函数。

对于矿井通风网络 $G=(V,\ E)$，V 和 E 分别为图 G 的结点和分支集合，且 $|V|=J$，$|E|=N$，分别为网络 G 中结点和分支数，通风网络的独立回路个数 $M=N-J+1$，k 条边风量已知，且 $k\leqslant M$。

$$\min N=\sum_{j=1}^{N}h_{fj}q_j=\sum_{j=1}^{N}q_j(r_jq_j^2+\Delta h_j-h_{Nj})$$

式中：N 为网络中总功率；h_{fj}为第 j 条分支风机风压；q_j 为第 j 条分支风机风量；r_j 为第 j 条分支风阻；Δh_j 为第 j 条分支阻力调节值；h_{Nj}为第 j 条分支自然风压。

根据风量平衡定律和风压平衡定律建立如下约束条件：

$$\begin{cases} \sum_{j=1}^{N} b_{ij}q_j = 0, i = 1, 2, \cdots, J-1 \\ \sum_{j=1}^{N} C_{ij}(r_j q_j^2 + \Delta h_j - h_{fj} - h_{Nj}) = 0, i = 1, 2, \cdots, M \end{cases}$$

式中：b_{ij}为基本关联矩阵中，第 i 个节点第 j 条分支元素；C_{ij}为独立回路矩阵中，第 i 个回路第 j 条分支元素。

以上三式即为通风网络优化问题的基本数学模型。在涉及具体的优化问题时，还应根据问题的性质和矿井的实际情况，补充必要的约束条件。

如果网络中所有风量皆已确定，则待求的参数只有调节参数和风机风压。若计算不确定调节点的位置，就是非定解问题，也就是网络调节优化问题。这时，上式中所有风量皆为常数，上述三式皆为线性函数，模型也就成为线性规划模型。

如果网络中一部分风量已知，另一部分风量待求，则上述模型就成为非线性规划模型。这时模型中待求的参数不仅有调节参数和风机风压，而且有部分风量，这就是所谓风量的最优分配问题。先求出各分支的最优风量值，再求出最优调节参数，这样把网络优化问题分成两步，也就是分成两个子问题分别求解，可以大大降低求解网络优化问题的难度。

9.3 通风网络风量分配优化

9.3.1 风量优化分析

对于实际中最常见的混合型分风网络，首先要考虑的，是确定待求分支的风量，并使所有分支的风量分配满足风量平衡定律。然后，若风压不平衡，则计算调节参数，使网络中各个回路均满足风压平衡定律。通常采用的方法，是首先计算出各分支的自然分风量，在此基础上，再求网络中的调节参数。

风量分配和网络调节，都应以矿井通风总功率最小作为优化目标。但是，在按需分风分支时，均按自然分风的办法，确定除按需分风分支以外其他分支的风量，并不能保证实现这一优化目标。

研究表明，对于纯自然分风的网络，按自然分风确定风量，可以保证总功率最小。但是，对于一般按需分风网络，按自然分风确定各分支风量，就不一定能保证矿井通风总功率为最小。

因此，必须首先确定出能保证矿井总功率为最小的最优风量分配方案，然后再求最优调节参数，才能保证最终所得的风量分配和调节方案满足通风总功率最小的优化指标。

9.3.2 基本数学模型

矿井通风网络中风流最优分配的目的，是在满足网络中按需分风分支风量的前提下，求使通风总功率为最小的其他分支的最佳风量值。因此，可直接取通风系统的总功率值为这个问题的目标函数值，根据特勒根定律有：

$$N = \sum_{j \in F} p_f q_f$$

式中：N 为网络中总功率；p_f 为分支 f 中的风机风压；q_f 为分支 f 中的风机风量；F 为含有风机分支的集合。

根据网络理论，选出一颗生成树，对于其他 M 个余支中，包括 k 条已知风量分支(编号为 1，2，…，k)和 $M-k$ 条待求风量的分支(编号为 $k+1$，$k+2$，…，M)。这样，网络中任一分支的风量都可描述为这 M 条余支风量的函数：

$$q_j = \sum_{s=1}^{k} C_{sj} q_s + \sum_{s=k+1}^{M} C_{sj} q_s,\ j = 1,\ 2,\ \cdots,\ N$$

式中：q_j 为分支 j 的风量；C_{sj}为独立回路矩阵中，第 s 个回路第 j 条分支元素。

上式中右端第一项实际上是常数，因其中的 q_s 都是已知的。而只有第二项中 $q_s(s=k+1,\ k+2,\ \cdots,\ M)$才是独立的决策变量。上式可视为风量平衡定律的另一种描述形式。将上式代入目标函数，可得：

$$N = \sum_{j \in F} p_f q_f = \sum_{j \in F} p_f \left(\sum_{s=1}^{k} C_{sj} q_s + \sum_{s=k+1}^{M} C_{sj} q_s \right)$$

上式中已满足风量平衡定律，因此，风压平衡定律应为问题的主要约束条件。

按常规的方法，即按独立回路列出风压平衡方程，可得：

$$\sum_{j=1}^{N} C_{ij} (r_j q_j^2 + \Delta h_j - h_{fj} - h_{Nj}) = 0,\ i = 1,\ 2,\ \cdots,\ M$$

式中：r_j 为网络中总功率；Δh_j 为第 j 条分支阻力调节值。

风量分配上、下限约束：根据风量规程要求和需风量要求，一般有一个风量上、下限约束。用风分支风量的下界应定为该地点的需风量，上界则为最高允许风速与断面面积的乘积。一般分支风量的下界为允许的最低风速和断面面积的乘积。

$$q_{j-\min} \leqslant q_j \leqslant q_{j-\max},\ j=1,\ 2,\ \cdots,\ n$$

当某一分支风量已知时，则：

$$q_{j-\min} = q_j = q_{j-\max}$$

但是，上述的非线性规划模型的求解十分困难。一是因为该模型是一个非凸规划模型，难以寻找到可靠的求解方法；二是由于调节设施的位置待求，整个网络中有 M 个未知的阻力调节值变量，使得该模型的变量数目很大。

对于非线性规划问题，即使能解，其计算速度也会随着变量数目的增加而急剧降低。对于大型网络，这是不容忽视的问题。因此，欲获得一实际可行的模型和算法，应该一方面使模型凸性化，另一方面尽量减少变量数目。以上问题可以采用通路法来解决。

矿井通风网络中的通路，是从入风井口起，沿风流方向直到出风井口所经过的一条路径。通路实质上是一种特殊的回路。

每一条通路的通风阻力为该路径中各分支阻力之和。第 i 条通路的通风阻力为：

$$p_{1i} = \sum_{j=1}^{N} l_{ij} r_j q_j^2 , \ i = 1, 2, \cdots, M$$

式中：p_{1i}为第 i 条通路的通风阻力；l_{ij}为独立通路矩阵中，第 i 条通路第 j 条分支元素。

一条通路是否含调节分支(仅考虑增阻调节)，取决于该道路的阻力是小于还是等于该通路所含的风机压力。无论哪种情况，其中任意一条通路总满足：

$$\sum_{f \in F} l_{if} p_f - \sum_{j=1}^{N} l_{ij} r_j q_j^2 \geqslant 0, \ i = 1, 2, \cdots, M$$

若上式等于零，表明该通路的风机压力与通路的阻力已经平衡，不必再进行调节。若上式大于零，表明需在该通路的某一条分支中安设调节风窗，以满足风压平衡定律。因此，上式实质上是用不等式的形式反映了风压平衡定律。

应注意，上式虽然反映了风压平衡定律的原理，但式中未包含阻力调节值 Δh_j，这就使得决策变量数减少了 M 个，从而大大降低了模型的规模和求解的难度；另外，可以证明上式为一凹函数，这就为建立凸规划模型创造了条件。

9.3.4 模型求解

根据运筹学理论，非线性规划数学模型的凹凸性对模型的求解影响很大。对凸规划模型，其任一局部极值点就是全局最优点，故求解较容易；而对于凸规划模型，其局部极值点不一定是全局最优点，尚需进行判断，故求解较困难。

凸规划模型是指目标函数为凸函数，约束条件为凹函数的模型。线性函数既可当作凸函数，也可当作凹函数。

目标函数在不等式约束条件下所形成的开凸集是一个凸函数，则可以判定所构成的矿井通风网络风量优化模型是一个凸规划问题。其容许解集合和最优解集合均为凸集，其任何局部极小点都是全局最优解。

上面所建立的数学模型，是一个含有不等式约束条件的非线性规划模型。其目标函数在一般情况下是一非凸函数。

对于任意一个矿井通风网络，总可以处理成一个强连通的有向赋权图——搜索通路。线性规划法计算原理要比通路法复杂，线性规划法对建立的约束条件要求线性无关，并无病态约束，不仅如此，还可能出现无上界解的情况。当通风网络规模较大时，存在的阻力调节最优方案数很多。

由于线性规划法计算复杂，求全部阻力调节最优方案的计算量很大，而通路法计算相对简单有效、灵活方便，更适用于求解大规模的通风网络阻力调节优化问题。

对于上面建立的含有不等式约束的非线性规划模型，由于在通常情况下是一凸规划模型，可以采用制约函数法或近似规划法(MAP 法)等算法来求解。

求解风量分配模型，在部分余树分支风量已知的条件下，求出网络中各风机的最佳风压值 P 和未知余树分支的最佳风量 Q，然后利用风量平衡方程求出所有其他分支风量。

9.4　通风网络调节优化

9.4.1　调节优化分析

矿井通风网络风流的调节是一个复杂的问题。复杂的原因主要是因为调节方案的多样性。在网络中选择一棵生成树，把相应的余树边定为调节点，就可得到一个调节方案。若另选一棵生成树，则又可得一个调节方案。因此，在理论上，网络中有多少棵生成树，就可以构成多少个调节方案。

无论网络中有多少种调节方案，都可分成以下三类：

1)不可行方案。方案中至少有一个调节点的调节方式无法实现。例如计算出某分支需降阻调节，而该分支无法降阻时，这个方案就是不可行方案。

2)可行方案。方案中各调节方式都能实现，可满足风量调节的要求。这类方案在实践中是可行的。

3)最优方案。最优方案首先必须是可行方案，同时还可满足网络调节的优化指标。对于通风网络调节问题，可以取矿井通风总费用作为优化指标；由于通风电费在通风总费用中所占比重很大；也可取通风总功率作为优化指标。当风机风量一定时，也可取总阻力作为优化指标。

在一个网络的众多调节方案中，必有多种方案是等效的。只要得到一个可行方案，就可实现通风网络的有效调节和控制，若得到一个最优方案，则可最经济地实现网络的调节。用上述方法计算调节方案时，由于需事先人为确定调节点，难以对调节效果进行预先估计，因此对于计算结果要进行分析，判断所得结果是否可行。有时需反复计算多次，对所得结果进行比较和选择，才能得出最满意的结果。

9.4.2 基本数学模型

矿井通风系统的最终经济指标为通风成本，它是一个重要的综合性经济指标。与风量优化模型一样，建立的数学模型优化目标应使总经济费用最小，约束条件则是满足安全生产技术条件。

选取通风成本作为优化目标，通常有两种做法：一种是以电能消耗最小为目标；另一种是以考虑了系统服务年限内的年经营费用和初期基本投资费用的综合成本最小为目标。为简便起见，直接取通风系统的总功率值最小为这个问题的目标函数值，根据特勒根定律有：

$$N = \sum_{j \in F} p_{\mathrm{f}} q_{\mathrm{f}}$$

式中：N 为网络中总功率；p_{f} 为分支 f 中的风机风压；q_{f} 为分支 f 中的风机风量；F 为含有风机分支的集合。

风量平衡约束条件：假定空气密度不变、无漏风、忽略空气中水蒸气的变化，则风网内任意节点(或回路)相关分支的风量代数和为零，即：

$$\sum_{j=1}^{N} b_{ij} q_j = 0,\ i = 1,\ 2,\ \cdots,\ J-1$$

式中：b_{ij}为基本关联矩阵中，第 i 个节点第 j 条分支元素；q_j 为分支 j 的风量。

风压平衡约束条件：风网的任何闭合回路内，各分支风压的代数和为零。分支风压包含通风阻力与通风动力两部分。

$$\sum_{j=1}^{N} C_{ij}(r_j q_j^2 + \Delta h_j - h_{\mathrm{f}j} - h_{\mathrm{N}j}) = 0,\ i = 1,\ 2,\ \cdots,\ M$$

式中：C_{ij}为独立回路矩阵中，第 i 个回路第 j 条分支元素；r_j 为第 j 条分支风阻；Δh_j 为第 j 条分支阻力调节值；$h_{\mathrm{f}j}$为第 j 条分支风机风压；$h_{\mathrm{N}j}$为第 j 条分支自然风压。

风压调节上、下限约束：每一分支都对调节设施有一定的要求，需要根据具体情况分别设置相应的约束条件。

$$\Delta h_{j-\min} \leqslant \Delta h_j \leqslant \Delta h_{j-\max},\ j=1,\ 2,\ \cdots,\ n$$

当某一分支不允许安装调节设施时，则：

$$\Delta h_{j-\min} = \Delta h_j = \Delta h_{j-\max}$$

当某一分支只允许增阻调节约束时，则：

$$\Delta h_j > 0$$

当某一分支只允许增能调节约束时，则：

$$\Delta h_j < 0$$

在涉及具体的优化问题时，还应根据通风系统的实际调节，考虑通风系统的安全可靠性、经济性、技术合理性和抗灾能力等因素，确定采取何种调节方式和合理的调节范围，由此补充必要的不等式约束条件和决策变量的上、下界约束。

经过这样的处理后，网络优化调节问题就转化为上述模型的求解问题，即如何确定各节点的风压值和各分支的调节参数值，使得风机的风压值最小。

9.4.3 模型求解

通过两步法进行通风网络优化分析时，通风网络调节优化问题，可归结为线性规划问题，可用常规的线性规划方法来求解。一般，求解上述线性优化问题，可采用单纯形法来求解。

通风网络中风量调节的方案通常不是唯一的。上述方法所求得的调节方案，都是在计算前确定调节点位置后计算出的，这样得出的调节方案是否可行，是否最佳，需要进行分析。

以上介绍的通风网络中风量分配和调节的两种优化方法，其实质是利用网络中风量变量和调节参数变量可分离的特点，将矿井通风网络中风量最优分配和最优调节这两个有着共同优化目标的问题分作两步来处理，大大降低了问题的规模和求解的难度。

9.5 风机优选

我国地下矿山虽然自20世纪50年代就开始采用机械通风，但风机的运转效率一直较低。据统计，风机运转效率仅为40%左右，比设计的风机效率低一半以上，而通风能耗约占矿井总能耗的1/3。大型矿井的风机装机功率高达数千千瓦，年通风电费达数百万元、甚至数千万元。加拿大自然资源部对加拿大大型地下矿山能量消耗进行统计，其中通风能耗占整个矿山能耗的50%。因此，通风节能显得尤为重要，而风机又是矿井机械通风的主要动力源，因此风机节能是通风节能的重中之重。

矿井通风系统在进行风机选型时，往往是按经验对所需风量和风压“层层加码”，从而造成所选风机通风能力过大。特别是新建的大型矿井，供风量往往比矿井实际所需风量大得多，形成“大马拉小车”的现象。而风机电耗与风量之间呈三次方关系，若风量增加1倍，电耗将升为原来的8倍，加大风量导致电耗的增加数量惊人。因此，风机选型时应对加大风量的成本有充分估计，而不是对所需风量和风压“层层加码”，而最终造成能耗的大幅增加。

为解决此问题，在矿井通风三维仿真软件的基础上，结合通风网络解算，选择最佳风机，实现风机优选。

9.5.1 风机优选方法

风机优选是在矿井通风网络解算的基础上，依据矿井通风工况风量与风压值，从风机库中确定最优风机型号的方法。常用的风机优选方法包括常规风机优选法、虚拟风机法以及数学规划法。

1）常规风机优选法：是以风机装机风量为基础，以通风网络解算为核心，确定风机的工况风量与风压值，从风机库中选择最优风机型号的方法。

2）虚拟风机法：该方法是在常规风机优选方法的基础上，确定风机的工况风量与风压值；再以工况风量、风压值以及风机拟合实验参数为基础，拟合一条虚拟风机风量－风压特性曲线，再到风机库中优选出一台风机特性曲线与该虚拟风机特性曲线最近的风机。

3）数学规划法：该方法也是在常规风机优选方法的基础上，确定风机的工况风量与风压值；再利用非线性规划方法，选出能满足矿井总风量和总风压要求且功耗最小的扇风机。

9.5.2 风机优选基本原理

风机优选的基本原理是以通风网络解算为核心，依据装机风量确定风机的工况风压，再从风机库中优选出最佳风机。风机库以及装机风量的计算（详见第5章的需风量计算）是风机优选的基础，也是优选最佳风机的重要保证。本节将重点介绍风机库与虚拟风机法。

1) 风机库

风机库是存储风机数据、拟合风机特性曲线，为风机选型提供基础数据的数据库。风机库中风机参数主要包括风机类型、叶片安装角度、转速、电机额定功率、风量、风压以及功率等，利用最小二乘法(详见风机特性曲线模拟章节)，拟合风量－风压特性曲线、功率特性曲线以及效率特性曲线，以便于随时调用风机数据。iVent 矿井通风系统对其加以实现，见图9－1。

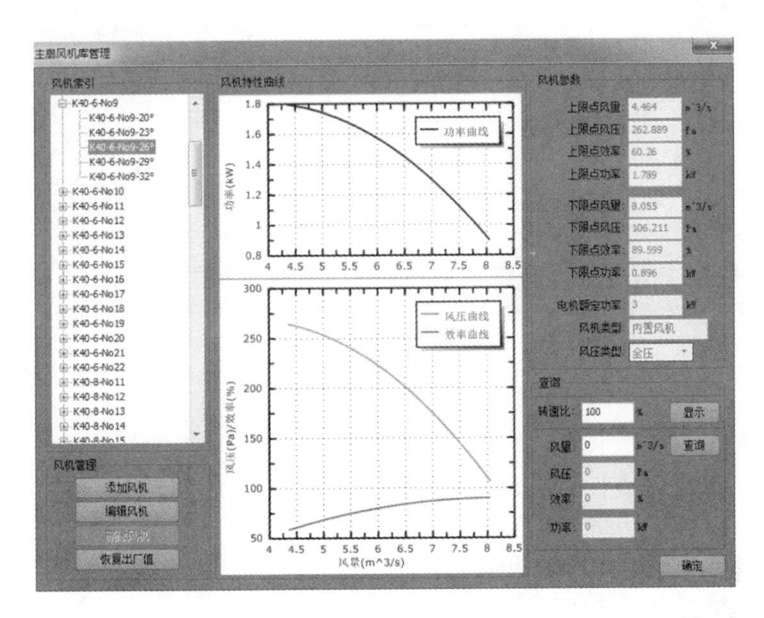

图9－1　风机库

iVent 矿井通风系统中风机库风机包括内置风机和用户自定义风机。其中内置风机包括金属非金属矿 K40、K45、DK40 与 DK45 这四种型号，以及煤矿 FBCZ 与 FBCDZ；内置风机是依据生产厂家提供的风机特性曲线录入的，但实际风机受磨损以及环境等的影响而导致实际曲线与生产厂家提供的不一致，可通过用户自定义风机予以添加，见图9－2。

需要注意的是，为保证风机在稳定工作区运转，一般要求风机的运转效率比低于60%，而实际工作风压不得超过最高风压的90%。因此，风机优选取值时要同时给定合理工作区间范围，以保证风机能稳定工作，且在效率较高的工况点处运行。

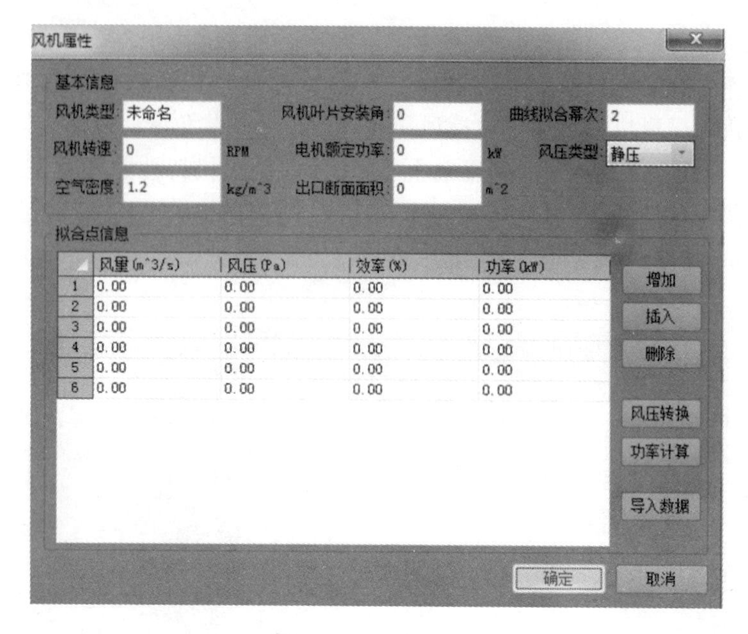

图 9-2　添加风机

2)虚拟风机法

虚拟风机法的基本思想是以装机风量为依据，以通风网络解算为核心，通过一定的实验或模型参数，确定三个拟合点，从而拟合出一条风量-风压特性曲线；再在此基础上，从风机库中优选出最接近该虚拟风机的风量-风压特性曲线的风机，确保所选风机更接近实际情况。虚拟风机的模型参数以及特性曲线模拟理论见第 6 章扇风机数值模拟，虚拟风机特性曲线三点拟合图见图 9-3。

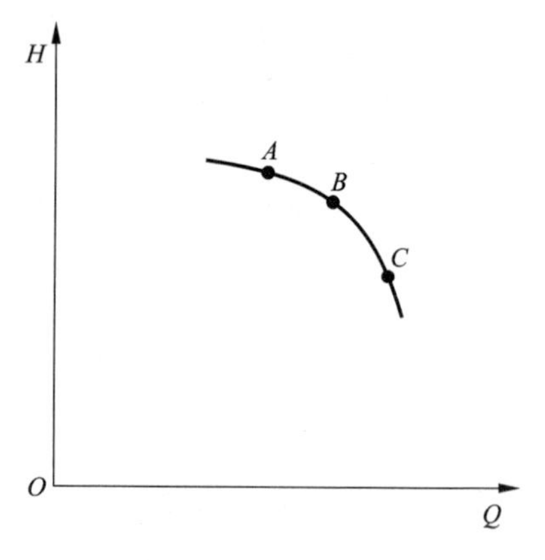

图 9-3　虚拟风机特性曲线三点拟合图

9.5.3　风机优选算法流程与步骤

本节重点介绍基于虚拟风机的风机优选算法，即通过三点拟合虚拟风机特性曲线，从风机库中优选出与该虚拟风机的风量-风压特性曲线最接近的风机的方法。该算法流程及步骤见图 9-4。

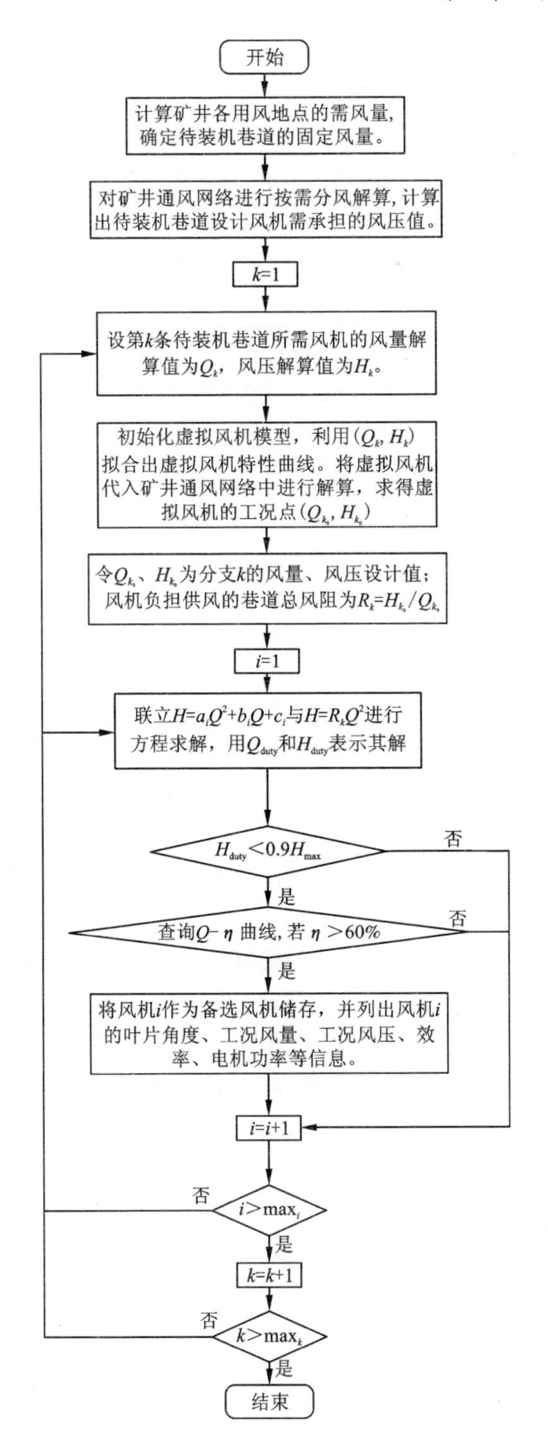

图 9－4　基于虚拟风机的风机优选流程图

第1步：计算矿井各用风地点的需风量，确定待装机巷道的装机风量。

第2步：对矿井通风网络进行按需分风解算，计算出待装机巷道设计风机需承担的风压值。

第3步：设第 k 条待装机巷道所需风机的风量解算值为 Q_k，风压解算值为 H_k。

第4步：初始化虚拟风机模型，令第 k 条待装机巷道虚拟风机特性曲线满足 $Q_{Ak}=0.95Q_k$，$Q_{Bk}=Q_k$，$Q_{Ck}=1.05Q_k$，$H_{Ak}=2.0H_k$，$H_{Bk}=H_k$，$H_{Ck}=0.2H_k$。

第5步：采用最小二乘法对 A、B、C 三点进行二次多项式函数拟合，求出虚拟风机特性曲线方程 $H_k=a_kQ_k^2+b_kQ_k+c_k$。

第6步：将虚拟风机代入矿井通风网络中进行解算，求得虚拟风机的工况点 (Q_{k_0}, H_{k_0})。

第7步：令第 k 条待装机巷道所需风机的风量设计值为 Q_{k_0}，风压设计值为 H_{k_0}，则风机负担供风的巷道总风阻为 $R_k=H_{k_0}/Q_{k_0}^2$。

第8步：逐个验证风机库中的所有 $\max_i$ 台风机。设当前待验证风机编号为 i，在风机库中查询其 $H-Q$ 特性曲线方程，求解 $\begin{cases}H=a_iQ^2+b_iQ+c_i\\H=R_kQ^2\end{cases}$，得到风机 i 的工况点风量 Q_{duty} 和风压 H_{duty}。查询当前工况下风机 i 的最高风压 H_{max}。

第9步：若 $H_{duty}<0.9H_{max}$，跳转至第10步，否则跳转至第12步。

第10步：查询当前工况下风机 i 的 $Q-\eta$ 曲线，若运转效率 $\eta>60\%$，跳转至第11步，否则跳转至第12步。

第11步：将风机 i 作为备选风机储存，并列出风机 i 的叶片角度、工况风量、工况风压、效率、电机功率等信息。

第12步：令 $i=i+1$ 若 $i>\max_i$，则跳转至第13步，否则跳转至第8步。

第13步：令 $k=k+1$ 若 $k\leqslant\max_k$，则跳转至第3步；否则程序终止。

基于iVent三维通风软件平台，利用VC++开发工具进行二次开发，实现了基于虚拟风机的风机优选算法，对本矿井通风系统进行风机优选(见图9-5~图9-7)。

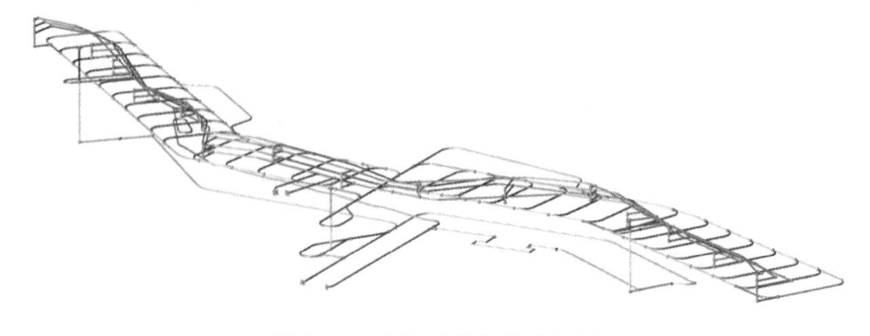

图9-5　本钢矿井通风系统图

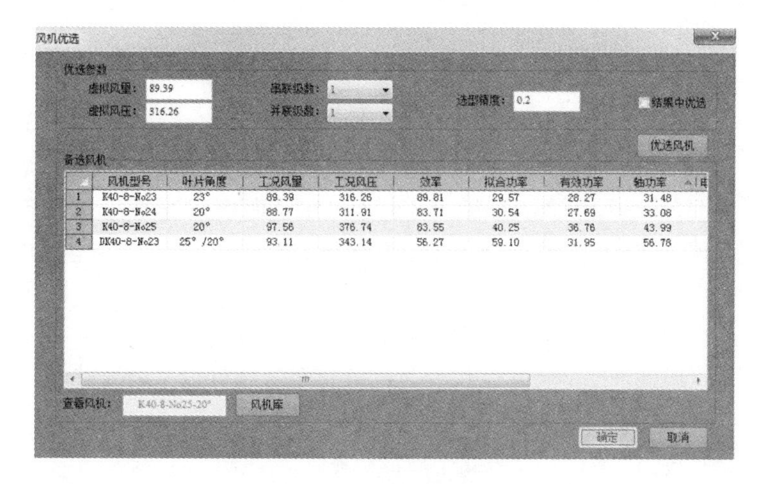

	风机型号	叶片角度	工况风量	工况风压	效率	拟合功率	有效功率	轴功率
1	K40-8-No23	23°	89.39	316.26	89.81	29.57	28.27	31.48
2	K40-8-No24	20°	88.77	311.91	83.71	30.54	27.69	33.08
3	K40-8-No25	20°	97.56	376.74	83.55	40.25	36.76	43.99
4	DK40-8-No23	25° /20°	93.11	343.14	56.27	59.10	31.95	56.78

图9-6　单台风机的风机优选

风机选型

装机点巷道信息:

	装机巷道	风机型号	叶片角度	虚拟风量	虚拟风压	串联级数	并联级数
1	1291	K40-8-No23	23°	89.39	316.26	1	1
2	1292	K40-8-No23	23°	87.89	348.34	1	1
3	1293	K40-8-No23	23°	86.83	370.40	1	1
4	1294	K40-8-No23	23°	88.51	335.19	1	1
5	1295	K40-6-No8	26°	4.45	166.09	1	1
6	1296	K40-6-No8	26°	4.94	137.94	1	1
7	1297	K40-6-No8	26°	4.83	144.88	1	1
8	1298	K40-6-No16	26°	42.44	448.59	1	1
9	1299	K40-6-No16	26°	42.08	461.43	1	1
10	1300	K40-8-No18	26°	42.17	374.03	1	1

优选风机　输入风机　重置风机

确定　取消

图9-7　本矿井通风系统风机优选结果

9.6　井巷经济断面计算

9.6.1　巷道断面优化理论概述

矿井通风设计除要求先进、安全、可靠外，还必须论证经济上的合理性，使矿井通风费用最低，即使摊销到每采一吨矿石的通风成本最少。通风井巷的开拓投资和通风系统运行电费是通风成本的决定性因素，而他们都与通风井巷的断面大小有关。

矿井巷道的工程费用是指从开始掘进（或扩刷）到投入使用，再到巷道服务期满，在这期间所消耗的资金，包括施工基建费（主要指掘进费）、维护费和通风动力费。通风井巷经济断面，是指通风井巷的施工基建费、维护费和通风动力费之和为最小时的井巷断面面积，也称最佳断面或最优断面。通风井巷经济断面是从经济性、合理性和施工技术上的可能性等方面综合分析确定的。经济性，是指井巷的基建费、维护费和服务期间通风动力费的总和最小。合理性，是指所确定的井巷断面能够满足风速极限的要求。施工技术上的可能性，是指所确定的断面在掘进技术上方便可行。故求通风井巷的经济断面的过程也是通风井巷断面优化的过程。

计算通风井巷的最优经济断面，对降低矿井通风费用有极其重要的作用。但并不是所有组成通风系统的井巷都需要进行计算。矿井通风压力损失主要消耗在风量集中的进风段或回风段，因此，为降低对生产的影响，可只对风量集中的进风段或回风段进行断面优化。在抽出式的通风系统中，只需计算回风井巷的最优经济断面；采用压入式的通风系统，只需计算进风井巷的最优经济断面；采用集中进风、集中回风的混合式通风系统，则应对进风段与回风段的井巷计算最优经济断面。

一般井巷的岩石性质和支护形式比较固定，当需要通过的风量和巷道服务的年限一定时，巷道工程费用的多少只与井巷断面积大小有关。进、回风井巷断面面积增加，通风阻力减小，矿井总风压会降低，因而通风机动力费用会减少，但井巷断面面积越大，工程量增加会致使基建费用随之增多。矿井通风费用要达到最低，不能仅以满足运输设备和相关规程规定的极限风速作为依据，使井巷建设费用最少；也不能随意扩大井巷断面来降低矿井总风压，使通风动力费用最小，而是应通过计算，求出通风井巷的最优断面，使井巷基建费、维护费和通风动力费的总和最小。

矿山对通风井巷的施工分为外包和内部施工，不同之处在于：外包时，施工单位根据现场情况给定一个施工单价，即根据不同支护方式和不同断面的井巷给定每掘进一米需要多少钱；而内部施工时，需要根据《有色金属工业矿山井巷工程预算定额》来进行预算，同样需要折合与断面相关联的单价，以便于求解最优经济断面面积。

根据《有色金属工业矿山井巷工程预算定额》来计算井巷掘进费用时，可分为新建井巷费用和扩建井巷费用，新建井巷可以直接根据相关数据用数学方法拟合出掘进费用与井巷断面积大小的函数关系；而对于井巷的扩刷费用，需要知道岩石硬度、涌水量和扩刷厚度等参数，岩石硬度和涌水量等可通过查阅矿山基本资料获得，而扩刷厚度从计算公式上等于扩后断面面积与现存井巷断面面积之差，故需先对最优断面进行估算，再根据《有色金属工业矿山井巷工程预算定额》求出井巷最优断面面积。其扩刷的辅助费用部分需要通过函数拟合才能得出其费用与断面面积的关系，进而建立数学模型求解最优断面面积。其与井巷断面的一元线性关系拟合过程，在此不作展开阐述。

9.6.2　通风井巷经济断面的计算过程及分析

井巷掘进费用可表示为：

$$W_{ji} = c_i \cdot S_i \cdot l_i \tag{9-1}$$

式中：W_{ji}为井巷掘进直接费，元；c_i 为井巷掘进单价，元/m^3；S_i 为井巷断面面积，m^2，对于扩刷巷道，则为扩刷后与扩刷前的井巷断面面积差；l_i 为井巷长度，m；$i = 1, 2, 3, \cdots, n$，分别为需要优化巷道的代号，下同。

井巷的维护费表示为：

$$W_{hi} = k_0 W_{ji} \tag{9-2}$$

式中：W_{ji}为井巷掘进直接费，元；W_{hi}为井巷维护费，元；k_0 为维护系数，一般可取 0.02；

井巷通风电费表示为：

$$W_{ti} = \frac{d_1 t_1 P_f Q}{1000\eta} u = \frac{d_1 t_1 \alpha k l_i Q^3}{1000\eta} u S_i^{-\frac{5}{2}} \tag{9-3}$$

式中：W_{ti}为井巷通风电费，元；P_f 为巷道风压损失，Pa；d_1 为每年工作天数，d；t_1 为风机每天运转时间，h；u 为电费单价，元/(kW · h)；α 为摩擦系数；k 为断面形状系数，三心拱为 3.85，圆形为 3.54；l_i 为井巷长度，m；η 为通风设备综合效率；Q 为风量，m^3/s；S_i 为井巷断面面积，m^2。

考虑资金投入的可变性和风道的服务年限，风道断面优化过程中对时间价值的考虑可采用资金贴现值。考虑到每年的投资并非在年初时一次性投入，而是连续投入，故对当年的投资利率按一半折合计算。选用资金现值时，时间基准点选在井巷基建期末、投入使用期初的时间点，如图 9－8 所示。

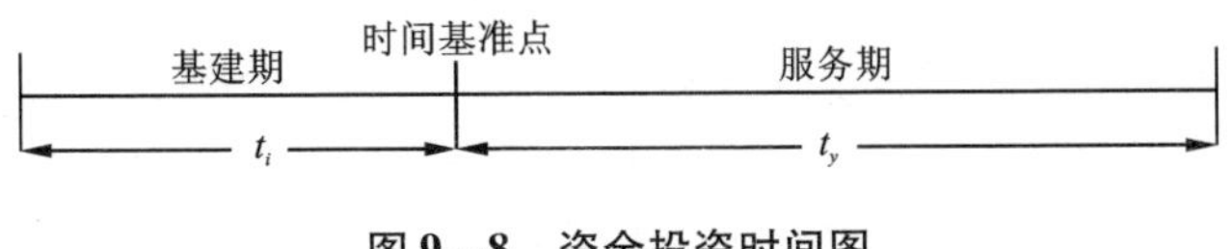

图 9－8　资金投资时间图

由此得投资系数：

$$k_1 = \frac{1 + \frac{i_1}{2}}{A_1}\left[\sum_{m=1}^{m=A_1}(1 + i_1)^{A_1 - m}\right] \tag{9-4}$$

式中：k_1 为基建期投资系数；A_1 为井巷扩刷基建时间，年；i_1 为投资年利率。

$$k_2 = \frac{1}{1 + \frac{i_2}{2}}\left[\sum_{m=1}^{m=A_2}\frac{1}{(1 + i_2)^{A_2 - m}}\right] \tag{9-5}$$

式中：k_2 为服务期投资系数；A_2 为井巷服务时间，年；i_2 为投资年利率。

故对井巷进行掘进(或扩刷)后，从基建开始到井巷服务期满的总投资为：

$$W = \sum_{i=1}^{n}(k_1 W_{ji} + k_2 W_{hi} + k_2 W_{ti}) \tag{9-6}$$

因此对井巷优化，其实质是将井巷的巷道断面掘进或扩刷致使井巷基建开始到井巷服务期满的总投资最小时的断面积。其总投资费用可看成是由各部分井巷掘进或扩刷的投资费用相加组成，当每部分的投资最小时，其总和就最小。以下详细给出一条井巷的计算过程：

$$\begin{aligned} W_1 &= (k_1 W_{j1} + k_2 W_{h1} + k_2 W_{t1}) \\ &= \left(k_1 c_1 \cdot S_1 \cdot l_1 + k_2 k_0 c_1 \cdot S_1 \cdot l_1 + k_2 \frac{d_1 t_1 \alpha k l_1 Q^3}{1000\eta} u S_1^{-\frac{5}{2}}\right) \\ &= \left[k_2 \frac{d_1 t_1 \alpha k Q^3}{1000\eta} u S_1^{-\frac{5}{2}} + (k_1 + k_2 k_0) c_1 S_1 - (k_1 + k_2 k_0) c_1 S_1\right] \cdot l_1 \end{aligned} \tag{9-7}$$

式(9-7)可视为 W_1 关于 S_1 的函数，对 S_1 求导有：

$$W'_1 = \left[-2.5 k_2 \frac{d_1 t_1 \alpha k Q^3}{1000\eta} u S_1^{-\frac{7}{2}} + (k_1 + k_2 k_0) c_1\right] \cdot l_1 \tag{9-8}$$

当 W'_1 为0，即 $S_1 = \left[2.5 k_2 \frac{d_1 t_1 \alpha k Q^3 u}{1000\eta} \cdot \frac{1}{(k_1 + k_2 k_0) c_1}\right]^{\frac{2}{7}}$ 时，W_1 值最小。若井巷的现有断面面积大于优化面积，则可保持不变。从最优断面计算公式看，风机运转时间、井巷摩擦系数、井巷断面形状系数和掘进直接工程费相对为不变值，均与风量的立方成正比，而风量则与采矿方法和生产产量有关，为此需要科学的规划矿井开采过程，即正确规划开采年限和采矿方法、产量。投资年利率大小同样对最优断面的确定至关重要，投资年利率越小，其服务期投资系数越小，最优断面相对越小。电费作为一个相对较为稳定的变化值，其波动会影响最优断面的使用质量，电费越高，计算出的最优断面越大。

9.7　矿井通风费用计算

矿井通风费用由设备折旧费、通风动力费、材料消耗费、通风人员工资、通风井巷折旧费和维护费、仪表的购置费等组成，具体计算方法如下：

1）设备折旧费

设备的折旧费与设备的数量及服务年限有关，一般包括基本投资折旧费 b_1 和大修理折旧费 b_2。

回采每吨矿石的折旧费 M_1（元/t）为：

$$M_1 = \frac{b_1 + b_2}{T} \tag{9-9}$$

式中：T 为年产矿石量，t，下同。

2）通风动力费

主扇年耗电量 W_1（kW · h）为

$$W_1 = \frac{N_e d_1 t_1}{\eta_e \eta_1 \eta_2} \tag{9-10}$$

式中：N 为电动机输出功率；d_1，t_1 分别为扇风机每年的工作天数及每天的工作小时数；η_e，η_1，η_2 分别为电动机、变压器、电网输电效率。

回采每吨矿石的通风动力费 M_2（元/t）为：

$$M_2 = \frac{W_1 + W_2}{T} u \tag{9-11}$$

式中：u 为电费单价，元/（kW · h）；W_2 为局扇和辅扇的年耗电量，kW · h。

3）材料费

包括各种通风构筑物（风桥、风门、风墙、风窗等）的材料费，以及扇风机和电动机的润滑材料的费用。每吨矿石的通风材料费 M_3（元/t）为：

$$M_3 = \frac{m}{T} \tag{9-12}$$

式中：m 为总材料费，元。

4）人员工资

每吨矿石的通风防尘人员的工资费用 M_4（元/t）为：

$$M_4 = \frac{w}{T} \tag{9-13}$$

式中：w 为矿井通风人员年工资总额，元。

5）专用通风井巷折旧费和维护费

每回采一吨矿石的专用通风井巷工程折旧费和维护费 M_5(元/t)为:

$$M_5 = \frac{q}{T} \tag{9-14}$$

式中: q 为专用通风井巷工程折旧费和维护费总额，元。

6)通风仪表的购置费和维修费

每回采一吨矿石的通风仪表的购置费和维修费 M_6(元/t)为:

$$M_6 = \frac{s}{T} \tag{9-15}$$

式中: s 为通风仪表的购置费和维修费总额，元。

矿井生产每吨矿石的通风总费用 M(元/t)为:

$$M = M_1 + M_2 + M_3 + M_4 + M_5 + M_6 \tag{9-16}$$

第 10 章　矿井通风测定

10.1　自然风压的测定

10.1.1　直接测定法

若井下有扇风机，先停止扇风机的运转，在总风流流过的巷道中的任何适当的地点建立临时风墙，隔断风流后，立即用压差计测出风墙两侧的风压差，此值就是自然风压。如果矿井还有其他水平，则应同时将其他所有水平的自然风流用风墙隔断。可见，这个方法对多水平矿井的测定而言并不简便。

在有主扇通风的矿井中，测定全矿自然风压的方法是：首先停止主扇风机的运转，立即将风硐内的闸板放下隔断自然风流，这时接入风硐内闸板前的压差计的读数就是全矿的自然风压。

10.1.2　间接测定法

在有主扇通风的矿井中，测定全矿自然风压的方法是：

首先，当主扇运转时，测出其总风量 Q 及主扇的有效静压 H_S，则可列出能量方程

$$H_S + H_n = RQ^2 \tag{10-1}$$

然后，停止主扇运转，当仍有自然风流通过全矿时，立即在风硐或其他总风流中测出自然通风量 Q_n，则可列出方程

$$H_n = RQ_n^2 \tag{10-2}$$

联立式(10－1)与式(10－2)，可得自然风压 H_n 和全矿风阻 R。

同理，将主扇转数改变，或者用闸板调整一下风硐的过风面积，使主扇工况改变，测出其参数，联立式(10－1)、式(10－2)，亦可得自然风压。

在矿井通风设计、日常通风管理和通风系统调整中，为了确切地考虑到自然风压的影响，必须对自然风压进行定量分析，为此需要掌握自然风压的测算方法。

10.1.3 平均密度测算法

为了测定通风系统的自然风压，以最低水平为基准面(线)，将通风系统分为两个高度均为 Z 的空气柱，对于内空气柱的平均密度，应在密度变化较大的地方，如井口、井底、倾斜巷道的上下端及风温变化较大和变坡的地方布置测点，并在较短的时间内测出各点风流的绝对静压力 P，干、湿球温度 t_d、t_w，相对湿度 φ。两测点间高差不宜超过 100 m(以 50 m 为宜)。若各测点间高差相等，可用算术平均法求各点密度的平均值，即

$$\rho_m = \frac{1}{n}\sum_{i=1}^{n}\rho_i \tag{10-3}$$

若高差不等，则按高度加权平均求其平均值，即

$$\rho_m = \frac{1}{Z}\sum_{i=1}^{n}Z_i\rho_i \tag{10-4}$$

式中：ρ_i 为第 i 测段的平均空气密度，kg/m^3；Z_i 为第 i 测段高差，m；Z 为总高差，m；n 为测段数。

此方法一般配合矿井通风阻力测定进行，也是目前普遍使用的方法。

若专门为考察矿井的自然风压而进行的测定，其测定时间应选择在冬季最冷或夏季最热以及春、秋有代表性的月份，一个回路的测定时间应尽量短，并选择在地面气温变化较小的时间内进行。

10.2 风量测定

矿井风量测定的目的是检查全矿总风量及各作业地点是否满足需要，风速是否符合安全规程。

由风量连续定律可知，矿井风量是风速与巷道断面积的乘积。风量测定的主要工作是测定巷道断面积和风速。

10.2.1 巷道断面测定

巷道断面设计和实际情况会存在一定的差异，巷道断面的实际情况可根据相关测量仪器扫描出实际的断面轮廓。将设计断面和实测断面图形反映到 CAD 或

三维矿业软件(如 DIMINE)中，可自动计算出通风净断面面积和周长。

iVent 与 DIMINE 采矿平台的数据共享，能够继承井巷模型的巷道断面面积和周长，而在建立井巷模型时，井巷的测量数据一般在 DIMINE 软件中进行编制；也可在 iVent 中根据断面类型和相关数据计算断面面积和周长。

10.2.2　风速测定

由流体力学相关知识可知，风流在巷道中作紊流运动，其在巷道中不同位置风速不同，巷道中心风速大，而靠近巷道壁的风速相对较小，我们一般所说的风速是指流经巷道的平均风速，故巷道内任意一处的风速不能代表整个巷道的风速，其平均速度的测定有以下方法。

1)路线测量法

路线测量法是指将风表按一定的路线均匀移动来测量风速，路线如图 10 - 1 所示，风表在巷道内的移动路线以图 10 - 1(a)所示最为准确，但其操作方法较困难。由实际经验得出，图 10 - 1(c)所示的四线式路线法，测量方法简单，结果也很准确，巷道断面较大时，可采用图 10 - 1(b)所示的六线式测风法。

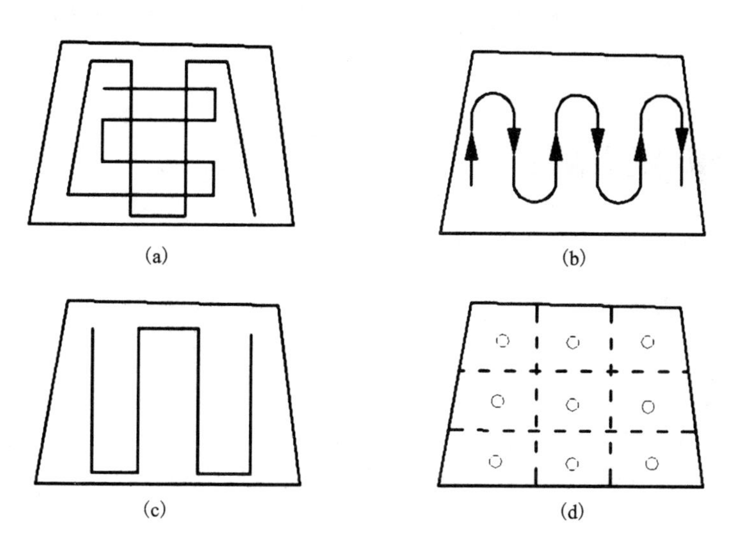

图 10 - 1　风表移动路线图

(a)标准式；(b)六线式；(c)四线式；(d)分格定点

测风员用风表在巷道内测风时可采用迎面法和侧身法两种形式。

迎面法测风是测风员面向风流，手持风表，将手臂向正前方伸直，随后将风表沿一定路线在巷道断面内均匀移动；用迎面法测量风速时，因测风员立于巷道中间而减小了通风断面，从而增加了风速，需要乘以校正系数才能求得真正的表速，即 $v_{表}=1.14y_{测}$。

侧身法是测风员背向巷道壁站立，手持风表将手臂向风流垂直方向伸直，然后在巷道断面内均匀移动。由于测风员立于巷道内减少了通风断面，从而增加了风速，测量结果将比实际风速偏大，故需对测量结果进行校正，即 $v_{表}=k\cdot v_{测}$。校正系数 k 可按下式计算：

$$k=(S-0.4)/S \tag{10-5}$$

式中：S 为测风处巷道的断面积，m^2；0.4 为测风员阻挡风流的面积，m^2。

为了保证测风的精度，应该做到：风表测量范围要适应被测风速的大小；风表在断面上移动时必须与风流方向垂直且移动速度均匀；风表不能距人体太近，一般保持手臂伸直即可；同一断面风速测定次数不得少于三次，每次测量结果的误差不应超过5%；一般要求在1 min内完成测定。

2)分格测量法

当采用热电式风速仪或皮托管与压差计测定巷道风速时，不能累计断面内各点的风速，只能孤立地测定某点风速，因此，采用此类仪器测定巷道内平均风量时，根据断面大小将其分为若干格，测风仪器在每一格的中心停留相等的时间测定风速，最后求其平均值，如图10-1(d)所示。此方法随着可存储式测定仪器的发展而运用较为广泛。

10.3 通风阻力测定

10.3.1 概述

1)测定目的

了解通风系统中阻力分布情况，提供实际的井巷摩擦阻力系数和风阻值，为通风设计、网络解算、通风系统优化改造等提供基础资料。

2)测定路线

如果测定的目的是为了了解通风系统的阻力分布，其测定路线必须选择通风系统的最大阻力路线，因为最大阻力路线决定通风系统的阻力。参照煤矿通风阻力测定路线：从进风井口，经进风井、进风大巷、采区(盘区)、回风大巷、回风井至风硐。

如果测定的目的是为了获得摩擦阻力系数和分支风阻，则应选择不同支护形式、不同类型的典型巷道，如平巷、竖井、工作面等进行测量；除此之外，还应选择风量较大、人员易于通过的井巷；测定的结果应能满足网络解算要求。

3）测点布置原则

（1）测点的压差应不小于 2 mm 水柱，不大于测定仪器的量程。

（2）测点应尽可能避免靠近井筒和主要风门，以减少井筒提升和风门开启时的影响。

（3）井巷通风阻力系数测定时，在风流分支、汇合、转弯、扩大或缩小等局部阻力物前布置的测点，与局部阻力物的距离不得小于巷宽的 3 倍；在局部阻力物后，不得小于巷宽的 12 倍。

（4）为了计算井巷风阻，根据测量规定测点应布置在风流分支、汇合处和较大的集中漏风点前。

（5）测点前后 3 米长的地段内，应该使支架保持完好，没有堆积物。

（6）用气压计法测定时，测点应尽可能选在测量标高点附近。

（7）两测点之间的压差：倾斜压差计法应不小于 10 Pa，气压计法应不小于 20 Pa。

（8）两测点之间不应有分风点或汇风点。

（9）测点沿风流方向应依次编号。

（10）测点需分布在水平的各个进、回风巷道处。

（11）结合矿山需求。

（12）考虑特殊性。

4）测定内容

矿井通风阻力测定即矿井各井巷的通风阻力（摩擦阻力和局部阻力之和）测定，有时也单指矿井最大通风阻力路线的阻力测定。测定参数包括：测点的静压、测点的标高、干温度、湿温度、风速、测点间长度、井巷断面面积、周长等通风参数，以及风门两端静压差等。

10.3.2　一般巷道通风阻力测定的方法

1）压差计法

压差计法测定通风阻力的实质是通过测量风流两点间的势能差和动压差，计算出两测点间的通风阻力。

从测点 1 开始，在测点 1、2 两处各设置一个皮托管，一般在测点 2 的下风侧 6～8 m 处安设倾斜压差计。皮托管应设置在风流稳定的地点，正对风流。倾斜压差计应靠近巷道壁，安设平稳，调零或记下初读数。橡胶管要防止折叠和被水、污物等堵塞，待橡胶管内的空气温度等于巷道内的空气温度后，将两个橡胶管连接在倾斜压差计上，待倾斜压差计液面稳定后读数，并记录。测点 1、2 测完后，倾斜压差计可以不动，再进行测点2、3间的测量。依次按测点的顺序进行测量，直至巷道测完为止。测量顺序可按顺风流方向进行，也可逆风流方向进行。

2）气压计法

根据能量方程，气压计法就是通过精密气压计测出测点间的绝对静压差，再加上动压差和位压差，以计算通风阻力，主要有基点法和同步法两种方法。

（1）基点测定法：

在井口或井底车场调试好两台精密气压计（Ⅰ、Ⅱ），并记录初始读数。仪器Ⅰ留在原地监视大气压变化，每隔10分钟记录一次读数，仪器Ⅱ按测点顺序分别测出各测点风流的相对基点的静压，并记录读数。

（2）同步测定法：

在测点1处，调试好两台精密气压计（Ⅰ、Ⅱ），并记录初始测点风流的静压。然后仪器Ⅰ留在原处不动，仪器Ⅱ放置在测点2，在约定时间内两台仪器同时读取测点风流的静压。再把仪器Ⅰ移到测点2，同时记录初始测点风流的静压，仪器Ⅰ不动，将仪器Ⅱ移到测点3，再在约定时间内同时读取两台仪器在测点风流的静压。如此前进直至巷道测试完毕为止，并记录相应数据。

压差计法适合于局部范围内或部分巷道的通风阻力测定，测量资料的整理计算工作量少，但在现场铺设、收放胶管方面费时费力，工作量大；气压计法则与之相反，其仪器体积小、重量轻，现场测量工作简便、快速、省人省力，更适合于全矿性的大规模测量，在目前实际运用中也最多。

10.3.3 摩擦阻力系数测算

1）空气密度

$$\rho = 0.003484 \times \frac{P_0 - 0.3779\varphi P_\omega}{273.15 + t} \tag{10-6}$$

式中：ρ 为空气密度，kg/m^3；P_0 为测点风流的绝对静压，Pa；φ 为空气相对湿度，%；t 为空气温度，℃；P_ω 为饱和水蒸气分压力，Pa。

2）巷道面积和周长计算

使用断面仪直接获取巷道面积和周长，或者按巷道断面形状，根据测量数据计算其断面面积和周长。

3）风速

求取算术平均值作为该测点的平均风速。

4）风量

$$Q = S \cdot v \tag{10-7}$$

式中：Q 为测点风量，m^3/s；S 为测点面积，m^2；v 为测点风速，m/s。

5）动压

$$h_v = \frac{1}{2}\rho v^2 \tag{10-8}$$

式中：h_v 为动压；ρ、v 同上。

6）通风阻力计算

（1）压差法：

两测点间摩擦阻力和局部阻力：

$$h_{rij} = h_{ij} + h_{vi} - h_{vj} \tag{10-9}$$

式中：h_{rij}为两测点间的通风阻力，Pa；h_{vi}为测点 i 的动压值，Pa；h_{vj}为测点 j 的动压值，Pa。

（2）气压计基点法：

$$h_{rij} = k''(h_i'' - h_j'') - k'(h_i' - h_j') + \rho_{ij}g(z_i - z_j) + (h_{vi} - h_{vj}) \tag{10-10}$$

式中：k'、k''为气压计Ⅰ、Ⅱ的校正系数；h_i''、h_j''为气压计Ⅱ在测点 i、j 的读数，Pa；h_i'、h_j'为与 h_i''、h_j''对应时间气压计Ⅰ的读数，Pa；z_i、z_j 为测点 i、j 的标高，m；ρ_{ij}为测点 i，j 间空气密度的平均值，kg/m^3。

（3）气压计同步法：

$$h_{rij} = k''(h_i'' - h_j'') - k'(h_i' - h_j') + \rho_{ij}g(z_i - z_j) + (h_{vi} - h_{vj}) \tag{10-11}$$

式中：h_i''、h_j''为气压计Ⅱ在测点 i、j 的读数，Pa；h_i'、h_j'为与 h_i''、h_j''同步的时间气压计Ⅰ的读数，Pa。

7）巷道风阻

（1）两点间风阻：

$$R_{ij} = h_{rij}/Q_{ij}^{\ 2} \tag{10-12}$$

式中：R_{ij}为测点 i、j 间的风阻，$N \cdot s^2/m^8$；Q_{ij}为测点 i、j 间风量的算术平均值，m^3/s。

（2）摩擦阻力系数：

$$\alpha = R_{ij}S^3/(LU) \tag{10-13}$$

式中：U 为断面周长。

（3）两点间的标准风阻计算：

$$R_{sij} = \frac{1.2}{\rho_{ij}}R_{ij} \tag{10-14}$$

式中：R_{sij}为标准空气密度下测点 i、j 间的标准风阻，$N \cdot s^2/m^8$。

（4）巷道标准百米风阻计算：

$$R_{100} = \frac{100}{L_{ij}}R_{sij} \tag{10-15}$$

式中：R_{100}为巷道百米标准摩擦风阻 $N \cdot s^2/m^8$；L_{ij}为测点 i、j 间的距离，m。

(5)通路的总阻力计算：

$$h_r = \sum h_{rij} \tag{10-16}$$

式中：h_r 为通风路线的总阻力，Pa；h_{rij} 为一条通路上所有两测点 i、j 间的通风阻力。

10.3.4 局部通风阻力、风阻及局部阻力系数的测定

由于井巷断面、方向变化以及分岔或汇合等原因，使均匀流动在局部地区的风流场受到影响甚至被破坏，从而引起风流速度场分布变化或产生涡流等，造成风流的能量损失。现以测算转弯的局部阻力参数 h_1、R_1 和 ξ 值为例说明局部测定方法。

如图 10－2 所示，用压差计法测出 1～2 段摩擦阻力 h_{R12} 和 1～3 段的通风阻力 h_{R13}。其中，h_{R13} 中包括 1～3 段的摩擦阻力，且是与测段长度成正比的，故可按式(10－18)求出单纯巷道拐弯的局部阻力。

$$h_1 = h_{R13} - h_{R12}\frac{L_{13}}{L_{12}} \tag{10-17}$$

式中：L_{12}、L_{13} 分别为 1～2、1～3 两测段长度。

拐弯的局部风阻 R_1 和阻力系数 ξ 为：

$$R_1 = h_1/Q^2 \tag{10-18}$$

$$\xi = \frac{2S^2}{\rho}R_1 = \frac{2S^2 h_1}{\rho Q^2} \tag{10-19}$$

其相关经验值的计算见第 4 章局部风阻与局部阻力。

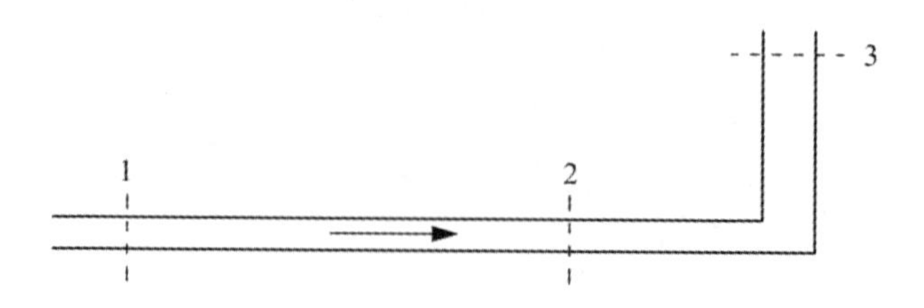

图 10－2　转弯的局部阻力参数测定模型

10.3.5 竖井通风阻力测定

竖井通风阻力的测定原理和井下水平或倾斜巷道一样，测定方法可用压差计法，也可用气压计法。

1)压差计法

(1)进风竖井通风阻力的测定

整个井筒的通风阻力包括井口、井底局部阻力和井筒全长的摩擦阻力三部分。当井筒较深且不能下人铺设胶管时，可采用吊测法测定，其测定系统与测定方法是：

①测定系统。由压差计、胶皮管、静压管和测绳等部件组成。其布置如图 10－3所示。静压管是特制的，是感受风流的绝对静压的探头。一般要求具有一定质量(约 2 kg)，以防止风流吹动，同时又要防止淋水堵塞静压孔，其结构如图 10－4 所示。

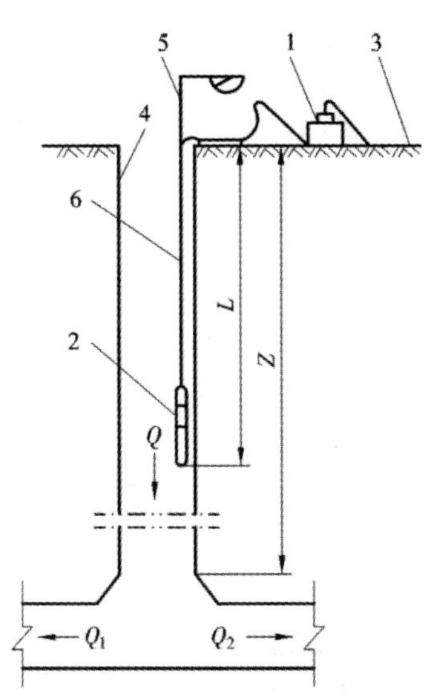

图 10－3　进风竖井通风阻力测定测点布置

1—单管压差计；2、3—静压管；4—井筒；5—测绳；6—胶皮管

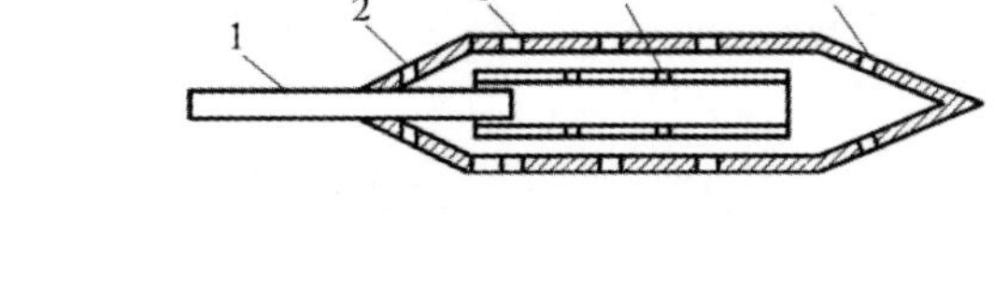

图 10－4　静压管结构

1—接管；2—系绳孔；3—外传压孔；4—排水孔

②测定方法。为了缩短测定时间，测定前应根据测定深度，预先将胶皮管与测绳绑扎好。连接好胶皮管、静压探头和压差计后，将静压管缓慢放入井筒中，开始每隔 5 ~ 10 m 作为一个测点，读一次压差计示值，放下 30 m 后，每 20 ~ 30 m 读一次压差计示值，直至放到预定深度为止。测定各断面与地面的势能差的同时，还应测定井筒的进风量。此外，测试人员还应乘罐笼测定井筒内空气压力和干、湿温度，以便计算井筒内的空气密度。

(2)回风竖井通风阻力的测定

主要有两种测定方式，一是在井盖上开个孔，以供下放静压管；二是在风硐内的井口平台上放置压差计和下放静压管进行测定。

回风竖井的上部井筒与风硐连接段风流不稳定，测定时需首先确定井筒与风硐连接位置(标高)。测定系统的布置如图 10－5 所示。对于抽出式通风的矿井，压差计的低压端(－)与主要通风机房水柱计传压管相连接；压差计的高压端(＋)与连接静压管的胶皮管相接。测定时静压管穿过井盖放入井筒，慢慢下放静压管，记录其下放的深度，同时观察压差计液面变化，当静压管下放至风硐口处即可开始读数，以后每下放 20～30 m 读取一次压差计的示数。一般当静压管下放深度为 100～150 m 时，即可推算出回风井和风硐的通风阻力。

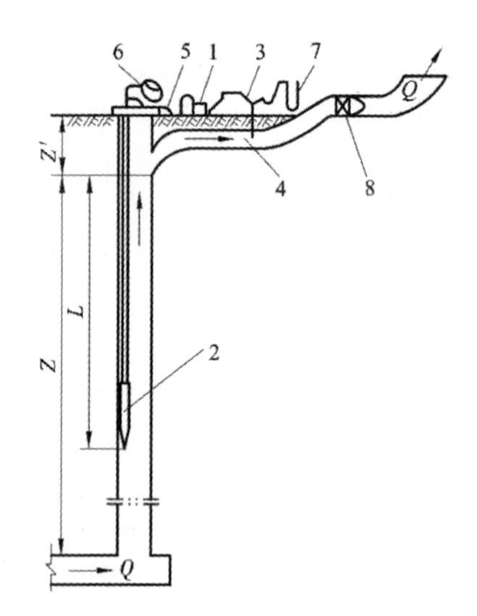

图 10－5　回风立井通风阻力测定测点布置

1—单管压差计；2—静压管；3—三通管；4—风筒；
5—胶皮管；6—测绳；7—U 形水柱计；8—风机

当一个井筒担负多水平通风任务时，可采用上述方法分水平测定。即先测算第一水平的井筒通风阻力，将仪器移至下一水平进行测定。这样即可测算整个井筒的通风阻力。

(3)测定数据处理

首先根据测定数据确定井口的局部阻力影响范围，在局部阻力影响区间以外的数据，采用线性回归方法确定摩擦阻力计算式($h_{Rt}=a+bH$)中的系数 a 和 b(H 为井深)，然后计算出井筒全长的摩擦阻力，再根据井口局部阻力影响段的吊测数据即可确定井口的局部阻力 h_1。井底局部阻力可按前述的局部阻力测定方法进行。

2)气压计法

用气压计测定竖井通风阻力一般采用基点法。基点设在井口外无风流动的地方。用两台仪器同时在基点读数后，一台留在基点(压差计处)，另一台移至井底风流比较稳定的地方。使用气压计时，井筒内的空气密度的测量精度对测量结果影响很大，为了获得准确的结果，一般是乘罐笼分段(段长50 m左右)测量井筒内的大气压P和干、湿温度t_d、t_w，然后计算各段的空气密度，求其平均值。同时测量井筒的总进(回)风量。最后按式(10－20)计算竖井筒的通风阻力。

$$h_{R12}=(P_1-P_2)+\left(\frac{\rho_1}{2}v_1^2-\frac{\rho_2}{2}v_1^2\right)+\rho_m g Z_{12} \tag{10-20}$$

10.3.6　测定结果的可靠性

由于仪表精度、测定技术的熟练程度以及风流状态的变化等因素的影响，测定结果难免会产生一些误差。如果相对误差在允许范围之内，那么测定结果是可以应用的；否则要进行检查，必要时还需进行局部重测。通风系统阻力测定的相对误差(检验精度)可按下式计算：

$$e=\left|\frac{h_{Rs}-h_{Rm}}{h_{Rm}}\right|\times100\% \tag{10-21}$$

式中：e为测定结果的相对误差，当$e\leqslant5\%$时，结果可以应用，否则应检查原因或局部重测；h_{Rs}为全系统测定阻力累计值，Pa；h_{Rm}为全系统计算阻力值，Pa，由下式计算求得：

$$h_{Rm}=h_w-\frac{\rho}{2}v^2\pm H_N \tag{10-22}$$

式中：h_w为风机房水柱计读数，Pa，取该系统整个测定过程中读数的平均值；v为风硐内安装水柱计感压孔断面的平均风速，m/s；H_N为测定系统自然风压测定值，Pa；自然风压与风流同向时取“＋”，反之取“－”；ρ为风硐内风流的空气密度，kg/m^3。

在一个系统中，若测量两条并联路线，结果可互相检验。如果通风状态没有大的变化，并联路线的测定结果则应相近。在测定的过程中，应及时对风量进行闭合检查，在无分岔的路线上，各测点的风量误差不应超过5%。

10.3.7　iVent通风测定管理

iVent矿井通风系统能够对整个通风阻力测定工作进行管理，从测点的布置，到测定数据的处理、误差分析，再到风阻、摩擦阻力系数的计算，以及实测与解算结果对比，这样便能更好地对测定数据进行分析并加以利用。

1)数据计算

测点在通风系统中除了所在井巷的空间位置外，还能赋予相应测量得来的数据属性，包括测点绝对压力(同时间的基点绝对压力)、温度、湿度、实测风速、断面面积与周长，再根据上述相关计算公式，可计算测点间的阻力和摩擦阻力系数。

2)风量平衡检查

风量平衡检查即检查同一条井巷不同测点(一般为首端和末端)的风量(实际测点风速与其巷道断面积的乘积)是否相近，或检查同一节点流进和流出的风量是否相等，对误差超过规定值的测定数据进行提示，以此来检查某次测定有没有重大失误，如图 10－6 所示：

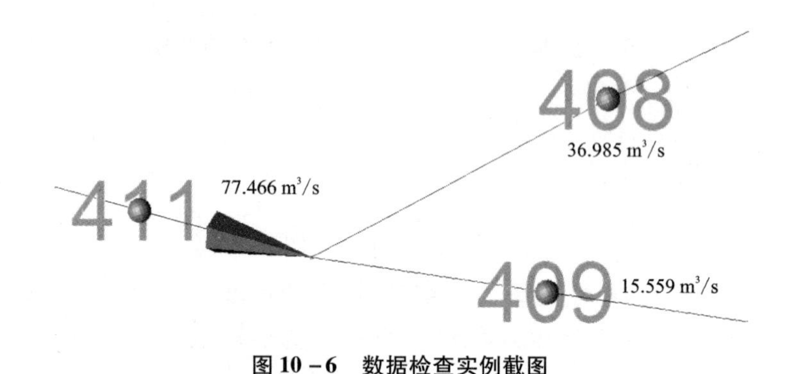

图 10－6　数据检查实例截图

$$\text{检查误差 } \varepsilon = \left|\frac{77.466-(36.987+15.559)}{77.466}\right| \times 100\% = 32.2\%$$

3)实测与解算数据对比分析

在计算机中展现矿井通风系统现状时，要求反映真实情况。而把测定的相关数据简单地赋给井巷时仅能反映某个时刻的风流状态，并不能反映通风系统情况。因矿井通风系统，包括通风网络(即井巷)、通风动力(风机)和通风构筑物，故其信息在计算机中要全部得以表达，需要建立一个矿井通风系统模型，包含某一时刻测定出的矿井通风系统的全部参数值(风机运行参数、井巷断面参数和摩擦阻力系数、井巷间局部阻力、通风构筑物设置、自然风压情况)。对比巷道的实测风量和网络解算结果，分析测定是否存在遗漏，或是否未将实际情况反映至计算机中，从而调验通风系统模型，确保通风系统模型的真实性。

4)测风求阻

iVent 提供测风求阻功能，该功能是针对只知道风量值，而不知其风阻的局部井巷，通过对整个通风系统的解算求出风阻值，并将其赋予相应巷道。适用于局部通风阻力不方便测量且又无对应经验计算公式计算局部通风阻力的井巷。

10.4　扇风机性能曲线测定

由于风机的制造和安装质量以及增加外扩散器等原因，矿井主要通风机的实际运转特性与风机提供的特性曲线有一定出入，因此新风机投产之前应进行性能鉴定，而且每隔一定年限需进行一次性能测试，以便掌握风机的实际性能。矿井扇风机性能鉴定需要测定的数据有：风机风量、风压、电动机输入功率、风机转速，测出在风网、风阻不同条件下的上述数值，即可绘出其特性曲线。

风机测定应尽可能在停产条件下进行，也可在矿井不停产条件下对备用通风机进行性能测定。测定前要因地制宜地确定测试方案，其内容包括：确定风量、风压测定断面的位置及测定方法；确定调节风阻的地点及调阻方式；测定前的准备与测试中的组织工作。

10.4.1　扇风机风量测定

在条件允许的情况下，应尽量将测风断面选择在工况点调节处与扇风机入口之间风硐直线段的风流稳定区；如果扇风机扩散器出风断面的速度分布比较均匀，也可在该处测量。

由于通过风硐的风量和风速较大，一般使用高速风表测定断面上的平均风速；或者将该断面分成若干等分，用皮托管、压差计和胶皮管测定每个等分中心的动压；然后将动压换算成相应的速度，即 $v=\sqrt{H_v\times 2/\rho}$，再计算出若干个速度的算术平均值以作为断面的平均风速。断面的平均风速与风硐断面面积的乘积等于通过风硐的风量，也就是主扇的风量。另外也可使用入口集流器测定风量。

扇风机风量由下式计算：

$$Q_i=Sv_i \tag{10-23}$$

式中：Q_i 为第 i 个工况点实测扇风机的风量，m^3/s；S 为测风地点实测断面积，m^2/s；v_i 为第 i 个工况点测风断面上的实测平均风速，m/s。

10.4.2　扇风机风压测定

主扇风压的测定通常也是在风硐内测定风速的断面上进行。先在该断面上设置皮托管，再用胶皮管将皮托管的静压端与安设在扇风机的压差计连接起来，当胶皮管无堵塞和漏气时，即可在压差计上读数，此读数为风硐内该断面上主扇在某个工况点时的相对静压 $H_{静}$；将皮托管的全压端与安设在扇风机上的压差计连接起来，得到的读数为相对全压 $H_{全}$。其相互关系可用下式表达：

$$H_{静} = h_s - h_v \tag{10-24}$$

$$H_{全} = H_{静} + h_{vd} \tag{10-25}$$

式中：h_s 为断面测定风流的相对静压；h_v 为测压断面的平均动压，通常在测得断面的平均风速后求得；h_{vd} 为扩散器出口断面动压，通常也是在测得断面平均风速后求得。

10.4.3 扇风机功率测定

三相交流电机的功率通常采用电流表、钳形电流表和功率因素表进行测定，并按下式计算：

$$N_m = \frac{\sqrt{3} \cdot I \cdot U \cdot \cos\phi}{1000} \tag{10-26}$$

式中：N_m 为电机输入功率，kW；I 为线电流，A；U 为线电压，V；$\cos\phi$ 为功率因数(可取 0.85)。

10.4.4 扇风机效率测定

1)单台扇风机效率 η

当主扇风量、风压、功率等数据测定或计算出来后，按下式计算主扇的效率：

$$\eta = \frac{Q \cdot H_Q}{1000 \cdot N \cdot \eta_d \cdot \eta_e} \times 100\% \tag{10-27}$$

式中：η 为风机效率，%；Q 为风机风量，m^3/s；H_Q 为风机全压，Pa；N 为电机输入功率，kW；η_d 为电机传动效率，直联传动取 1，胶带传动取 0.85；η_e 为电机效率，参考表 10-1 取值。

表 10-1 电机效率选取参考表

电机额定功率/kW	< 50	50 ~ 100	> 100
电机效率/%	85	88	89

2)多台扇风机总功率计算

全矿多台扇风机同时运行时，其总效率按下式计算：

$$\eta_{总} = \frac{\sum_{i=1}^{n} Q_i \cdot H_i}{1000 \cdot \sum_{i=1}^{n} N_{fi}} \times 100\% \tag{10-28}$$

$$N_{fi} = N_{电i} \cdot \eta_{电i} \cdot \eta_{传i} \tag{10-29}$$

式(10－28)与式(10－29)中：H_i 为第 i 台主扇装置的实测风压，Pa；n 为主扇总台数；Q_i 为第 i 台主扇装置的实测风量，kg/m^3；N_{fi}为第 i 台主扇风机的输入轴功率，kW；$N_{电i}$为第 i 台主扇电机输入功率，kW；$\eta_{电i}$为第 i 台的效率，取值见表10－1；$\eta_{传i}$为第 i 台主扇装置的传动效率，直联取1，其他取0.85。

10.4.5 扇风机特性曲线测定调节

用调节风阻的方法来获得风机的不同工况时，总的要求是要选择风流稳定区作为测量风量和风压的地点，以便测出的数据准确可靠。对于生产矿井，一般都是利用扇风机风硐进行测定，即在风硐的适当位置设置木框架，在木框架上敷设木板，并靠扇风机吸力将其吸附在木框架上，通过缩小通风的有效断面面积以改变通风阻力来调节扇风机的工况，然后在木框架后一定距离的风流稳定区测风速、风压以及电动机的功率等。抽出式通风时调阻的地点应选择在风机进风侧，离风压、风量测定断面较远处，以保证测定地点的风流比较稳定，同时还要使调阻方便、安全。调节次数一般不少于10次，以获得完整的特性曲线，曲线驼峰附近工况点要加密。

可以用改变临时修筑的风门开度或在框架上加木板控制断面的方法来调节工况。离心式风机性能鉴定时还可利用风硐中原有的闸门调节工况，根据轴流式和离心式风机功率曲线的不同特点，调节工况时，轴流式风机应由小风阻逐步增加到大风阻，离心式风机则与此相反。

第 11 章　高海拔矿井通风

我国云南、贵州、四川、甘肃、青海、新疆、西藏、宁夏、内蒙古、山西、陕西等省(区)许多矿山海拔高度在 1500 m 以上，属于高海拔矿井。空气的密度、含氧量等参数随海拔高度的增加而降低，因此高海拔矿井的通风相对于一般矿井而言有一些特殊要求。高海拔对人体生理状况有影响，在矿井通风设计中应重视这个问题。

11.1　海拔高度对空气性质的影响

空气的压力、温度、湿度、密度等基本参数是随海拔的高度(绝对高程)变化而变化的。

11.1.1　气压的影响

气压随海拔高度的增加而递减，其规律可用下列公式表示。

1)经验公式

通过对我国 470 多个高山气象台站(海拔高度在 800 m 以上)历年的(10 年以上)气象资料统计分析，得出压力经验式(11 - 1)，压力 - 高度关系如图 11 - 1 所示。

$$B_H = \begin{cases} 100(1000 - 0.100H) & H = 1000 \sim 2000 \\ 100(980 - 0.090H) & H = 2000 \sim 3500 \\ 100(973 - 0.088H) & H = 3500 \sim 4000 \\ 100(965 - 0.086H) & H = 4000 \sim 4500 \end{cases} \tag{11-1}$$

式中：B_H 为海拔高度为 H 时的大气压力，用绝对压力表示，Pa；H 为海拔高度，m。

按式(11 - 1)计算得到的气压与查图 11 - 1 所得的气压比较，误差为 100 Pa 左右，属工程计算允许误差，使用时查图 11 - 1 或用式(11 - 1)计算都可以。

2)利用气压梯度计算式

$$B_H = B_h - g_B \frac{H - h}{100} \tag{11-2}$$

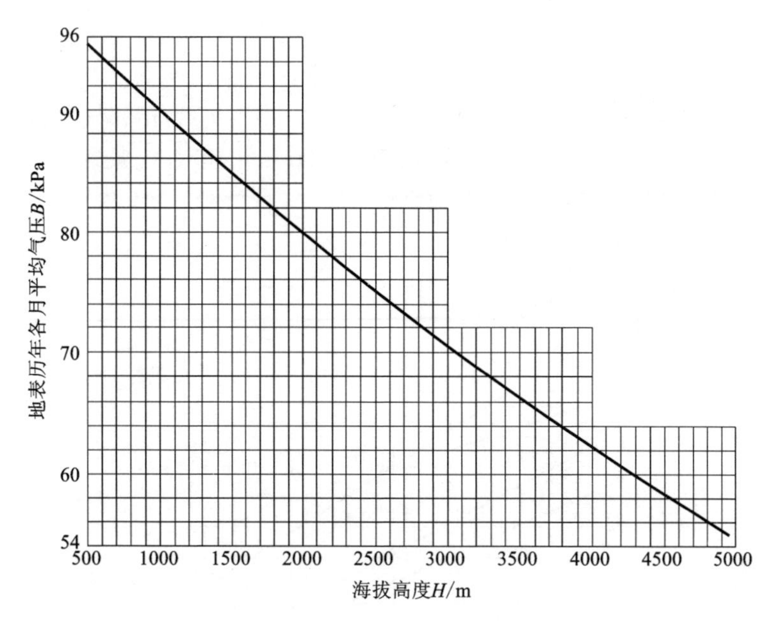

图 11－1　压力－高度关系图

式中：B_h 为相邻气象台站的历年平均气压，Pa；G_b 为气压梯度，Pa/(100 m)，查表 11－1 或气象资料；H 为计算点标高，m；h 为相邻气象台站的海拔高度，m。

表 11－1　气压梯度

海拔高度范围/m	气压梯度 /[Pa·(100 m)$^{-1}$]	海拔高度范围/m	气压梯度 /[Pa·(100 m)$^{-1}$]
100～500	1200	2000～3500	907
500～1000	1120	3500～4000	800
1000～2000	1000	4000～5000	773

3)气压系数

海拔高度为 H 时的气压与标准气压之比，称为气压系数，用 K_B 表示

$$K_B = \frac{B_H}{B_0} = \frac{B_H}{101325} < 1 \tag{11-3}$$

11.1.2　气温的影响

1)气温随海拔高度增加而递减的规律

海拔高度为 H 时的当地气温，利用气温梯度计算式(11－4)计算或参考图 11－2。

$$t_{\mathrm{H}}=t_{\mathrm{h}}-g_{t}\frac{H-h}{100} \tag{11-4}$$

式中：t_{H} 为海拔高度为 H 处的当地历年平均气温，℃；t_{h} 为相邻气象台站的历年平均气温，℃；g_{t} 为该地区的气温梯度，℃/(100 m)，可查气象资料。H 为计算点标高，m；h 为相邻气象台站的海拔高度，m。

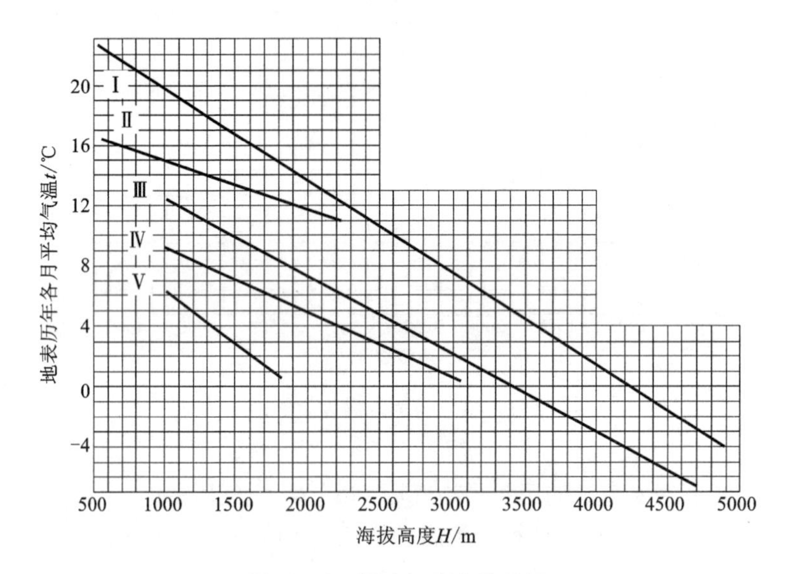

图 11-2　温度-高度关系图

Ⅰ—云南、四川、西藏；Ⅱ—贵州；Ⅲ—新疆、青海；Ⅳ—宁夏、甘肃、陕西、陕西；Ⅴ—内蒙古

气温梯度有明显的地区性，与纬度有关。我国气温梯度为0.4～0.7℃/(100 m)，平均气温梯度为0.5℃/(100 m)。

2)气温系数

海拔高度为 H 处的气温与标准气温之比称为气温系数，用 K_{T} 表示

$$K_{\mathrm{T}}=\frac{T_{\mathrm{H}}}{T_{0}}=\frac{T_{\mathrm{H}}}{293} \tag{11-5}$$

或

$$T_{\mathrm{H}}=K_{\mathrm{T}}T_{0}=293K_{\mathrm{T}} \tag{11-6}$$

式中：T_{H} 为海拔高度为 H 处的当地平均绝对气温，K；T_{0} 为海拔高度为 0 m 处的平均气温，K。

11.1.3　空气绝对湿度的影响

空气的绝对湿度随海拔高度的增加而递减：海拔高度为 H 处的当地空气绝对

湿度可利用湿度梯度计算式(11－7)计算或参考图11－3。

$$e_H = e_h - g_e \frac{H-h}{100} \tag{11-7}$$

式中：e_H 为海拔高度为 H 时当地空气绝对湿度，Pa；e_h 为相邻气象台站的历年平均绝对湿度，Pa；g_e 为绝对湿度梯度，Pa/100 m，可查气象资料；H 为计算点标高，m；h 为相邻气象台站的海拔高度，m。

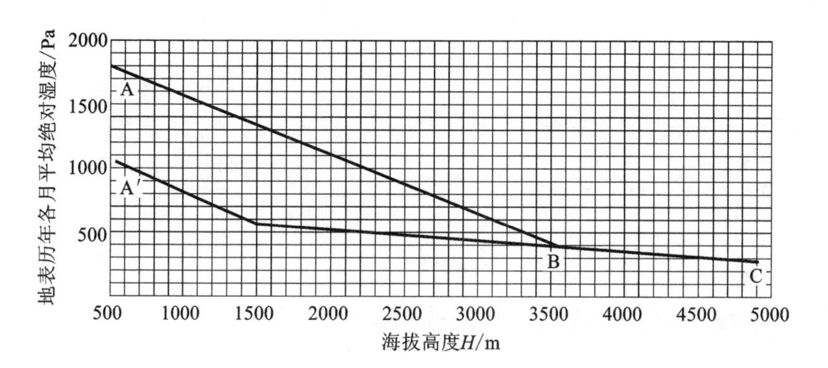

图11－3　湿度－高度关系图

ABC—云南、贵州、四川、西藏，A′BC—其他省(区)

绝对湿度梯度有地区性差别，我国平均绝对湿度梯度为10～55 Pa/100 m。

11.1.4　空气密度的影响

1)空气密度的精确计算式

$$\rho = \frac{0.00348B}{T}\left(1 - \frac{0.378b_V}{B}\right) \tag{11-8}$$

式中：ρ 为空气密度，kg/m；B 为大气压力，Pa；T 为热力学温度，K；b_V 为水蒸气分压力，Pa。

2)空气密度的简单计算式

由于空气的绝对湿度(或水蒸气分压力)较小，为简化空气密度计算，采用调整系数的方法以计算绝对湿度(或水蒸气分压力)对空气密度的影响，即

$$\rho = 0.00345\frac{B}{T} \tag{11-9}$$

3)海拔高度系数

海拔高度对空气密度的影响是海拔高度对气压、气温、湿度影响的综合表现，它反映了空气密度随海拔高度增加而递减的规律，用海拔高度系数 K 表示精

确计算空气密度时

$$K=\frac{\rho_{H}}{\rho_{0}}=\frac{\dfrac{0.00348B_{H}}{T_{H}}\left(1-\dfrac{0.378e_{H}}{B_{H}}\right)}{1.2}=\frac{0.0029B_{H}}{T_{H}}\left(1-\frac{0.378e_{H}}{B_{H}}\right) \quad (11-10)$$

简单计算空气密度时

$$K=\frac{\rho_{H}}{\rho_{0}}=\frac{\dfrac{0.00345B_{H}}{T_{H}}}{1.2}=\frac{0.00288B_{H}}{T_{H}} \quad (11-11)$$

式中：K 为海拔高度系数，$K<1$，无因次；ρ_{H} 为海拔高度为 H 处的空气密度，kg/m；ρ_{0} 为标准条件下的空气密度，为 1.2 kg/m^{3}；B_{H} 为海拔高度为 H 处的气压，Pa；T_{H} 为海拔高度为 H 处的气温，K；e_{H} 为海拔高度为 H 处的空气绝对湿度，Pa。

11.2 海拔高度系数计算中各参数的确定

11.2.1 采用海拔高度系数的起始高度的确定

根据我国气象观测规范规定：海拔高度在 800 m 以上的气象台属高山台站。800 m 标高的空气密度与海平面的空气密度相差约 8%，1500 m 标高的空气密度与标准条件下的空气密度相比较差 10% ~15%，见表 11－2。这一差值基本能满足矿井通风设计精度的要求，因此，确定采用海拔高度系数的起始高度为 1500 m。

表 11－2 空气密度变化表

海拔高度 H/m	1000			1500			2000		
气压 B_{H}/Pa	90000			85000			80000		
气温 T_{H}/℃	6	15	19	3	13	16	7	12	14
绝对湿度 e_{H}/(g·m^{-3})	6	12	12	4	10	10	4	8	8
空气密度 ρ_{H}/(kg·m^{-3})	1.120	1.081	1.066	1.069	1.028	1.018	0.993	0.973	0.966
海拔高度系数 $K=\rho_{H}/1.2$	0.93	0.90	0.89	0.89	0.86	0.85	0.83	0.81	0.80

11.2.2　海拔高度的确定

对通风机，采用风机安装处的海拔高度。

对矿井，采用主要进风井口的海拔高度与设计范围内最低开采深度的海拔高度平均值，按式(11－12)计算，称之为矿井平均海拔高度。

$$\overline{H}=\frac{H_1+H_2}{2} \tag{11-12}$$

式中：$\overline{H}$ 为矿井的平均海拔高度，m；H_1 为主要进风井口的海拔高度，m；H_2 为最低开采深度的海拔高度，m。

11.2.3　气压的确定

采用该海拔高度处的历年平均气压，用绝对压力表示。

11.2.4　气温的确定

对通风机，采用风机进口处的平均气温。地面压入式通风的风机气温为当地历年平均气温。坑内压入式通风和地面或坑内抽出式通风的风机气温，都取井下气温，应通过热力学计算求得。

对矿井，采用进风井口历年平均气温与设计范围内最低开采段回风井巷的平均气温的平均值，按式(11－13)计算，称之为矿井的平均气温。

$$\overline{T}=\frac{T_1+T_2}{2} \tag{11-13}$$

式中：$\overline{T}$ 为矿井的平均气温，K；T_1 为主要进风井口的平均气温，采用当地历年平均气温，K；T_2 为最低开采深度回风井巷的平均气温，K。

根据地热理论，最低开采中段回风井巷的平均气温，一般是井下的最高气温，其值基本接近该处岩石的温度，故采用岩石温度近似计算，即

$$T_2=T_R=T_C+\frac{(H_1-H_2)-H_C}{g_r} \tag{11-14}$$

式中：T_R 为最低开采中段的岩石温度，K；T_C 为当地恒温层的温度，一般等于当地历年平均气温，K；H_C 为恒温层的深度，一般为 25～30 m；g_r 为地温梯度，对金属矿井，一般 g_r＝45～50 m/℃；(H_1-H_2)为矿井开采深度，m。

11.2.5 空气密度的确定

对通风机，按式(11－8)和式(11－9)计算。

对矿井，按式(11－16)或式(11－17)计算。

$$\rho_1=\frac{0.00348B_1}{T_1},\ \rho_2=\frac{0.00348B_2}{T_2} \tag{11－15}$$

$$\bar{\rho}=\frac{\rho_1+\rho_2}{2} \tag{11－16}$$

$$\bar{\rho}=\frac{0.00348\bar{B}}{\bar{T}} \tag{11－17}$$

式中：$\bar{\rho}$ 为矿井的平均密度，kg/m^3；ρ_1、B_1、T_1 为主要进风井口的空气密度、气压和气温；ρ_2、B_2、T_2 为最低开采中段的空气密度、气压和气温；$\bar{B}$ 为矿井平均海拔高度的气压，Pa；$\bar{T}$ 为矿井平均气温，K，按式(11－13)计算。

11.3 高海拔矿井的风量计算

高海拔矿井的排尘风量与空气密度无关，故高海拔矿井只需考虑海拔高度对排烟风量的影响。

排除炮烟或其他有毒有害气体的风量，可用如下通式表示

$$q\propto\sqrt{\frac{C}{C_{CO}}}\text{或}\ q\propto\lg\frac{C}{C_{CO}} \tag{11－18}$$

式中：q 为排除炮烟或其他有毒有害气体所需风量，m^3/s；C_{CO} 为爆破后，在连续通风的条件下，有毒有害气体允许的体积浓度，对一氧化碳，取 0.02%；C 为爆破后工作面有毒有害气体的初始浓度

$$C=\frac{A\cdot b_{CO}}{10V}\times100\%$$

式中：A 为爆破炸药量，kg；V 为需要进行通风的容积，m^3；b_{CO} 为爆破 1 kg 炸药所产生的一氧化碳换算量，m^3/kg。在标准条件下，取 0.1 m^3/kg；

在高海拔地区，由于气压、气温和空气密度的变化，单位重量的炸药量所产生的炮烟容积增大，见式(11－19)

$$\frac{B_H\ (b_{CO})_H}{T_H}=\frac{B_0\ (b_{CO})_0}{T_0}$$

或 $$(b_{CO})_H = \frac{T_H/T_0}{B_H/B_0}(b_{CO})_0 = \frac{K_T}{K_B}(b_{CO})_0 = \frac{1}{K}(b_{CO})_0 \tag{11-19}$$

式中：$(b_{CO})_H$ 为海拔高度为 H 处爆破 1 kg 炸药所产生的一氧化碳换算量，m^3/kg；B_0 为海拔高度为 0 m 处的大气压，Pa；B_H 为海拔高度为 H 处的大气压，Pa；T_0 为海拔高度为 0 m 处的热力学温度，K；T_H 为海拔高度为 H 处的热力学温度，K。

在一氧化碳允许浓度(按体积计算)一定的前提下，高海拔矿井由于炸药量爆破产生的炮烟容积增大，使排烟通风条件恶化，应以高海拔高度系数校正排烟风量，即：

$$q_H = \sqrt{1/K_{q_0}} \tag{11-20}$$

式中：q_0 为按标准条件计算的排烟风量，m^3/s。q_H 为高海拔矿井的排烟风量，m^3/s。

式(11-20)表明，由于海拔高度的影响，排烟风量应比标准条件的排烟风量大 $\sqrt{1/K}$ 倍。

11.4 高海拔矿井的风阻计算

矿井通风摩擦阻力系数 α 与空气密度 ρ 成正比，由于高海拔的空气密度比标准条件的空气密度($1.2\ kg/m^3$)小，因此高海拔矿井的通风摩擦阻力系数和风阻均随海拔高度的增加而递减，即

$$\begin{aligned} \alpha_H &= K\alpha_0 \\ R_H &= KR_0 \end{aligned} \tag{11-21}$$

式中：α_0、R_0 为在标准条件下的井巷通风摩擦阻力系数和风阻；α_H、R_H 为高海拔矿井的井巷通风摩擦阻力系数和风阻。

式(11-21)表明，由于海拔高度的影响，井巷的通风摩擦阻力系数和风阻应比标准条件下的通风摩擦阻力系数和风阻小 K 倍。

11.5 高海拔矿井通风要求和应采取的措施

高海拔矿井的通风要求和应采取的措施包括以下几点：

(1)主要进风井巷的地面海拔高度在 1500 m 以上的矿井，在通风计算中应考虑海拔高度的影响。对高海拔矿井，海拔高度系数是恒小于 1.0 的系数，它综合

考虑了海拔高度对空气密度、气压、气温和湿度等空气参数的影响。通常风量、摩擦阻力系数及风阻计算都是按标准条件进行的。对高海拔矿井，风量、摩擦阻力系数及风阻计算应用海拔高度系数予以校正。

(2)高海拔矿床的地质构造比较复杂，断层、节理、裂隙比较发育，矿区地势陡峻，比高较大(有时达1000 m以上)，构成了通风进、出口较多的特定条件，在选择矿井通风系统时，要充分考虑这个条件，以及通风管理是否方便这个重要因素，有条件时应优先选择分区通风，采用低风压通风，调整主扇位置，解决密闭问题，或建立专用通风工程，以减少漏风和提高矿井有效风量率，改善普通风效果。

(3)高海拔矿井的风压一般较低，多为1000～2000 Pa，一般不超过3000 Pa。采用压入式通风可使井下空气密度稍有增加，主通风机造成的正压相当于使矿井降低了一定的海拔高度(1000 Pa的风压相当于80～100 m的海拔高度)。但到工作面的风压一般小于1000 Pa，对作业人员来说，作用不大，在选择通风方式时，不必把高海拔作为选择压入式通风的必要条件。

(4)高海拔矿井的地表气温较低、地形高差大，自然风压一般较大，要注意考虑自然风压对矿井通风的作用。

(5)对进风气温较低的高海拔矿井，在人员通行的主要井巷，应采取降低风速或保温的措施，注意改善井下作业的气候条件，防止井巷冰冻，避免工人受寒感冒。

(6)高海拔矿井通风机应根据变换的特性曲线(即重新编制高海拔地区具体使用条件下通风机的性能曲线)进行风机和电机的选择。

(7)3000 m以上的高海拔矿井，由于气象条件的恶化和人体的高山反应，在设计和生产中要注意全面提高矿井生产的机械化程度，降低劳动强度、提高劳动生产率，注意改善矿山的卫生保健和生活福利工作，以保证高海拔矿井职工的健康和安全。

第 12 章　矿井通风智能化

12.1　矿井通风智能化

矿井通风的目的是在通风动力下将地表的适量新鲜空气连续不断地输送到井下各需风点，保障井下作业人员正常呼吸，稀释并排出各种有毒有害气体与粉尘，从而为井下创造良好的作业条件。然而国内现有的地下矿山、矿井通风仅仅以满足井下通风需要作为最终目标，甚至有些地下矿山通风情况达不到通风技术规范的要求，且能耗较大。2005 年，加拿大自然资源部对加拿大大型地下矿山电能消耗做了统计，其中通风能耗占整个矿山能耗的 50%，约 1 亿度/年。从经济角度来看，通风节能能有效降低矿山企业的生产成本。

为降低通风成本，国内外矿山企业采取各种通风节能技术措施：国内矿山企业逐渐采用变频风机以达到节能的目的，且取得了一定的效果；而国外矿山企业逐渐向矿井通风自动智能化方向发展，通过井下传感设备、智能通风监测控制系统及矿井通风优化系统等，实现井下按需通风与能耗实时最小化。不管是国内矿山企业还是国外矿山企业都是逐步采用数字化、信息化、自动化与智能化技术，以达到通风节能的目的。此外，由于矿井通风数字化、信息化、自动化与智能化技术是整个矿山数字化、信息化、自动化与智能化技术的一个组成部分，因此其可以更好地利用矿山其他数字化、信息化、自动化与智能化技术，如通过井下人员及设备定位，确定井下所需风量，从而反馈到风机，实现实时调控，见图 12 - 1。

12.1.1　矿井通风智能化概念及阶段

智能化按需通风的实现，是以智能通风监测控制系统、矿井通风优化系统和需风量计算系统为核心，以井下监测传感设备为基础，对整个井下通风状况进行实时监测、控制与优化，最终实现井下按需通风和矿井实时能耗最小化。

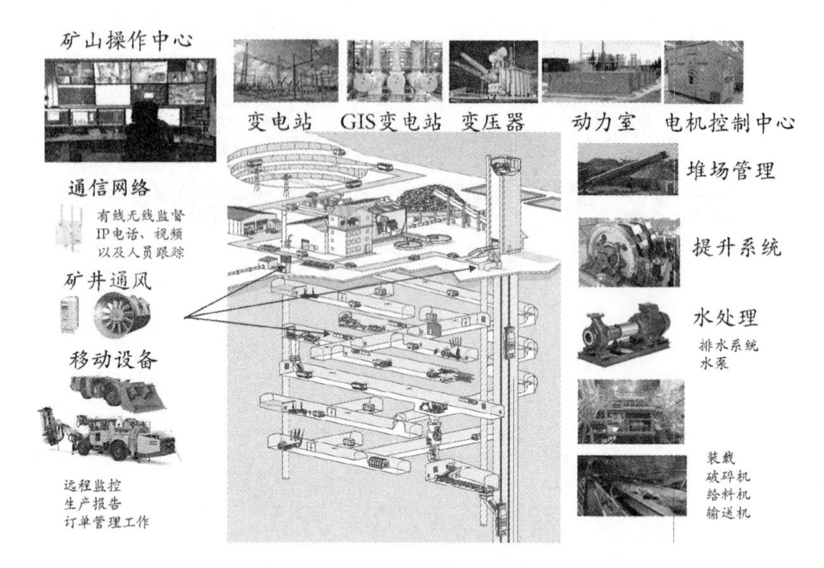

图 12－1　矿山自动化与电气化集成

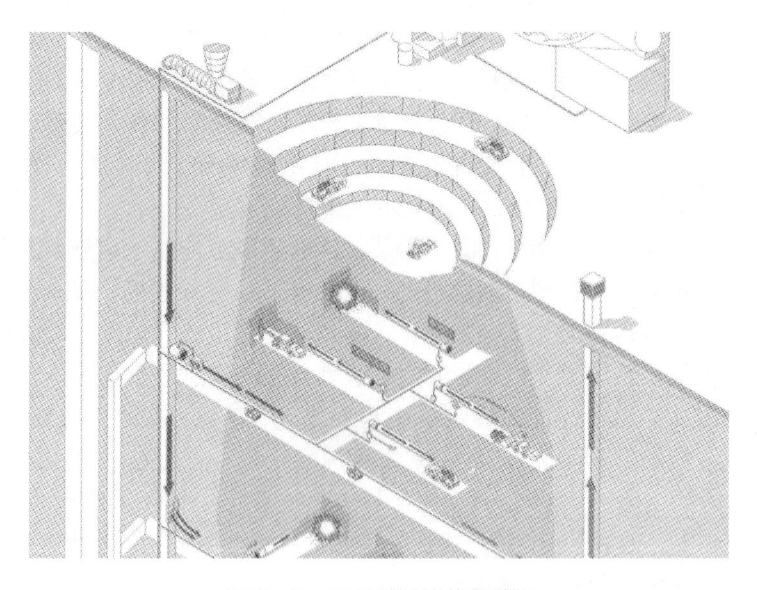

图 12－2　矿井通风智能化简图

依据矿井通风智能化的实现程度，ABB 公司将其过程分为三个阶段：

第一阶段：智能的基础阶段

该阶段主要是风机、风窗与风门的基本控制与监控。风机、风窗与风门基本控制与监控是与空气质量以及风流传感器一起被 ABB 800×A 系统监测与控制的。该阶段达到的效果是通过改进操作者监测与控制过程以减少能耗费用以及提高安全性。

第二阶段：智能的中间阶段

中间阶段主要是全面按需通风的解决方案，实现所有风机、风窗以及可控制性风门的自动控制。该阶段应达到的效果主要包含两方面：一是通过为需风点提供新鲜空气以达到改善空气质量的目的；二是实现每年节能 30% ~50% 。

第三阶段：智能的最终阶段

最终阶段主要是使用矿井通风优化系统进行风量分配优化与调控优化。通过风流传感器监测反馈执行，使主要通风机实现在线优化。该阶段需要达到的效果使矿山风流流动与空气质量得以全面控制与优化，不仅满足了矿井按需通风的要求，且通过对矿井生产变动及时反馈与控制，实现在线实时优化，从而使能耗实现最小化。

12.1.2　矿井通风智能化概述

矿井通风智能化主要由智能通风监测控制系统、需风量计算系统以及矿井通风优化系统等三大部分组成。下面以 ABB 公司关于矿井通风智能化的解决方案为例，较详细的介绍了矿井通风智能化的三大的组成部分，其完整系统概述图见图 12 -3。图 12 -3 中，800 × A 系统即智能通风监测控制系统，矿山智能定位全局追踪系统即需风量计算系统，矿井通风优化器即矿井通风优化系统。

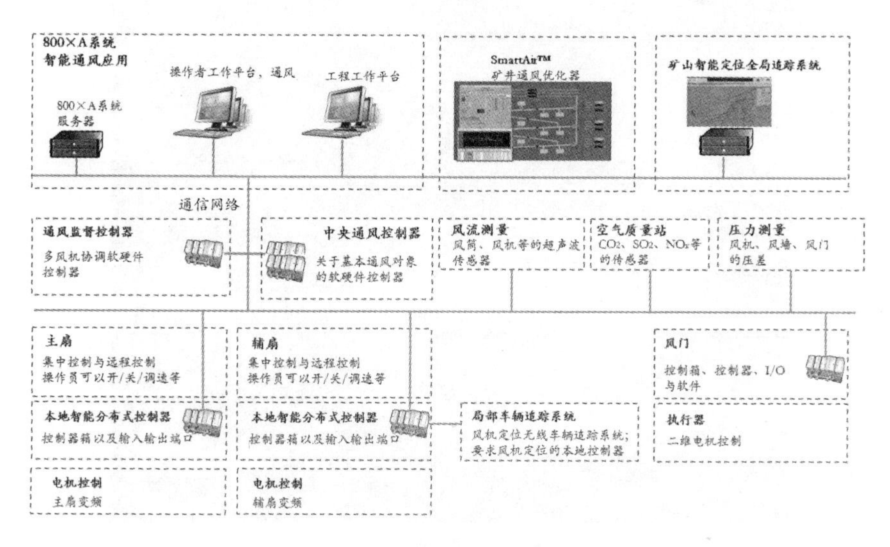

图 12 -3　矿井通风智能化系统概述图

1)智能通风应用集成系统

智能通风应用集成系统是以系统的高度作为客户需求来提供智能通风应用的系统模式，以及实现该系统模式的具体技术解决方案和运作方案，即为用户提供一个全面的系统解决方案。智能通风应用集成系统是以 ABB 公司的 800 × A 系统为基础构建的，其系统较为成熟。

(1)800 × A 系统特点

该系统是一个完整、开放、灵活的智能通风应用集成系统，具有以下特点：

①它是一个世界级的协作平台。操作者(见图 12 －4)、工程师与矿山管理者能够监督和控制整个通风系统的移动设备；对于所有用户来说，能量消耗与 KPI (关键性能指标)是容易获取的。

②模块化的解决方案。它主要包括软件与硬件两个方面，其中智能通风软件库为操作员提供标准化的环境，利于高效操作；模块化的硬件解决方案是建立在 800 × A 系统标准组件、有效工程与降低维护成本上的。

③开放式平台。ABB 智能通风系统是通过开放接口以其他方式连接与控制易于连接的风机的，如 OPC 与 TCP 协议。

图 12 －4　系统操作人员工作场所

(2)800×A 系统概述与架构

800×A 系统概述与系统架构，分别见图 12－5 与图 12－6。

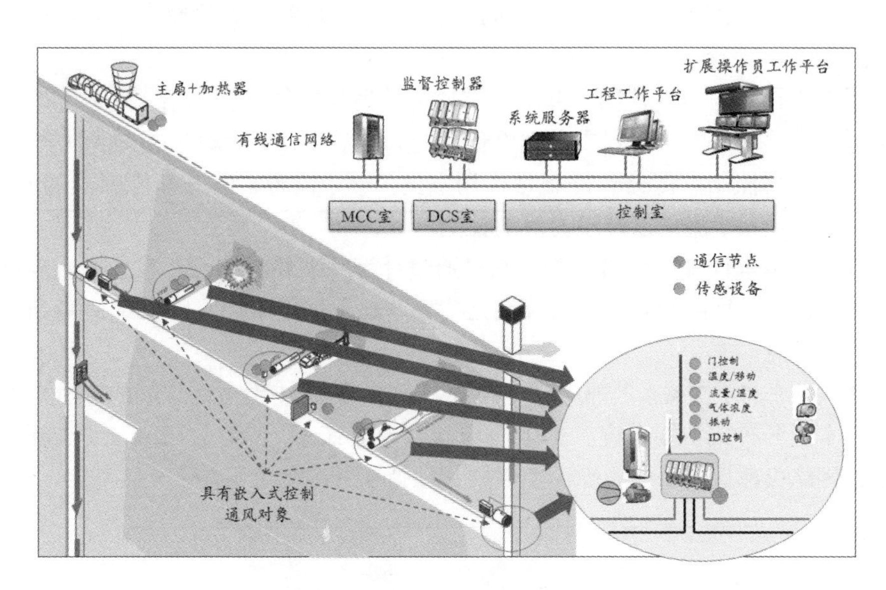

图 12－5　系统概述图

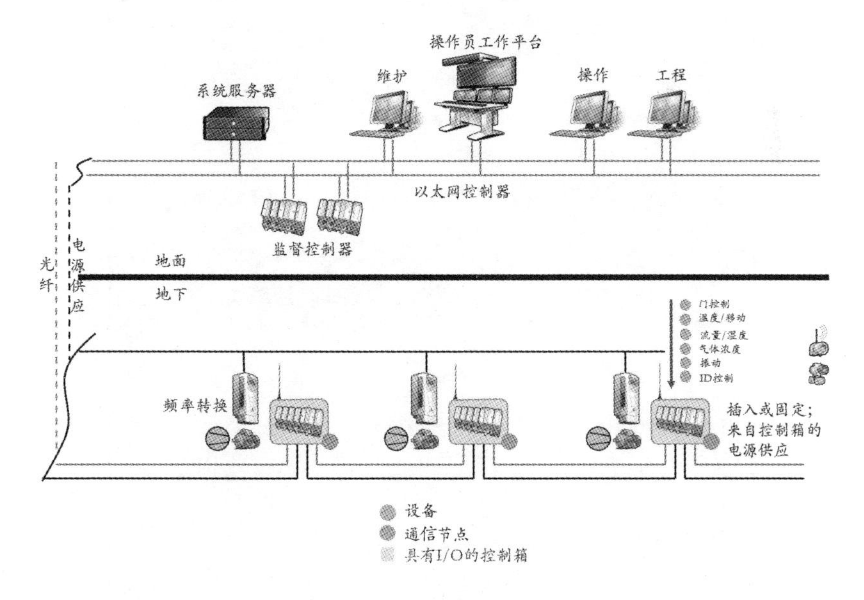

图 12－6　系统架构图

(3)按需通风

矿井按需通风是指在通风调控设施的调控下，使井下各需风点满足所需风量的要求。矿井通风智能化的按需通风则是在井下各种传感设备以及各种监测监控系统下，将井下各种通风所需信息反馈到 800 × A 系统的监督控制器，监督控制器通过控制通风调控设施，使井下达到按需通风的目的。矿井通风智能化按需通风(如图 12 －7 所示)的特点有：

①基于计划与事件控制。井下按需通风计划与事件控制包括：基于生产计划的通风需求；基于生产计划或爆破设备下的爆破活动；支持矿井火灾情景。

②传感器控制。传感器控制是应用空气质量、流量、压力等传感器的监测，实现对空气质量、流量以及压力等的控制。

③基于需求计算的流量控制。它是通过计算井下稀释有毒有害气体所需风量进行控制的，而具体的需风量计算则是依据本地或远程车辆跟踪系统侦测到的车辆与人员信息。

④风扇之间主次关系处理。ABB 800 × A 系统可以轻松建立风扇间的协同关系。

⑤本地分布式智能系统。本地分布式智能系统的"智能故障 - 安全功能"即使通信网络突然脱机，也能确保空气质量保持在其控制之下。

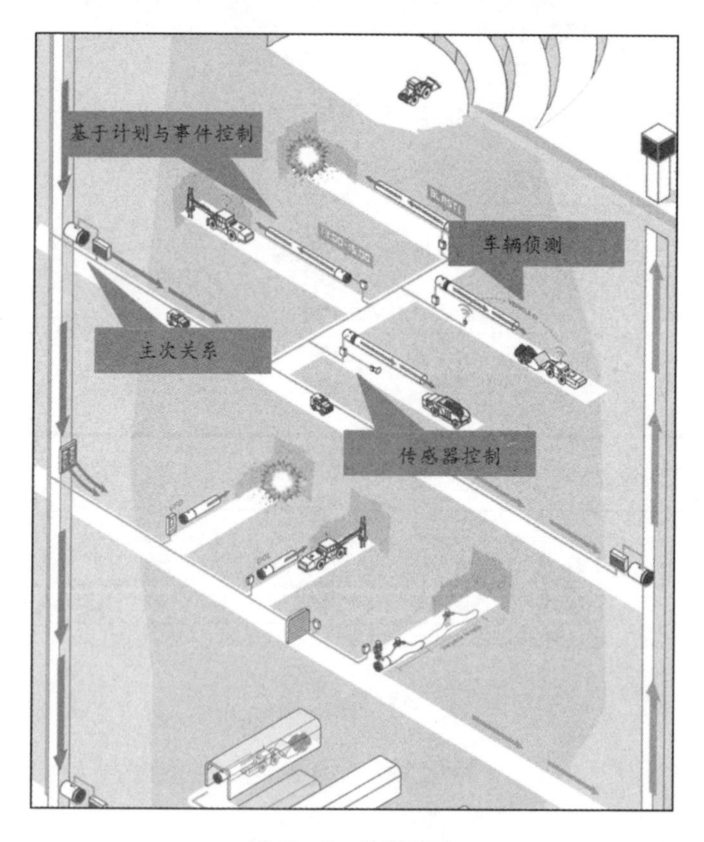

图 12 －7　按需通风

2)矿山智能定位全局追踪系统

矿山智能定位全局追踪系统主要包括全局定位跟踪与矿山智能定位系统(如图12-8所示)。全局定位跟踪：来自任何全局定位追踪系统的信息均能够被矿山智能通风系统用于需风量的计算；全局定位跟踪可以替代或结合该区域的车辆追踪仪器。矿山智能定位系统：以适应于地下矿山的决策系统为基础，为其提供一个完整的定位；现有数据/通信解决方案的应用成为一个与技术无关的RTLS解决方案；智能通风集成提供了一种配置与维持通风区的有效方式。

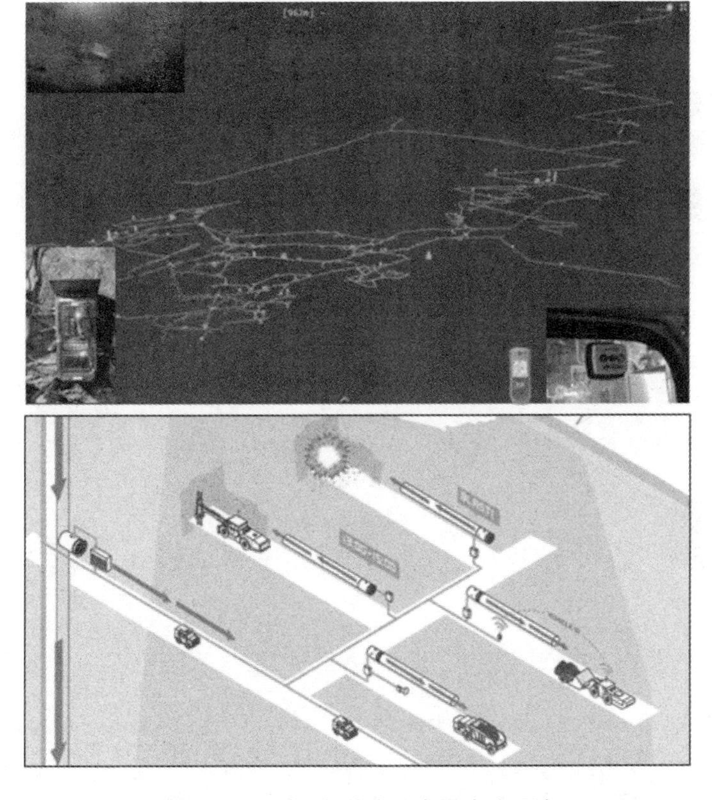

图12-8　矿山智能定位全局追踪系统

矿山智能定位全局追踪系统与智能通风应用集成系统相结合而实现井下按需通风。矿井智能定位全局追踪系统的主要作用是全局追踪井下各区域车辆与人员等，再与传感器相结合，侦测出全矿以及各作业区域所需风量，通过智能通风应用集成系统控制，实现井下按需通风。其中单一现地控制单元布局、多个现地控制单元布局、第三方PLC集成、局部移动设备检测布局以及全局追踪系统的集成与布局分别见图12-9、图12-10、图12-11、图12-12与图12-13。

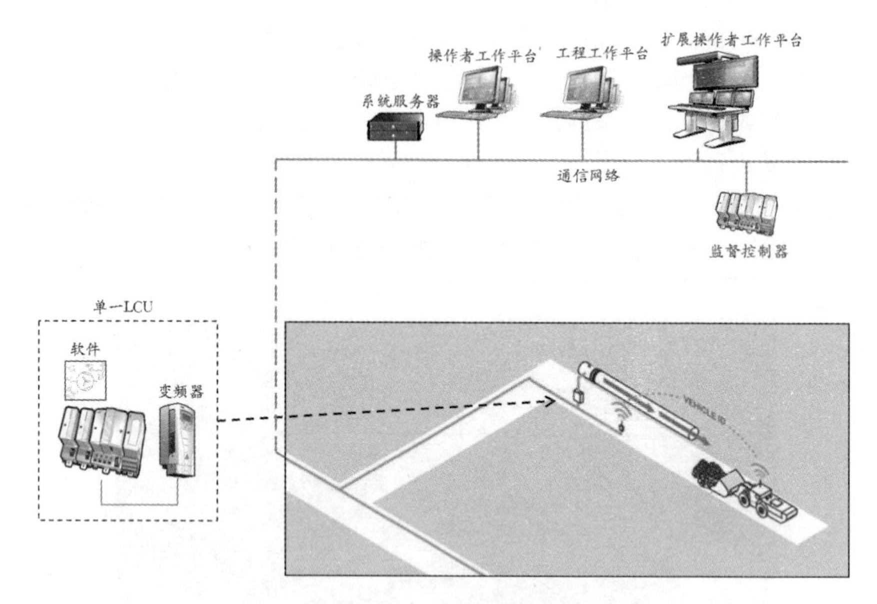

图 12-9　单一现地控制单元布局(LCU)

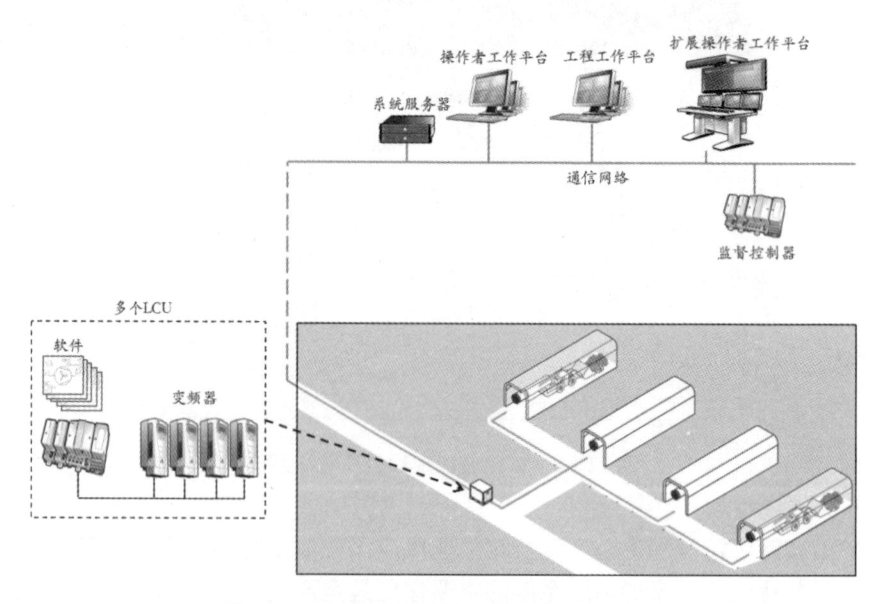

图 12-10　多个现地控制单元布局(LCU)

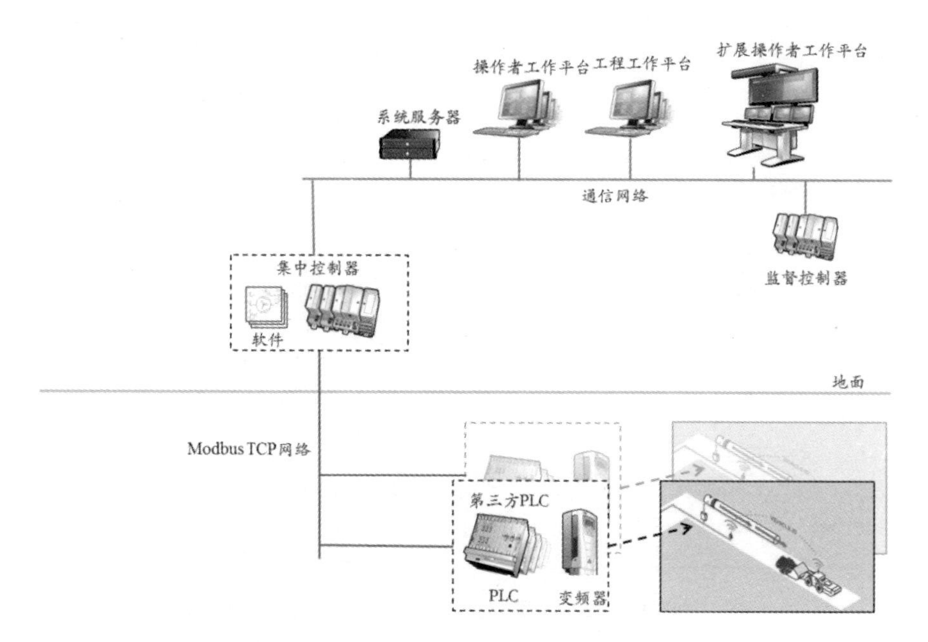

图 12－11　第三方 PLC 集成

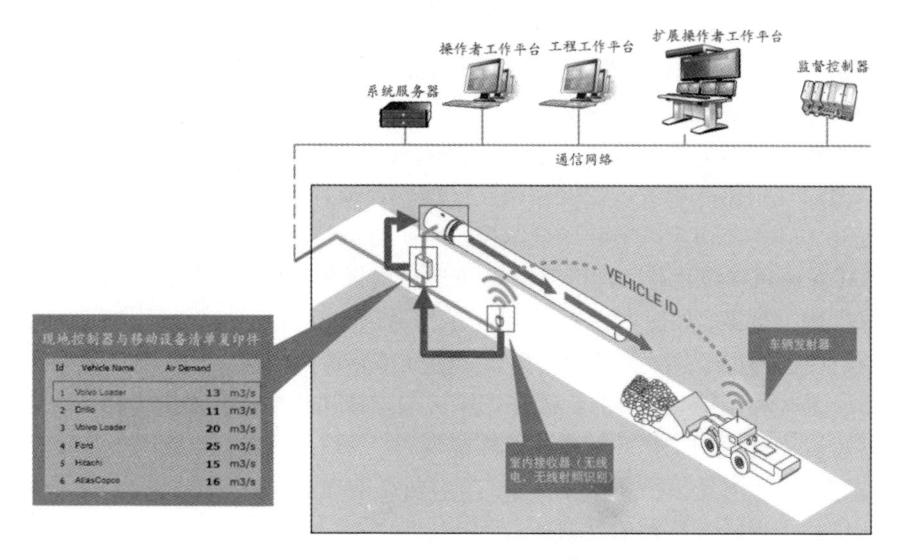

图 12－12　局部移动设备检测布局

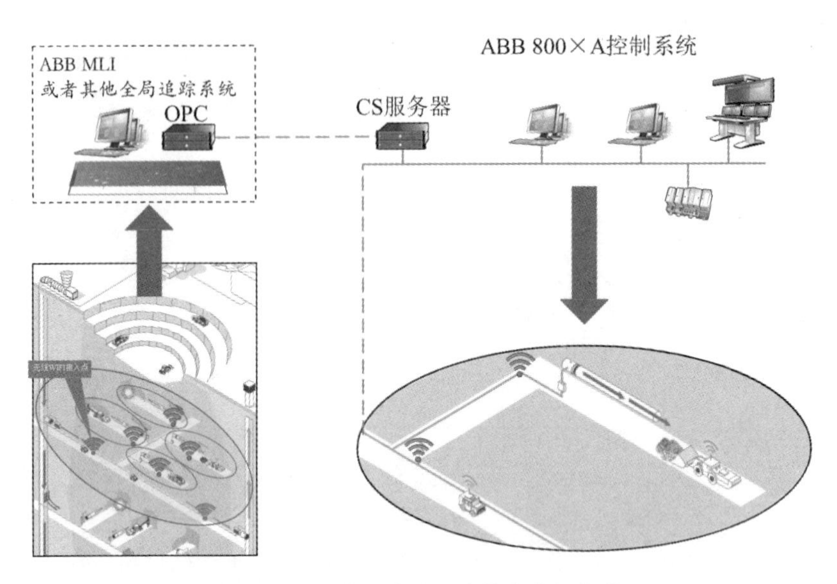

图 12 - 13　全局追踪系统的集成与布局

3) 矿井通风在线优化

矿井通风是通过主扇将地表新鲜空气输送到井下，井下风量分配时一般需要通过风扇、风窗、风门以及风墙等调控设施加以控制。按需通风可以通过最先进的控制技术得以实现；然而许多矿山几乎没有应用控制技术，因而实现井下按需通风难度较大。但即使矿井实现了井下按需通风，其也存在无反馈控制的缺点，且按需通风使用的风扇或调控设施调控过程较复杂且难以长时间持续调控。

因此，ABB 公司为风扇和风量调控的全矿协调控制提供了一种新的独特的方法，即矿井通风在线优化，其可以为矿井自动提供所需的空气，且实现节能和提供可靠的解决方案，如图 12 - 14 所示。矿井通风在线优化是基于经验模型，并依赖于空气传感器的反馈，如流量传感器、温度传感器等。该方法具有以下特点：

①它是一种新的、独特的全矿井主风机与增压风机协调控制的方法；

②可以为健康的工作环境提供所需空气；

③它是基于方法模型，以及风量、压力与风能模型而实现的；

④依赖于现场传感器的反馈；

⑤以经验获取来自工作数据的模型参数；

⑥可以在任何通风控制解决方案的基础上实现。

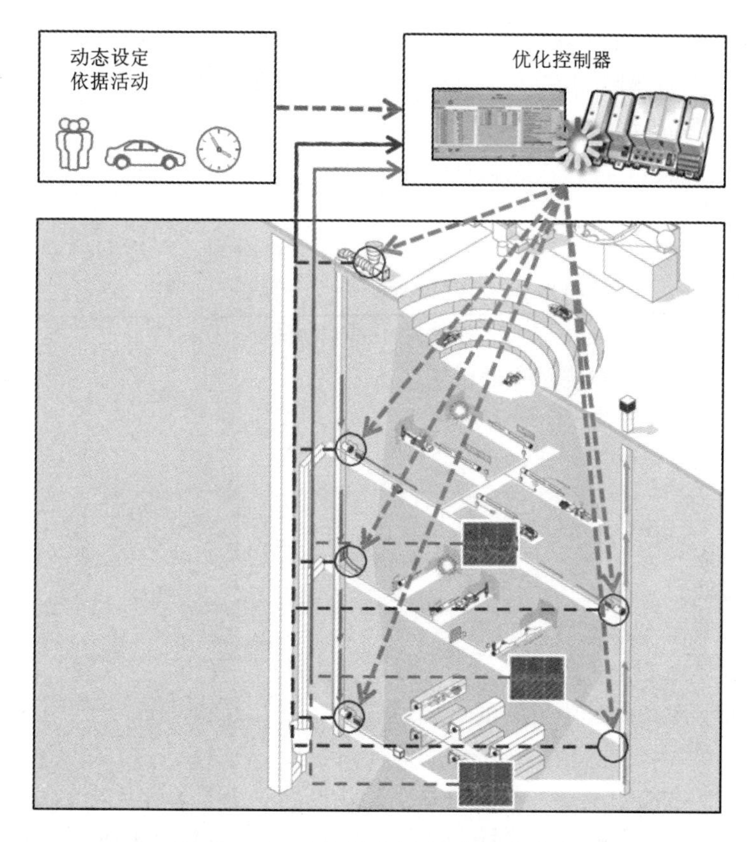

图 12－14　矿井通风全矿协调在线优化

12.2　矿井通风监测系统

矿井通风监测系统是矿井通风数字化、自动化与智能化的重要组成部分，其主要包括传感器、综合数字通信平台及综合软件平台三大部分，通风监测系统的数据流程为数据采集→数据传输→数据处理。

12.2.1　通风监测系统框架

1）矿井监测系统特点

矿山井下环境特殊，潮湿、粉尘大、电压波动大、电磁干扰严重，通常会产生大量的有毒有害气体及腐蚀性气体，此外，矿井内空间狭小、监测距离远，使矿井监控系统相对于一般工业监测系统而言具有许多不同的特点，主要包括以下几点：

(1)电气防爆。由于井下 CO 等易燃易爆气体浓度较高,同时矿井井下空间狭小,产生爆炸的危险性更高,因而对矿井监测系统的设备提出了更高的防爆性要求。

(2)传输距离远。工业监测的传输距离一般仅为几百米,甚至几千米,而矿井内巷道错综曲折,其信息传输距离通常长达 10 多千米甚至更远,从而对监测系统提出了更高的要求。

(3)树形网络结构。一般工业监测系统由于对空间没有过多的限制,因而电缆敷设时较自由,可根据设备的实际情况来选择星形、环形、树形或总线形等结构。而对于矿井监测系统而言,其传输电缆必须依赖于巷道分支结构的特点,采用树形结构,会便于安装并降低系统成本。

(4)电磁干扰严重。由于矿山井下空间小,矿井内机械如铲运机、电机车等产生的火花等极易产生严重的电磁干扰。

(5)工作环境恶劣。矿山井下 CO、硫化氢等有毒有害气体浓度通常较高。此外,井下空气潮湿、矿尘大,要求矿井监测设备具有防尘、防潮、防腐、防霉、抗机械冲击等能力。

2)相关规范与监测指标

为加强矿山安全生产工作,国务院等相关部门下发了一系列的文件与规定,矿井通风监测系统是其中重要的组成部分。在 2010 年 7 月 19 日下发的《国务院关于进一步加强企业安全生产工作的通知》(国发[2010]23 号)文件中,国务院对煤矿和非煤矿山的安全技术和避险系统建设问题提出了总体要求。在此基础上,国家安全生产监督管理局于同年 10 月又发布了《金属非金属地下矿山安全避险“六大系统”安装使用和监督检查暂行规定》(安监总管——〔2010〕168 号),进一步细化了矿山安全生产的相关管理规定,提出了建设安全避险六大系统等更有针对性和更详细的内容和要求。在通风监测系统建设方面,还提出了以下规定:

(1)地下矿山企业应于 2011 年底前建立采掘工作面安全监测系统,实现对采掘工作面 CO 等有毒有害气体浓度,以及主要工作地点风速的动态监控。地下矿山应配置足够的便携式气体检测报警仪,便携式气体检测报警仪应能测量一氧化碳、氧气、二氧化氮浓度,并具有报警参数设置和声光报警功能。

(2)井下总回风巷、各个生产中段和分段的回风巷应设置风速传感器;主要通风机应设置风压传感器,传感器的设置应符合 AQ2013.3 中主要通风机风压的测点布置要求;风速传感器应设置在能准确计算风量的地点;风速传感器报警值应根据 AQ2013.1 确定;主要通风机、辅助通风机、局部通风机应安装开停传感器。

(3)开采高硫等有自然火灾危险矿床的地下矿山企业,应同时在采掘工作面上设置温度、硫化氢、二氧化硫等有毒有害气体传感器。

(4)开采与煤共(伴)生矿体的地下矿山企业,应按照《煤矿安全监控系统及检测仪器使用管理规范》(AQ1029—2007)的要求,在 2010 年底前建立完善安全监控系统，实现对井下瓦斯、CO浓度、温度、风速等的动态监测。

监测系统要具备数据显示、传输、存储、处理、打印、声光报警、控制等功能。矿井通风系统优劣的评价涉及多种要素，评价指标体系应能全面反映矿井通风系统的主要特征和基本状况，衡量矿井通风技术是否合理，是否安全可靠，从而判断现有的通风状况能否符合井下生产的环境要求。按照已有规范的相关要求，以及在考虑大部分金属矿的实际情况的基础上，提出通风系统监测实施方案监测的主要指标包括：

(1)在矿山主辅扇位置，主要监测风速、风压、CO浓度、风机开停、温度等主要环境和风机指标。

(2)在采场进风口，主要监测采场进风巷道的风速、CO浓度和温度，控制进入采场的新鲜风流质量；井下总回风巷及各个水平(中段、分段)的回风巷应设置风速传感器。

(3)在主提升机房，主要测试主电机及机房的温度，监控提升电机的工作状态和提升机房的工作环境。

(4)地下矿山应配置足够的便携式气体检测报警仪，便携式气体检测报警仪应能测量一氧化碳、氧气、二氧化氮浓度，并具有报警参数设置和声光报警功能。

3)通风监测系统的总体框架

根据矿井监测系统的特点、相关规范与监测指标，通风监测系统的总体框架见彩图1。由于矿山结构的复杂性和通风参数的不稳定性，矿井通风系统所面临的是一个复杂的、随机的、非稳定的动态系统。首先根据大部分矿山的实际情况，对于主要巷道，通风监测参数以及CO浓度、温度、风速、风压等传感器的布设，根据监测点距离进行合理分区，每一个分区设置一套智能数据采集分站和通信控制单元，从而实现该分区内的所有监测参数由此采集分站自动采集、存储和上传。对于正在掘进中的巷道采用便携式传感器，在工作面获得监测数据后，在有WiFi无线网络的地方进行上传，实现手动异步上报。选择或设计合适的传感器，以及传感器网络的布设原则。在此基础上，选择满足井下需要的通信系统以及综合通信平台。井下监测数据经数字综合通信平台传输到井上的数据服务器，通过综合软件控制平台实现监测的分析、处理及显示，并支持远程用户通过互联网查询，最终实现对井下通风状况的实时监测与管理。

系统基本流程为传感器将被测物理量转换为电信号，并具有显示和声光报警功能。传感器采集到的数据传输到智能采集分站，基站接收来自采集分站的信号，并按预先约定的复用方式远距离传送给交换机，同时接收来自主站的多路复用信号。交换机接收分站远距离发送的信号，并送主机处理；接收主机信号、并传送到相应分站。交换机还具有控制分站的发送与接收、多路复用信号的调制与解调、系统自检等功能。主机一般选用工控微型计算机或普通微型计算机、双机或多机备份。主机主要用来接收监测信号、校正、报警判别、数据统计、磁盘存储、显示、声光报警、人机对话、输出控制、控制打印输出、联网等。

12.2.2 通风监测系统数据采集

数据采集是通风监测系统的基础，由于矿山井下的复杂环境，不仅包括了已建成的主要巷道，同时也包括正在掘进中的掌子面，从而对传感器提出了不同的要求。对于前者，监测的对象包括风速、风压、CO 浓度及温度等；而对于后者，考虑到监测区域的动态变化，需采用便携式的传感器类型。

1)矿山通风主要监测对象

为确保井下矿山的安全生产，需要对影响矿山环境质量与人体健康的关键参数进行实时监测，为安全管理提供科学的信息支持，且风速、风压、温度及 CO 浓度等参数是表征矿井通风系统状况好坏的重要参数，因此，矿山通风监测系统需对风速、风压、温度及 CO 浓度等参数进行重点监测。

(1)风速

井下生产过程通常会产生大量的粉尘，它不仅能引起尘肺病，同时对眼睛、黏膜或皮肤等部位具有刺激作用，且在一定浓度下还可能发生爆炸。矿井通风的目的之一就是将井下粉尘稀释到安全浓度以下并排出矿井，风速的大小直接决定采掘工作面粉尘浓度高低。但由于二次吹扬效应，矿尘浓度与风速并非呈现简单的线性关系，两者之间存在一种“抛物线”样式的关系：风速过低，粗粒矿尘将与空气分离下沉，不易排出；风速过高，能将落尘扬起，增大矿内空气的粉尘浓度，粉尘浓度和风速之间的关系见图 12－15。因此，需要对风速进行实时监测，并根据实际情况对其进行适当控制，确保风速保持在合理的范围内。

根据矿山安全规定，掘进巷道和巷道型采矿工作面的最低风速不得小于 0.25 m/s，硐室型采场最低风速应不小于 0.15 m/s，井巷内最高设计风速如表 12－1 所示。

表 12－1　井巷最高允许风速表

井巷名称	最高允许风速/($m \cdot s^{-1}$)	井巷名称	最高允许风速/($m \cdot s^{-1}$)
专用风机、风硐	15	主要进风道	8
专用物料提升机	12	运输巷道	6
人员、材料提升机	8	采矿场、采准巷道	4
风桥	10		

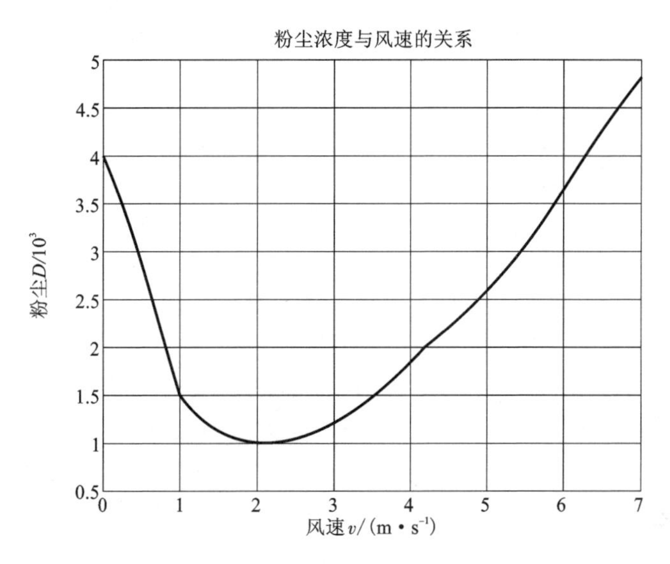

图12-15　粉尘浓度与风速的关系

(2)风压

矿井风压是计算矿井通风阻力和选择通风设备的基本参数。按既定的通风线路，顺序测得前后两点的风压差即为通风阻力，将线路全长隔断井巷的通风阻力相加，即可求得该条线路的矿井总阻力，从而为风机选型以及矿井降阻提供依据。同时，通过监测矿井风压大小及风压分布能容易地得出矿井漏风的地点和漏风量。

(3)温度

随着近年来矿井开采深度不断增加，对高温矿井的环境治理提出了越来越高的要求，矿井热害逐渐成为制约我国煤炭行业生产的主要灾害源之一。人体正常的体温范围是36.5～37℃，在高温潮湿环境中，由于人体内的热量无法及时散发，将导致人体产生体温升高、心率加快等不适症状，严重时可导致中暑、甚至死亡。相反，在低温干燥环境中，人体散热过快，将导致人体体温降低，容易引起感冒或其他疾病。为保障作业人员的健康，井下矿山需要维持一个适宜的温度环境，我国金属矿气温条件的安全标准规定采掘工作面、机电硐室的最高干球温度为27℃，热水型和高硫矿井的最高干球温度是27.5℃，采掘作业地点气象条件应符合表12-2的规定，否则应采取降温或其他防护措施。对于深部开采的矿山，井下风路长，通风阻力较大，矿内温度通常较高，不利于人体进行热交换，有时会引起“中暑”，因而应实时对其进行监测，为监测管理提供信息支持。

表 12－2 采掘作业地点气象条件规定

干球温度/℃	风速/(m·s^{-1})	备注
≤28	0.5～1.0	上限
≤26	0.3～0.5	
≤18	≤0.3	增加工作服保暖量

(4)CO 浓度

CO 是矿山生产中典型的有毒有害气体，因其具有可燃性，在浓度较高时容易发生爆炸危险。对人体而言，CO 是一种对血液、神经有害的有毒物质，当其进入人体内后可与血液中的血红蛋白结合，不仅会减少血球的携氧能力，同时还会减缓氧和血红蛋白的解析与氧的释放。CO 浓度对人体健康的影响如表 12－3 所示。

表 12－3 CO 中毒症状与浓度的关系

CO 浓度/%	主要症状
0.02	2～3 h 可能引起轻微头痛
0.08	40 min 内出现头痛、眩晕和恶心症状。2 h 内发生体温和血压下降，脉搏微弱，出冷汗，可能出现昏迷
0.32	5～10 min 出现头痛、眩晕。半小时内可能出现昏迷并有死亡危险
1.28	几分钟内出现昏迷甚至死亡

我国矿山安全规程规定矿内空气中的 CO 浓度不得超过 0.0024%，爆破后，通过风机的连续运转，CO 的浓度需降至 0.0020% 才可以进入工作面。人员进入独头掘进工作面和通风不良的采场之前，应开动局部通风设备通风，确保空气质量满足作业要求；人员进入采掘工作面时，应携带便携式气体检测报警仪从进风侧进入，一旦报警应立即撤离。

(5)风机开停

矿井风机是向井下送风的重要设备，也是大型耗能设备，对其实现开停监测监控，以避免因为风机故障而导致不能向井下供风而造成安全事故。对风机进行检测，使之始终运行在良好状态，对于保障地下矿山企业的安全生产，保护矿工生命和企业财产安全，降低风机能耗具有重要意义。

通风机等机电设备上都必须安装设备开停传感器，尤其是井下局部和全局通风机的开停信号严重影响到井下的安全生产，若井下通风机所需的专用风机和备用风机突然开停时，通过设备开停传感器，能够立即把通风机的开停状态信号传输给监控机房，操作人员根据提供的声光报警信号，及时发现并汇报给有关人员，从而为迅速查找原因、采取相应措施提供科学依据。

2)主要巷道的传感器布设

大部分矿山通风监测系统的主要监测参数包括风速、风压、CO浓度、温度、风机开停等，其具体布设如下：

(1)CO传感器

采区回风巷、一翼回风巷、总回风巷等区域应设置CO传感器，报警浓度为0.0024%。为不影响行人和行车，CO传感器须采用垂直悬挂的方式，与顶板(顶梁)距离小于300 mm，此外，与巷壁距离大于200 mm。

(2)温度传感器

地温高的矿井工作面与机电硐室内应设置温度传感器，其报警值分别为30℃和34℃。其安装与CO传感器类似，采用垂直悬挂方式，不得影响行人和行车，具体而言安装在与顶板(顶梁)距离小于300 mm，与巷壁距离大于200 mm的位置。

(3)风速传感器

风速显著影响着矿内对流散热，从而对工人的身体健康和劳动生产率造成不利影响。风速传感器应设置在巷道前后10 m内无分支风流、无拐弯、无障碍、断面无变化、能准确计算风量的地点，其阈值采用《金属非金属矿山安全规程》的规定值。根据矿井安全生产的实际需要，一般回风井、进风井、进风分支、回风分支以及工作面等区域均须安装风速传感器。

(4)风压传感器

主要通风机的风硐应设置风压传感器。受到井巷的阻力作用，空气井下流动时具有一定的黏性，需要一定的压力才能流动。风压越大，空气流动越快，从而越有利于快速排除井下各种有毒有害气体和粉尘，为井下工作人员提供新鲜的空气和良好的作业环境。按既定的通风线路，顺序测得前后两点的风压，即为其通风阻力，将线路全长各段井巷的通风阻力相加，即可得该条线路的矿井总阻力。根据风压的变化，可实时掌握巷道风阻的变化情况，及时调节通风构筑物，节约能耗。

(5)开停传感器

主要通风机、局部通风机必须设置设备开停传感器。矿井和采区主要进回风巷道中的主要风门必须设置风门开关传感器。当两道风门同时打开时，发出声光报警信号。

3)便携式WiFi传感器

工作面通风效果是反映通风系统优劣的一个重要方面，对于尚在掘进中的巷道，爆破后产生的有毒有害气体如CO等很可能上溢到掌子面，给掌子面的安全带来较大隐患。因此，除工作面外，掌子面通风监测也是整个矿井通风系统的重要组成部分，是提高矿井管理水平，促进矿井安全生产的重要措施与保障。由于掌子面是正在掘进中的巷道，难以通过固定的传感器对其进行监测，从而需要可方便携带的便携式传感器。

便携式 WiFi 传感器由传感器模块，数据处理模块，通信模块和电源供应模块四部分构成，传感器模块包括温度传感器、风速传感器、风压传感器、有毒有害气体浓度传感器及其信号处理电路。温度传感器为数字信号输出，无须 A/D 转换；有毒有害气体传感器输出为 μA 级的电流信号，经由信号调理电路转化为 0 ~2.5 V的模拟电压信号，由微控制器内部 A/D 转换器采集。仪器配备了有毒有害气体传感器接口，能够实时采集输出有毒有害气体的浓度数据。

KBZ16 型气体检测仪是一种多功能便携式气体浓度检测设备，配备一氧化碳、二氧化硫、二氧化氮、硫化氢和氧气等气体浓度传感器。能够实时采集到空气中上述几种气体的浓度值，并能将采集到的数据采用以太网或者 WiFi 方式传送至数据基站。可广泛应用于采矿和环境监测监控工程领域，实物图如图 12 – 16 所示。

图 12 – 16　便携式传感器 KBZ16 实物图

其特点如下：

(1)配备了 5 种气体传感器，能同时采集显示 5 种气体的浓度值；

(2)能根据采集到的数据进行声光预警和报警；

(3)内置存储芯片可以存储高达 90000 组数据(测量时间、传感器类型、浓度值)；

(4)可靠性高，数据存储安全，数据在无源状态下不会丢失；

(5)可通过 PC 软件将存储的数据导入到计算机上进行电子制表、绘图、数据分析和备份等；

(6)具有以太网和无线 WiFi 通信能力，能完美地适应井下数据通信的环境；

(7)按键和显示屏配备背光，方便在夜间或光线暗淡的检测场所使用；

(8)可在线充电，充满电后可连续使用 24 ~30 h；

(9)有多种智能低功耗模式，拥有出色的续航能力；

(10)采用工业彩屏显示，操作界面漂亮且人性化。

其技术参数如表 12 –4 所示：

表12-4　便携式WiFi传感器技术参数

项目	参数
检测原理	电化学
电源	大容量(≥1800 mA·h)可充电聚合物锂电池
显示	大屏幕TFT彩屏
报警	声光振动报警
检测项目	一氧化碳　量程：$0 \sim 500 \times 10^{-6}$ 二氧化氮　量程：$0 \sim 20 \times 10^{-6}$ 氧　　气　量程：0～25%(体积分数) 硫 化 氢　量程：$0 \sim 100 \times 10^{-6}$ 二氧化硫　量程：$0 \sim 20 \times 10^{-6}$ 温　　度　量程：-25～80℃
温度范围	-20～50℃
湿度范围	15%～95%相对湿度
通信方式	支持WiFi、以太网传输

12.2.3　通风监测系统综合通信平台

1)综合通信平台的选择依据

在以往的工程实践中，通信平台往往只针对某一单独业务系统，不同系统之间的通信平台建设存在重复建设的现象，增加了运行阶段的管理维护工作量。采用综合通信平台，可通过集成的通信网络实现各应用系统的信息传输。目前数字通信平台已有较多种类，各自均有优势与不足，在实际应用中，应该根据矿山的实际生产情况来选择合适的平台，其选取一般遵循以下原则：

(1)能够适应地下矿山的恶劣环境条件，通信平台内部器件须高度集成在印刷电路上，具备较高的通信可靠性、良好的抗震和外壳防水防尘等能力，耐损性较好；

(2)除了能够满足通风监测系统相关性能要求外，通信平台还需要能够支持多种类型信息同网传输，同时具备较高的带宽和传输速度，便于今后在其上构建“六大系统”以外的应用系统(如设备自动控制系统等)上进行信息传输；

(3)能够支持灵活的拓扑架构，要求通信平台既能适应井下工程固有的复杂网络特征，又便于实现冗余结构，增强系统可靠性；

(4)平台系统设备具备多种灵活的模块化接口，能够随井下生产格局和作业场所的不断推进而拆装，且拆装过程不会导致已有系统通信中断。同时，能够支持模块化扩展，便于各应用系统的灵活接入和安装，降低后期扩展和维护的难度；

(5)平台系统具备与公众系统的相对独立性，不会受公众系统维护管理程序和制度的影响，同时不会产生过多运行使用费用；

(6)管理与维护简单，尽量减少对外协单位的要求，降低外部条件的制约；

(7)具备无线通信能力，克服固定电话不能适应井下人员和作业场所不断移动的条件，固话通信实时调度功能极弱的缺陷。

根据通信平台的选型原则，从性能、拓扑结构灵活性、生命力、使用方便性等方面考虑目前常见的通信平台(表12－5)，数字式GSM/CDMA系统、ZigBee与WiFi等综合数字通信平台可基本满足上述要求。

表12－5 综合通信平台方案比选表

<table>
<tr><th>编号</th><th>名称</th><th>性能</th><th>结构灵活性</th><th>矿井应用专用性</th><th>使用方式</th><th>使用费用</th></tr>
<tr><td>1</td><td>有线电话系统</td><td>语音通信</td><td></td><td></td><td></td><td></td></tr>
<tr><td>2</td><td>小灵通系统</td><td>语音通信、短信息等少量数据业务</td><td>一般</td><td>专用。将退出市场，今后可能无法落地</td><td>专用手机</td><td></td></tr>
<tr><td>3</td><td>模拟式GSM/CDMA系统</td><td>语音通信、短信息等少量数据业务</td><td>一般</td><td rowspan="2">模拟式渐被数字式取代。但此类系统作为井下专用系统应用不多</td><td rowspan="2">公共手机</td><td rowspan="2">涉及服务商，通信、GPRS流量需要费用</td></tr>
<tr><td>4</td><td>数字式GSM/CDMA系统</td><td>语音通信、视频、数据同网业务</td><td>较好，但后期变动或扩充不便</td></tr>
<tr><td>5</td><td>泄漏电缆系统</td><td>语音，国外有数据业务、国内基本无数据业务</td><td>好</td><td>专用</td><td>对讲机</td><td></td></tr>
<tr><td>6</td><td>工业以太网和总线系统</td><td>监测系统的数据传输业务</td><td>好</td><td>专用</td><td>不能语音</td><td></td></tr>
<tr><td>7</td><td>WiFi系统</td><td>语音、视频、数据同网传输业务</td><td>好</td><td>专用</td><td>专用手机</td><td></td></tr>
<tr><td>8</td><td>ZigBee系统</td><td>语音、视频、数据同网传输业务</td><td>好</td><td>专用</td><td>专用手机</td><td></td></tr>
</table>

2）ZigBee 系统与 WiFi 综合数字通信平台对比分析

ZigBee 系统和 WiFi 系统具有较大的相似性，从架构方式上看，两者均通过无线基站将交换机芯片和平台芯片集成在一个电路板上，使无线基站兼具无线接入点和有线交换机的功能，同时能够适应地下矿山工程的特征，可以以环形、树形结构构建网络。从基本功能上看，两者均在井下构建了一个 TCP/IP 网络，从而为其他监测系统、设备自动控制系统等提供了一个基本的接入平台，凭借配备外围终端（如支持同类技术的手机和电子标签）和配套软、硬件（如语音网关、语音和定位服务器），即可实现有线/无线数据传输功能。在跟踪定位方面，两者均支持基于场强的定位分析技术，当基站读到电子标签时，不仅可返回基站和标签的编号，同时还可返回标签所在位置处的无线信号场强，进而可利用场强这一附加信息，利用数学方法大致求解出标签到基站的距离。

然而，与 WiFi 技术相比，ZigBee 目前存在几点较大问题，限制了其应用范围，主要表现在：①技术推出的目的在根源上存在不同：首先，ZigBee 技术主要服务于低速、少量数据的传输业务，提供一种低成本、低功耗的解决方案，其技术核心是目标识别，主要用于无线传感器网络和跟踪定位，虽然部分矿山考虑到 ZigBee 系统带宽已提高到 2 Mbps，将语音转换为数据包，利用 ZigBee 技术进行传输，但在底层却缺乏强有力且有后续推进力的保障；其次，由于带宽的限制，ZigBee 系统对于手机数量的支持具有较大限制，一般在 16 部以内；第三，可扩展性较差，难以支持后期建设中需要的海量高速数据的传输；②在架构上，ZigBee 同网传输度低，国外矿业领域一般很少采用 ZigBee 技术。国内虽有部分矿山已采用该技术，但依然面临不少问题，依靠光纤芯数的增加来弥补同网传输度低的缺陷，不可能从根本上解决问题。

WiFi 系统较好地解决了以下问题，主要表现在：①WiFi 基站设备的芯片和元器件，全部采用集成印刷电路板，提高了抗震能力；②通过对软硬件进行改进，使通话功能和通话质量得到大幅提升，实现了手机对讲、群呼等功能；③设备实现了国产化，大大降低了使用成本；④智能手机的推出和普及，以及智能手机的二次开发支持能力，使得可以在民用智能手机的平台上，开发 WiFi 通信功能模块，使之成为 GSM 和 WiFi 双模手机，在井下利用 WiFi 专业无线语音系统，在井上利用 GSM 公共无线传输系统。

3）数字式 GSM/CDMA 系统与 WiFi 综合数字通信平台的对比分析

GSM/CDMA 通信方式同样在国内矿山中得到了较广应用，但依然存在以下方面的缺陷：

（1）平台扩展性及使用方便性不足

GSM/CDMA 直放站设备为非 IP 化的设备，架构上采用并联和级联结构（每台近端机提供 4 路下向接口，每路最多可级联 6 台远端机，因此，其远端机的最大容量为 24 台），目前主要布局在相对固定的场所。当在格局不固定的场所进行布局时，主要存在以下不足：①在先期建成系统没有达到极限容量，且在已建成的某条级联线路末端增加远端机时，基本不需要改变已有的基础综合通信平台，但因远端机接入时需要暂时停止通信系统，而井下 GSM/CDMA 通信系统并不是矿山的独立系统，为移动大系统的组成部分，受到移动公司的统一监管，需要经过申请、审核、审批和实施等复杂过程；②当需要在某条级联线路中间增加远端机时，需要改变已建成的基础综合通信平台的架构，重新对线路进行分配，线路需要切断时，原系统将停止运行，直至新增系统建设完毕。同时与前者一样，将需要经过申请、审核、审批和实施等复杂过程；③当已有系统不具备设备增加能力时，则必须从地面重新进行建设，增加近端机、远端机和光纤，工作量与费用巨大。

相比之下，WiFi 综合数字通信平台的扩展性要优越很多，主要体现在：①WiFi 系统可以在基础综合平台上对需要进行信号覆盖的区域模块化扩展，不改变原有基础平台结构，不影响原有基础平台的通信。②可随着生产区域的扩展而快速推进，可以较方便地改变和扩大无线信号覆盖场。③系统扩建后，可同时实现无线电话和跟踪定位两个目标，充分发挥系统的综合功能。

(2)运行成本对比分析

GSM/CDMA 系统的服务由中国联通和中国移动提供，通话业务和数据业务(GPRS)存在收费的问题，后期运行成本较高，而 WiFi 系统为矿山建设的专用通信系统，由于不涉及其他服务商，因此可降低后期运行成本。

(3)功能适用性对比分析

现有的 GSM/CDMA 系统终端无法满足安全避险系统中通信联络中要求的组呼、全呼、选呼、强拆、强插、紧呼及监听等功能，而 WiFi 系统采用专用设备，只需要对终端设备进行改造，即能满足上述功能。

4)综合通信平台布设

由 WiFi 技术构成的 WLAN(无线局域网)是近几年发展起来的一种无线网络通信技术，针对矿井这一特殊应用环境，在成熟的民用技术基础上进行了功能增强和改进，解决了民用 WLAN 系统无线语音通信质量不佳的问题。该平台具有以下特点：

(1)WLAN 完全基于 TCP/IP 架构，采用光纤作为 WiFi 基站之间的通信介质，在拓扑结构上灵活多样，可以完全按照井下巷道的树形结构搭建网络；

(2)TCP/IP 的模块化网络架构，使得系统可以灵活变动，基本不会因系统的扩展而导致系统通信中断；

(3)本身具有的 WiFi 性能，使其可以作为无线信号覆盖源，在其上可以实现无线数据传输和 VOIP(即 IP 电话)功能；

(4)在公共无线通信领域，智能手机的出现，使无线通信终端设备可以通过编程和二次开发，实现现有通信服务商不提供的 WiFi 电话通信功能，即可以在同一部 GSM、CDMA 手机上，同时支持 WiFi 语音通信功能；

(5)可将井下局域网搭建在矿山企业局域网上，改造过程不会过多涉及与运营商的协调问题，且不会产生各种额外的通信费用；

(6)本身具有的 TCP/IP 网络结构特征，使其可以作为井下各类监测监控系统的传输层；

(7)在井下人员定位方面，可以直接采用基于 802.11 协议的 WiFi 电子标签达到身份识别的目的；

(8)国内外有专门用于矿山需求的专业技术和系统产品，以满足相关专业领域规范的规定。

综合通信平台为安全避险六大系统信息传输的前提和基础，考虑到井下生产范围大、井下作业点和机械设备多、爆破工作频繁、生产区域不断推进，平台需随生产不断拆除和延伸，将井下划分为若干个子区，每个子区设置 1 台冗余环网接入两层交换机。交换机之间以单模光纤相连构成一个井下主干环网，主干环网通过 2 台接入型交换机接入矿山总部核心交换机，以此实现井下通信网络与矿山局域网乃至广域网的连通。同时，这些接入层交换机将为后期平台维护和延伸扩展提供接口。

干线环网是井下子网与地表调度室通信联络的纽带，因此，干线环网线路应敷设在工程服务年限长、格局不会频繁变化、工程致障因素少的井巷内。同时，按六大系统建设规范的要求，干线环网应通过两条不同的线路接入地面核心交换机，增加通信冗余、尽可能避免网络长期中断。

在主干环网基础上，以交换机为起点，将井下各个子区的 WiFi 基站连接成一个一个环，构成小的冗余环网，以提高综合通信平台的可靠性。对每个子区，根据需要无线信号覆盖和网络通信的范围，每隔一定距离、在巷道岔口或重要监测地点附近安装一台 WiFi 基站，基站之间以支线光纤连接，具体的连接结构见彩图 2。

在综合通信平台建设时，需要根据监测监控系统、人员定位系统和通信联络系统的要求布置信号覆盖区和合理设置基站之间的距离。通常，功率为 4W 的 WiFi 基站，其有效信号覆盖及通信范围为基站与手机之间 250 m、基站与定位卡之间 200 m，基站和基站之间采用光纤连接，无须考虑基站之间的无线通信，因此，在布置 WiFi 基站时，其基站间距应该严格控制在 400 m 以内。

矿山井下生产环境有其自身的特点，由于爆破振动、机械设备撞击等因素的影响，必须使得网络传输平台具有更强的稳定性，因此对硬件设备的质量也提出了更高的要求。

12.2.4 通风监测系统软件

根据通风监测系统的数据流程，在传感器设计与布设(数据采集)、综合数字通信平台设计(数据传输)的基础上，设计与开发综合软件平台，实现数据的分析、处理与显示，从而为相关人员进行矿山管理提供科学的辅助支持。

1)综合软件平台技术原理

基于现实技术的比较与分析，并结合矿山的实际情况，基于迪迈管控平台(DMVR)设计与开发了通风监测系统。DMVR是由长沙迪迈数码科技有限公司与中南大学数字矿山研究中心联合推出的一款三维可视化调度指挥软件，它依托DIMINE数字采矿设计软件平台强大的建模、设计与数据管理功能，结合虚拟现实与仿真技术、GIS/GPS、数据库技术、网络通信技术实现矿山生产环境、生产系统、人员和设备状态的实时高仿真显示，为矿山监测提供了一种新的解决方案。此外，DMVR是基于三维虚拟现实技术开发的高仿真系统，提供了基于DIMINE平台和其他通用三维建模软件(如Maya和3D Max等)模型的真三维场景导入、场景缩放、指定路径漫游、交互式漫游、指定对象跟踪漫游、多窗口对象仿真展示、查询和鹰眼等功能。

DMVR系统的逻辑结构如图12-17所示，其系统构架包括以下四个层次：

(1)嵌入式软件系统：用于传感器和网络数据采集单元；

(2)上位机系统：用于网络数据采集单元和设备自动化控制；

(3)数字采矿软件系统：用于地质、测量、开采设计和生产计划编制的三维可视化建模、优化、设计和分析；

(4)基于虚拟现实技术的生产过程管理系统：用于监测数据采集、空间数据分析和生产过程监视、仿真、控制与决策。

为使通风监测系统能更高效地运行，采用成熟的C/S与B/S相结合的体系结构。系统信息发布模块采用B/S模型，其他功能模块则在高速局域网环境下，采用C/S模式，由中心数据库服务器统一存储管理各种监测数据及各种中间数据，通过空间数据引擎或数据连接组件，在客户端共享使用数据，并利用桌面应用程序对其进行分析与处理。采用C/S模型可实现海量视频与监测数据的传输与处理，提高系统的响应速度，并高效完成参数设置、报表打印，以及快速查询等日常处理与管理任务。

随着Internet技术的发展，B/S模式(浏览器/服务器)已广泛应用于各类企业的信息系统建设。在B/S架构下，用户可以直接通过WEB浏览器访问系统，客户端不需要事先安装，也不需要维护，软件的维护工作全部集中在服务器端。矿内客户端主要由PC主机、客户端软件和后台运行的服务器端软件组成。其中服

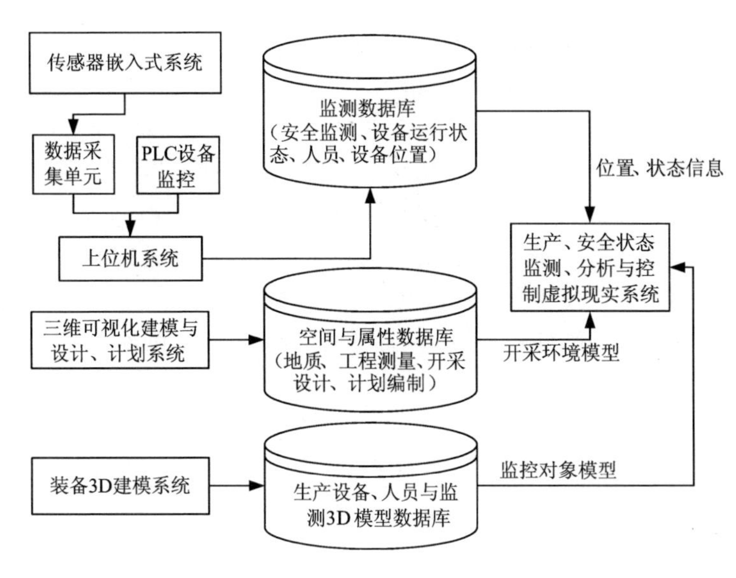

图 12－17　总体解决方案

务器端软件负责读取和存储便携式 WiFi 传感器采集的有毒有害气体的信息，而数据的显示、处理、分析以及控制指令的生成则由客户端软件负责，从而有效地避免数据丢失和多用户访问时，数据不同步、不一致的问题。此外，在功能设计上，B/S 模式要求简单，事务处理比较少，同时界面统一、美观，操作方便，从而方便相关人员快速浏览相关信息。服务器端软件和客户端软件的功能模块如图 12－18、图 12－19 所示。

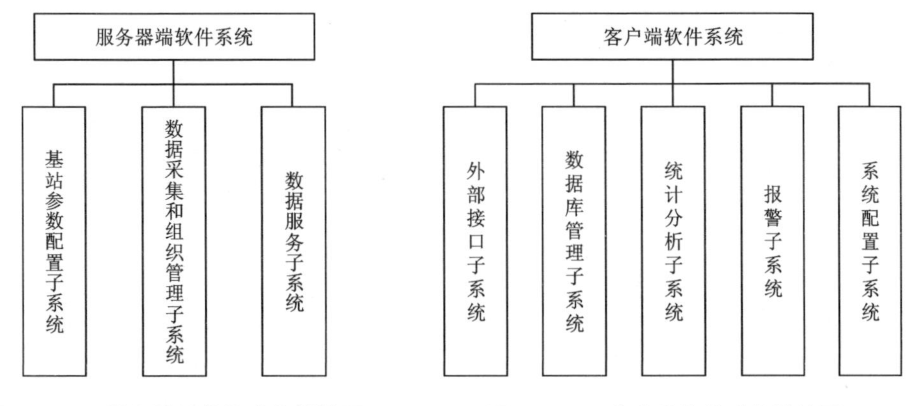

图 12－18　服务器端软件功能模块图　　**图 12－19　客户端软件功能模块图**

2)系统架构方式

综合管控平台软件系统采用模块化结构(表 12 -6)，其突出特点是用户操作界面与生产控制系统和安全避险系统的底层硬件之间不建立直接的、物理上的通信，而是通过数据服务器间接建立联系。该软件在后台访问硬件，负责硬件采集数据的读取、存储和控制指令的下发，而监测数据的显示、分析、处理与控制指令的生成则由客户端软件负责，主要有参数配置、数据分析与处理、查询统计、场景显示与报表输出等功能。将数据采集与显示、分析和处理两个过程相分离，使两者互不影响，这不仅不会造成数据的漏采，同时还有效避免了多个程序访问硬件的情况，不会增加硬件的负担，从而避免了数据丢失和多用户访问时，数据不同步、不一致的问题。

表 12 -6　综合管控平台软件架构

综合管控平台		
数据服务器 功能：与硬件通信、数据采集、数据解析、与数据库通信	数据库系统 功能：数据的存储与管理	客户端 功能：数据分析与处理、查询统计与报表输出

3)系统模块

(1)数据显示模块

DMVR 系统具有能体现矿山各个重要安全传感器的分布和实现实时数据显示的功能。系统可以记录下任意观察位置且将其作为视点，实现在各个重点监控部位的快速跳转。不同视点显示不同监控子系统的内容，如彩图 3 所示，并且通过三维动画技术和 LOD 技术仿真矿山设备、生产系统的工作状态，通过信息面板显示实时监控数据(风速、气体、温度、地压、矿量)，并提供高亮显示、三维光效和声音等三种报警形式，且能够接入现场视频系统的数据，如彩图 4 所示。

(2)数据查询与分析模块

数据查询与分析模块支持不同的用户通过点击传感器在线数据查询功能，实时查询相关监测数据。主要包括以下几种：

①以属性框形式动态显示实时数据；

②单测点历史信息采用时间序列曲线形式分析；

③同类多个传感器在某一时刻的观察值采用空间数据分析技术以等值面或等值线方式进行描述；

④采用 OPC 接口采集实时数据，历史数据通过数据挖掘技术从数据库中获取。

(3)预警模块

该功能主要通过对历史数据库的访问提取各种报警信息，根据报警信息的出现次数和用户指定的安全信息登记，采用不同注记点显示安全隐患的空间，注记点的中心表示报警点的位置，其大小和颜色分别表示安全隐患的等级。

(4)配置管理模块

配置管理模块包括系统管理及配置管理两个模块，前者旨在为客户提供完善的系统安全控制机制，并提供便捷的操作和管理方式，从而对用户和角色权限进行控制，确保系统使用时的安全性；后者则主要为井下监测系统提供基础配置管理模块，主要包括对基站、标识卡、采集分站、传感器等主要设备的参数及配置信息进行管理。

其中配置管理包括基站管理界面、采用设备管理界面以及传感器管理界面，用于显示基站、标识卡、采集分站、传感器等主要设备的参数及配置信息，可为用户提供浏览、设置及管理等功能。

4)系统功能与特点

(1)系统功能

①数据管理

该系统实现了各种传感器的数据管理，包括 CO 传感器、风速传感器、风压传感器、温度传感器及风机开停传感器等监测数据，同时可实时上传各个视频监控点的图像信息，实时上传地压监控各多点位移计和应力计的数据信息。利用数据库管理系统存储各类数据，可方便不同用户进行浏览与查看。

该系统还实现了按时间或测点编号查询历史数据的功能，用户可以在一个界面中查询监测点历史数据的曲线图、柱状图、变化趋势图等，并可进行简单报表的打印、显示出当前所有报警数据的信息等功能。

②实时监测

实现了对 CO 浓度、风速、风压、温度、风机开停等监测参数的动态监测。支持各重点工作区域和设备设施的视频实时监控。

③多级报警

当环境及地压参数异常时，传感器会发出声光报警，传感器基站同时报警，并且地面监控中心也会报警提示值班人员，确保第一时间发现险情，制定处理方案。

④统计分析

系统对所有环境数据进行存储，提供各种查询统计，并以数据和图表等方式直观显示监测情况，并可形成报表打印。

(2)系统特点

系统的主要特点如下：

①采用C/S与B/S相结合的模式，使综合软件控制平台不仅具有强大的数据分析与处理能力，同时具有较快的访问速度，从而为相关管理人员实时了解井下情况提供了更便捷的手段；

②灵活的建模方式，实现矿山设计与管控数据无缝衔接；

③灵活的漫游方式（自由模式和井巷模式）；

④视点技术可以实现各监控子系统和重点部位的快速定位与独立显示；

⑤直观的工况变现形式和丰富的报警方式；

⑥采用自动剖切技术展现巷道内部设备；

⑦三大数据库管理矿山基础信息、实时信息和模型信息，支持多种数据协议（OPC协议和特定厂家的协议）；

⑧插件式框架，便于可扩展。

12.3 基于PLC的矿井风机变频监控系统

12.3.1 矿井风机监控系统框架

矿山企业一般利用现场总线将矿井下设备层的变频器、传感器、风机等与控制层的PLC连接，控制层的PLC又可以通过以太网与管理层的上位机进行通信。DMVR软件、工控机与PLC等的结合，能实现对矿井风机的远程自动在线监控。矿井风机监控系统框架图见图12－20。

12.3.2 PLC及变频器

1）PLC概述

（1）PLC在矿井通风机上的应用

PLC在矿井通风机上的应用原理，主要是使用PLC的逻辑控制、过程控制、模拟量控制、数据处理和通信联网的功能。逻辑控制可以实现井下多台通风机的顺序替换、风机变频和工频的切换以及风机有故障时的调换等；过程控制可以实现对风机风量、风压等的PID调节，使工作面上的有毒有害气体稳定在相关规程规定的安全范围内；模拟量控制可以把风机运行时的压力、流量以及温度等模拟量信号采集到A/D转换模块，然后转换成PLC可以处理的数字量，这些数字量可以在PLC内部进行逻辑比较或数据运算，也可以根据一定的控制算法或拟合关系，对数字量进行运算处理，并把处理的结果经过D/A转换成模拟量；输出控制

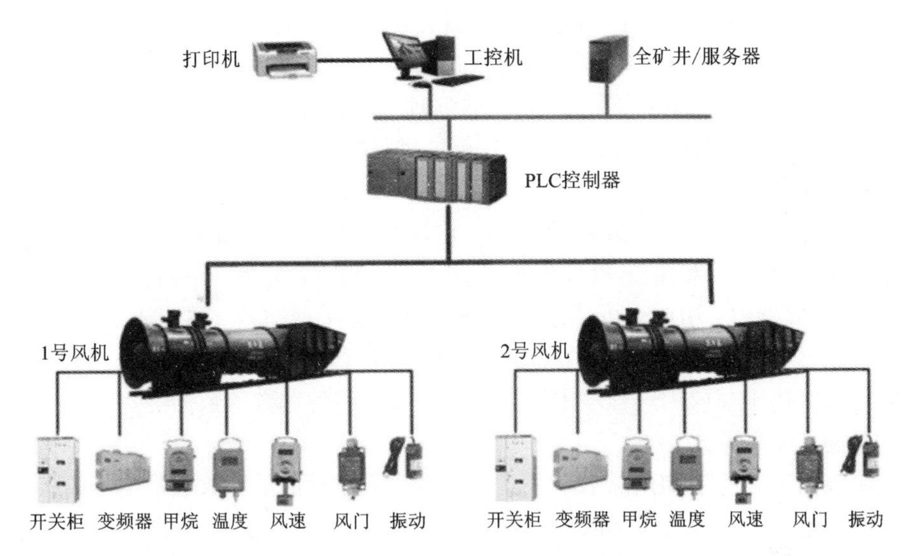

图12-20　矿井风机监控系统框架

外部智能设备使用的数据处理功能，主要是在控制过程中，对一些设定参数进行转换、传送、比较、运算等处理，实现对矿井通风机某些参数的实时监控、修改以及与各种外部设备之间的通信等功能；通信联网功能可以使用不同的协议，如PPI协议、MPI协议、Profibus协议、自用通信协议、USS协议，实现PLC与计算机、PLC与PLC，以及PLC与各种外部智能设备如变频器、智能仪表等的通信连接。在矿井通风系统中，利用PLC和人工神经网络技术，或把一现场总线和以太网技术结合使用，可以对矿井通风机进行远程在线监控，形成"集中管理，分散控制"的功能布局，大大提高通风系统的人工智能化控制水平。

目前，PLC控制技术在矿井通风机上已经得到了大力推广和应用，在国内许多矿山的通风系统中投入运行以来，该技术展现出了较高的可靠性、较好的控制功能、较强的数据处理和联网通信功能，大大提高了矿井通风系统的自动化水平。总之，PLC控制技术以其独特的特点和功能，提高了矿井通风机的自动化控制程度，特别是和变频器的结合使用，可以使矿井通风机取得明显的高效、安全、节能的运行效果。

(2)PLC的基本构成

PLC种类、型号繁多，但基本结构和工作原理却大致相同，它是计算机技术与机电控制技术相结合的产物，是一种以微处理器为核心用于电气控制的特殊计算机，采用的也是典型的计算机结构。其主要由以下几个部分构成(如图12-21所示)：

①中央处理器

中央处理单元一般由控制器、运算器和寄存器组成，它是 PLC 的核心部分。它的主要任务是控制接收和存储编程设备输入的用户程序和数据；诊断内部电路的工作故障和编程中的错误；扫描 I/O 接收的现场状态，并按照用户程序对信息进行处理，然后刷新输出接口，对执行部件进行控制。

②存储器

存储器是存放程序和数据的地方，它包括系统程序存储器和用户程序存储器。系统存储器用来存放 PLC 生产厂家编写的系统程序，并固化在 PROM 或 EPROM 存储器中，用户不可访问和修改；用户程序存储器主要包括用户程序存储区和数据存储区两个部分，用户程序存储区用于存储用户编写的控制程序，而数据存储区用于存放用户程序中使用器件的状态和各种数值数据等。

③输入输出单元

输入输出单元是 PLC 接收和发送各种开关量、模拟量和数字量信号的接口部件。输入单元用于接收现场的一些控制信号，通过接口电路转换成中央处理器可识别和处理的低电压信号，并输入映像寄存器。输出单元将中央处理器输出的低电压信号，经过输出接口电路将其转换成现场的强电信号。

④电源单元

电源单元是 PLC 的电源供给部分。它的作用是把外部供应的电源转换成 CPU、存储器等电路工作所需要的直流电，即向外部器件提供直流电源。

⑤外设接口与扩展接口

可以通过外设接口与监视器、打印机或计算机相连。扩展接口用于将扩展单元以及功能模块与基本单元相连，使配置更加灵活，以满足不同控制系统的需要。

(3)PLC 的工作原理

PLC 工作的全过程分为上电处理、扫描过程、出错处理三个部分，它的工作方式是不断循环地顺序扫描，每次扫描所用的时间称为一个扫描周期。PLC 对程序的扫描顺序是从上到下，从左到右，逐条地读取程序指令，程序结束后，再返回到首条指令开始新的扫描。它对用户程序的扫描主要分为三个阶段，各个阶段的功能如下：

①输入采样阶段：在输入采样阶段，可编程逻辑控制器以扫描方式依次读入所有输入状态和数据，并将它们存入 I/O 映象区中相应的单元内。输入采样结束后，转入用户程序执行和输出刷新阶段。在这两个阶段中，即使输入状态和数据发生变化，I/O 映象区中相应单元的状态和数据也不会改变。因此，如果输入的是脉冲信号，则该脉冲信号的宽度必须大于一个扫描周期，才能保证在任何情况下，该输入均能被读入。

②程序执行阶段：根据读入的输入映像寄存器中的信号状态，按一定的扫描

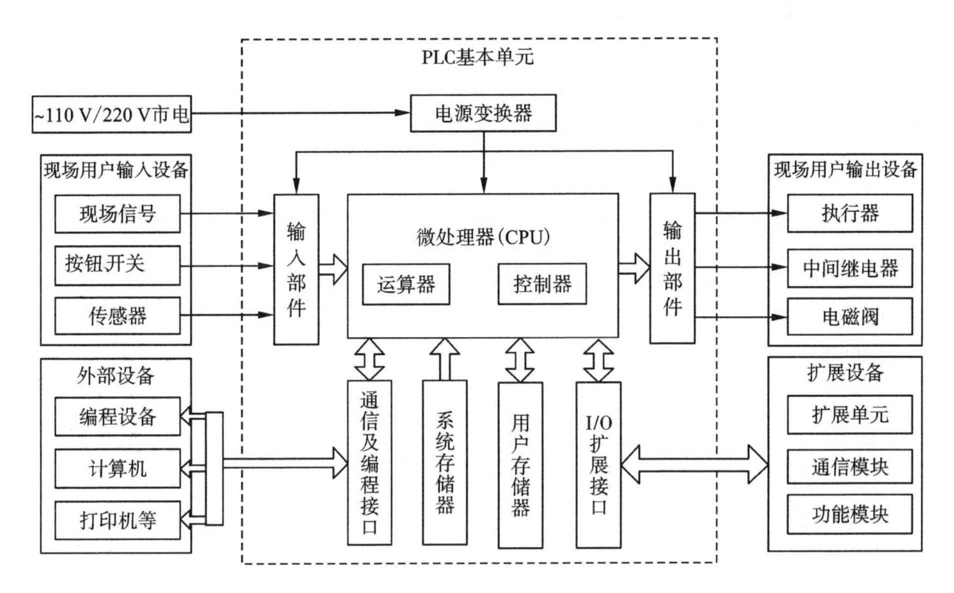

图 12－21　PLC 系统结构示意图

原则执行用户编写的程序，然后把执行结果存入元件映像寄存器中。

③输出刷新阶段：在所有指令执行完毕后，同时对各个输出点进行刷新以驱动被控设备。

(4)PLC 选型原则

PLC 选型的基本原则是所选的 PLC 应能够满足控制系统的功能需要。具体选型原则如下：

①PLC 结构的选择

在相同功能和相同 I/O 点数的情况下，选择整体式 PLC 与模块式 PLC 价格较低者。

②PLC 输出方式的选择

不同的负载对 PLC 的输出方式有不同的要求。继电器输出型的 PLC 可以带直流负载和交流负载；晶体管型与双向晶闸管型输出模块分别用于直流负载和交流负载。

③I/O 响应时间的选择

PLC 的响应时间包括输入滤波时间、输出电路的延迟和由扫描周期引起的时间延迟。

④联网通信的选择

若 PLC 控制系统需要联入工厂自动化网络，则所选用的 PLC 需要有通信联网功能，即要求 PLC 应具有连接其他 PLC、上位计算机及 CRT 等接口的能力。

⑤PLC 电源的选择

电源是 PLC 干扰引入的主要途径之一，因此应选择优质电源以助于提高 PLC 控制系统的可靠性。一般可选用畸变较小的稳压器或带有隔离变压器的电源，使用直流电源时要选用桥式全波整流电源。

⑥I/O 点数及 I/O 接口设备的选择

a. 输入模块的输入电路应与外部传感器或电子设备(例如变频器)的输出电路的类型相配合，最好能使二者直接相连；

b. 选择模拟量模块时应考虑使用变送器，以及执行机构的量程是否能与 PLC 的模拟量输入/输出模块的量程匹配；

c. 使用旋转编码器时，应考虑 PLC 的高速计数器的功能和工作频率是否能满足要求。

⑦存储容量的选择

PLC 程序存储器的容量通常以字或步为单位，对用户程序存储器的容量可以作粗略的估算。一般情况下用户程序所需的存储器容量可按照如下经验公式计算：

$$程序容量 = K \times 总输入点数/总输出点数$$

对于简单的控制系统，$K=6$；若为普通系统，$K=8$；若为较复杂系统，$K=10$；若为复杂系统，则 $K=12$。在选择内存容量时同样应留有余量，一般是运行程序的 25%。不应单纯追求大容量，在大多数情况下，满足 I/O 点数的 PLC，内存容量也能满足。

2）变频器调速的原理及应用

(1)变频器调速的基本原理

在工业生产过程中，电机主要是用于拖动生产机械以满足生产的工艺要求。电机主要分为交流电机和直流电机两种，直流电机可以方便地进行调速，而交流电机的调速则会比较困难。经过几十年的研究和发展，出现了许多交流电机的调速方式，如异步电机的变极调速、定子电压调速、转子串电阻调速、串级调速、变频调速等。目前，使用最广泛、效果最好的还是变频调速，变频调速技术的迅速发展，使交流电机调速困难的问题得以解决。交流异步电机的转速表达式为：

$$n = \frac{60f_1}{p}(1-s) = \frac{60\omega_1}{2\pi p}(1-s) \tag{12-1}$$

式中：f_1 为定子电源频率；p 为异步电机的磁极对数；s 为电动机的转差率。

由式(12-1)可知，当定子电源频率 f_1 增加时，交流异步电机的实际转速 n 也会增加；反之，定子电源频率 f_1 降低时，交流异步电机的实际转速 n 也会降低。因此，变频调速的原理则是通过改变定子电源频率来改变交流电动机的调速方式。但在实际试验中，我们可以发现，如果单纯地改变电动机的频率，电动机将会烧坏。由此我们可以判断，在改变频率时将会引起电动机的一些物理量发生变化，这样会影响到电动机的一些调速指标，所以我们需要采取一些控制方式来处理这个问题。一般交流变频调速有三种最基本的控制方式：一是电源频率低于工频范围调节，主要是通过调节电源频率和定子电压，使磁通不变，这种方法又称为恒磁通调压调频调速；二是电源频率高于工频范围调节，主要是通过调节电源频率，使电动机的功率保持不变，这种方法又称为恒功率调速；三是转差频率控制，主要是通过控制频率 ω_1，进而可以间接地控制电磁转矩 T_e。

(2)矿井风机变频调速的节能原理

当矿井通风系统的风量过大时，传统的做法是通过调节风门，增大矿井通风系统阻力，以达到减少风量的目的，该方法虽然简单，但能耗较大。采用变频调速，只需适当调小变频器的频率，使电机的转速降低，即可满足所需风量的要求，且大大降低电机能耗。

矿井风机变频调速的节能原理详见扇风机数值模拟 - 风机变频章节。

(3)变频器的结构和选型

变频器按其结构分为交 - 交变频器和交 - 直 - 交变频器两种。交 - 交变频器可将工频交流电直接转变成频率和电压均可控制的交流电，又称为直接变频器；交 - 直 - 交变频器是把工频交流电经整流器先转换成直流电，然后经滤波环节后，再把直流电转换成频率、电压可控制的交流电，又称为间接变频器。目前，使用最多的通用变频器多是交 - 直 - 交变频器，它主要由主电路(包括整流器、中间直流环节、逆变器)与控制电路组成，其基本结构如图 12 - 22 所示：

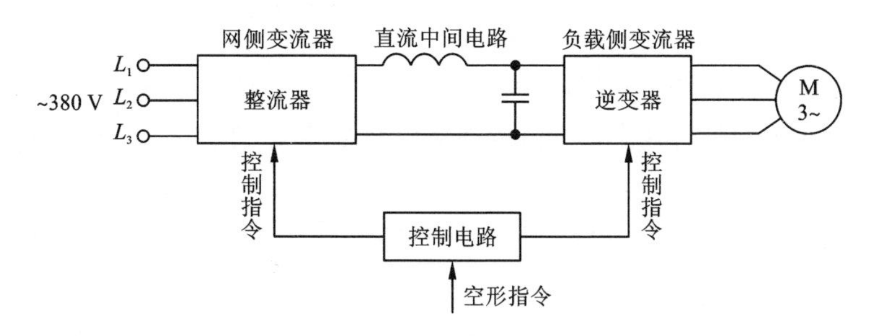

图 12 - 22　变频器基本结构图

①整流器：整流器即是网侧变流器，它的作用是把三相或单相交流电整流成直流电。整流电路有可控整流电路和不可控整流电路两种。

②逆变器：逆变器即是负载侧的变流器，它的主要作用是在控制电路的控制下将直流电转变成频率、电压调节后的交流电，输出给外部设备。六个半导体主干器件组成的桥式电路是常见的逆变电路，通过控制电路控制开关器件的通、

断，可以得到所需频率的交流电输出。

③中间直流环节：中间直流环节又称为中间储能环节，这是因为逆变器的负载多为感性负载，其功率因数小于1，使得在中间直流环节和电动机之间存在着无功率的交换。这种无功能量需要中间直流环节中的电容器或电抗器来进行缓冲。

④控制电路：控制电路是变频器的核心，它通常由运算电路、检测电路、门极驱动电路、外部接口电路和保护电路等组成，其作用主要是完成对逆变器的开关控制和频率控制、对整流器的电压控制以及完成各种保护功能等。

另外，变频器按调制方法分为PAM型变频器和PWM型变频器；按用途又可分为通用变频器和专用变频器。目前，市场上变频器的品牌很多，国外的有ABB、Siemens、Lenze、Vacon、Danfoss、KEB、LG、Samco等，国内的有佳灵、阿尔法、森林、时代等。在工程中使用变频器，可参考以下步骤进行选型：

①分析负载类型，是恒转矩负载、恒功率负载还是平方转矩负载；

②根据负载类型和控制任务，确定变频器的类型和数目；

③根据电动机的额定电流和额定功率，确定变频器输出频率和额定电流；

④进行市场调研，确定合适的变频器品牌；

⑤根据变频器的输出频率和额定电流，对该品牌的变频器进行选型；

⑥变频器选择好以后，要进行相关的校验。

3)PLC控制变频器的方式

在许多工程应用中，为了提高控制系统的自动化水平，需要把PLC和变频器结合起来使用，对异步电机进行变频调速控制。总的来说，控制变频器的方式主要有以下三种：

①频率输出控制端子的逻辑组合方式

大多数变频器都有几个不同的频率输出控制端子，我们可以通过对变频器参数的设定，设置控制端子按不同的频率输出。通过对变频器控制端子逻辑输入口的逻辑组合，可以实现电机的启停控制和输出频率的改变。其逻辑组合控制是用PLC的输出控制变频器控制端子的ON/OFF状态，使变频器输出不同频率的电源，进而控制异步电机的转速。由于变频器控制端子的输出频率是预先设定的，它的输出频率也只是一些固定的数值，不能实现异步电机的无级平滑调速。因此，这种控制方式只适合不需要电机连续调速就能满足生产要求的场合。

②通信方式

变频器一般都带有RS485接口，大多数的PLC也都支持RS485的通信。PLC控制变频器的通信方式是通过串行电缆把PLC和变频器的RS485通信接口连接起来，用通信的方式把频率由PLC传给变频器。在这种控制方式中，如果PLC的通信接口为RS232接口，需加一个转换器转换成RS485接口。若PLC通过通信的方式来监控变频器，可以传送大量的信息，连续地监控多台变频器，还可以通过通信修改变频器的参数，实现多台变频器的联动控制和同步控制。然而，变频器的种类很多，不同厂家生产的变频器使用不同的通信协议，有 Modbus 从站协议、USS 协议和用户自定义协议等。因此，必须用变频器支持的协议来完成 PLC 和变频器的通信。

③模拟量控制方式

PLC 一般都具有模拟量信号处理的功能，模拟量信号通过 A/D 模块和 D/A 模块转换后，输出 0 ~ 10V 的电压或 4 ~ 20 mA 的电流，把输出的信号输入到变频器相应的模拟量输入端子，可以控制变频器输出电源的频率，即模拟量控制方式。该控制方式要求 PLC 和变频器的控制距离不能太远，且是一对一的控制场合，但这种控制方式使用起来比较简单，对 PLC 的要求也不是很高。

12.3.3　矿井通风监控软件系统

矿井通风监控软件平台技术原理、系统架构方式、系统模块以及系统功能与特点等详见 12.2.3 节和 12.2.4 节。

第 13 章 iVent 矿井通风系统

13.1 iVent 矿井通风系统概况及其功能特点

13.1.1 系统概况

iVent 矿井通风系统(以下简称 iVent)是以矿井通风理论、图论、计算机技术以及三维可视化技术等理论与技术为基础，基于 DIMINE 数字采矿软件系统平台核心技术构建的三维仿真通风动态模拟作业平台，真三维模拟矿井通风网络的空间位置和层位关系，内置网络拓扑动态构建调整机制，可用于通风系统设计、通风改造、通风优化以及通风测定等工作。iVent 界面见彩图 5，iVent 应用概述见图 13－1。

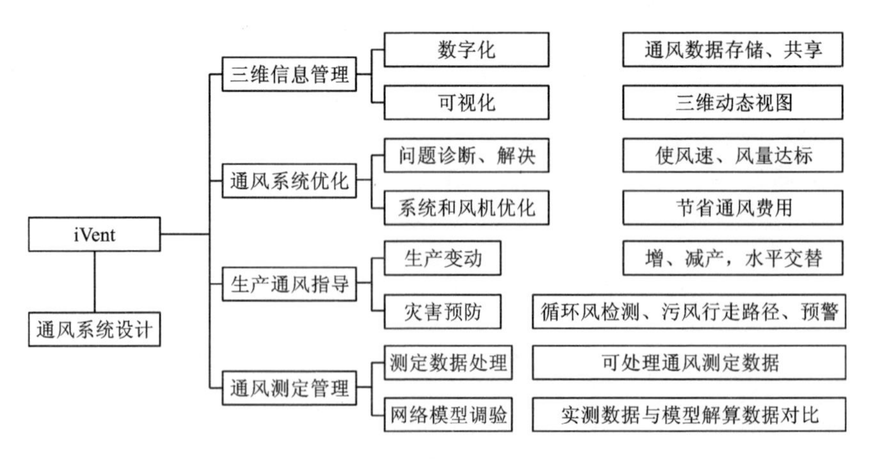

图 13－1 iVent 应用概述图

13.1.2 系统特点

(1)基于 DIMINE 真三维可视化采矿软件系统平台能真实反映三维通风巷道空间关系，可方便对通风网络任意节点与分支进行编辑调整；

(2)与 DIMINE 数字采矿软件数据共享，兼容 dxf、dwg 等 AutoCAD 数据，支持导入的 DIMINE 与 AutoCAD 数据自动构建通风拓扑网络，同时支持三维通风立体图形的 AutoCAD 出图；

(3)基于改进的 Hardy-Cross 算法进行迭代计算，迭代收敛速度快且稳定，千条风路单次解算时间 3 s 内，支持多风机多级机站通风网络解算，支持风量、风速及风压阈值与变化量等的预警；

(4)支持自然分风解算和强制分风解算，可对任意风路固定风量、固定风压，实现风流按需分配解算和通风系统动态仿真模拟；

(5)具备矿井自然风压自动分析功能；

(6)具有全面、详尽、准确的风机数据库与常用的摩擦阻力系数库，其中风机数据库包含金属非金属矿山和煤矿两大类风机，数据库可任意扩充；

(7)对风机运行曲线的最佳拟合，可在风网优化设计的基础上自动进行风机优选和风机运行工况点分析；

(8)支持风机变频模拟、风机开停模拟以及叶片不同安装角度运行模拟，方便进行短期和长期通风系统规划；

(9)可在三维通风网络模型的基础上，采用通风网络解算和分析方法，动态预测贯通、延伸、新掘或废弃巷道分支后通风系统的风量分配和风机工况点；

(10)能够实现特殊分支巷道风量调节，具有回路法与通路法等多种风量调节方法，可根据风量分配要求反算调节风阻大小或调节风窗开口面积，在通风网络解算的基础上，可自动优选辅扇、计算扩刷断面面积以及风窗开口面积，对风门、风窗、风墙等通风构筑物设置和风量调节效果实现预先仿真模拟；

(11)具备矿井通风网络分析诊断功能，自动检测井下循环风、污风串联、最大阻力路线以及计算节点压力等，辅助分析矿井通风薄弱环节；

(12)能动态模拟井下污风扩散路径及覆盖范围，辅助进行灾害预案制定和紧急情况下人员撤退路径分析；

(13)具有测点布置、测点数据管理、阻力计算、异常数据检查处理、解算实测对比以及测风求阻等功能，辅助通风技术人员进行矿井通风阻力测定；

(14)提供需风量计算功能，根据规程要求快速计算回采、掘进、硐室等工作面需风量，为井下风量分配提供依据，从而省却烦琐的手工计算工作；

(15)可在三维通风立体图形上动态显示风流方向和相关通风参数，真实反映井下通风巷道风流关系，方便通风技术人员发现通风系统的薄弱环节或超限数据；

(16)支持一键输出 Microsoft Excel、Microsoft Word 及 TXT 版本的通风解算报告。

13.1.3 功能模块

iVent 作为一套专业的通风软件系统，它具有先进、全面、高效、易于掌握等特点，包含三维视图显示、通风数据导入导出、通风网络编辑、风机优选、风机变频模拟、通风解算与调节、解算预警、循环风检测、最大阻力路线搜索、污风扩散模拟、测点布置与测点数据管理、解算报告输出以及动画展示等主要功能，详见彩图 6 及表 13 -1。

表 13 -1 iVent 矿井通风系统主要功能模块

序号	iVent 功能		
	功能模块	功能列表	功能说明
1	视图	设置、显示、选择、查询、悔步	真实动态显示通风网络的空间三维关系
2	工程管理	打开、添加、保存、导出	通风工程的整体管理、外部数据的转入与转出，通风对象参数初始化
3	显示	动画、配色、风格	动态模拟实际通风效果、按通风实际参数进行多样化、可视化表达
4	数据统计	条件查询、风机统计、构筑物统计、巷道统计、节点统计	统计与查询整个风网中风机、构筑物、巷道、节点、风量、风压以及风速等数据
5	编辑	添加巷道、风机、构筑物；巷道反向、打断、移动复制、合并、属性刷等	添加巷道、风机、构筑物，编辑通风网络
6	解算	参数设置、网络检查、解算、风机优选	利用改进的 Hardy-Cross 方法进行风网解算
7	调节	回路法调节、通路法调节	对通风网络进行风网调节，实现矿井“按需分风”的目的
8	报告	汇总报告、解算报告	一键输出通风解算报告
9	工具	风机库、需风量计算、节点压力、循环风检测、最大阻力线路、污风扩散等	对风机数据库进行管理、计算需风量、矿山薄弱环节分析、模拟与预警
10	测定	布置测点、测点数据管理、阻力计算、数据检查、实测对比、测风求阻	辅助进行矿井通风阻力计算，可视化管理测定数据，自动输出报表

13.2　通风网络三维设计

13.2.1　数据与 DIMINE 三维采矿设计平台共享

iVent 矿井通风系统可将 DIMINE 矿井开拓工程数据导入且自动建立通风拓扑网络，自动构建真三维可视化通风立体图；对通风拓扑网络的设计也可以返回 DIMINE 三维采矿设计平台验证采矿工程设计。DIMINE 与 iVent 数据共享见图 13－2。

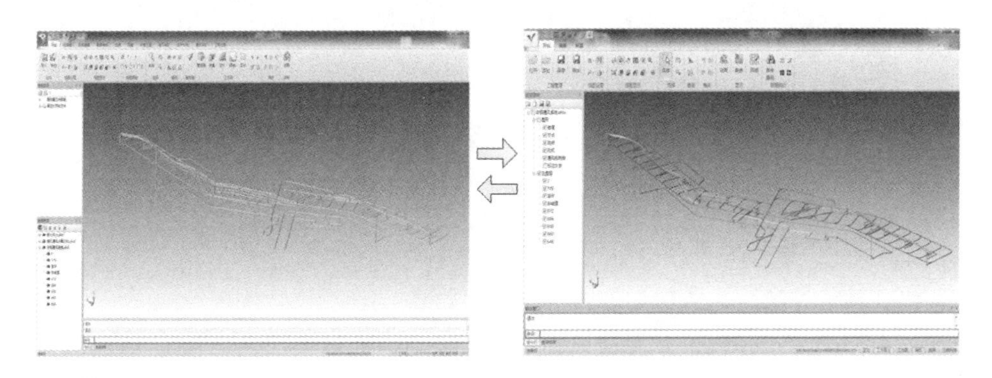

图 13－2　DIMINE 与 iVent 数据共享

13.2.2　兼容 CAD 数据

iVent 矿井通风系统兼容 dxf、dwg 等 CAD 数据（见图 13－3），可将 CAD 建立的通风网络导入系统，自动构建真三维可视化通风立体图，也可以将系统建立好的通风网络转换为 CAD 的 dxf、dwg 数据。

13.2.3　通风网络编辑

iVent 提供了添加巷道（见彩图 7）、添加风机、添加构筑物（见彩图 8）、移动复制、点打断、相交打断、合并、反向以及属性刷等多种编辑工具（见图 13－4），可方便对通风网络任意节点与分支进行编辑调整。

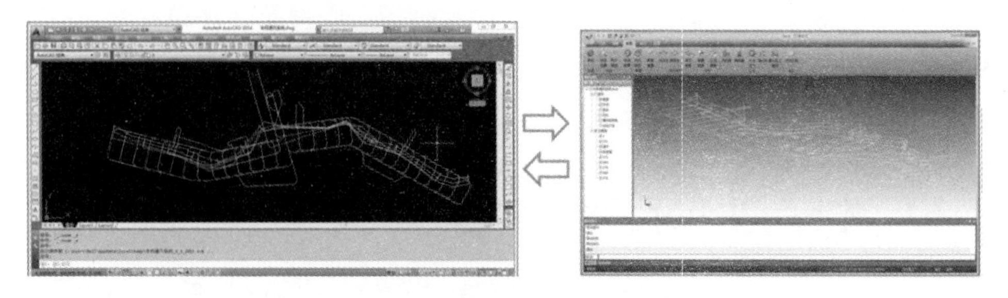

图 13－3　iVent 兼容 CAD 数据

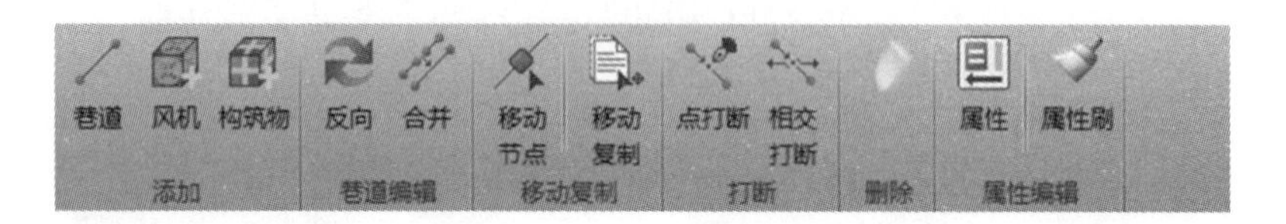

图 13－4　编辑功能

13.3　通风阻力测定

通风阻力测定是通过掌握通风系统中风量与阻力分布情况，为通风设计、通风网络解算、通风问题诊断与分析、通风系统改造、通风网络调节等提供基础数据。为辅助通风技术人员方便快捷地进行通风阻力测定准备工作以及测定数据更好的与 iVent 衔接等，iVent 提供了测点布置、测点数据管理、阻力计算、数据检查以及解算实测对比报表等功能(见图 13－5)。

图 13－5　通风阻力测定功能组

13.3.1　测点布置

提供方便快捷的测点布置工具，支持测点 CAD 出图，测点布置范例见彩图 9。

13.3.2　测点数据管理与阻力计算

支持测点数据的动态管理(见图 13－6)；支持测点实测数据导入与相关计算等。

1)阻力计算

支持巷道风阻、摩擦阻力系数以及通风阻力等数据计算(见图 13－7)，生成阻力计算报告。

测点管理

号	测点绝压hPa	基点绝压hPa	温度℃	湿度%RH	实测风速m/s	测点标高m	测点间距m
1	1032.43	994.3	22.2	73.1	0.83	-46	0
2	1032.62	994.3	22.1	87.8	0.11	-46	0
3	1032.42	994.3	21.8	77.9	0	-46	0
4	1032.38	994.3	21.7	70.3	3.03	-47	0
5	1032.34	994.3	22	70.7	3.66	-47	0
6	1032.87	994.3	21	77	0.84	-46	0
7	1038.08	994.3	11.6	51.4	3.39	-105.312	0
8	1038.18	994.3	10.9	53.5	1.01	-105.216	0
9	1038.04	994.3	10.9	54	1.75	-105.279	0
10	1037.84	994.3	11.8	52.2	6.4	-105.28	0
11	1037.7	994.3	12.3	48.8	9.74	-104.861	0
12	1038.2	994.3	11	50.7	2.98	-104.687	0
13	1038.35	994.3	10.4	47.9	1.66	-104.762	0
14	1038.33	994.3	9.7	47.4	1.92	-104.784	0
15	1038.25	994.3	9.7	48.5	2.92	-104.857	0
16	1038.21	994.3	9.8	53.4	2.87	-105.096	0
17	1039.24	994.3	16.2	54.5	0.11	-108.2	0
18	1038.97	994.3	16.8	61.4	0.53	-107.59	0

导入管理
导入数据
关联数据
测点编号
1
修改编号
数据管理
更新计算
检查数据
保存数据
应用
退出

图 13－6　测点数据管理

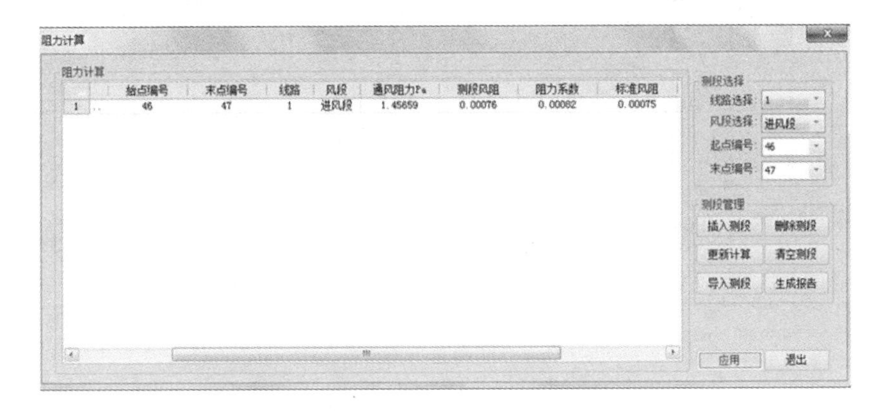

	始点编号	末点编号	线路	风段	通风阻力Pa	测段风阻	阻力系数	标准风阻
1	46	47	1	进风段	1.45659	0.00076	0.00082	0.00075

图 13－7　阻力计算

2)数据检查

检查测点编号是否重复、测点属性是否有值以及测点数据是否合理(如测定的风量是否满足风量平衡)等(见 13－8)。

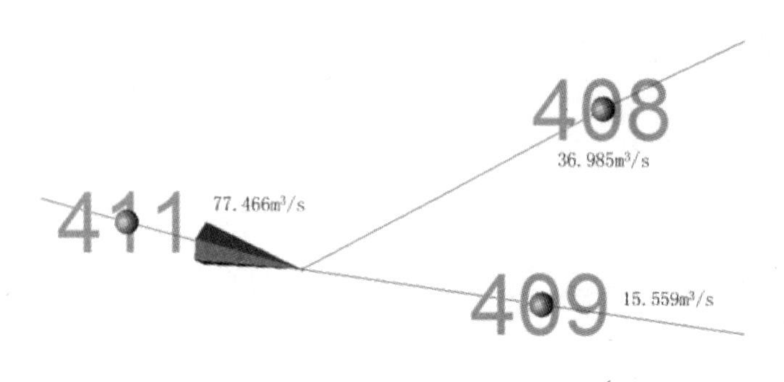

图 13－8　数据检查

13.3.3　解算实测对比

一键输出解算实测对比报表，帮助分析实测与解算结果，从而为建立真实的通风系统网络模型提供依据，如图 13－9 所示。

各水平进风量出风量实测与解算对比表										
图层	进出风	巷道编号	巷道名称	测点编号	实测风量	解算风量	解算进出风量统计	差值	百分比	备注
-50m水平		12	东风井联巷		10.477	10.386		0.091	0.87%	
		20	东风井联巷（风窗升一点）		43.766	35.139		8.627	19.71%	
		23	-50炸药库回风井联巷		0	0		0	0	
		24	-50电梯井联巷		0.801	0		0.801	——	
-110m水平	未设置	12	东风井联巷		10.477	10.386		0.091	0.87%	
		20	东风井联巷（风窗升一点）		43.766	35.139		8.627	19.71%	
		23	-50炸药库回风井联巷		0	0		0	0	
		24	-50电梯井联巷		0.801	0		0.801	——	
		25	下盘运输巷		64.284	59.515		4.769	7.42%	
		48	-110水平副井进风井车场北		26.74	25.773		0.967	3.62%	
		69	-110-50电梯井联巷		7.725	0		7.725	——	
		77	重车石门		19.518	21.505		1.987	9.24%	
		48	-110水平副井进风井车场北		26.74	25.773		0.967	3.62%	
		69	-110-50电梯井联巷		7.725	0		7.725	——	
-155水平	未设置	48	-110水平副井进风井车场北		26.74	25.773		0.967	3.62%	
		77	重车石门		19.518	21.505		1.987	9.24%	
		133	-110盲斜井		36.985	41.215		4.23	10.26%	
		64	-110水平3-1溜井联巷		9.059	9		0.059	0.65%	
		33	-110下盘运输巷		19.261	18.3		0.961	4.99%	
		174	-125回风井联巷		54.266	62.7		8.434	13.45%	
		177	-125m斜坡道联巷		0	0		0	0	
		178	-125电梯井联巷		0	0		0	0	
		179	-125-140东部斜坡道		12.705	15		2.295	15.30%	
		176	-125东部进风井联巷		35.163	33.2		1.963	5.58%	
		188	-140m11-19进路		0	2.127		2.127	——	
		200	-140m16#联巷		47.555	42.6		4.955	10.42%	
		216	-140M7#联巷		22.145	17.974		4.171	18.83%	

图 13－9　解算实测对比表截图

13.3.4　测风求阻

测风求阻是将不满足需风要求，但设置“固定风量”且需增阻调节的定流巷道，用风阻值加以替代，从而实现巷道测风速求得其风阻，如图 13－10 所示。

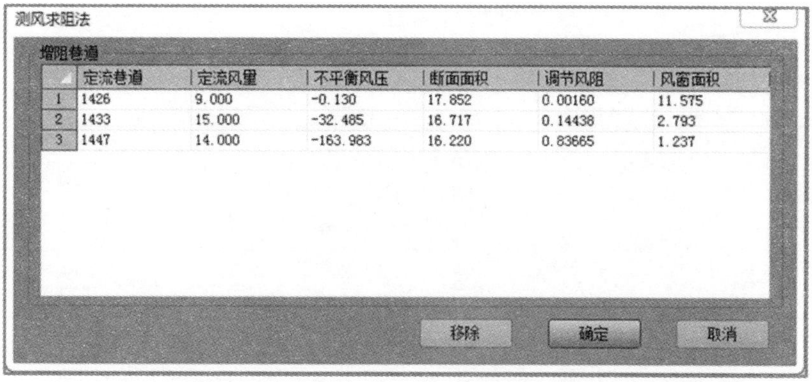

测风求阻法

增阻巷道

	定流巷道	定流风量	不平衡风压	断面面积	调节风阻	风窗面积
1	1426	9.000	-0.130	17.852	0.00160	11.575
2	1433	15.000	-32.465	16.717	0.14438	2.793
3	1447	14.000	-163.983	16.220	0.83665	1.237

移除　确定　取消

图 13－10　测风求阻

13.4　风网解算与预警

iVent 基于改进的 Hardy-Cross 算法进行迭代计算，内置独特的网孔圈划算法，迭代收敛速度快且稳定，千条风路单次解算时间 3S 内，支持多风机多级机站通风网络解算，支持自动模拟风机特性曲线下的虚拟风机参与解算，支持风量、风速及风压阈值与变化量等的预警，如图 13－11 所示。

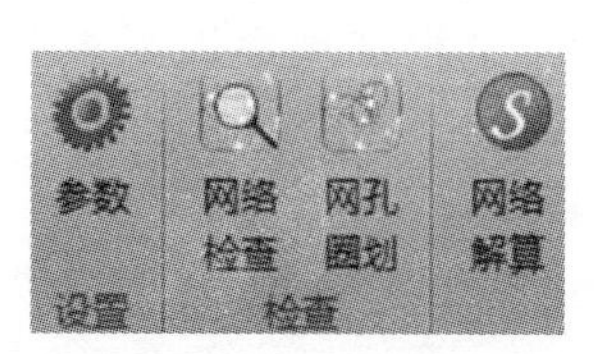

图 13－11　解算功能组

13.4.1　风网检查

支持检查网络连通性、固定风量设置合理性、重叠巷道、并列巷道、独头巷道、进出风巷道、巷道风流流向等，如图 13－12 所示。

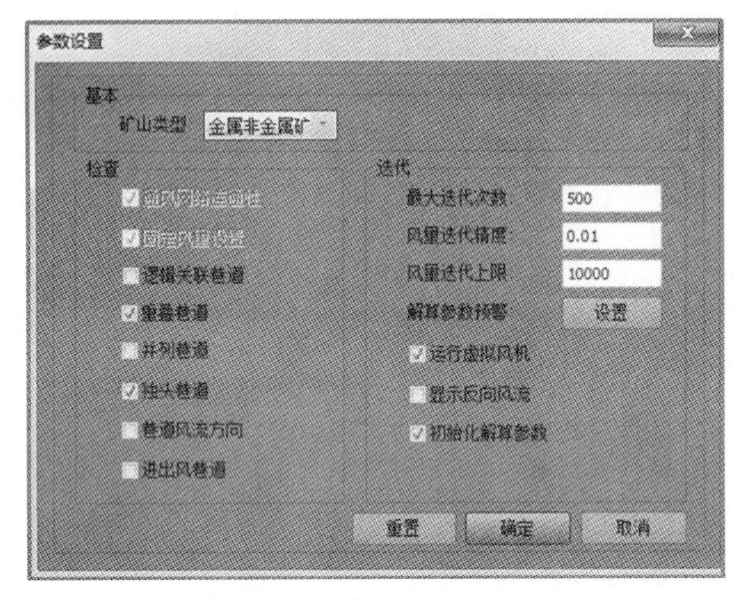

图 13－12　风网检查设置

13.4.2　虚拟风机运行解算

iVent 支持在未设置风机时，依据装机风量，自动计算装机风压，并根据风机参数，自动模拟风机特性曲线，从而实现虚拟风机运行下的通风网络解算，如图 13－13 所示。

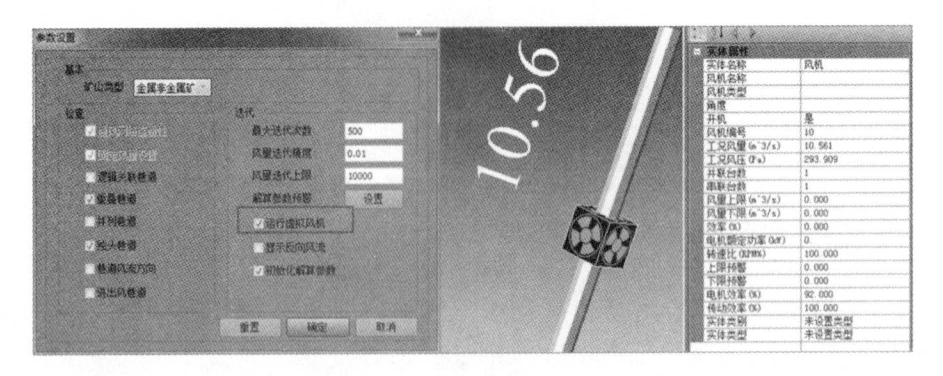

图 13－13　虚拟风机运行解算

13.4.3　多风机多级机站解算

iVent优化了网孔中风机分支与大风阻分支的结构，允许同一个网孔中布置多台风机，可以快速解算多风机多级机站通风网络，如彩图10所示。

13.4.4　自然分风解算和强制分风解算

iVent支持对任意风路是否设置固定风量或固定风压，实现通风网络自然分风解算和强制分风解算，保证通风网络风流按需分配解算和通风系统动态仿真模拟，如彩图11所示。

13.4.5　自然风压解算

自然风压对矿井通风的影响随季节的不同而变化，iVent允许用户根据实际情况调整自然风压，分别解算无自然风压、有自然风压、纯自然风压时的通风情况，分析自然风压对整个通风网络的影响，如彩图12所示。

13.4.6　解算预警

iVent支持对风速、风量、风压的阈值与变化量，以及风流反向等进行预警，如彩图13所示。

13.5　风机优选与变频

为解决矿山风机选型不合理、通风能耗大等问题，iVent提供了风机优选与风机变频模拟等功能，如图13－14所示。

图13－14　风机优选功能组

13.5.1　风机库管理

iVent提供了全面、详尽、准确的风机数据库，包含金属非金属矿山和煤矿两大类风机；支持用户自定义风机。风机库中可显示风机功率曲线、风压曲线、风机参数，并支持对不同风量下对应的风压、功率的查询，如图13－15所示。

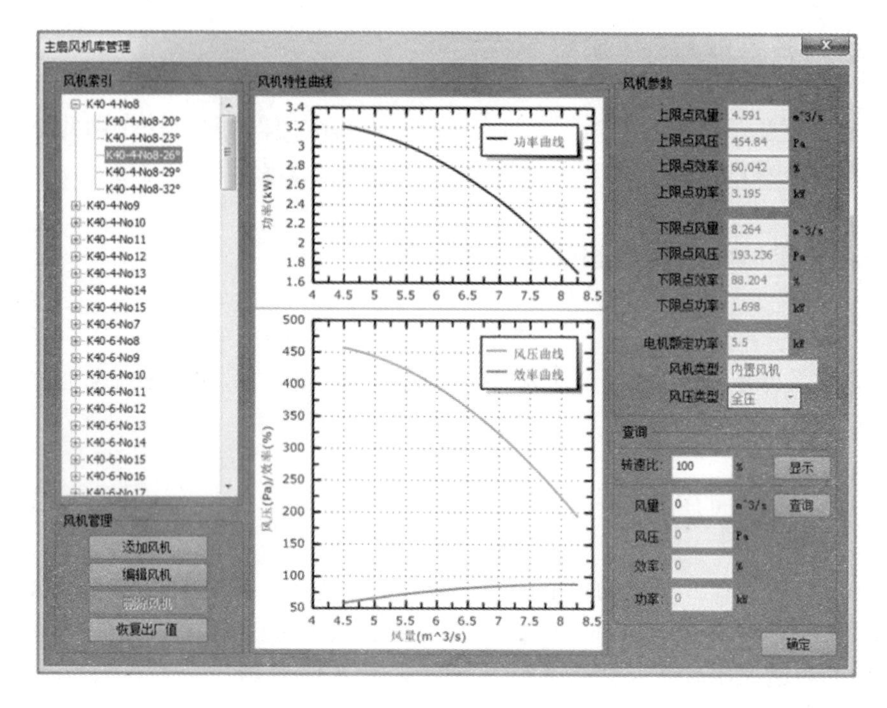

图 13－15　风机库

13.5.2　风机运行工况查询分析

对于系统中已经定义的风机，系统可以查询风机的运行状态、工况风量、风压的特性曲线，并且可以保存浏览，如彩图 14 所示。

13.5.3　风机优选

系统可快速依据风机的风量、风压值以及风机串并联参数设置，优选出风机库中所有符合要求的风机，从而协助用户快速选择当前工况情况下符合要求、功率低、效率高的风机，节省人力、提高工作效率，如彩图 15 所示。

13.5.4　风机变频模拟

iVent 支持风机变频模拟、风机开停模拟以及叶片不同安装角度运行模拟，方便进行短期和长期通风系统规划，如彩图 16 所示。

13.6　风网诊断与分析

iVent 为通风问题分析诊断以及灾害预防提供循环风检测、最大阻力线路搜索、节点压力计算等多种高级工具，辅助分析矿井通风薄弱环节，从而为通风技术人员提供通风生产决策辅助，如图 13－16 所示。

图 13－16　风网诊断与分析功能组

13.6.1　需风量计算

iVent 提供需风量计算功能，根据规程要求快速计算整个矿井或者各水平中段等不同区域范围的回采、掘进、硐室等工作面需风量，为井下风量分配提供依据，从而省却烦琐的手工计算工作，如图 13－17 所示。

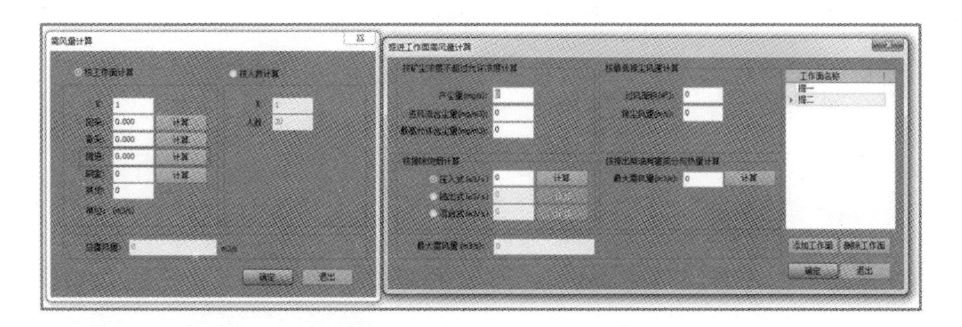

图 13－17　掘进工作面需风量计算

13.6.2　循环风检测

iVent 采用单向回路搜索算法自动检测井下存在的循环风流，并快速提取其循环风量大小，如彩图 17 所示。

13.6.3　最大阻力线路搜索

iVent 提供最大阻力路线搜索功能，通过搜索矿井最大通风阻力路线，分析矿井通风阻力分布情况，为降阻提供依据，如彩图 18 所示。

13.6.4　节点压力计算

iVent 提供节点压力计算功能，通过计算通风网络中各节点的压力大小，分析整个矿井压能分布情况，如彩图 19 所示。

13.6.5　污风扩散模拟

iVent 能动态模拟井下污风扩散路径，直观快速指导井下人员安全避险，对矿井应急预案的制定具有一定的指导意义，如彩图 20 所示。

13.6.6　污风串联辅助分析

iVent 可对不同风流类型进行配色，分析污风串联等通风潜在问题或薄弱环节，如彩图 21 所示。

13.7　风网调节与优化

iVent 具有定流法、通路法多种局部风量调节方法，可以为不满足需风量要求的位置提供多种风量调节方案，如图 13－18 所示。

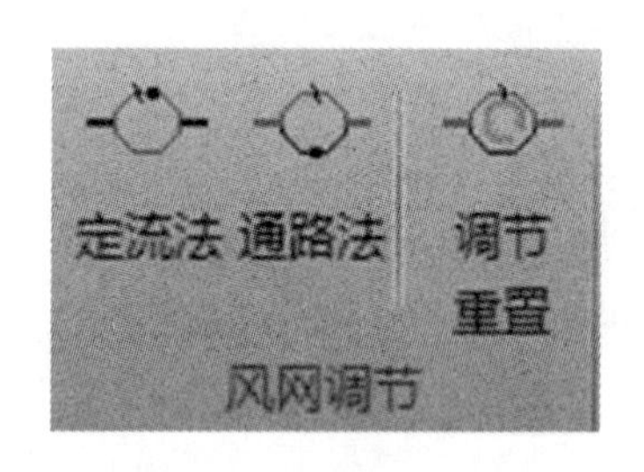

图 13－18　风网调节功能组

13.7.1　定流法

定流法调节即在固定风量巷道上进行增能、降阻或增阻调节，可自动优选辅扇、计算扩刷断面面积以及风窗开口面积，如图 13－19 所示。

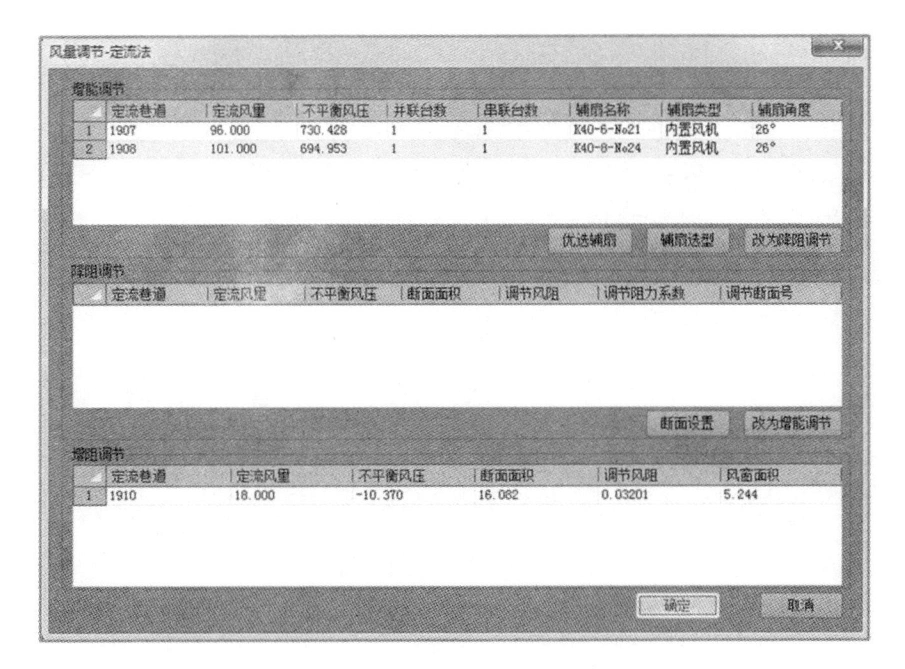

图 13－19　某矿定流法调节

13.7.2　通路法

通路法是通过构造由网络总进风节点(源点)至总回风节点(汇点)的所有独立风路(通路),由各通路的风压差来计算调节量。即通过调节固定风量巷道或调节固定风量巷道的相邻或相近巷道,实现井下按需分风,如图 13－20 所示。

13.7.2　阻力调节优化

可模拟井巷与通风构筑物的增加、删除等,随时查看其对通风系统的影响,保证井下各需风点的用风量,如图 13－21 所示。

13.8　成果展示

iVent 矿井通风系统为更好地对解算结果进行展示,提供汇总报告、解算报告、工程出图、配色以及动画等多种结果展示方式,如图 13－22 所示。

风量调节-通路法

通路信息

	总阻力	巷道数
1	695.018	39
2	-0.164	20
3	59.852	30
4	730.483	39
5	694.923	69
6	695.765	78
7	694.900	70
8	0.067	31
9	730.485	51
10	695.035	48
11	730.497	36
12	695.036	47
13	730.503	32
14	730.502	33
15	695.040	46
16	694.983	58
17	720.130	40
18	720.130	42

基准通路阻力：2153.758

基准通路条数：1

巷道信息

	巷道名	风阻	巷道类型	风量	风速	阻力	调节量	巷道
1	-50m到5...	0.01487	一般巷道	256.713	21.848	980.152	0.000	0
2	5m回风...	0.00449	一般巷道	256.713	13.031	296.161	0.000	1
3	东风井联巷	0.00016	一般巷道	34.869	1.497	0.190	0.000	2
4	东风井联巷	0.00091	一般巷道	34.869	2.605	1.104	0.000	3
5	-50斜坡...	0.00077	一般巷道	8.551	0.367	0.057	0.000	4
6	电梯井联道	0.00325	一般巷道	1.465	0.074	0.007	0.000	5
7	电梯井联道	0.00054	一般巷道	1.465	0.074	0.001	0.000	6
8	东风井联巷	0.00228	一般巷道	12.229	0.525	0.342	0.000	7
9	东风井联巷	0.00308	一般巷道	34.869	1.497	3.740	0.000	8
10	东风井联巷	0.00063	一般巷道	14.061	0.604	0.125	0.000	9
11	下盘运输巷	0.00635	一般巷道	59.687	4.917	22.622	0.000	10
12	水平盲...	0.00307	一般巷道	54.563	5.756	9.134	0.000	11
13	-110下...	0.00696	一般巷道	59.687	5.475	24.799	0.000	12
14	主副井车场	0.01031	一般巷道	13.508	1.719	1.881	0.000	13
15	-110水...	0.00992	一般巷道	13.183	1.124	1.725	0.000	14
16	主副井车场	0.00794	一般巷道	16.174	2.058	2.078	0.000	15
17	重车石门	0.06340	一般巷道	10.777	1.371	7.363	0.000	16
18	主副井车场	0.04656	一般巷道	2.943	0.374	0.403	0.000	17

相关通路条数：0

未访问巷道条数：53 （*灰色字体显示）

调节范围：0 0

确定 取消

图 13－20　某矿通路法调节

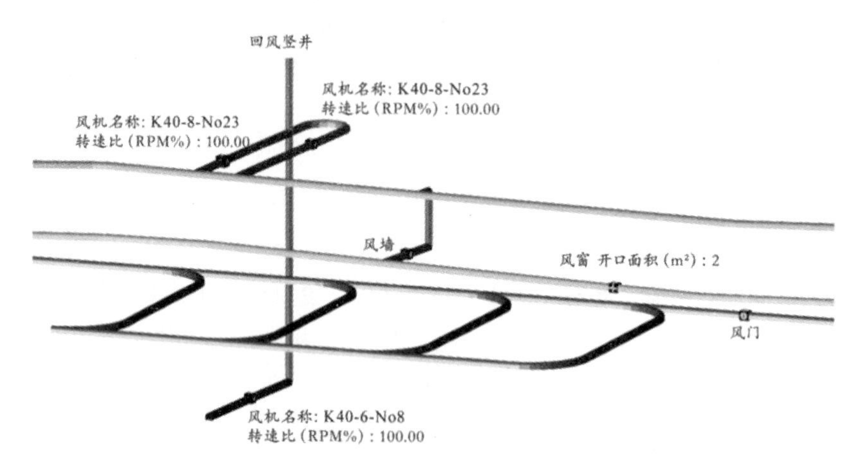

图 13－21　阻力调节优化

图 13－22　解算结果展示功能组

13.8.1 汇总报告

汇总通风网络基本参数、总体参数、能耗、风机、通风构筑物以及风阻 R 特性曲线等，如图 13 - 23 所示。

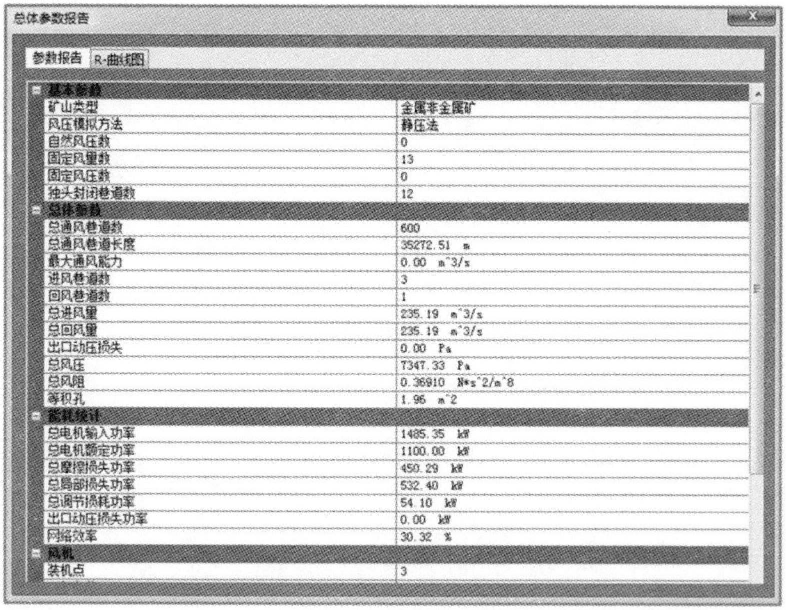

总体参数报告

参数报告 R-曲线图

基本参数	
矿山类型	金属非金属矿
风压模拟方法	静压法
自然风压数	0
固定风量数	13
固定风压数	0
独头封闭巷道数	12
总体参数	
总通风巷道数	600
总通风巷道长度	35272.51 m
最大通风能力	0.00 m^3/s
进风巷道数	3
回风巷道数	1
总进风量	235.19 m^3/s
总回风量	235.19 m^3/s
出口动压损失	0.00 Pa
总风压	7347.33 Pa
总风阻	0.36910 N*s^2/m^8
等积孔	1.96 m^2
能耗统计	
总电机输入功率	1485.35 kW
总电机额定功率	1100.00 kW
总摩擦损失功率	450.29 kW
总局部损失功率	532.40 kW
总调节损耗功率	54.10 kW
出口动压损失功率	0.00 kW
网络效率	30.32 %
风机	
装机点	3

图 13 - 23 汇总报告

13.8.2 解算报告

支持一键输出 Microsoft Excel、Microsoft Word、TXT 版本的解算报告，如图 13 - 24 ~ 图 13 - 26 所示，其主要内容有：

1）主扇、辅扇风机运行状态、工况风量与风压的特性曲线图；

2）构筑物参数及调节参数；

3）巷道风量分配及解算结果；

4）总进风量、总风阻以及等积孔等。

通风网络解算报告

基本参数	巷道数	节点数	风机台数	定流巷道数	装机巷道数	总进风巷道数	总出风巷道数	自然风压数	计算精度
参数值	659	482	6	0	3	3	1	1	0.010000

主扇工况基本参数

风机编号	风机型号	安装巷道	安装角度	串联级数	并联级数	工况风压/Pa	工况风量/($m^3 \cdot s^{-1}$)	效率/%	电机效率/kW	转速比/%
957	DK40-8-No.26	1056	2.5°	1	2	2872.840	122.114	72.625	2×185	90.000
962	DK40-6-No.18	1057	2.5°	1	2	744.216	47.977	73.341	90	90.000
962	DK40-6-No.18	1150	2.5°	1	2	707.886	50.454	73.375	90	90.000

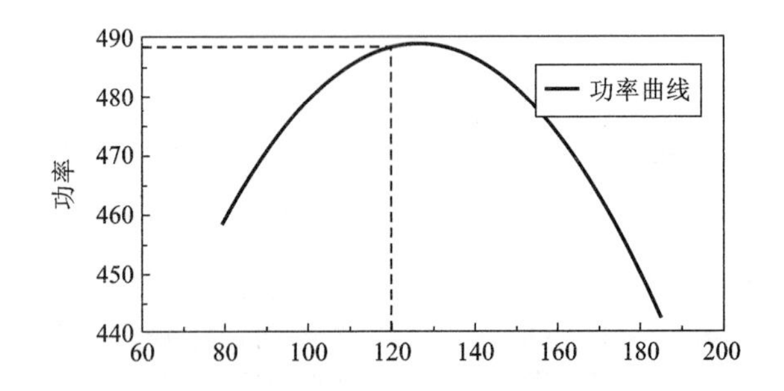

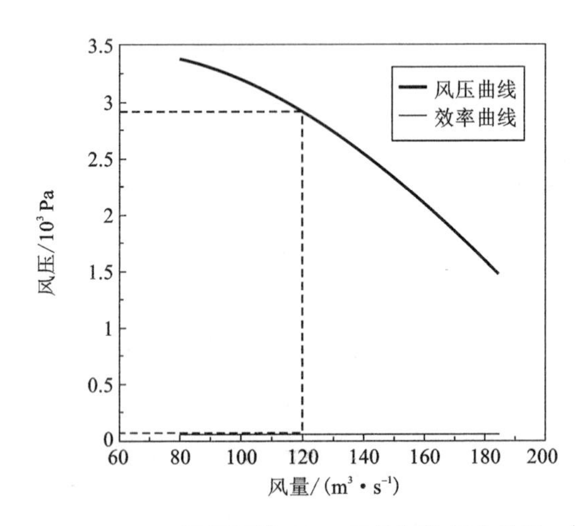

图 13－24　通风网络 word 解算报告部分截图

巷道进出风统计报告

图层	进回风	风量	巷道编号	巷道名称	巷道位置	巷道类型	巷道长度(m)	断面周长	断面面积	阻力系数(N·s²/m⁴)	局部阻力(m)	自然风压(Pa)	巷道风阻	解算风量	解算风速	解算风压
-50m水平	进风	244.227	5	-50斜坡道联巷	内部巷道	一般巷道	53.383	18.331	23.288	0.01	0	0	0.001	8.285	0.356	0.053
			19	回风井联巷	内部巷道	一般巷道	47.032	16.862	19.7	0.01	0.00276	0	0.004	197.977	10.05	148.902
			23	-50炸药库回风井联巷	内部巷道	一般巷道	17.409	6.28	3.14	0.01	0	0	0.036	1.749	0.557	0.111
			24	-50电梯井联巷	内部巷道	构筑物巷道	31.496	10.349	7.393	0.01	0	0	1.184	1.27	0.174	1.909
			7	S152回风井联巷	内部巷道	一般巷道	6.607	15.077	15.75	0.01	0	0	0	0.959	0.061	0
			8	S152回风井联巷	内部巷道	一般巷道	7.536	15.077	15.75	0.01	0	0	0	0.959	0.061	0
			21	东风井联巷	内部巷道	一般巷道	49.677	18.331	23.288	0.01	0	0	0.001	33.028	1.418	0.787
	出风	244.228	2	5m回风井联巷	内部巷道	一般巷道	24.946	16.862	19.7	0.01	0.00394	0	0.004	244.228	12.397	268.055
	内部		1	-50m到5m回风井	内部巷道	一般巷道	47.168	13.032	11.75	0.01	0.01109	0	0.015	244.228	20.785	887.135
			3	东风井联巷	内部巷道	一般巷道	10.759	18.331	23.288	0.01	0	0	0	33.028	1.418	0.17
			4	东风井联巷	内部巷道	一般巷道	12.745	13.081	12.429	0.01	0	0	0.001	33.028	2.657	0.991
			9	电梯井联道	内部巷道	一般巷道	13.516	16.862	19.7	0.01	0.00295	0	0.003	1.27	0.064	0.005
			10	电梯井联道	内部巷道	一般巷道	24.984	16.862	19.7	0.01	0	0	0.001	1.27	0.064	0.001
			11	东风井联巷	内部巷道	一般巷道	11.479	18.331	23.288	0.01	0.00212	0	0.002	11.474	0.493	0.301
			12	东风井联巷	内部巷道	一般巷道	17.465	18.331	23.288	0.01	0.00282	0	0.003	33.028	1.418	3.356
			13	东风井联巷	内部巷道	一般巷道	45.692	18.331	23.288	0.01	0	0	0.001	13.222	0.568	0.111
			14	-50m回风措施工程	内部巷道	装机巷道	54.113	16.862	19.7	0.01	0.00572	0	0.007	244.228	12.397	-2460.558
			15	东风井联巷	内部巷道	一般巷道	19.371	13.634	12.367	0.01	0.01077	0	0.012	8.285	0.675	0.838
			16	穿脉	内部巷道	一般巷道	5.947	15.077	15.75	0.01	0	0	0	3.188	0.202	0.002
			17	穿脉	内部巷道	一般巷道	10.698	15.077	15.75	0.01	0	0	0	3.188	0.202	0.004
			18	穿脉	内部巷道	一般巷道	33.083	15.077	15.75	0.01	0.00037	0	0.002	3.188	0.202	0.017
			20	东风井联巷（风窗开一点）	内部巷道	构筑物巷道	257.417	13.932	12.425	0.01	0.00107	0	0.379	46.251	3.722	810.056
			22	风门开一点	内部巷道	构筑物巷道	61.623	18.331	23.288	0.01	0.00016	0	0.446	33.028	1.418	486.546
			6	-50m4-1溜井联巷	内部巷道	一般巷道	30.784	15.077	15.75	0.01	0.00617	0	0.007	1.919	0.122	0.026

图 13-25　通风网络 EXCEL 解算报告部分截图

通风网络解算报告

参数值：

巷道数：659　节点数：482　风机台数：6　定流巷道数：0　装机巷道数：3　总进风巷道数：3　总出风巷道数：1　自然风压数：1　计算精度：0.010000

风量分配及解算结果：

巷道名称	巷道编号	始节点	末节点	阻力系数	巷道风阻	风量	风速	风压	自然风压	局部阻力	备注
-50m到5m回风井	1	295	296	0.01000	0.01487	244.228	20.795	887.135	0	0.01109	
5m回风井联巷	2	297	298	0.01000	0.00449	244.228	12.397	268.055	0	0.00394	
东风井联巷	3	308	307	0.01000	0.00016	33.028	1.418	0.170	0	0	
东风井联巷	4	312	311	0.01000	0.00091	33.028	2.657	0.991	0	0	
-50斜坡道联巷	5	315	316	0.01000	0.00077	8.285	0.356	0.053	0	0	
电梯井联道	9	332	331	0.01000	0.00325	1.270	0.064	0.005	0	0.00295	
电梯井联道	10	334	333	0.01000	0.00054	1.270	0.064	0.001	0	0	
东风井联巷	11	337	338	0.01000	0.00228	11.474	0.493	0.301	0	0.00212	
东风井联巷	12	346	345	0.01000	0.00306	33.028	1.418	3.356	0	0.00282	
东风井联巷	13	347	348	0.01000	0.00063	13.222	0.568	0.111	0	0	
-50m回风措施工程	14	1804	1805	0.01000	0.00691	244.228	12.397	-2460.558	0	0.005	
东风井联巷	15	1840	1841	0.01000	0.01220	8.285	0.675	0.838	0	0.01077	
穿脉	16	1876	1877	0.01000	0.00021	3.188	0.202	0.002	0	0	
穿脉	17	1880	1881	0.01000	0.00041	3.188	0.202	0.004	0	0	
穿脉	18	1888	1889	0.01000	0.00165	3.188	0.202	0.017	0	0.00037	
回风井联巷	19	2031	2032	0.01000	0.00380	197.977	10.050	148.902	0	0.00276	
东风井联巷（风窗开一点）	20	2033	2034	0.01000	0.37869	46.251	3.722	810.055	0	0.001	
风门开一点	22	2039	2040	0.01000	0.44601	33.028	1.418	486.546	0	0.00016	
-50炸药库回风井联巷	23	2992	2993	0.01000	0.03626	1.749	0.557	0.111	0	0	
-50电梯井联巷	24	3032	3033	0.01000	1.18399	1.270	0.174	1.909	0	0	
S152回风井联巷	7	3118	3119	0.01000	0.00026	0.959	0.061	0.000	0	0	
S152回风井联巷	8	3120	3121	0.01000	0.00029	0.959	0.061	0.000	0	0	
-50m4-1溜井联巷	6	3124	3125	0.01000	0.00697	1.919	0.122	0.026	0	0.00617	
东风井联巷	21	3315	3316	0.01000	0.00072	33.028	1.418	0.787	0	0	
下盘运输巷	25	356	357	0.01000	0.00635	56.952	4.691	20.597	0	0.00330	
水平溜井井联巷	26	358	359	0.01000	0.00307	54.537	5.753	9.125	0	0	
-110下盘运输巷	27	385	384	0.01000	0.00696	56.952	5.224	22.579	0	0.00431	
主副井车场	28	435	434	0.01000	0.01031	11.627	1.479	1.393	0	0	
-110水平主井进风井联巷	29	463	462	0.01000	0.00992	11.586	0.928	1.332	0	0.00806	
主副井车场	30	465	464	0.01000	0.00794	13.924	1.771	1.540	0	0	
重车石门	31	467	466	0.01000	0.06340	9.279	1.181	5.459	0	0.00143	
主副井车场	32	471	470	0.01000	0.04656	2.739	0.349	0.349	0	0.01134	
西风井-110车场	34	555	554	0.01000	0.03133	15.569	1.543	7.595	0	0.00343	
西风井-110车场	35	557	556	0.01000	0.00444	41.384	3.366	7.607	0	0	
-110下盘运输巷	38	569	568	0.01000	0.00629	2.416	0.212	0.037	0	0	
-110下盘运输巷	39	571	570	0.01000	0.00617	2.416	0.212	0.036	0	0	
-110下盘运输巷	40	572	573	0.01000	0.00990	2.416	0.212	0.058	0	0	
-110下盘运输巷	41	574	575	0.01000	0.00510	2.416	0.212	0.030	0	0.00075	
主副井车场	42	576	577	0.01000	0.05321	8.847	1.126	4.610	0	0.00104	

图 13-26　通风网络 TXT 解算报告部分截图

13.8.3　配色

iVent 提供属性配色、风流类型配色及图层配色等多种配色方案，内置中值与线性等多种配色算法，可直观展现通风网络在各状态下的视觉效果，如彩图22 所示。

13.8.4 出图

iVent 支持可选择性、可见性、当前视觉效果下的三维 CAD 出图，同时支持 jpg、bmp 格式下的图片输出，如彩图 23 所示。

13.8.5 动画模拟

iVent 能够直观、动态地展现单线或实体下的通风风流流动效果，如彩图 24 所示。

第 14 章　矿井通风系统优化改造实例

14.1　工程概况及网络模型构建

14.1.1　工程概况

1)现状简介

该矿采用对角抽出式多级机站通风方式，副井、西风井进风，主回风斜井(东风井)回风。Ⅰ级机站布置在矿体的两翼(-230 m 东、西部机站)。Ⅳ级机站布置在矿体下盘中间部位(-50 m 水平回风井联巷)。

2)风机机站

Ⅰ、Ⅳ级基站风机控制采用计算机远程控制，根据需要实时调控风机转速、频率、串并台数。

新鲜风流分别从副井、西风井进入井下，再经 -230 m 中段东部进风井和西部进风井进入各分段采场。冲洗工作面后的污风，由回风井排到 -50 m 回风巷，然后由主回风斜井排到地表。

破碎系统、粉矿清理的污风和 -230 m 主溜井卸矿硐室污风经 -230 m 水平重车石门、回风井，随采场污风一同排到地表。

运输大巷污风由回风井随上述污风一同排到地表。

主通风系统目前共设 3 个机站，6 台风机。

Ⅰ级机站分别设在 -230 m 东、西区进风井联巷，分别选用 2 台 K40 -6 -No. 18 主扇，电机功率 90 kW，风量 33.6 ~73.1 m^3/s，全压 249 ~1149 Pa；Ⅳ级机站安装在 -50 m 回风井联巷，选用 2 台 DK40 -8 -No. 26/2 185 kW 对旋式风机，风量 89 ~210 m^3/s，静压 1203 ~3990 Pa。

采区回风井(S1S2 风井)选用 K40 -6 -17/75 kW 风机，风量为 28.3 ~61.6 m^3/s，全压为 222 ~908 Pa。

此外，各回采分段，根据具体情况，布置辅扇或局扇。

3）通风构筑物

共有三个风门：

（1）－50 m 回风通道的风门用来调节－110 m 水平与－230 m 中段的风量，－110 m 水平的回风通过斜坡道进入四级机站，－230 m 中段的回风通过主回风井进入；平时微开（即－110 m 水平的回风小）；

（2）－50 m 水平的另外两个风门，其作用是防止东风斜井的风下流、循环，应该关闭严，但往往关不严且有漏风；

（3）－230 m 水平东部进风井联巷有一个风门，此风门关时，新鲜风流从－245 m水平进入，风门开时，风流从－245 m水平和8#穿脉共同进入；而8#穿脉的风流来自副井和斜坡道；一般开着。

4）主要通风水平

该矿主要通风水平包括：

（1）－50 m 为回风系统；

（2）－125 m、－140 m、－155 m、－170 m 为作业水平；

（3）－110 m 和－230 m 为运输水平；

（4）其余通风水平因封闭或未开采暂不考虑。

14.1.2 模型构建

基于 iVent 的矿井通风网络模型构建的主要思路：

（1）以通风巷道实测空间点或 DIMINE 井巷模型为基础，提取巷道中心线构建通风网络单线模型；

（2）巷道断面面积与周长为每条巷道的平均值：当巷道断面突变时，应以突变处为断点，将其一分为二；

（3）巷道的摩擦阻力系数值与局部阻力系数值的选取应以规范为依据（摩擦阻力系数 iVent 已提供）；

（4）对通风网络进行必要的等效简化。以对通风系统不产生较大误差为前提，等效简化在实际中得到了广泛的应用。根据解决问题的需要，在某些情况下可以将局部风网，如某个采区或某个子系统，以一条等效分支来代替。

某矿井通风系统通风网络是依据其 CAD 平面图以及 DIMINE 井巷模型，提取巷道中心线构建通风网络单线模型，见图 14－1 与图 14－2。

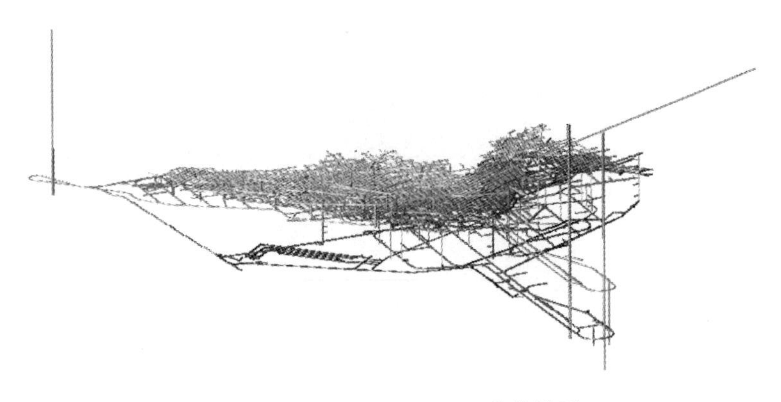

图 14 - 1　某矿井 DIMINE 井巷模型

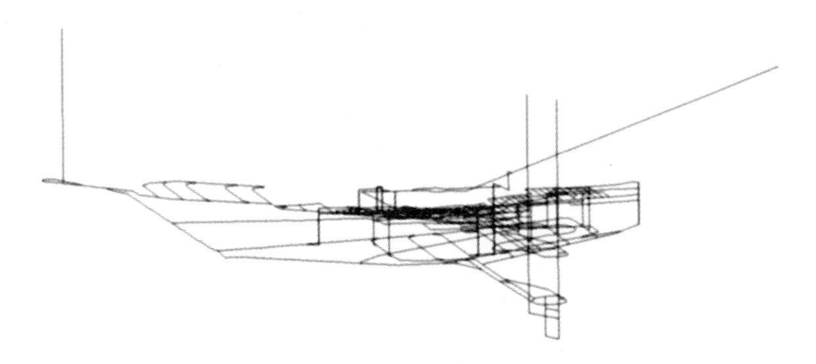

图 14 - 2　某矿井通风系统单线网络图

14.2　阻力测定

阻力测定的目的、测区选择原则、测点布置原则、测点布置方案、计算公式等，详见第 10 章矿井通风阻力测定。

14.2.1　布置测点

将 DIMINE 构建的单线模型导入到 iVent 中，按照阻力测定方法布置测点，执行选项卡“测定”→“阻力”→“布置测点”，弹出测点布置对话框，见图 14 - 3 至图 14 - 10。

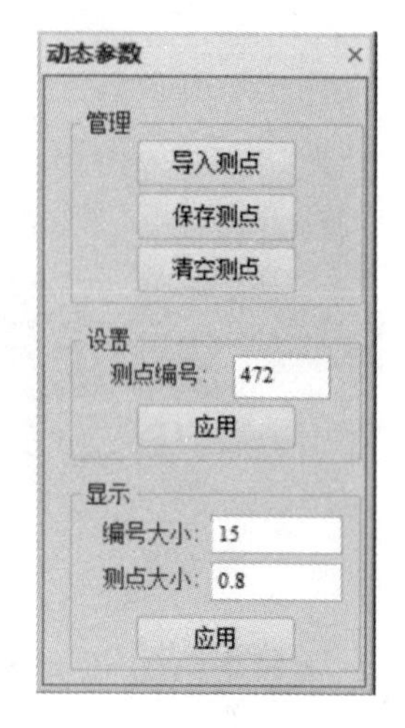

图 14-3　测点布置动态对话框

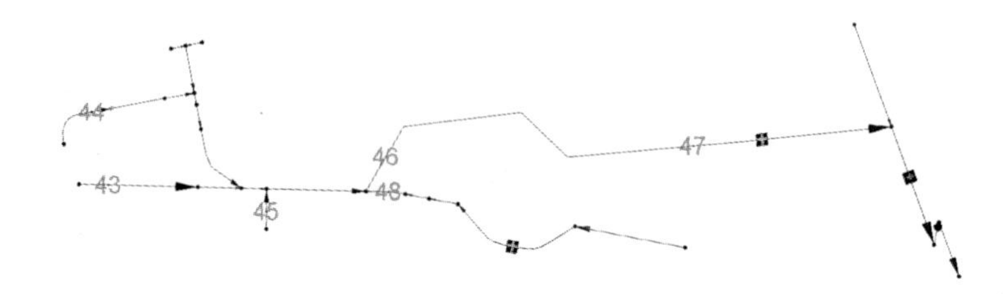

图 14-4　-50 m 水平测点布置

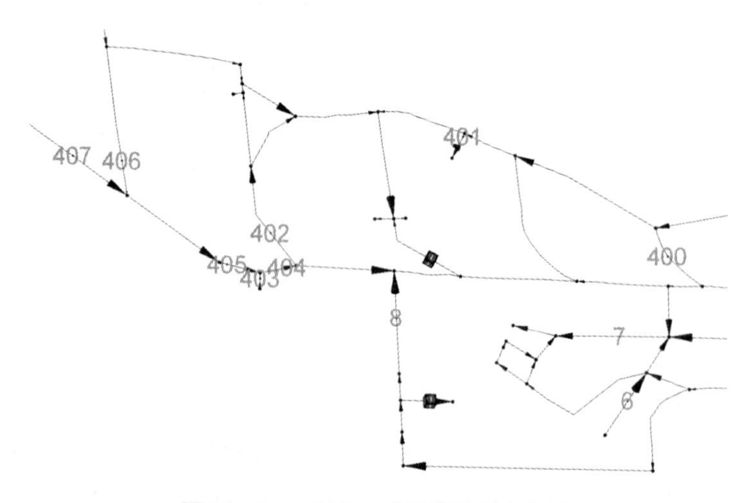

图 14-5　-110 m 水平部分测点布置

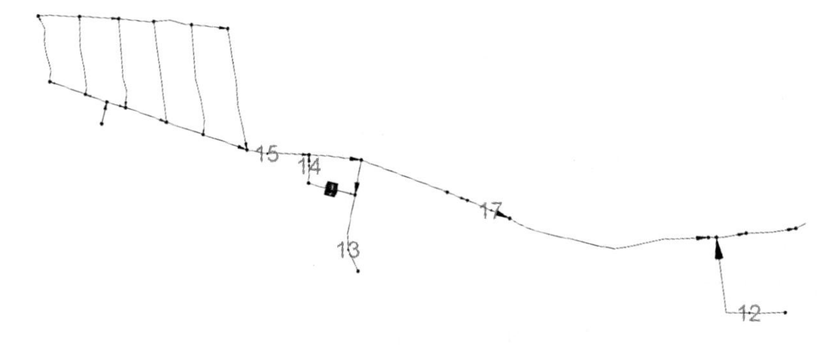

图 14－6　－125 m 水平测点布置

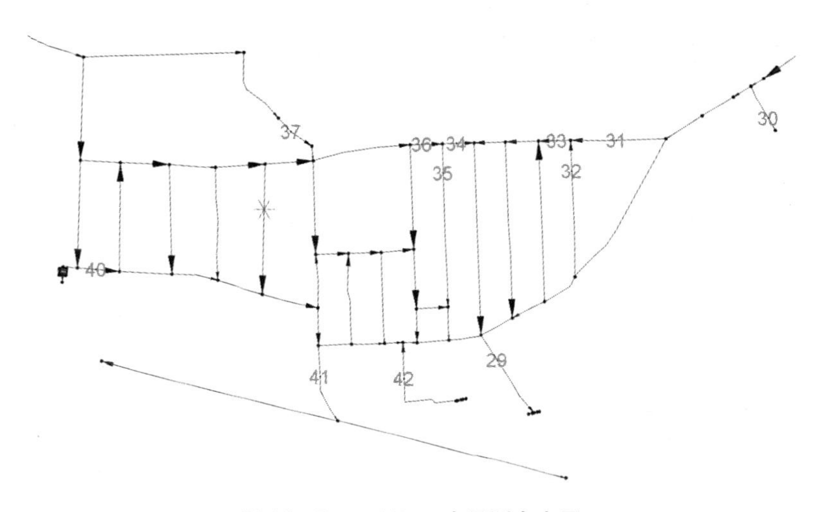

图 14－7　－140 m 水平测点布置

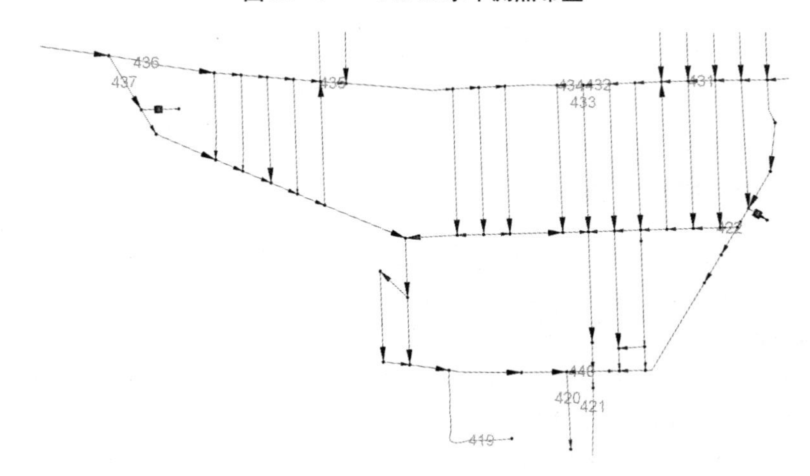

图 14－8　－155 m 水平测点布置

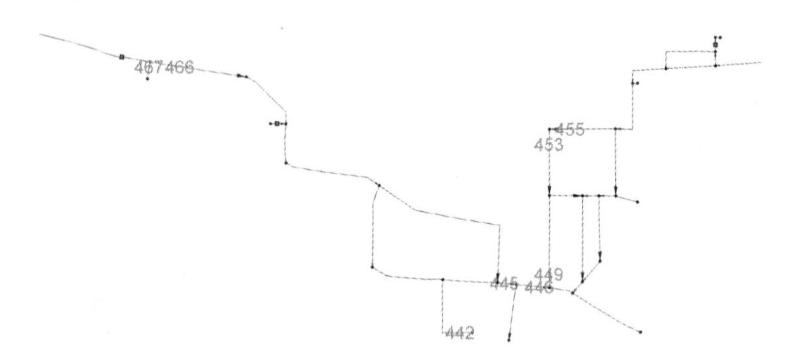

图 14-9　-170 m 水平测点布置

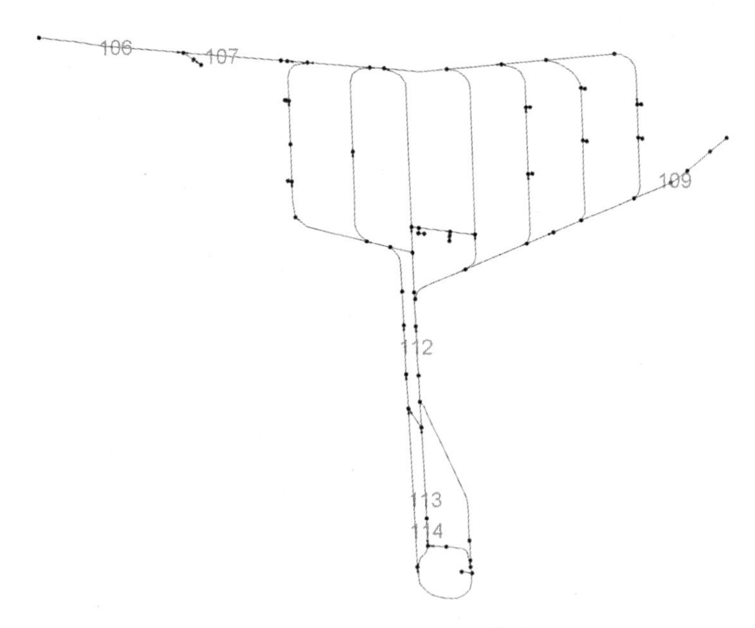

图 14-10　-230 m 水平测点布置

14.2.2　测点数据管理

测点数据管理是将测定得到的测点绝对压力、基点绝对压力、温度、湿度、实测风速、测点标高、测点间距、巷道周长、巷道面积等数据进行管理，并依据测定的数据计算出实测风量与空气密度。

借助 iVent 矿井通风系统布置好测点，执行“测定”→“阻力”→“测点数据”，弹出测点数据管理对话框，通过“保存数据”，导出测点数据表，用于记录井下测定数据；数据测定完成后，再将测定数据导入 iVent 中，进行实测风量与密度的计算，为测定数据的检查以及阻力计算提供基础数据，如图 14-11 ~ 图 14-14 所示。

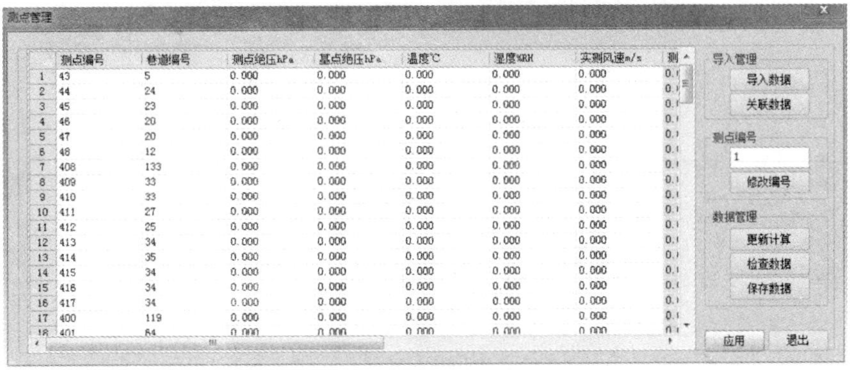

测点管理

	测点编号	巷道编号	测点绝压hPa	基点绝压hPa	温度℃	湿度%RH	实测风速m/s	测
1	43	5	0.000	0.000	0.000	0.000	0.000	0.
2	44	24	0.000	0.000	0.000	0.000	0.000	0.
3	45	23	0.000	0.000	0.000	0.000	0.000	0.
4	46	20	0.000	0.000	0.000	0.000	0.000	0.
5	47	20	0.000	0.000	0.000	0.000	0.000	0.
6	48	12	0.000	0.000	0.000	0.000	0.000	0.
7	408	133	0.000	0.000	0.000	0.000	0.000	0.
8	409	33	0.000	0.000	0.000	0.000	0.000	0.
9	410	33	0.000	0.000	0.000	0.000	0.000	0.
10	411	27	0.000	0.000	0.000	0.000	0.000	0.
11	412	25	0.000	0.000	0.000	0.000	0.000	0.
12	413	34	0.000	0.000	0.000	0.000	0.000	0.
13	414	35	0.000	0.000	0.000	0.000	0.000	0.
14	415	34	0.000	0.000	0.000	0.000	0.000	0.
15	416	34	0.000	0.000	0.000	0.000	0.000	0.
16	417	34	0.000	0.000	0.000	0.000	0.000	0.
17	400	119	0.000	0.000	0.000	0.000	0.000	0.
18	401	64	0.000	0.000	0.000	0.000	0.000	0.

导入管理

导入数据

关联数据

测点编号

1

修改编号

数据管理

更新计算

检查数据

保存数据

应用　退出

图 14－11　测点数据管理对话框

巷道测点测量信息

测点编号	巷道编号	测点绝压hPa	基点绝压hPa	温度℃	湿度%RH	实测风速	测点标高	测点间距	巷道周长	巷道面积	实测风量	空气密度
43	5	0	0	0	0	0	0	0	0	0	0	0
44	24	0	0	0	0	0	0	0	0	0	0	0
45	23	0	0	0	0	0	0	0	0	0	0	0
46	20	0	0	0	0	0	0	0	0	0	0	0
47	20	0	0	0	0	0	0	0	0	0	0	0
48	12	0	0	0	0	0	0	0	0	0	0	0
408	133	0	0	0	0	0	0	0	0	0	0	0
409	33	0	0	0	0	0	0	0	0	0	0	0
410	33	0	0	0	0	0	0	0	0	0	0	0
411	27	0	0	0	0	0	0	0	0	0	0	0
412	25	0	0	0	0	0	0	0	0	0	0	0
413	34	0	0	0	0	0	0	0	0	0	0	0
414	35	0	0	0	0	0	0	0	0	0	0	0
415	34	0	0	0	0	0	0	0	0	0	0	0
416	34	0	0	0	0	0	0	0	0	0	0	0
417	34	0	0	0	0	0	0	0	0	0	0	0
400	119	0	0	0	0	0	0	0	0	0	0	0
401	64	0	0	0	0	0	0	0	0	0	0	0
402	110	0	0	0	0	0	0	0	0	0	0	0
403	69	0	0	0	0	0	0	0	0	0	0	0
404	61	0	0	0	0	0	0	0	0	0	0	0
405	59	0	0	0	0	0	0	0	0	0	0	0
406	104	0	0	0	0	0	0	0	0	0	0	0
407	83	0	0	0	0	0	0	0	0	0	0	0
1	48	0	0	0	0	0	0	0	0	0	0	0
2	49	0	0	0	0	0	0	0	0	0	0	0
3	48	0	0	0	0	0	0	0	0	0	0	0
4	77	0	0	0	0	0	0	0	0	0	0	0
5	89	0	0	0	0	0	0	0	0	0	0	0

图 14－12　巷道测点测量信息表

巷道测点测量信息

测点编号	巷道编号	测点绝压hPa	基点绝压hPa	温度℃	湿度%RH	实测风速	测点标高	测点间距	巷道周长	巷道面积	实测风量	空气密度
43	5	1032.43	994.3	22.2	73.1	0.83	-46	0	13.637	12.271	0	0
44	24	1032.62	994.3	22.1	87.8	0.11	-46	0	10.352	7.286	0	0
45	23	1032.42	994.3	21.8	77.9	0	-46	0	9.272	5.665	0	0
46	20	1032.38	994.3	21.7	70.3	3.03	-47	0	13.993	13.565	0	0
47	20	1032.34	994.3	22	70.7	3.66	-47	0	13.527	12.686	0	0
48	12	1032.87	994.3	21	77	0.84	-46	0	13.702	12.473	0	0
408	133	1038.08	994.3	11.6	51.4	3.39	-105.312	0	12.641	10.91	0	0
409	33	1038.18	994.3	10.9	53.6	1.01	-105.216	0	13.078	11.741	0	0
410	33	1038.04	994.3	10.9	54	1.75	-105.279	0	12.616	11.006	0	0
411	27	1037.84	994.3	11.8	52.2	6.4	-105.28	0	13.336	12.104	0	0
412	25	1037.7	994.3	12.3	48.9	9.74	-104.861	0	9.79	6.6	0	0
413	34	1038.2	994.3	11	50.7	2.98	-104.687	0	11.582	9.203	0	0
414	35	1038.35	994.3	10.4	47.9	1.66	-104.762	0	15.79	16.629	0	0
415	34	1038.33	994.3	9.7	47.4	1.92	-104.784	0	12.741	11.036	0	0
416	34	1038.25	994.3	9.7	48.5	2.92	-104.857	0	10.982	8.153	0	0
417	34	1038.21	994.3	9.8	53.4	2.87	-105.096	0	11.712	9.301	0	0
400	119	1039.24	994.3	16.2	54.5	0.11	-108.2	0	14.399	14.004	0	0
401	64	1038.97	994.3	16.8	61.4	0.53	-107.59	0	15.764	17.092	0	0
402	110	1038.78	994.3	16.3	71.7	0.03	-107.89	0	13.636	12.769	0	0
403	69	1038.65	994.3	16.2	71.1	0.53	-107.715	0	14.733	14.575	0	0
404	61	1038.62	994.3	16.2	68.6	1.31	-107.418	0	14.573	14.69	0	0
405	59	1038.58	994.3	16.1	65.3	1.41	-107.836	0	14.538	14.596	0	0
406	104	1038.47	994.3	16.2	68.3	0.08	-107.482	0	10.956	8.304	0	0
407	83	1038.45	994.3	16.1	67	2.25	-107.621	0	10.941	8.282	0	0
1	48	1042.64	994.3	14.6	42.7	1.31	-109.984	0	17.741	20.412	0	0
2	49	1042.5	994.3	14.8	47.2	0.77	-110.28	0	17.453	20.286	0	0
3	48	1041.96	994.3	15.5	46.2	1.69	-109.565	0	11.976	9.912	0	0
4	77	1041.62	994.3	16.3	52.1	1.79	-108.01	0	12.553	10.904	0	0
5	89	1041.53	994.3	16.5	67.2	0.27	-108.481	0	11.721	9.31	0	0

图 14－13　测点数据测量完成后的记录数据

测点管理

	测点编号	巷道编号	测点绝压hPa	基点绝压hPa	温度℃	湿度%RH	实测风速m/s	测
1	43	5	1032.43	994.3	22.2	73.1	0.83	-4
2	44	24	1032.62	994.3	22.1	87.8	0.11	-4
3	45	23	1032.42	994.3	21.8	77.9	0	-4
4	46	20	1032.38	994.3	21.7	70.3	3.03	-4
5	47	20	1032.34	994.3	22	70.7	3.66	-4
6	48	12	1032.87	994.3	21	77	0.84	-4
7	408	133	1038.08	994.3	11.6	51.4	3.39	-1
8	409	33	1038.18	994.3	10.9	53.5	1.01	-1
9	410	33	1038.04	994.3	10.9	54	1.75	-1
10	411	27	1037.84	994.3	11.8	52.2	6.4	-1
11	412	25	1037.7	994.3	12.3	48.8	9.74	-1
12	413	34	1038.2	994.3	11	50.7	2.98	-1
13	414	35	1038.35	994.3	10.4	47.9	1.66	-1
14	415	34	1038.33	994.3	9.7	47.4	1.92	-1
15	416	34	1038.25	994.3	9.7	48.5	2.92	-1
16	417	34	1038.21	994.3	9.8	53.4	2.87	-1
17	400	119	1039.24	994.3	16.2	54.5	0.11	-1
18	401	64	1038.97	994.3	16.8	61.4	0.53	-1

导入管理 导入数据 关联数据 测点编号 1 修改编号 数据管理 更新计算 检查数据 保存数据 应用 退出

图 14-14　测量完成后数据导入对话框

14.2.3　数据检查

测点数据导入后，单击“测点管理”对话框中的更新计算以及应用，将测点数据保存到测点数据属性面板中，为后续阻力计算、数据检查以及实测对比提供基础数据。

数据检查主要是检查测点编号是否重复、测点属性是否有值、测点数据是否合理(如密度、断面面积、周长、风阻、阻力系数是否大于0、风速是否大于等于0等)、同一巷道上的测点数据差异是否超过设定的标准(iVent暂定20%)、关联巷道的实测风量是否超过20%等。

14.2.4　阻力计算

阻力计算主要是计算通风阻力、测段风阻、阻力系数、标准风阻、百米标准风阻以及标准阻力系数等。计算完毕后，单击“应用”按钮，可将计算的结果直接应用到所在巷道的属性面板中，避免手动输入的麻烦，如图14-15所示。

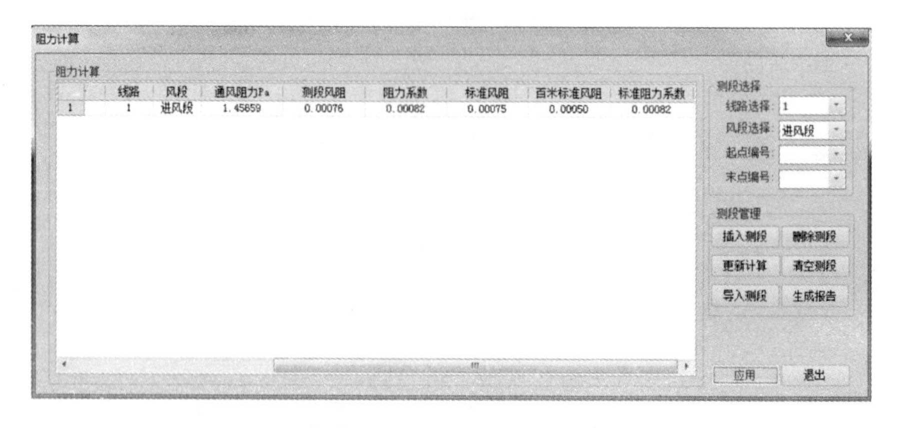

图 14-15　阻力计算对话框

14.3　通风参数及录入

14.3.1　摩擦风阻参数

摩擦风阻参数主要包括摩擦阻力系数、巷道长度、断面周长、断面面积，其关系式为：

$$R = \frac{\alpha LP}{S^3}$$

其中各水平、各分段、进风井、回风井、斜坡道以及盲斜井断面参数如表 14 －1 至表 14 －8 所示。

表 14 －1　－50 m 水平断面参数

巷道名称	断面形状	断面规格(宽×高)/(mm×mm)
回风通道	三心拱	3800×3700
主巷道	三心拱	5300×4300

表 14 －2　－110 m 与 －230 m 运输水平断面参数

巷道名称	断面形状	断面规格(宽×高)/(mm×mm)
－110 m 下盘	三心拱	3900×3300
－230 m 上、下盘	三心拱	3700×3100

表 14 －3　－125 m 分段断面参数

巷道名称	断面形状	断面规格(宽×高)/(mm×mm)
东部进风井联巷	三心拱	4300×4500
西部进风井联巷	三心拱	已封堵
回风井联巷	三心拱	4500×3900
采场进路	三心拱	4200×3900

表 14 －4　－140 m 分段断面参数

巷道名称	断面形状	断面规格(宽×高)/(mm×mm)
东部进风井联巷	三心拱	3500×3200
西部进风井联巷	三心拱	4000×3300
回风井联巷	三心拱	3600×4000
采场进路	三心拱	4200×3900

表 14－5　－155 m 分段断面参数

巷道名称	断面形状	断面规格(宽×高)/(mm×mm)
东部进风井联巷	三心拱	3500×3200
西部进风井联巷	三心拱	4000×3300
回风井联巷	三心拱	4700×4600
采场进路	三心拱	4200×3900

表 14－6　－170 m 分段断面参数

巷道名称	断面形状	断面规格(宽×高)/(mm×mm)
东部进风井联巷	三心拱	4400×3900
西部进风井联巷	三心拱	3900×3300
回风井联巷	三心拱	4100×3100
采场进路	三心拱	4200×3900

表 14－7　井筒、溜井断面参数

巷道名称	断面形状	断面规格(宽×高)/(mm×mm)
东风井	三心拱	4800×3900
副井	圆形	净直径 6.5 m
主井	圆形	净直径 5 m
西风井	圆形	净直径 5 m
炸药库回风井	圆形	净直径 1.5 m
－50～－230 m 回风井	圆形	净直径 4.5 m
溜井	圆形	净直径 4 m

表 14－8　斜坡道与盲斜井分段断面参数

巷道名称	断面形状	断面规格(宽×高)/(mm×mm)
斜坡道	三心拱	4500×4300
－125～－140 m 斜坡道	三心拱	4300×3600
盲斜井	三心拱	4700×3200

确定各断面参数后，为计算出摩擦风阻，需根据巷道的支护方式确定摩擦阻力系数。iVent 矿井通风系统根据前人的经验总结，录入了摩擦阻力系数库，见图 14 - 16；该通风系统摩擦阻力系数取值，见表 14 - 9。

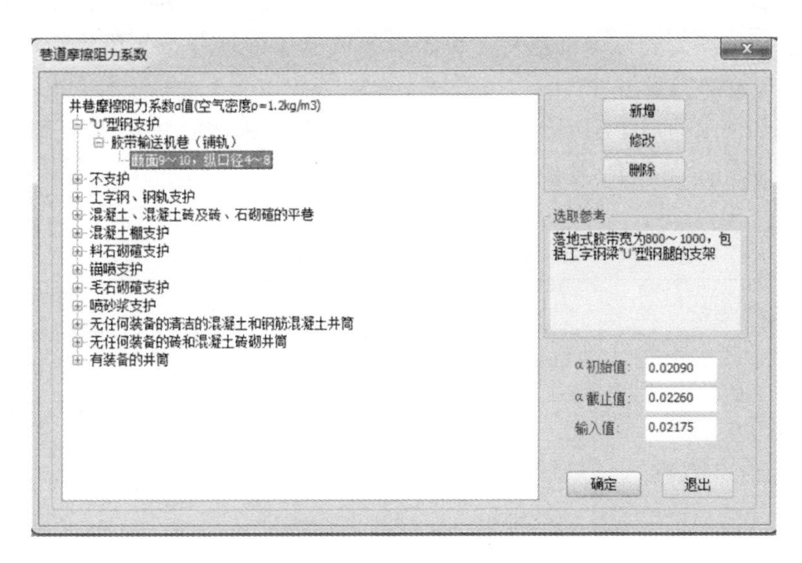

图 14 - 16　摩擦阻力系数库

表 14 - 9　某通风系统摩擦阻力系数值

巷道类别	支护方式	摩擦阻力系数值 /($N \cdot S^2 \cdot m^{-4}$)
进路	不支护	0.00784
联巷、运输巷	喷砂浆	0.0081
溜井	混凝土支护	0.00686
硐室、主要风道	锚喷	0.0103
风井	不支护	0.00784
主井、副井	混凝土支护	0.00686
-110 m 水平下盘 5# 穿脉以西	U 形钢支护	0.0181
未知巷道	喷砂浆	0.0081

14.3.2 局部风阻参数

局部阻力是由于井巷断面、方向变化以及分岔或汇合等原因，使均匀流动在局部地区的风流受到影响而破坏，从而引起风流速度场分布变化甚至产生涡流等，造成风流的能量损失。

按照局部阻力产生类型，参照局部阻力系数值表来选取合理的局部阻力系数值，从而计算局部风阻，见表 14 - 10。

表 14 - 10 局部风阻值

巷道名称	局部阻力系数 /($N \cdot s^2 \cdot m^{-4}$)	密度 /($kg \cdot m^{-3}$)	面积 /m^2	局部风阻 /($N \cdot s^2 \cdot m^{-8}$)
电梯井联道	1.50	1.20	19.70	0.00232
东风井联巷	1.50	1.20	23.29	0.00166
5 m 回风井联巷	2.00	1.20	19.70	0.00309
-50 ~ -230 m 回风井联巷	1.40	1.20	19.70	0.00216
下盘运输巷	1.50	1.20	11.40	0.00693
电梯井联巷	1.40	1.20	11.60	0.00624
5#穿脉	1.50	1.20	15.12	0.00394
西风井联巷	2.00	1.20	16.11	0.00462
4#联巷	1.50	1.20	15.12	0.00394
S1 联巷	1.50	1.20	15.75	0.00363
S2 联巷	1.50	1.20	15.75	0.00363
6#联巷	1.50	1.20	15.12	0.00394
空车石门巷	1.50	1.20	15.12	0.00394
电梯井联巷	1.50	1.20	15.12	0.00394
-50 ~ -230 m 联巷	1.50	1.20	15.12	0.00394
重车石门	1.50	1.20	7.86	0.01457
产修硐室	1.50	1.20	13.31	0.00508
空压机	1.50	1.20	10.00	0.00900
斜坡道联巷	1.50	1.20	13.52	0.00492
火药库通道	1.50	1.20	8.83	0.01154

续表 14 - 10

巷道名称	局部阻力系数 /($N \cdot s^2 \cdot m^{-4}$)	密度 /($kg \cdot m^{-3}$)	面积 / m^2	局部风阻 /($N \cdot s^2 \cdot m^{-8}$)
上盘运输巷	1.50	1.20	11.40	0.00693
-125 m 9#切巷	1.50	1.20	15.12	0.00394
-125 m 9-6 进路	1.40	1.20	15.12	0.00367
-125 m 9#联巷	1.50	1.20	15.12	0.00394
西风井 -125 m 联巷	1.50	1.20	16.11	0.00347
-125 m 电梯联巷	1.50	1.20	12.18	0.00607
-140M 西部进风井	1.50	1.20	12.06	0.00619
-140 m 6-11 进路	1.50	1.20	15.12	0.00394
-140 m 10#联巷	1.40	1.20	15.12	0.00367
-140 m 外联巷	1.50	1.20	15.12	0.00394
-140 m 回风井联巷	1.50	1.20	13.48	0.00495
-155 m 西部进风井联巷	1.50	1.20	12.06	0.00619
-155 m 1#联巷	1.50	1.20	15.12	0.00394
-155 m 2-10 进路	1.50	1.20	15.12	0.00394
-155 m 4#切巷	1.40	1.20	15.12	0.00367
-170 m 水平盲斜井通道	1.50	1.20	15.12	0.00394
-170 m 水平 1#施工巷	1.40	1.20	15.12	0.00367
-170 m 回风联巷	1.50	1.20	15.12	0.00394
-170 m 1#施工巷	1.40	1.20	15.12	0.00367
斜井联巷	1.50	1.20	10.49	0.00818
水平上盘运输巷	1.50	1.20	10.49	0.00818
-230 m 3#穿	1.50	1.20	16.77	0.00320
-230 m 0#穿	1.50	1.20	7.68	0.01526
电梯井措施巷	1.50	1.20	16.77	0.00320
主副井车场	1.50	1.20	16.77	0.00320
-230 m 0#穿	1.50	1.20	7.68	0.01526
水平重车石门巷	1.50	1.20	10.42	0.00829

续表 14－10

巷道名称	局部阻力系数 /(N·s²·m⁻⁴)	密度 /(kg·m⁻³)	面积 /m²	局部风阻 /(N·s²·m⁻⁸)
－245 m 水平疏干巷	1.50	1.20	15.12	0.00394
－245 m 通风石门巷	1.50	1.20	15.12	0.00394
副井与盲竖井联巷	1.40	1.20	11.03	0.00690
盲竖井	1.50	1.20	7.07	0.01803
主井	1.50	1.20	19.63	0.00234
副井	1.50	1.20	33.18	0.00082
斜坡道	1.50	1.20	16.08	0.00348
－110 m 炸药库回风井	1.40	1.20	1.77	0.26812
西部进风井	1.50	1.20	12.57	0.00570
－110 ~ －230 m 电梯井	1.50	1.20	6.00	0.02500
－50 ~ －230 m 回风井	1.50	1.20	15.90	0.00356
东部进风井	1.40	1.20	12.57	0.00532
西风井	1.40	1.20	19.63	0.00218
4－1 溜井	1.40	1.20	12.57	0.00532
斜井联巷	1.50	1.20	13.46	0.00497

14.3.3 风机参数

矿井通风系统目前有 3 个机站，6 台风机：－50 m 机站并联安装两台型号为 DK40－8－No. 26/2×185 型轴流对旋风机，电机采用变频技术，频率为 40 Hz；－230 m水平东部机站安装两台型号为 K40－6－No. 18/90 型轴流对旋风机；－230 m水平西部机站也安装两台型号为 K40－6－No. 18/90 型轴流对旋风机。

1）－50 m 机站

－50 m 机站并联安装两台型号为 DK40－8－No. 26/2×185 型轴流对旋风机，电机采用变频技术，频率为 40Hz。

风机主要性能参数见表 14－11，风机特性曲线如图 14－17 所示。

表 14－11　主要性能参数

型号	风量 /($m^3 \cdot s^{-1}$)	全压 /Pa	额定功率 /kW	额定电压 /V	额定电流 /A	叶轮直径 /mm	风机转速 /($r \cdot min^{-1}$)
No. 26/2×185	89～210	1203～3990	2×185	380/660	362.9/209.5	2600	740

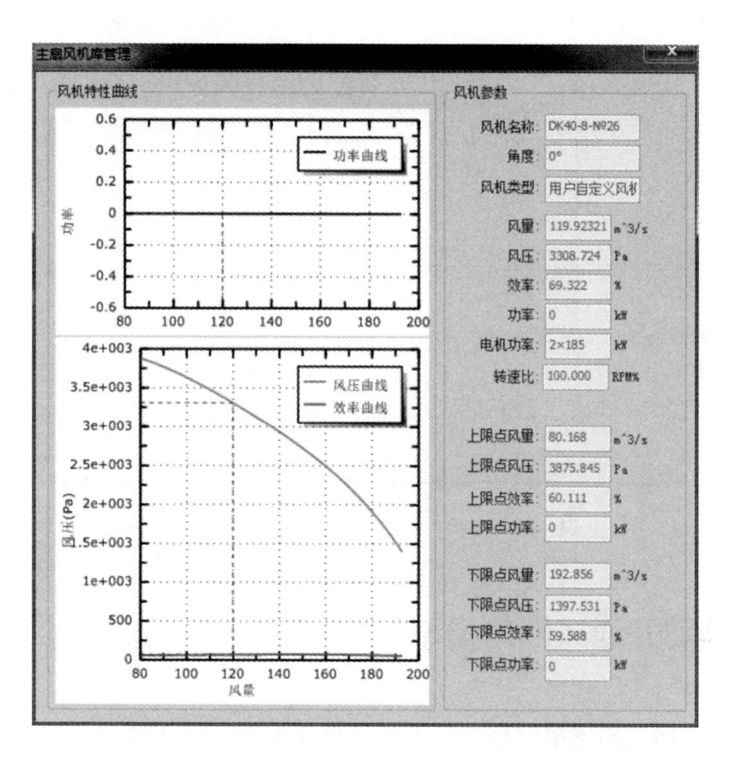

图 14－17　DK40－8－No. 26/2×185 型风机特性曲线

2）－230 m 水平东、西机站

由于－230 m 水平东、西机站都为两台 K40－6－No. 18/90 型轴流对旋风机并联运行，其特性曲线见图 14－18，主要性能参数见表 14－12。

表 14－12　主要性能参数

型号	风量 /($m^3 \cdot s^{-1}$)	全压 /Pa	额定功率 /kW	额定电压 /V	额定电流 /A	叶轮直径 /mm	风机转速 /($r \cdot min^{-1}$)
No. 18/90	33.6～73.1	1149～249	90	380/660	169/97	1800	900

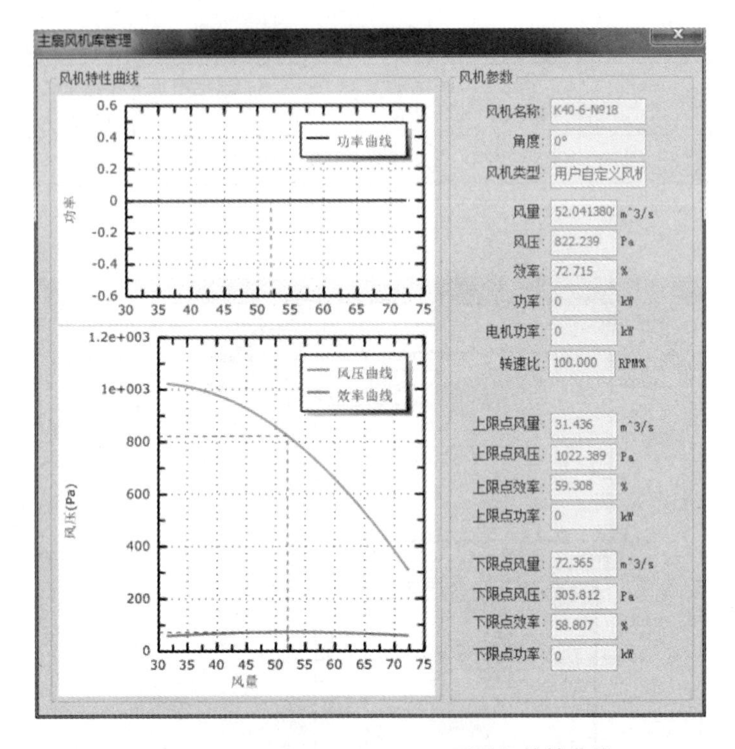

图 14－18　K40－8－No.18/90 型风机特性曲线

14.4　某矿井通风网络模型

根据矿井通风网络单线图，录入摩擦风阻参数、局部风阻参数、风机参数，设置好进出风巷道，添加风机与构筑物，构建好通风网络模型，见图 14－19 至图 14－21。

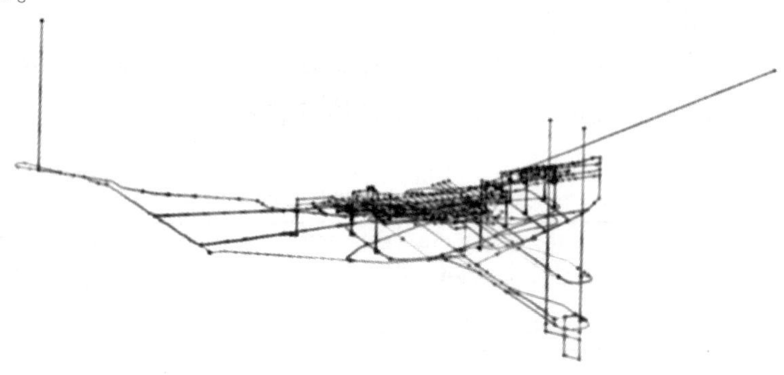

图 14－19　通风网络单线模型

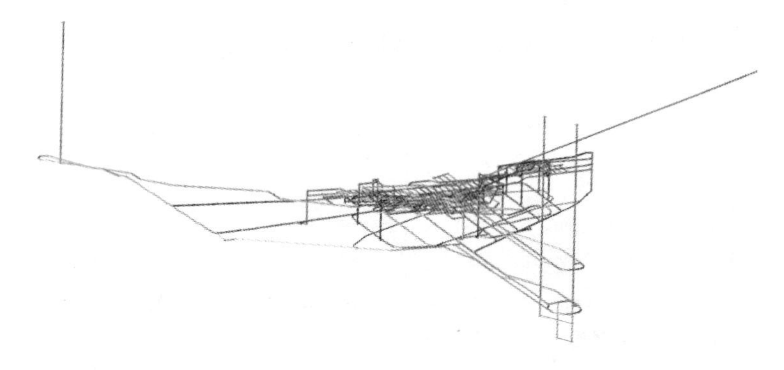

图 14－20　通风网络实体模型

图 14－21　风机、构筑物

14.5　通风网络解算

14.5.1　通风网络检查

iVent 中的网络检查主要分为数据检查、风网拓扑关系检查与收敛性检查。数据检查主要包括数据缺失、数据异常与数据冲突；风网拓扑关系检查主要包括检查风网的连通性、网络结构与逻辑性；收敛性检查则包括检查单向回路、网孔分析与迭代计算。检查参数设置与迭代参数设置见图 14－22；检查通风网络，检查结果为“0 个错误，66 个警告”，见图 14－23。

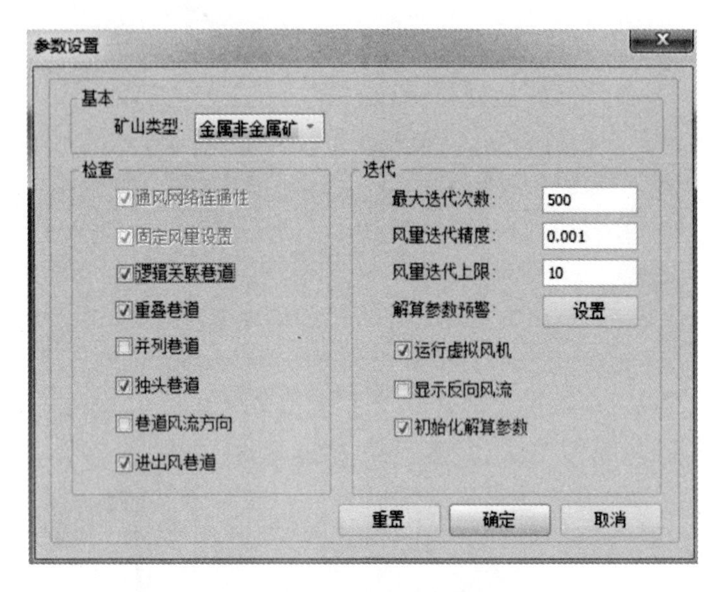

图 14 – 22　检查与迭代参数设置

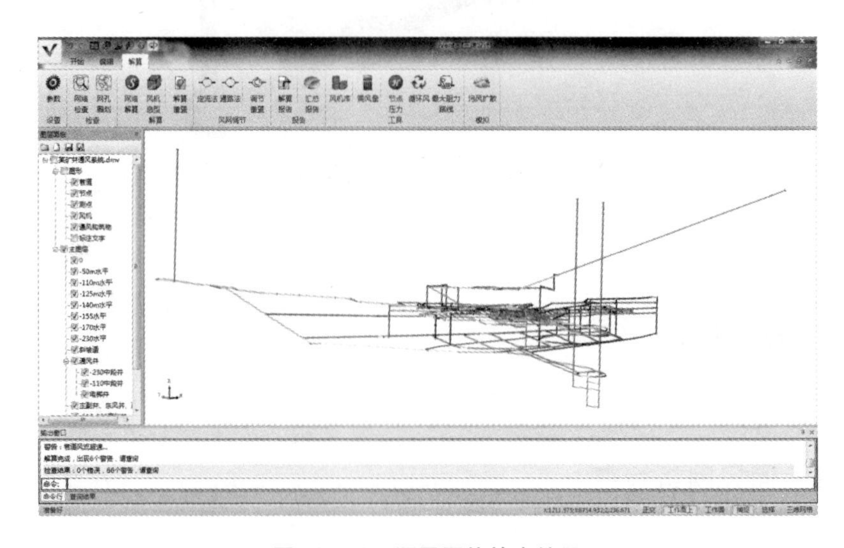

图 14 – 23　通风网络检查结果

14.5.2　最小生成树与网孔圈划

最小生成树采用了 Prim 算法，该算法不仅运算速度快，而且能为定向圈划网孔提供外向树信息，保证圈划的网孔较优，且圈划速度较快。通风网络的最小生成树见图 14－24，其中黑线表示处在最小生成树上的分支。

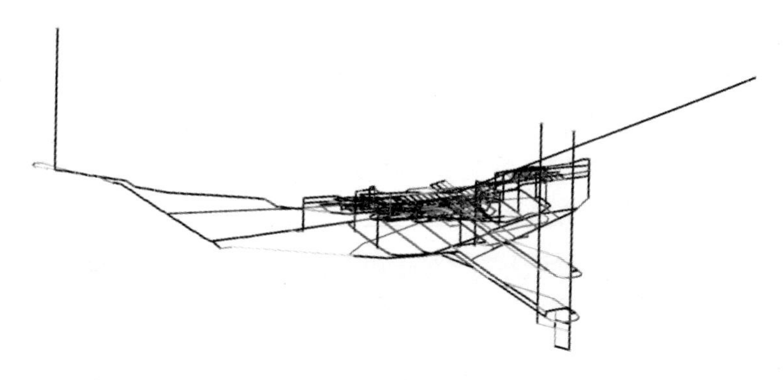

图 14－24　最小生成树

网孔圈划则采用了双通路法(也称定向圈划回路法)，该方法是通过与试探回溯法、矩阵法对比，根据最小生成树提供的外向树信息，一次就能圈划出正确的回路，大大加快了圈划回路的速度。iVent 的网孔圈划结果为“回路圈划成功，共 142 个回路”，其中粗线表示圈划到的某个网孔，见图 14－25。

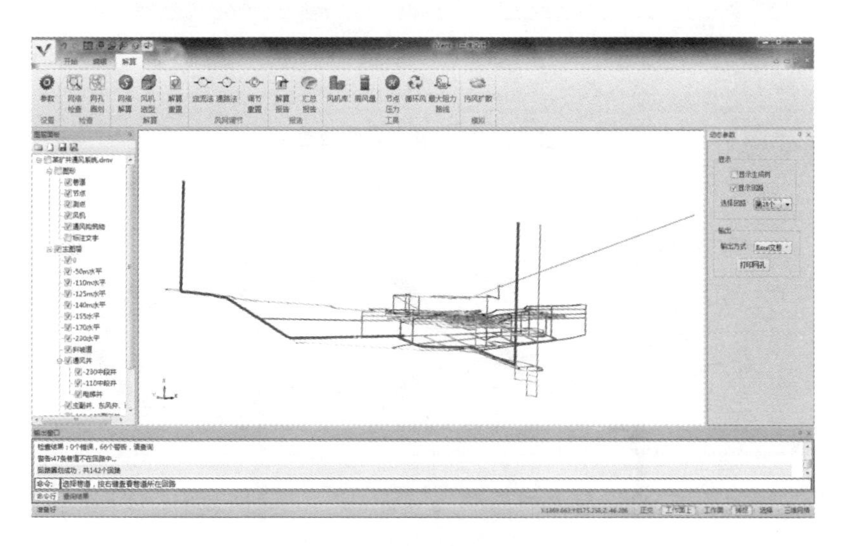

图 14－25　网孔圈划

14.5.3 通风网络解算

复杂矿井通风网络解算算法采用了 Prim 算法得到最小生成树，基于双通路法圈划网孔，并解决了复杂通风网络中单向回路、多风机多级机站以及固定半割集解算等问题。根据通风网络检查结果为“正确”，对其进行解算，解算结果见图 14－26，其中迭代参数设置见图 14－22。

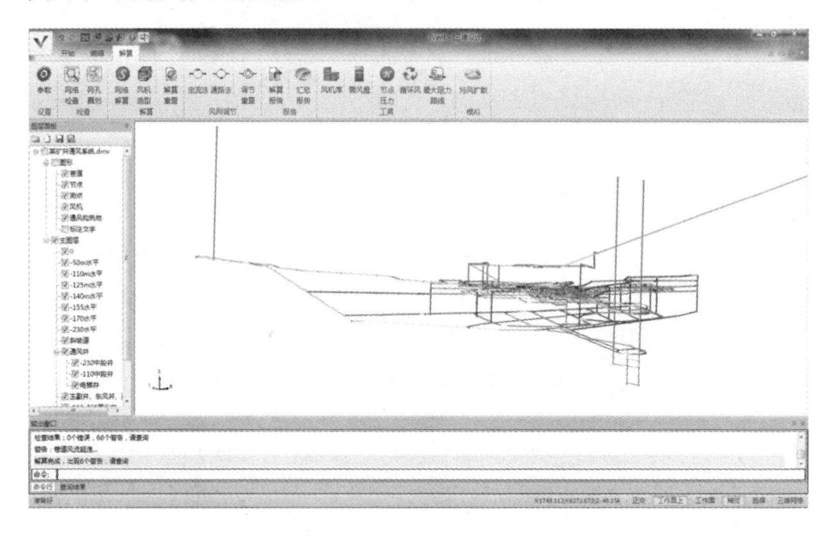

图 14－26　通风网络解算

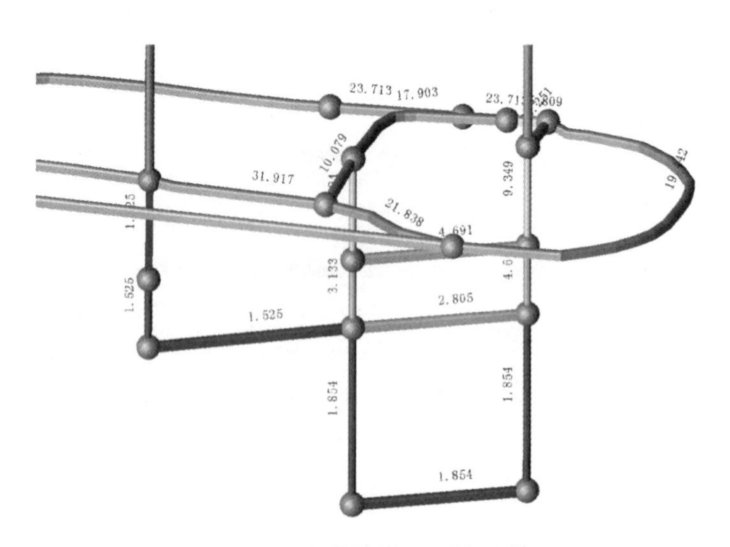

图 14－27　“解算风量显示”部分截图

14.5.4　解算风量与实测风量对比

为验证解算算法的正确性，现场实测主要通风巷道的风速，风速与断面面积相乘得到实测风量，部分解算风量与实测风量进行对比，执行“测定”→“检查”→“实测对比”，对比结果见表 14－13，“解释风量显示”部分截图见图 14－27。

表 14－13　部分解算风量与实测风量对比表

水平	进回风	进出风巷道	实测风量 ($m^3 \cdot s^{-1}$)	解算风量 ($m^3 \cdot s^{-1}$)	误差
－50 m	进风	－50 m 斜坡道联巷	10.185	13.66	
		－50～－230 m 回风井	未测	210.75	
	回风	－50 m 东部回风井	245.09	235.19	4.20%
	无风	－50 m 电梯井联巷	0.8	0	
		－50 m 炸药库回风井联巷	0	0	
－110 m	进风	－110 m 重车石门	50.53	21.27	12.70%
		－110 m 空车石门		22.81	
		－110 m 西部进风井联巷	19.26	18.3	6.70%
		－110 m 西风井	64.28	59.42	8.10%
	回风	－110 m 盲斜井	36.98	41.12	10%
		－50～－110 m 斜坡道联巷	10.2	13.66	
		－110 m 水平 3－1 溜井联巷	9.06	9	
	无风	－110～－125 m 电梯井联巷东	0.45	0	
		－50～110 m 电梯井联巷	0	0	
－125 m	进风	－125～－140 m 东部斜坡道	13.2	15	12%
		－125 m 水平 3－1 溜井联巷	9.06	9	
		－125 m 东部进风井联巷	37.4	33.2	11%
		－125 m 11#联巷	19.1	17.2	
	回风	－125 m 回风井联巷	53.1	62.7	15%
		－125 m 水平 6－1 溜井联巷	2.69	2.7	
	无风	－125 m 电梯井联巷	0	0	
		－125 m 斜坡道联巷	0	0	

续表 14－13

水平	进回风	进出风巷道	实测风量 (m³·s⁻¹)	解算风量 (m³·s⁻¹)	误差
－140 m	进风	－140 m 东部进风井联巷	47.55	42.6	10%
		－140 m 水平 6－1 溜井联巷	2.33	5.2	
		－140 m 西部进风井联巷	55.26	46.02	16%
	回风	－140 m 回风井联巷	71.92	74.91	4%
		－140 m 斜坡道联巷	1.97	3.91	
		－140 m 电梯井联巷	0	0	
－155 m	进风	－155 m 西部进风井联巷	21.7	25.29	
		－155 m 东部进风井联巷	38.18	41.2	7%
		－155 m 水平 6－1 溜井联巷	2.43	2.5	
		－155 m 回风井联巷	77.28	65.23	15%
		－155 m 斜坡道联巷	0	0	
		－155 m 电梯井联巷	0	0	
		－155 m 水平 8－1 溜井联巷	0	0	
－170 m	进风	－170 m 西部进风井联巷	9.89	14.44	
		－170 m 东部进风井联巷	4.05	5	
	回风	－170 m 回风井联巷	10.13	7.9	
		－170 m 盲斜井联巷	0	0	
		－170 m 电梯井联巷	0	0	
－230 m	进风	－230～－245 m 盲斜井	40.5	41.12	1.50%
		－230 m 空车石门	105.8	61.32	0.80%
		－230 m 重车石门		44.54	
		－230 m 斜坡道	13.8	14	1.40%
	回风	－230 m 东部进风井联巷	67	66.08	1.50%
		－230～－245 m 东部进风井斜巷	64.3	55.91	13%
		－230 m 风机硐室	85	85.76	0.80%
	无风	－50～－230 m 回风井联巷	0	0	

由于仪器测量误差和人员操作差别等问题，尤其是井下通风紊流状态的影响，允许一定的解算实测误差存在，但误差应控制在合理范围之内(一般解算实测误差应在 20% 以内)。

风网解算与实测结果分析表明，大部分巷道误差在 10% 以内，东风井总回风实测风量为 245 m^3/s，解算风量为 235 m^3/s，相对误差仅为 4.2%。同时，由各水平实测解算风量对比可以看出，通风解算模型保证了将各个中段主要进出巷道与实测巷道之间的差别控制在合理范围之内。

14.6　矿井通风状态分析与诊断

14.6.1　矿井需风量核算

为更好地确定各需风点的风量是否达到通风要求，需准确地计算出各中段或分段的需风量。故本次选择按回采、备采、掘进、硐室以及其他等工作面，计算矿井通风系统各水平需风量及矿井总需风量。根据矿山的实际情况，采准、切割、中孔、出矿、卸矿、支护按工作面数乘以每个工作面的需风量(4.17 m^3/s)确定；每个工作面的需风量按排尘风速(0.25 m/s)乘以断面面积(16.67 m^2)确定；硐室按每个硐室的需风量 1.5 m^3/s 确定；风量备用系数为 1.1。

该通风系统现需通风水平有 -110 m 水平、-125 m 水平、-140 m 水平、-155 m 水平、-170 m 水平、-185 m 水平和 -230 m 水平。各水平需风量计算分别见表 14-14 至表 14-19，总的采场及主要硐室需风量计算见表 14-20。

表 14-14　-110 m 水平需风量

序号	项　目	一个硐室需风量	硐室个数	所需风量
		风量/($m^3 \cdot s^{-1}$)	/个	/($m^3 \cdot s^{-1}$)
1	主要硐室	1.5	7	10.5
合　计				10.5

表 14-15　-125 m 水平需风量

序号	项　目	一个工作面风量			同时作业面数	所需风量
		断面面积	排尘风速	风量	/个	/($m^3 \cdot s^{-1}$)
		/m^2	/($m \cdot s^{-1}$)	/($m^3 \cdot s^{-1}$)		
1	采场出矿	16.67	0.25	4.17	1	4.17
2	溜井(出渣、卸矿)	16.67	0.25	4.17	1	4.17
合　计						8.34

表 14-16　-140 m 水平需风量

序号	项　目	一个工作面风量			同时作业面数/硐室数/个	所需风量/($m^3 \cdot s^{-1}$)
		断面面积	排尘风速	风量		
		/m^2	/($m \cdot s^{-1}$)	/($m^3 \cdot s^{-1}$)		
1	采准凿岩	16.67	0.25	4.17	1	4.17
2	中孔凿岩	16.67	0.25	4.17	2	8.34
3	采场出矿	16.67	0.25	4.17	2	8.34
4	溜井(出渣、卸矿)	16.67	0.25	4.17	3	12.51
5	主要硐室	每个硐室需风量按 1.5 m^3/s 计算			2	3
合　计						36.36

表 14-17　-155 m 水平需风量

序号	项　目	一个工作面风量			同时作业面数/硐室数/个	所需风量/($m^3 \cdot s^{-1}$)
		断面面积	排尘风速	风　量		
		/m^2	/($m \cdot s^{-1}$)	/($m^3 \cdot s^{-1}$)		
1	采准凿岩	16.67	0.25	4.17	1	4.17
2	切割井施工	16.67	0.25	4.17	1	4.17
3	中孔凿岩	16.67	0.25	4.17	2	8.34
4	采场出矿	16.67	0.25	4.17	3	12.51
5	溜井(出渣、卸矿)	16.67	0.25	4.17	4	16.68
6	喷锚支护	16.67	0.25	4.17	1	4.17
7	主要硐室	每个硐室需风量按 1.5 m^3/s 计算			2	3
合　计						53.04

表 14-18　-170 m 水平需风量

序号	项　目	一个工作面风量			同时作业面数/个	所需风量/($m^3 \cdot s^{-1}$)
		断面面积/m^2	排尘风速/($m \cdot s^{-1}$)	风量/($m^3 \cdot s^{-1}$)		
1	采准凿岩	16.67	0.25	4.17	5	20.85
2	溜井(出渣、卸矿)	16.67	0.25	4.17	3	12.51
3	喷锚支护	16.67	0.25	4.17	3	12.51
4	主要硐室	每个硐室需风量按 1.5 m^3/s 计算			3	4.5
合　计						50.37

表 14-19　-230 m 水平需风量

序号	项　目	一个工作面风量			同时作业工作面数/个	所需风量/($m^3 \cdot s^{-1}$)
		断面面积/m^2	排尘风速/($m \cdot s^{-1}$)	风　量/($m^3 \cdot s^{-1}$)		
1	溜井(出渣、卸矿)	16.67	0.25	4.17	2	8.34
2	主要硐室	每个硐室需风量按 1.5 m^3/s 计算			4	6
合　计						14.34

表 14-20　总的采场及主要硐室需风量

序号	项　目	一个工作面风量			同时作业面数/硐室数/个	所需风量/($m^3 \cdot s^{-1}$)
		断面面积/m^2	排尘风速/($m \cdot s^{-1}$)	风量/($m^3 \cdot s^{-1}$)		
1	采准凿岩	16.67	0.25	4.17	8	33.36
2	切割井施工	16.67	0.25	4.17	1	4.17
3	中孔凿岩	16.67	0.25	4.17	4	16.68
4	采场出矿	16.67	0.25	4.17	6	25.02
5	溜井(出渣、卸矿)	16.67	0.25	4.17	13	54.21
6	喷锚支护	16.67	0.25	4.17	5	20.85
7	主要硐室	每个硐室需风量按 1.5 m^3/s 计算			18	27
合　计						181.29

全矿风量分配除各水平采场及主要硐室需风量外，还需考虑运输系统、溜破系统、-245 m 水平的疏干排水系统以及系统漏风情况，具体风量分配见表 14-21。

表 14-21　风量分配表

需风处	需风量/($m^3 \cdot s^{-1}$)
采场及主要硐室	181.29
运输系统	11.8(风速按 1 m/s 考虑)
溜破系统	26.2(重复使用，设计值)
疏干排水系统(-245 m 水平)	4.5
合计	223.79
考虑 1.1 的风量备用系数	246.17

14.6.2　各水平风量分配状态分析

各水平实测风量状态见表 14-22。

表 14-22　各水平实测风量分配状态分析

水平/m	需风量/($m^3 \cdot s^{-1}$)	东部进风/($m^3 \cdot s^{-1}$)	西部进风/($m^3 \cdot s^{-1}$)	主副井进风/($m^3 \cdot s^{-1}$)	总进风量/($m^3 \cdot s^{-1}$)
-110	10.5	—	11.81	50.53	62.34
-125	8.5	37.4	—	—	37.4
-140	36	47.55	55.26	—	102.81
-155	55	38.19	21.7	—	59.89
-170	50	4.05	9.89	—	13.94
-230	15	—	—	105.8	105.8

详细分析风流流动分配状态：

1) -110 m 水平

-110 m 水平需风量为 10.5 m^3/s(东部无须风量分配)，实测该水平西部进风量为 11.81 m^3/s，主副井进风 50.53 m^3/s。虽满足风量需风要求，但主副井进风过多，部分风量经 -110 ~ -230 m 电梯井直接进入 -230 m 水平。

2) -125 m 水平

-125 m水平需风量为8.5 m^3/s，东部进风量为37.4 m^3/s，东部进风过剩，过多的风量未经利用便从-50～-125 m回风井流出。其实通过-110 m水平流至-125 m水平的风量，即可满足本中段的需风量，东部无须分配风量。随着东部采区开采完毕，应逐步封闭相应的巷道，并按需风量调节进风量。

3）-140 m水平

-140 m水平需风量为36 m^3/s，总进风量为102.81 m^3/s，进风量过多时，较大一部分风量未经利用便经东部回风井流出，需控制东、西部进风井进入-140 m水平的风量。

4）-155 m水平

-155 m水平需风量为55 m^3/s，东部进风量为38.19 m^3/s，西部进风量为21.7 m^3/s，分配合理，满足安全生产的要求。

5）-170 m水平

-170 m水平需风量为50 m^3/s，东部进风量为4.05 m^3/s，西部进风量为9.89 m^3/s，供风严重不足，不能满足安全生产的要求。存在上部中段风量过剩，下部中段供风不足的现象。

6）-230 m水平

-125 m水平需风量为15 m^3/s，主、副井总进风量为105.8 m^3/s，因为-50～-230 m回风井联络巷已封堵，故风流全部流至东西两翼机站使用。

综上分析，在风量分配方面存在以下问题：

(1)除-170 m水平外，其他水平均满足安全生产要求；

(2)每个水平从东、西两部进风，东西两侧风量分配不合理，未能充分利用。

在现有的通风系统中已发现存在西部风量较多、东部风量不足的问题。

正常时期，矿井进出风量可以满足需风要求，主要矛盾在于井下分风状态不太合理，导致大多风流未能充分利用好，需要对井下风流进行优化调控。

14.6.3　井下循环风分析

运用iVent循环风检测功能对通风网络进行检测，监测到2个循环回路(见图14-28和图14-29)；回路中风量较小的循环风对矿井影响较小，可以忽略。

iVent软件发现的循环风与井下实际情况对比：在两个循环风回路中，-50 m机站处循环风量最大，-110 m机站处循环风量较小(为0.41 m^3/s)，基本可以忽略。但后期调节优化措施以及进入深部通风后，应再次使用循环风检测功能，避免可能存在的异常调节措施，造成局部循环风过大。对于-50 m机站处的循环风：矿山实际已经发现该处存在循环风，并已经设置两道风门，以尽可能减小循环风量。

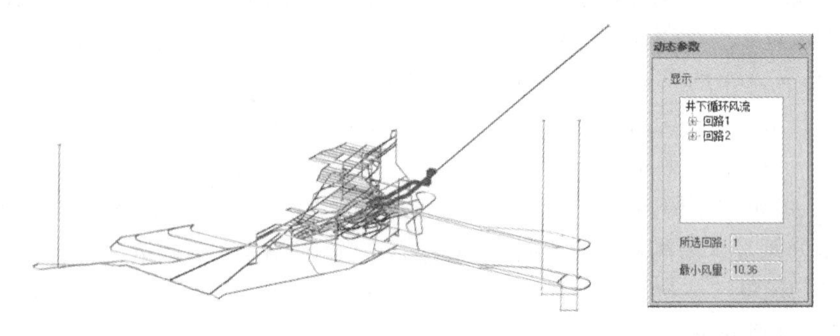

图 14－28　－50 m 水平东部回风井

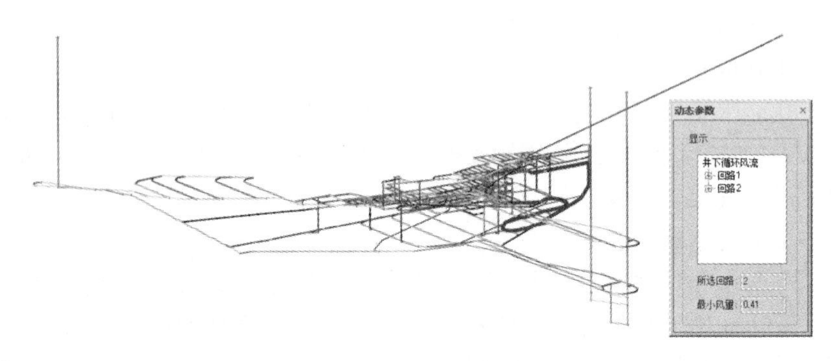

图 14－29　－110 m 水平西部回风井和 3－1 溜井

14.6.4　存在的问题

通过对该通风系统状态的分析与诊断，该通风系统已经具备了完善的独立通风系统，然而在局部通风区域仍存在一些问题：

（1）－50 m 至 5 m 回风井的风速为 20.9 m^3/s，超过规程 15 m/s，且此处局部阻力过大；

（2）－50 m 水平东部回风井处循环风问题；

（3）－230 m 中段各分段之间风量分配不合理，出现有些分段风量过剩，而有些分段风量却不足的情况：－125 m 水平、－140 m 水平以及－155 m 水平风量过剩；而－170 m 水平风量出现严重不足。

14.7　通风系统优化措施

针对上述问题，采取逐个优化的措施，即下一个优化措施是在上一个优化措施的基础上改进的，按叠加处理的方式解决存在的通风问题，其具体优化措施如下：

1）-50 ~ 5 m 回风井刷帮

-50 m ~ 5 m 回风井的风速为 20.9 m/s，超过《金属非金属地下矿山通风技术规范—通风系统》规定“专用风井，专用总进、回风道，最高风速为 15 m/s”。

为使 -50 ~ 5 m 回风井的风速不超过 15 m/s，需对其进行刷帮处理。-50 ~ 5 m 回风井原有的断面周长为 13.02 m，断面面积为 11.75 m^2；若风量不变（即 246 m^3/s），则 $S=\frac{Q}{V}=16.3\ m^2$。但考虑到后期深部开采时，随着需风量的增加，其风速仍无法满足需要，因此，本方案将 -50 ~ 5 m 回风井断面刷帮至与 5 m 回风井联巷以及 -50 m 回风措施工程面积（19.7 m^2）相近，即将 -50 ~ 5 m 回风井的直径刷帮至 5 m，其面积为 19.625 m^2。

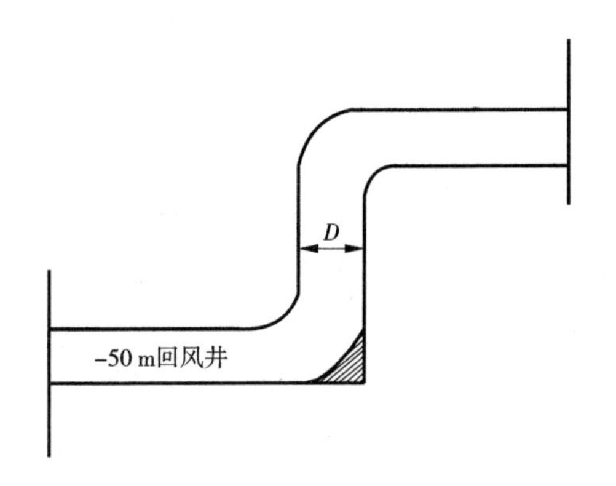

图 14-30　-50 m 至 5 m 回风井刷帮示意图

注意：刷帮时仍要保持 -50 ~ 5 m 回风井两直角转弯处为圆弧形，以降低局部阻力。

改造前，-50 ~ 5 m 回风井的摩擦阻力 $h_{f_{前}}=\frac{0.01\times 47.166\times 13.022}{11.75^3}\times 245.55^2=228.28$ Pa；改造后，-50 m 到 5 m 回风井的摩擦阻力 $h_{f_{后}}=\frac{0.01\times 47.166\times 15.7}{19.625^3}\times 262.525^2=67.52$ Pa。因此，改造后 -50 ~ 5 m 回风井的摩擦阻力降低了

160.76 Pa。其中 -50 ~5 m 回风井的风速从 20.9 m^3/s 降至 13.4 m^3/s（符合规程）。

根据解算结果，主要进回风巷道风量和主要风机风量改造前后对比结果见表 14 -23与表 14 -24。

表 14 -23 主要进出风巷道风量对比

巷道名称	改造前风量/($m^3 \cdot s^{-1}$)	改造后风量/($m^3 \cdot s^{-1}$)	变化量/($m^3 \cdot s^{-1}$)	变化率/%
东风井	235.2	251.4	16.2	6.9
西风井	59.4	61.3	1.9	3.2
主副井	72.1 +103.7	77.5 +112.6	14.3	8.1

表 14 -24 主要风机风量对比

机站名称	风机风量/($m^3 \cdot s^{-1}$)		变化量/($m^3 \cdot s^{-1}$)	变化率/%
	改造前	改造后		
-50 m 机站	245.55	262.5	16.95	6.9
-230 m 西部机站	122	122	0	0
-230 m 东部机站	85.8	92.1	6.3	7.3

2）-50 m 水平风门关严

针对 -50 m 水平的循环风（风量 10.5 m^3/s）较大问题，需将该处的两道风门关严，使其风量控制在 5 m^3/s 以下。本方案将风门的开口面积降至 0.1 m^2，解算后其风量为 3.2 m^3/s。

根据解算结果，主要进回风巷道风量和主要风机风量改造前后对比结果见表 14 -25与表 14 -26。

表 14 -25 主要进出风巷道风量对比

巷道名称	改造前风量/($m^3 \cdot s^{-1}$)	改造后风量/($m^3 \cdot s^{-1}$)	变化量/($m^3 \cdot s^{-1}$)	变化率/%
东风井	251.4	257	5.6	2.2
西风井	61.3	61.4	0.1	0.2
主副井	77.5 +112.6	79.4 +116.1	5.4	2.8

表14-26　主要风机风量对比

机站名称	风机风量/($m^3 \cdot s^{-1}$)		变化量/($m^3 \cdot s^{-1}$)	变化率/%
	改造前	改造后		
-50 m机站	262.5	260.2	2.3	0.9
-230 m西部机站	122	122	0	0
-230 m东部机站	92.1	91.6	0.5	0.5

3）-125 m水平东部进风井联巷安装风窗

因-125 m水平东部进风井进风量为37.4 m^3/s，而-125 m水平的实际需风量为8.5 m^3/s，从而出现-125 m水平风量过剩的情况。因此，需在-125 m水平东部进风井联巷处安装一调节风窗，经计算风窗的开口面积为0.502 m^2。安装风窗后，经解算，调节后各水平进风量分配结果见表14-27。

其中风窗的开口面积 S_c 计算公式为：

当$\frac{S_c}{S} \leqslant 0.5$时，

$$S_c = \frac{S}{0.65 + 0.84S\sqrt{\Delta R}} \tag{14-1}$$

当$\frac{S_c}{S} > 0.5$时，

$$S_c = \frac{S}{1 + 0.759S\sqrt{\Delta R}} \tag{14-2}$$

式中：S为风窗设置巷道的断面面积，m^2；又$\Delta h = \Delta RQ^2$，得调节风阻值$\Delta R = \frac{\Delta h}{Q^2}$。其中$\Delta h$是增阻调节后引起的局部阻力，iVent中表现为不平衡压降。

由不平衡风压$\Delta h = 440$ Pa、风量$Q = 9$ m^3/s，得$\Delta R = 5.43$。由式(14-1) $S_c = \frac{S}{0.65 + 0.84S\sqrt{\Delta R}} = \frac{18.065}{0.65 + 0.84 \times 18.065 \times \sqrt{5.43}} = 0.502$，可知$\frac{S_c}{S} \leqslant 0.5$满足要求。

表14-27　调节后各水平风量分配及对比结果

水平/m	需风量/($m^3 \cdot s^{-1}$)	需风量（备用系数）/($m^3 \cdot s^{-1}$)	东部进风/($m^3 \cdot s^{-1}$)	西部进风/($m^3 \cdot s^{-1}$)	改造前总进风量/($m^3 \cdot s^{-1}$)	改造后总进风量/($m^3 \cdot s^{-1}$)
-125	8.5	9.35	9	—	33.2	9
-140	36	39.6	54.8	42.6	92.2	97.4
-155	55	60.5	28.5	41.2	67.9	69.7
-170	50	55	16.3	5	20.3	21.3

根据解算结果，主要进回风巷道风量和主要风机风量改造前后对比结果见表14－28与表14－29。

表14－28　主要进出风巷道风量对比

巷道名称	改造前风量/($m^3 \cdot s^{-1}$)	改造后风量/($m^3 \cdot s^{-1}$)	变化量/($m^3 \cdot s^{-1}$)	变化率/%
东风井	257	252	5	1.9
西风井	61.4	58.5	2.9	4.7
主副井	79.4＋116.1	78＋115.5	2	1

表14－29　主要风机风量对比

机站名称	风机风量/($m^3 \cdot s^{-1}$)		变化量/($m^3 \cdot s^{-1}$)	变化率/%
	改造前	改造后		
－50 m机站	260.2	255.2	5	1.9
－230 m西部机站	122	97.8	25.8	21.1
－230 m东部机站	91.6	99.6	8	8.7

4）－140 m水平东西部进风井联巷安装风窗

－140 m水平的需风量为36 m^3/s，而－140 m水平的总进风量为97.4 m^3/s，风量过剩，而－170 m水平风量严重不足。因此，需对其进行风量调节。

为使－140 m水平的需风量达到需风要求，需分别在东部进风井联巷与西部进风井联巷安装一风窗。运用式(14－1)与式(14－2)，计算得东部进风井联巷处的风窗面积为1 m^2，西部进风井联巷处的风窗面积为1.2 m^2。

安装风窗后，经解算，调节后各水平进风量分配结果见表14－30。因考虑－140 m水平的东部溜井漏风的影响，－140 m水平改造后的风量为53 m^3/s。

表14－30　－140 m调节后各水平风量分配及对比结果

水平/m	需风量/($m^3 \cdot s^{-1}$)	需风量(备用系数)/($m^3 \cdot s^{-1}$)	东部进风/($m^3 \cdot s^{-1}$)	西部进风/($m^3 \cdot s^{-1}$)	改造前总进风量/($m^3 \cdot s^{-1}$)	改造后总进风量/($m^3 \cdot s^{-1}$)
－125	8.5	9.35	12.16	—	9	12.16
－140	36	39.6	24	29	97.4	53
－155	55	60.5	41.5	41.2	69.7	82.7
－170	50	55	21.6	5	21.3	26.6

根据解算结果，主要进回风巷道风量和主要风机风量改造前后对比结果见表 14 - 31与表 14 - 32。

表 14 - 31　主要进出风巷道风量对比

巷道名称	改造前风量/($m^3 \cdot s^{-1}$)	改造后风量/($m^3 \cdot s^{-1}$)	变化量/($m^3 \cdot s^{-1}$)	变化率/%
东风井	252	246.4	5.6	2.2
西风井	58.5	54.4	4.1	7
主副井	78 + 115.5	76.1 + 115.5	1.9	0.9

表 14 - 32　主要风机风量对比

机站名称	风机风量/($m^3 \cdot s^{-1}$)		变化量/($m^3 \cdot s^{-1}$)	变化率/%
	改造前	改造后		
-50 m 机站	255.2	250	5.2	2
-230 m 西部机站	97.8	87.5	10.3	10.5
-230 m 东部机站	99.6	87.5	12.1	12

5）-155 m 水平西部进风井联巷安装风窗

因 -155 m 水平风量过剩，而 -170 m 水平风量不足，需对 -155 m 水平安装风窗进行调节，使 -155 m 水平的部分风分配给 -170 m 水平。

调节措施：直接在 -155 m 水平西部进风井联巷安装风窗。运用式(14 - 1)与式(14 - 2)，计算得 -155 m 水平西部进风井联巷处的风窗面积为 1.7 m^2。

安装风窗后，经解算，调节后各水平进风量分配结果见表 14 - 33。可知经调节后，-155 m 水平与 -170 m 水平的需风量满足需风要求。

表 14 - 33　-155 m 调节后各水平风量分配及对比结果

水平/m	需风量/($m^3 \cdot s^{-1}$)	需风量（备用系数）/($m^3 \cdot s^{-1}$)	东部进风/($m^3 \cdot s^{-1}$)	西部进风/($m^3 \cdot s^{-1}$)	改造前总进风量/($m^3 \cdot s^{-1}$)	改造后总进风量/($m^3 \cdot s^{-1}$)
-125	8.5	9.35	10.363	—	12.16	10.363
-140	36	39.6	24	24.38	53	48.38
-155	55	60.5	39.3	30.6	82.7	69.9
-170	50	55	20.1	37.7	26.6	57.8

根据解算结果，主要进回风巷道风量和主要风机风量改造前后对比结果见表 14 - 34与表 14 - 35。

表 14 - 34　主要进回风巷道风量对比

巷道名称	改造前风量/($m^3 \cdot s^{-1}$)	改造后风量/($m^3 \cdot s^{-1}$)	变化量/($m^3 \cdot s^{-1}$)	变化率/%
东风井	246.4	248.4	2	0.8
西风井	56.3	54.4	1.9	3.4
主副井	76.1 + 115.5	77 + 115.1	0.5	0.3

表 14 - 35　主要风机风量对比

机站名称	风机风量/($m^3 \cdot s^{-1}$)		变化量/($m^3 \cdot s^{-1}$)	变化率/%
	改造前	改造后		
-50 m 机站	250	251.5	1.5	0.6
-230 m 西部机站	87.5	103.1	15.6	17.8
-230 m 东部机站	87.5	83.5	4	4.6

附录一　井巷摩擦阻力系数 α 值

（空气密度 $\rho = 1.2\ kg/m^3$）

1）水平巷道

（1）不支护巷道的 $\alpha \times 10^4$ 值

附表 1-1 不支护巷道的 $\alpha \times 10^4$ 值

巷道壁的特征	$\alpha \times 10^4$ 值/$(N \cdot s^2 \cdot m^{-4})$
顺走向在煤层里开掘的巷道	58.8
交叉走向在岩层里开掘的巷道	68.6 ~ 78.4
巷壁与底板粗糙程度相同的巷道	58.8 ~ 78.4
巷壁与底板粗糙程度相同的巷道在底板阻塞情况下	98 ~ 147

（2）混凝土、混凝土砖及砖石砌碹平巷 $\alpha \times 10^4$ 值

附表 1-2　砌碹平巷 $\alpha \times 10^4$ 值

类别	$\alpha \times 10^4$ 值/$(N \cdot s^2 \cdot m^{-4})$
混凝土砌碹、外抹灰浆	29.4 ~ 39.2
混凝土砌碹、不抹灰浆	49 ~ 68.6
砖砌碹、外面抹灰浆	24.5 ~ 29.4
砖砌碹、不抹灰浆	29.4 ~ 30.2
料石砌碹	39.2 ~ 49

注：巷道断面小者取大值

（3）圆木棚子支护的巷道 $\alpha \times 10^4$ 值

附表 1－3　圆木棚子支护的巷道 $\alpha\times10^4$ 值

木柱直径 d_0/cm	支架纵口径 $\Delta=L/d_0$ 时的 $\alpha\times10^4$ 值/($N\cdot s^2\cdot m^{-4}$)							按断面校正	
	1	2	3	4	5	6	7	断面/m^2	校正系数
15	88.2	115.2	137.2	155.8	174.4	164.6	158.8	1	1.2
16	90.16	118.6	141.1	161.7	180.3	167.6	159.7	2	1.1
17	92.12	121.5	141.1	165.6	185.2	169.5	162.7	3	1.0
18	94.03	123.5	148	169.5	190.1	171.5	164.6	4	0.93
20	96.04	127.4	154.8	177.4	198.9	175.4	168.6	5	0.89
22	99	133.3	156.8	185.2	208.7	178.4	171.5	6	0.80
24	102.9	138.2	167.6	193.1	217.6	192	174.4	8	0.82
26	104.9	143.1	174.4	199.9	225.4	198	180.3	10	0.78

注：表中 $\alpha\times10^4$ 值适合于支架后净断面 $S=3\ m^2$ 的巷道，对于其他断面的巷道应乘以校正系数。

支架纵口直径 Δ 定义为相邻两根木柱距离 L 与木柱直径 d_0 之比。

(4)金属支架的巷道 $\alpha\times10^4$ 值

附表 1－4　工字梁拱形和梯形支架巷道的 $\alpha\times10^4$ 值

金属梁尺寸 d_0/cm	支架纵口径 $\Delta=L/d_0$ 时的 $\alpha\times10^4$ 值/($N\cdot s^2\cdot m^{-4}$)					按断面校正	
	2	3	4	5	8	断面/m^2	校正系数
10	107.8	147	176.4	205.4	245	3	1.08
12	127.4	166.6	205.8	245	294	4	1.00
14	137.2	186.2	225.4	284.2	333.3	6	0.91
16	147	205.8	254.8	313.6	392	8	0.88
18	156.8	225.4	294	382.2	431.2	10	0.84

注：d_0 为金属梁截面的高度

附表1－5　金属梁、柱支护平巷 $\alpha \times 10^4$ 值

边柱厚度 d_0/cm	支架纵口径 $\Delta = L/d_0$ 时的 $\alpha \times 10^4$ 值/(N·s²·m⁻⁴)					按断面校正	
	2	3	4	5	6	断面/m²	校正系数
40	156.8	176.4	205.8	215.6	235.2	3	1.08
						4	1.00
						6	0.91
50	166.6	196	215.6	245	264.6	8	0.88
						10	0.84

注："帮柱"是指混凝土或砌碹的柱子，呈方形；顶梁是用工字钢或16号槽钢加工的。

(5)钢筋混凝土预制支架的巷道的 $\alpha \times 10^4$ 值为88.2～186.2 N·s²/m⁴(纵口径大，取值亦大)。

(6)锚杆或喷浆巷道的 $\alpha \times 10^4$ 值为78.4～117.6 N·s²/m⁴。

2)井筒

(1)无任何装备的清洁的混凝土和钢筋混凝土井筒 $\alpha \times 10^4$ 值

附表1－6　无任何装备混凝土井筒 $\alpha \times 10^4$ 值

井筒直径/m	井筒断面/m²	$\alpha \times 10^4$ 值/(N·s²·m⁻⁴)	
		平滑的混凝土	不平滑的混凝土
4	12.6	33.3	39.2
5	19.6	31.4	37.2
6	28.3	31.4	37.2
7	38.5	29.4	35.3
8	50.3	29.4	35.3

(2)砖和混凝土砖砌的无任何装备的井筒，其 $\alpha \times 10^4$ 值按附表1－6的值增大一倍。

(3)有装备的井筒，井壁用混凝土、钢筋混凝土、混凝土砖及砖砌碹的 $\alpha \times 10^4$ 值为343～490 N·s²/m⁴。选取时应考虑到罐道梁的间距，装备物纵口径以及有无梯子间和梯子间规格等。

3)矿井巷道 $\alpha \times 10^4$ 值的实际资料(据沈阳煤矿设计研究院所编 α 值表)

沈阳煤矿设计研究院根据在抚顺、徐州、新汶、阳泉、大同、梅田、鹤岗等地的7个矿务局的14个矿井的实测资料，编制的供通风设计参考的 α 值见附表1－8。

附表1-8　井巷摩擦阻力系数α值

序号	巷道支护形式	巷道类别	巷道壁面特征	$\alpha\times10^4$ 值 /($N\cdot s^2\cdot m^{-4}$)	选取参考
1	锚喷支护	轨道平巷	光面爆破，凸凹度<150	50~77	断面大，巷道整洁凸凹度<50，近似砌碹的取小值，新开采区巷道，断面较小的取大值。断面大而成型差，凸凹度大的取大值
			普通爆破，凸凹度>150	83~103	巷道整洁，底板喷水泥抹面的取小值，无道碴和锚杆外露的取大值
		轨道斜巷(设有行台阶)	光面爆破，凸凹度<150	81~89	兼流水巷和无轨道的取小值
			普通爆破，凸凹度>150	93~121	兼流水巷和无轨道的取小值；巷道成型不规整，底板不平的取大值
		通风行人巷(无轨道、台阶)	光面爆破，凸凹度<150	68~75	底板不平，浮矸多的取大值；自然顶板层面光滑和底板积水的取小值
			普通爆破，凸凹度>150	75~97	巷道平直，底板淤泥积水的取小值；四壁积尘，不整洁的老巷有少量杂物堆积取大值
		通风行人巷(无轨道、有台阶)	光面爆破，凸凹度<150	72~84	兼流水巷的取小值
			普通爆破，凸凹度>150	84~110	流水冲沟使底板严重不平的α值偏大
		胶带运输机巷(铺轨)	光面爆破，凸凹度<150	85~120	断面较大，全部喷混凝土固定道床的α值为85。其余的一般均应取偏大值。吊挂胶带输送机宽为800~1000 mm
			普通爆破，凸凹度>150	119~174	巷道底平，整洁的巷道取小值；底板不平，铺轨无道砟，胶带输送机卧底，积煤泥的取大值。落地式胶带宽为1.2 m

续表 1－8

序号	巷道支护形式	巷道类别	巷道壁面特征	$\alpha\times10^4$ 值 /($N\cdot s^2\cdot m^{-4}$)	选取参考
2	喷砂浆支护	轨道平巷	普通爆破，凸凹度＞150	78～81	喷砂浆支护与喷混凝土支护巷道的摩擦阻力系数相近，同种类别巷道可选锚喷支护
3	锚杆支护	轨道平巷	锚杆外露 100～200 mm 锚间距 600～1000 mm	94～149	铺设规整，自然顶板平整光滑的取小值；壁面波状凸凹度＞150，近似不规整的裸体状取大值；沿煤顺槽，底板为松散浮煤，一般取中间值
		胶带输送机巷（铺轨）	锚杆外露 150～200 mm，锚间距 600～800 mm	127～153	落地式胶带宽为 800～1000 mm。断面小，铺设不规整的取大值；断面大，自然顶板平整光滑的取小值
4	料石砌碹支护	轨道平巷	壁面粗糙	49～61	断面大的取小值；断面小的取大值。巷道洒水清扫的取小值
		轨道平巷	壁面平滑	38～44	断面大的取小值；断面小的取大值。巷道洒水清扫的取小值
		胶带输送机斜巷（铺轨设有行人台阶）	壁面粗糙	100～158	钢丝绳胶带输送机宽为 1000 mm，下限值为推测值，供选取参考
5	毛石砌碹支护	轨道平巷	壁面粗糙	60～80	
6	混凝土棚支护	轨道平巷	断面 5～9 m^2，纵口径 4～5	100～190	依纵口径、断面选取 α 值。巷道整洁的完全棚，纵口径小的取小值
7	U 形钢支护	轨道平巷	断面 5～8 m^2，纵口径 4～8	135～181	按纵口径、断面选取，纵口径大的、完全棚支护的取小值。不完全棚大于完全棚的 α 值
		胶带输送机巷（铺轨）	断面 9～10 m^2，纵口径 4～8	209～226	落地式胶带宽为 800～1000 mm，包括工字钢梁“U”型钢腿的支架

续表 1－8

序号	巷道支护形式	巷道类别	巷道壁面特征	$\alpha\times10^4$ 值 /($N\cdot s^2\cdot m^{-4}$)	选取参考
8	工字钢、钢轨支护	轨道平巷	断面 4～6 m^2，纵口径 7～9	123～134	包括工字钢与钢轨的混合支架。不完全棚支护的 α 值大于完全棚的，纵口径 = 9 时取小值
		胶带输送机巷（铺轨）	断面 9～10 m^2，纵口径 4～8	209～226	工字钢与 U 型钢的混合支架与第 7 项胶带输送机巷近似，单一种支护与混合支护 α 值近似
9	综采工作面	掩护式支架	采高 <2 m，德国 WS1.7 双柱式	300～330	系数值包括采煤机在工作面内的附加阻力（以下同）
		支撑掩护式支架	采高 2～3 m，德国 WS1.7 双柱式，德国贝考瑞特，国产 OKII 型	260～310	分层开采铺金属网和工作面片帮严重、堆积浮煤多的取大值
			采高 >3 m，德国 WS1.7 双柱式	220～250	支架架设不整齐，有露顶的取大值
		支撑掩护式支架	采高 2～3 m，国产 ZY－3，4 柱式	320～350	采高局部有变化，支架不齐，则取大值
		支撑式支架	采高 2～3 m，英国 DT、4 柱式	330～420	支架架设不整齐则取大值
10	普采工作面	单体液压支柱	采高 <2 m	420～500	
		金属摩擦支柱，铰接顶梁	采高 <2 m，DY－100 型采煤机	450～550	支架排列较整齐，工作面内有少量金属支柱，等堆积物可取小值
		木支柱	采高 <1.2 m，木支架较乱	600～650	
11	炮采工作面	金属摩擦支柱，铰接顶梁	采高 <1.8 m，支架整齐	270～350	工作面每隔 10 m 用木垛支撑的实测 α 值为 954～1050
		木支柱	采高 <1.2 m，支架整齐	300～350	
			采高 <1.2 m，木支架较乱	400～450	

附录二　局部阻力系数

附表 2-1　各种巷道突然扩大与突然缩小的 ξ 值

S_1/S_2	1	0.9	0.8	0.7	0.6	0.5	0.4	0.3	0.2	0.1	0.01	0
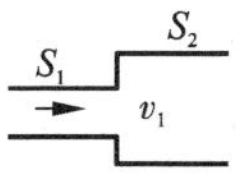 突然扩大（S_1→S_2，v_1）	0	0.01	0.04	0.09	0.16	0.25	0.36	0.49	0.64	0.81	0.98	1.0
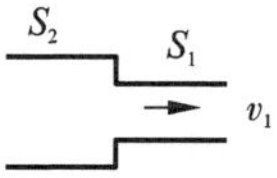 突然缩小（S_2→S_1，v_1）	0	0.05	0.10	0.15	0.20	0.25	0.30	0.35	0.40	0.45	0.50	—

附表 2-2　其他几种局部阻力的 ξ 值

局部阻力类型	示意图	局部阻力系数	备注
矿井进风口	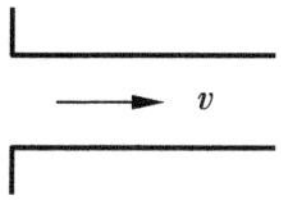 v	0.6	当风速为 v 时
矿井圆边进风井口	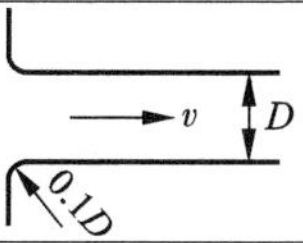 v, D, $0.1D$	0.1（当 $R=0.1D$）	当风速为 v 时
末端突出的管道入口	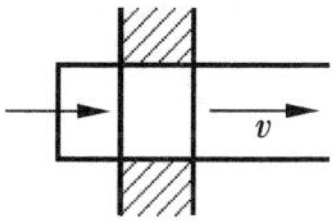 v	0.85	当风速为 v 时
矿井的切边进风井口	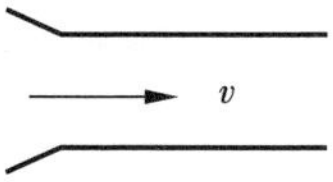 v	0.2	当风速为 v 时
两边缘均为尖角的90°转弯	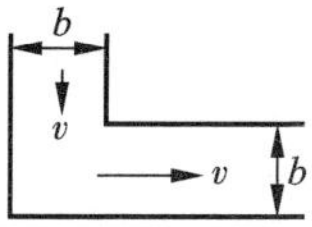 b, v, v, b	1.4	当风速为 v 时

续表 2－2

局部阻力类型	示意图	局部阻力系数	备注
内边呈圆角的 90°转弯	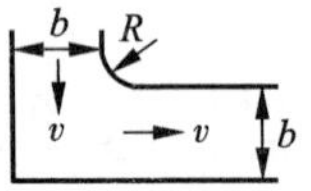	$\begin{cases}R=b/3;\\ \xi=0.75;\end{cases}$ $\begin{cases}R=2b/3\\ \xi=0.52\end{cases}$	当风速为 v 时
内边呈 45°切角的 90°转弯	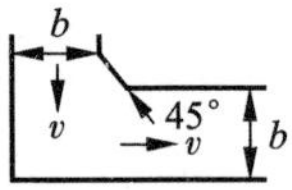	0.66	当风速为 v 时
两边缘均为圆角的 90°转弯	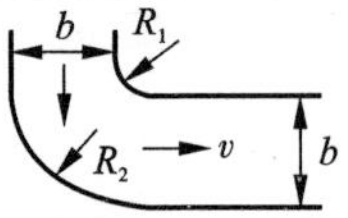	$\begin{cases}R_1=b/3;\\ R_2=3b/2;\\ \xi=0.6;\end{cases}$ $\begin{cases}R_1=2b/3;\\ R_2=17b/10;\\ \xi=0.3;\end{cases}$	当风速为 v 时
有导风板的 90°转弯	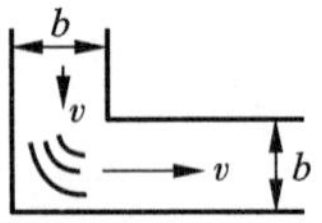	0.2	当风速为 v 时
两个方向一致各为 90°的转弯	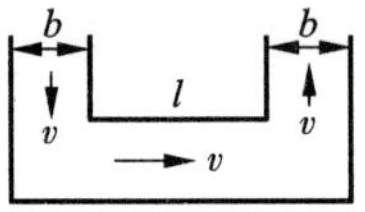	2.1(当 $l<8b$ 时)	当风速为 v 时
两个方向相反各为 90°转弯	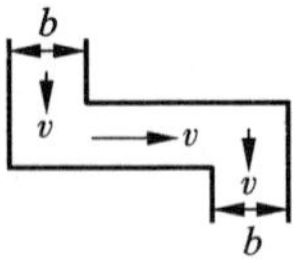	2.4	当风速为 v 时
两个互相垂直的转弯	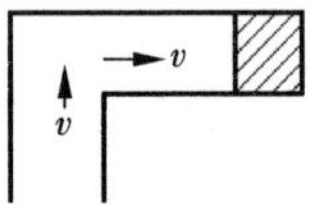	2.8	当风速为 v 时
两个各成 45°角的转弯	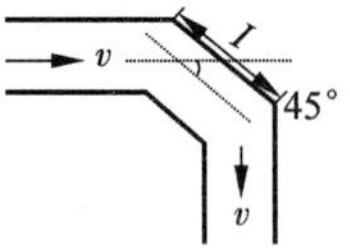	$\begin{cases}l=2b;\\ \xi=0.7;\end{cases}$ $\begin{cases}l=(4\sim8)b\\ \xi=1.1\end{cases}$	当风速为 v 时
通过的风流与分流成直角的分风点	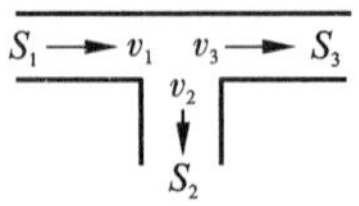	3.6	$\begin{cases}\text{当 } S_2=S_3\\ v_2/v_3=1\\ \text{风速为 } v_2 \text{ 时}\end{cases}$
风流与分流成 60°角的分风点	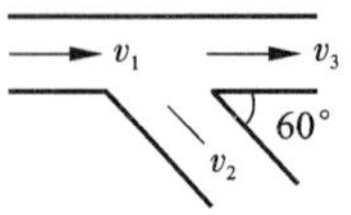	1.5	当风速为 v_2 时

续表 2－2

局部阻力类型	示意图	局部阻力系数	备注
出风流与分流成直角的汇合点	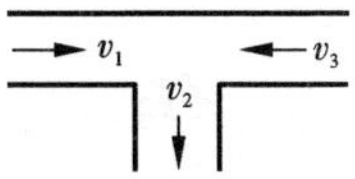 v_1 v_3 v_2	2.0	当风速为 v_2 时
出风流与分流成45°切角汇合点	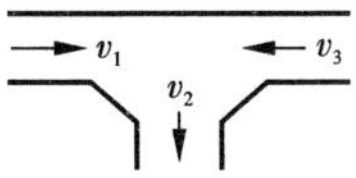 v_1 v_3 v_2	1.0	当风速为 v_2 时
风流的分流在一定角度下流入同一巷道的汇合点	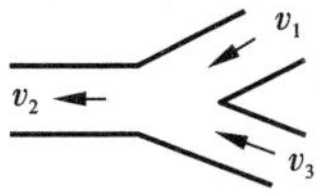 v_1 v_2 v_3	1.0	当 $v_1=v_3$ 时
两分流直角相交的汇合点	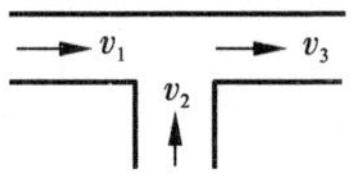 v_1 v_3 v_2	2.6	当风速为 v_2 时
交角为60°的风流汇合点	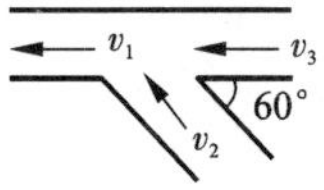 v_1 v_3 60° v_2	1.5	当风速为 v_2 时
风流直角转弯，且向两个相反方向分开的分风点	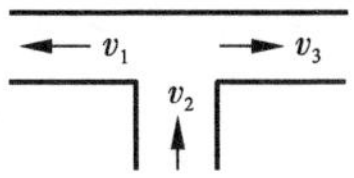 v_1 v_3 v_2	2.5	当风速为 v_2 时
风流成45°的切角，且向两个相反方向分开的分风点	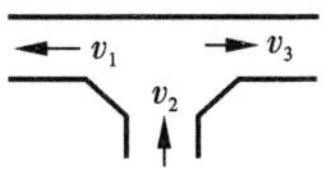 v_1 v_3 v_2	1.5	当风速为 v_2 时
向成60°角的两侧巷道分风的分风点	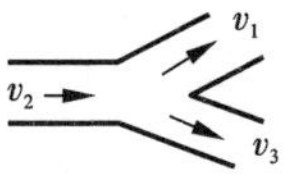 v_1 v_2 v_3	1.0	当风速为 v_2 时
风流通向大气的管道出口	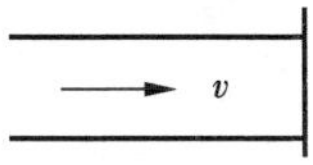 v	1.0	当风速为 v 时

附录三　饱和水蒸气压力表

饱和水蒸气压力表　单位/Pa

T/℃	0	0.1	0.2	0.3	0.4	0.5	0.6	0.7	0.8	0.9
-4	437	433	429	427	423	420	416	412	408	405
-3	476	472	468	464	460	456	453	449	445	441
-2	517	513	509	505	501	496	492	488	484	480
-1	563	559	553	549	544	540	536	531	527	521
0	611	616	620	625	629	634	638	643	648	652
1	657	662	667	671	676	681	686	691	696	701
2	706	711	716	721	726	732	737	742	747	753
3	758	763	769	774	780	785	791	797	802	808
4	814	819	825	831	837	843	849	854	860	867
5	873	879	885	891	897	903	910	916	922	929
6	935	942	948	955	962	968	975	982	988	995
7	1002	1009	1016	1023	1029	1037	1044	1051	1058	1066
8	1073	1080	1088	1095	1103	1110	1118	1125	1133	1141
9	1148	1156	1164	1172	1180	1188	1196	1204	1212	1220
10	1228	1236	1245	1253	1261	1270	1278	1287	1296	1304
11	1313	1322	1331	1339	1348	1357	1366	1375	1384	1394
12	1403	1412	1421	1431	1440	1450	1459	1469	1479	1488
13	1498	1508	1518	1528	1538	1548	1558	1568	1578	1589
14	1599	1609	1620	1630	1641	1652	1662	1673	1684	1695
15	1706	1717	1728	1739	1750	1761	1773	1784	1796	1807
16	1819	1830	1842	1854	1866	1878	1890	1902	1914	1926

续表

T/℃	0	0.1	0.2	0.3	0.4	0.5	0.6	0.7	0.8	0.9
17	1938	1951	1963	1957	1988	2001	2013	2026	2039	2052
18	2065	2078	2091	2104	2117	2131	2144	2157	2171	2185
19	2198	2212	2226	2240	2254	2268	2282	2296	2310	2325
20	2339	2354	2368	2383	2398	2413	2428	2443	2458	2473
21	2488	2503	2519	2534	2550	2566	2581	2597	2613	2629
22	2645	2661	2578	2694	2710	2727	2744	2760	2777	2794
23	2811	2828	2845	2862	2880	2897	2915	2932	2950	2968
24	2986	3004	3022	3040	3058	3076	3095	3114	3132	3151
25	3170	3189	3208	3227	3246	3265	3285	3304	3324	3344
26	3364	3384	3404	3424	3444	3464	3485	3506	3526	3547
27	3568	3589	3610	3631	3653	3674	3696	3717	3739	3761
28	3783	3805	3827	3849	3872	3894	3917	3940	3963	3986
29	4009	4032	4056	4097	4103	4126	4150	4174	4198	4222
30	4247	4271	4296	4320	4345	4370	4395	4420	4446	4471
31	4497	4552	4548	4574	4600	4626	4653	4679	4706	4732
32	4759	4786	4813	4841	4868	4895	4923	4951	4979	5007
33	5035	5063	5092	5120	5149	5178	5207	5236	5266	5295
34	5325	5354	5384	5414	5445	5475	5505	5536	5567	5598
35	5629	5660	5691	5723	5754	5786	5818	5850	5882	5915
36	5947	5980	6013	6046	6079	6113	6146	6180	6214	6248
37	6282	6316	6351	6385	6420	6455	6490	6525	6561	6597
38	6632	6668	6704	6741	6777	6814	6851	6888	6925	6962
39	7000	7037	7075	7113	7151	7190	7228	7267	7306	7345
40	7384	7424	7464	7503	7543	7584	7624	7664	7705	7746
41	7787	7829	7870	7912	7954	7996	8038	8080	8123	8166
42	8209	8252	8296	8339	8383	8427	8471	8516	8580	8605
43	8650	8695	8741	8787	8832	8876	8925	8971	9018	9065
44	9112	9159	9207	9254	9302	9350	9399	9447	9496	9545

续表

T/℃	0	0.1	0.2	0.3	0.4	0.5	0.6	0.7	0.8	0.9
45	9594	9644	9694	9743	9793	9844	9894	9945	9996	10047
46	10099	10150	10202	10255	10307	10359	10412	10465	10519	10572
47	10626	10680	10734	10789	10843	10898	10953	11009	11064	11120
48	11176	11233	11289	11346	11403	11461	11518	11576	11634	11693
49	11751	11810	11869	11929	11988	12048	12108	12169	12229	12290
50	12351	12413	12474	12536	12599	12661	12724	12787	12850	12914
51	12977	13041	13106	13170	13235	13301	13366	13432	13498	13564
52	13631	13697	13764	13832	13900	13967	14036	14104	14173	14242
53	14312	14381	14451	14521	14592	14663	14734	14805	14877	14949
54	15022	15094	15167	15240	15314	15388	15462	15536	15611	15686
55	15761	15837	15913	15989	16066	16143	16220	16298	16376	16454
56	16532	16611	16690	16770	16849	16930	17010	17091	17172	17253
57	17335	17417	17499	17582	17665	17749	17832	17916	18001	18086
58	18171	18256	18342	18428	18515	18601	18689	18776	18864	18952
59	19041	19130	19219	19308	19398	19489	19579	19670	19762	19854
60	19946	20038	20131	20224	20318	20412	20506	20601	20696	20792

参考文献

[1] 吴超. 矿井通风与空气调节[M]. 长沙: 中南大学出版社, 2008.
[2] 胡汉华. 矿井通风系统设计——原理、方法与实例[M]. 北京: 化学工业出版社, 2010.
[3] 段永祥. 大红山铁矿Ⅱ_1 矿组中深部 400 万吨/年开采的高效低耗通风技术研究[D]. 昆明: 昆明理工大学, 2007.
[4] 王英敏. 矿井通风与防尘[M]. 北京: 冶金工业出版社, 1993.
[5] 王晋淼. 复杂矿井通风网络自动调控及其应用研究[D]. 长沙: 中南大学, 2015.
[6] 张昕. 三维可视化矿井通风系统仿真关键技术研究[D]. 长沙: 中南大学, 2015.
[7] 钟德云. 复杂矿井通风网络多因素实时优化解算研究[D]. 长沙: 中南大学, 2016.
[8] 文永胜. 矿井通风技术的新发展[J]. 世界有色金属, 2008(12): 32-34.
[9] 赵梓成, 谢贤平. 矿井通风理论与技术进展评述[J]. 云南冶金, 2002(3): 23-31.
[10] 赵梓成, 谢贤平. 矿井通风优化理论与技术进步[Z]. 北京: 1997: 375-380.
[11] 谢贤平, 冯长根, 郭新亚. 矿井通风系统监测点的优化布局[Z]. 北京: 1998: 4.
[12] ABB. ABB Smart ventilation[EB]. http: //new. abb. com/cn.
[13] Wei L J, Zhou F B, Cheng J W, et al. Classification of Structural Complexity for Mine Ventilation Networks[J]. Complexity, 2014, 21: 21-34.
[14] Enrique I A, I S L. A Review of Primary Mine Ventilation System Optimization[J]. Interfaces, 2014.
[15] Yunan H, Olga I K, Miroslav K. Nonlinear control of mine ventilation networks[J]. Systems & Control Letters. 2003.
[16] W N, S F, K A E. Optimisation of mine ventilation networks using the Lagrangian algorithm for equality constraints[J]. International Journal of Mining, Reclamation and Environment, 2014.
[17] Shen Y, Wang H. Study and Application on Simulation and Optimization System for the Mine Ventilation Network[J]. Procedia Engineering, 2011, 26: 236-242.
[18] 王慧宾. 矿井通风网络理论与算法[M]. 徐州: 中国矿业大学出版社, 1996.
[19] 刘剑. 流体网络理论[M]. 北京: 煤炭工业出版社, 2002.
[20] 赵梓成. 矿井通风计算及程序设计[M]. 昆明: 云南科技出版社, 1992.
[21] 李恕和. 矿井通风网络图论[M]. 北京: 煤炭工业出版社, 1984.
[22] 徐竹云. 矿井通风系统优化原理与设计计算方法[M]. 北京: 冶金工业出版社, 1996.
[23] 张惠忱. 计算机在矿井通风中的应用[M]. 徐州: 中国矿业大学出版社, 1992.
[24] 黄元平. 矿井通风[M]. 徐州: 中国矿业大学出版社, 1990.

[25] 钟德云，王李管，毕林，等. 复杂矿井通风网络解算风网有效性分析[J]. 中国安全生产科学技术，2014(11)：10－14.

[26] 王金贵，张苏，熊庄，等. 复杂通风网络简化方法研究[J]. 煤炭工程，2012(4)：104－106.

[27] 汶伟. 矿井通风网络图简化及应用分析的研究[D]. 西安：西安科技大学，2009.

[28] 魏连江，汪云甲，方宗武. 复杂通风网络简化过程与原理研究[J]. 中国矿业大学学报，2010，39(4)：480－483.

[29] 赵千里，刘剑. 金川矿井通风网络自动简化数学模型与简化技术[J]. 中国安全科学学报，2001，11(6)：69－72.

[30] 李晓峰，魏连江，刘云岗. 通风网络解算的改进研究及实现[J]. 矿业工程，2008，6(6)：56－59.

[31] 翟晓燕. 有向图的连通性与支撑树[J]. 工科数学，1996(02)：85－88.

[32] 曹雁锋，张先伟. 一种强连通判定算法[J]. 计算机应用与软件，2007(04)：152－153.

[33] 刘晓利，秦奋涛. 有向图的强连通性分析及判别算法[J]. 计算机应用与软件，2005(04)：138－139.

[34] 王惠宾，胡卫民，李湖生. 矿井通风网络理论与算法[M]. 徐州：中国矿业大学出版社，1996.

[35] 陈开岩. 矿井风网解算常见错误的分析及其程序改进[J]. 中国矿业大学学报，1990(04)：91－96.

[36] 李茂楠. 计算机在矿井通风中的应用[M]. 长沙：中南工业大学出版社，1990.

[37] 陈平. 自然网孔、基本回路、独立回路相互间的关系[J]. 上海工程技术大学学报，1998(03)：46－49.

[38] 陈平. 每个自然网孔都是一个独立回路的证明[J]. 上海工程技术大学学报，1998(1)：55－57.

[39] 梅素珍，李梅. 网孔回路方程独立性的证明[J]. 电气电子教学学报，2001(2)：52－61.

[40] 李雨成. 成庄矿矿井通风仿真系统应用研究[D]. 阜新：辽宁工程技术大学，2005.

[41] 刘剑，贾进章，于斌. 通风网络含有单向回路时的通路算法[J]. 辽宁工程技术大学学报(自然科学版)，2003，22(6)：721－724.

[42] 岭庶. 矿井通风计算及程序设计[J]. 有色金属(矿山部分)，1993(06)：37.

[43] 钟德云，王李管，毕林，等. 基于回路风量法的复杂矿井通风网络解算算法[J]. 煤炭学报，2015(02)：365－370.

[44] 安华明. 搜索通风网络中单向回路位置的方法研究[D]. 昆明：昆明理工大学，2009.

[45] 龚建华. 深度优先搜索算法及其改进[J]. 现代电子技术，2007(22)：90－92.

[46] 程磊，党海波，吴磊. 矿井通风网络分析方法研究现状与发展趋势[J]. 煤，2010，19(8)：61－63.

[47] 徐瑞龙，施圣荣. 通风网路解算方法的评估[J]. 阜新矿业学院学报，1984(01)：65－72.

[48] 苟红松，刘永胜，李永生. 回路风量法解算多风机串并联复杂通风网络[J]. 隧道建设，2015.

[49] 姜仁义. 解算矿井通风网路的节点风压法[J]. 金属矿山, 1991(8): 18 - 20.

[50] 孙义富. 某些平面复杂网路角联分支风向的判别[J]. 山东矿业学院学报, 1986(04): 72 - 80.

[51] 刘承思. 通风网计算技巧分析[J]. 煤矿安全技术, 1982(04): 33 - 36.

[52] 黄俊歆. 矿井通风系统优化调控算法与三维可视化关键技术研究[D]. 中南大学, 2012.

[53] Lopes A M G. Implementation of the Hardy-Cross method for the solution of piping networks[J]. Computer Applications in Engineering Education. 2004, 12(2): 117 - 125.

[54] Wei L. Topology theory of mine ventilation network [J]. Procedia Earth and Planetary Science. 2009.

[55] 赵一晗, 伍吉仓. 控制网闭合环搜索算法的探讨[J]. 铁道勘察, 2006, 32(3): 12 - 14.

[56] 史青, 王子平, 李朝柱, 等. 生成树算法在最小独立闭合环搜索中的应用[J]. 测绘地理信息, 2013(01): 14 - 15.

[57] 赵海, 李占旭, 宋纯贺, 等. 网孔自动搜索算法在水电仿真中的设计与实现[J]. 东北大学学报(自然科学版), 2008(09): 1253 - 1256.

[58] 叶宝, 陈义. 基于边集数组的最小独立闭合环搜索算法实现[J]. 测绘通报, 2010(12): 37 - 39.

[59] 刘剑, 贾进章, 于斌. 通风网络含有单向回路时的通路算法[J]. 辽宁工程技术大学学报, 2003(06): 721 - 724.

[60] 魏连江, 周福宝, 朱华新. 通风网络拓扑理论及通路算法研究[J]. 煤炭学报, 2008(08): 926 - 930.

[61] 陈开岩. 矿井通风系统优化理论及应用[M]. 中国矿业大学出版社, 2003.

[62] 徐瑞龙, 施圣荣. 矿井通风按需调节的通路法[J]. 阜新矿业学院学报, 1984(03): 21 - 30.

[63] 边辰通. 在简单无向图中查找所有割边的算法[J]. 中国科技信息, 2013(03): 54 - 55.

[64] 李茂楠. 通风网路网孔选择程序的扩展[J]. 金属矿山, 1986(01): 20 - 23.

[65] 黄光球, 陆秋琴, 郑彦全. 基于回路阻力闭合差最优分配的通风网络解算方法[J]. 系统工程理论与实践, 2006, 26(10): 125 - 129, 144.

[66] 赵梓成. 矿井通风复杂网路的解算[J]. 云南冶金, 1975(02): 70 - 76.

[67] 赵梓成. 矿井通风复杂网路的解算(续)[J]. 云南冶金, 1975(03): 66 - 72.

[68] 徐瑞龙. 当前矿井分风的算法进展[J]. 阜新矿业学院学报, 1986(01): 53 - 64.

[69] 张惠忱. 矿井风量优化调节[J]. 中国矿业大学学报, 1989(04): 47 - 53.

[70] 米晓坤. 矿井局部风量与总风量调节[J]. 煤炭技术, 2009, 28(5): 107 - 108.

[71] 肖伟, 李昕. 增加风阻调节法在矿井风量调节的应用[J]. 科技创业家, 2013(9): 105.

[72] 张惠忱. 风量调节的最大阻力路线法[J]. 煤矿安全, 1986(10): 37 - 42.

[73] 徐瑞龙, 陈长华, 彭晓华, 等. 井巷断面优化的通路法[J]. 阜新矿业学院学报(自然科学版), 1993(02): 23 - 28.

[74] 李湖生. 矿井按需分风优化调节的研究进展[J]. 煤炭工程师, 1997(01): 7 - 10.

[75] 陈长华. 用通路法确定通风网络最优断面与风压[J]. 辽宁工程技术大学学报(自然科学版), 2003, 22(4): 448 - 449.

[76] 俞晶，李军霞. 基于井下风窗风量自动调节控制装置的巷道风量调节技术研究[J]. 矿山机械，2014(04)：24－28.
[77] 龙祖根. 矿井通风系统风量优化调节的研究[J]. 煤，1998(01)：18－21.
[78] 吴丽春. 矿井通风监测系统的研究与设计[D]. 长沙：中南大学，2012.
[79] 陈源. 基于B/S模式实现对工业生产的监视[J]. 四川轻化工学院学报，2003(2)：47－50.
[80] 张少军. 无线传感器网络技术及应用[M]. 北京：中国电力出版社，2010.
[81] 林安栋. 矿井通风安全监测监控系统关键技术研究[D]. 阜新：辽宁工程技术大学，2008.
[82] 李虎威，黄庆享，高杨. 基于 ZigBee 和以太网的矿山安全监测系统[J]. 陕西煤炭，2009(3)：14－15.
[83] 于洪珍，徐立中等. 监测监控信息融合技术[M]. 北京：清华大学出版社，2011.
[84] 时磊. 基于 PLC 的矿井局部通风监控与报警系统研究[D]. 西安：西安科技大学，2009.
[85] 刘法治. 基于 PLC 的矿井通风安全控制系统[J]. 金属矿山，2007(06)：65－66＋83.
[86] 陈蕊. 基于 PLC 的矿井主扇风机的监控系统设计[D]. 太原：太原理工大学，2012.
[87] 李永刚. 基于 PLC 控制的变频调速通风机系统[D]. 太原：太原理工大学，2012.
[88] 张映球，左毅. 基于 PLC 控制的局部通风机变频调速系统的研究[D]. 淮南：安徽理工大学，2008.
[89] 姚景峰. 基于 PLC 与变频器的矿井通风机集控系统设计[D]. 太原：太原理工大学，2013.
[90] 张国枢. 通风安全学[M]. 徐州：中国矿业大学出版社，2007.
[91] AQ2013.1－2008. 金属非金属地下矿山通风技术规范[S]. 2008.
[92] 国家安全生产监督管理总局.《煤矿安全规程》[S]. 2016.2.

彩图

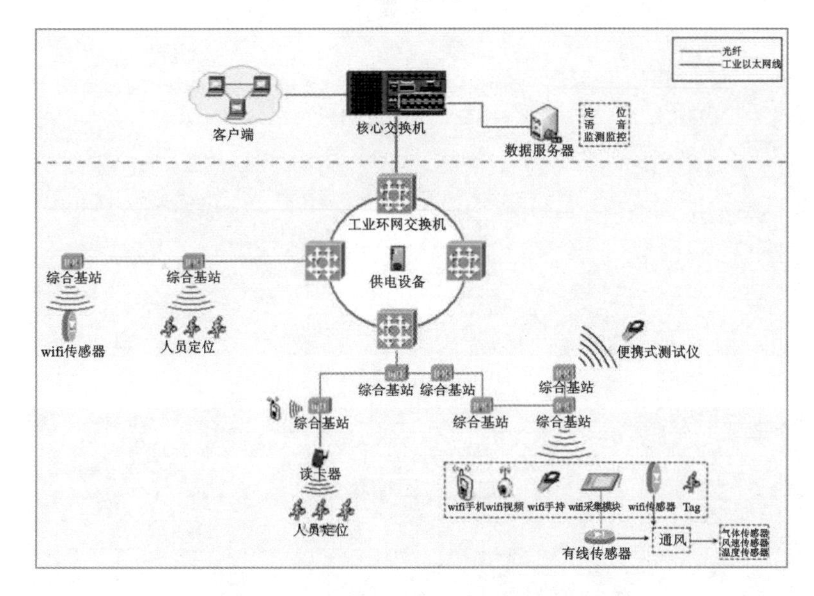

彩图 1　矿井通风监测系统建设的总体框架

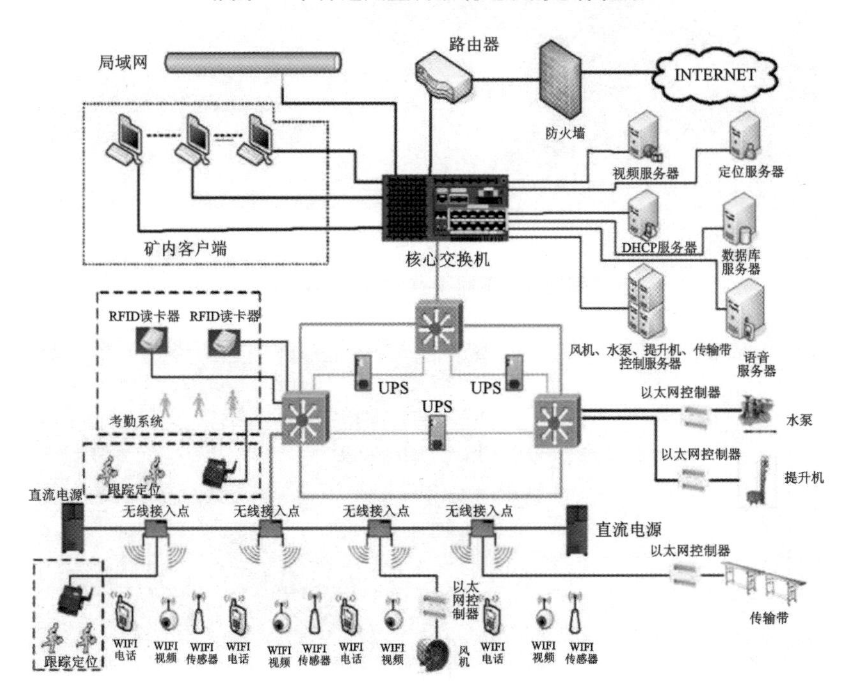

彩图 2　综合通讯平台布置图

(a)地下所有监测点一览

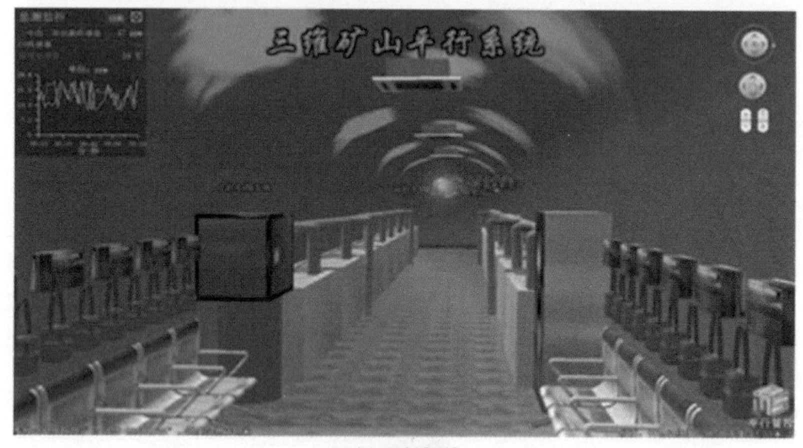

(b)硐室监测

彩图3　不同视点监测内容显示

彩图4　监测数据报警显示

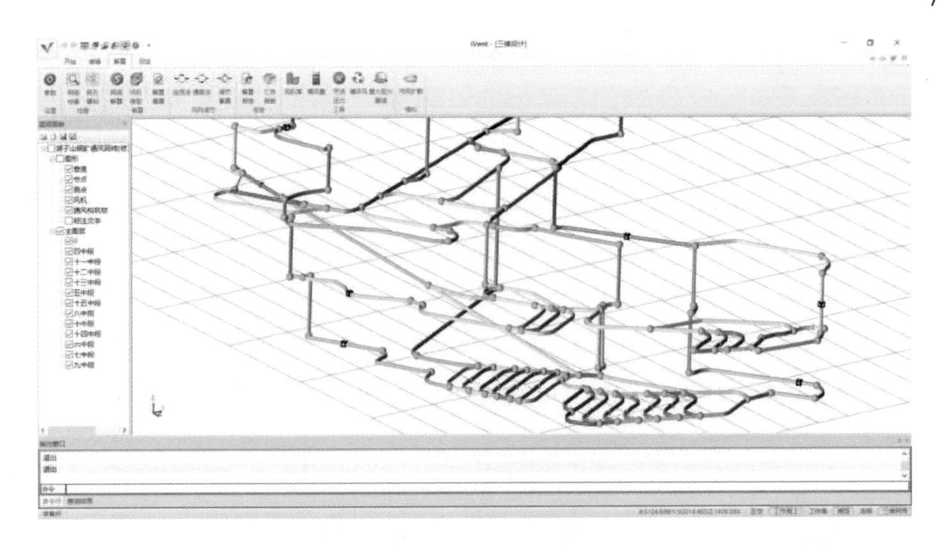

彩图 5　iVent 界面图

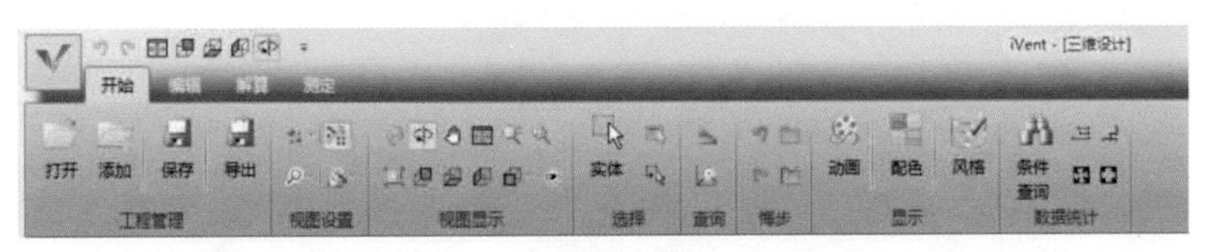

(a) “开始” 模块

(b) “编辑” 模块

(c) “解算” 模块

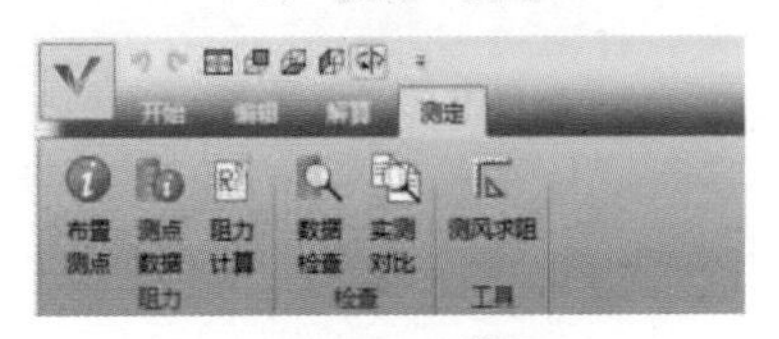

(d) “测定” 模块

彩图 6　iVent 功能模块图

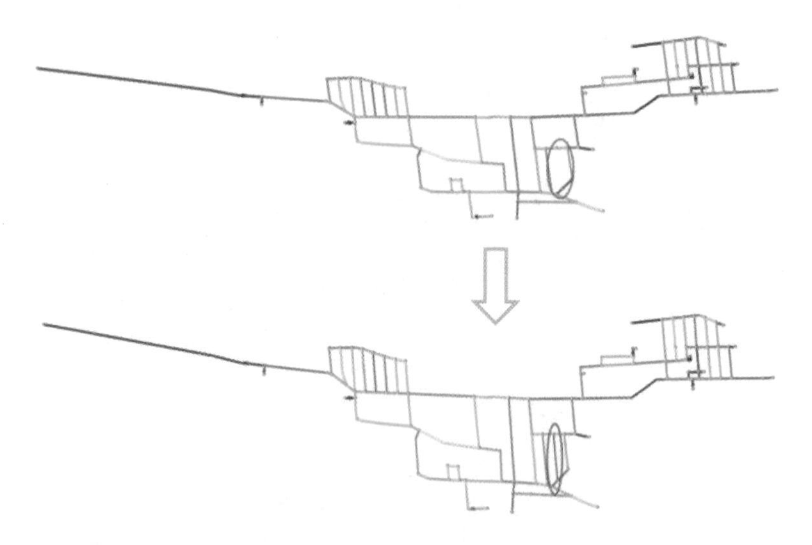

彩图 7　巷道添加

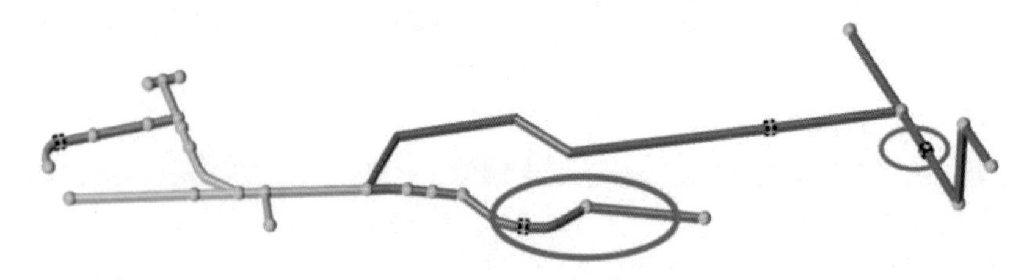

彩图 8　风机与构筑物添加

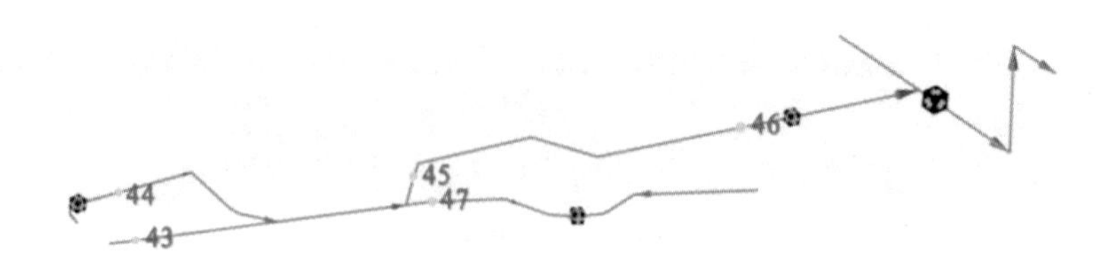

彩图 9　测点布置

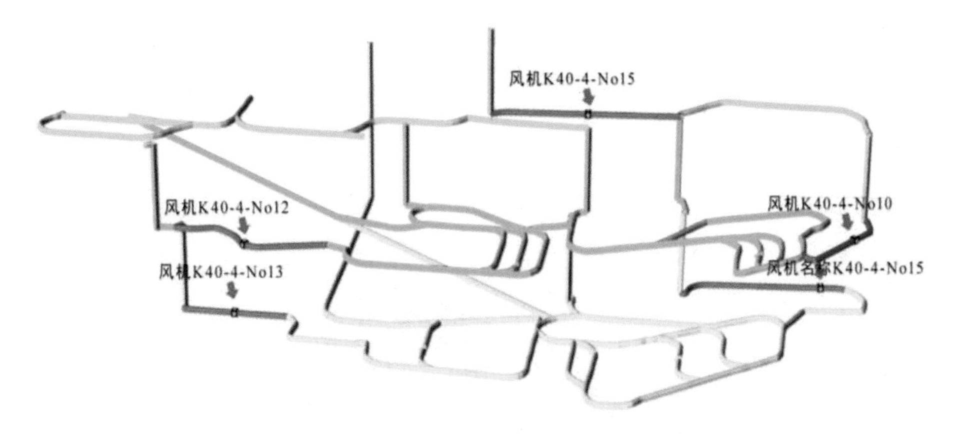

彩图 10　某矿山多级机站通风网络解算实例

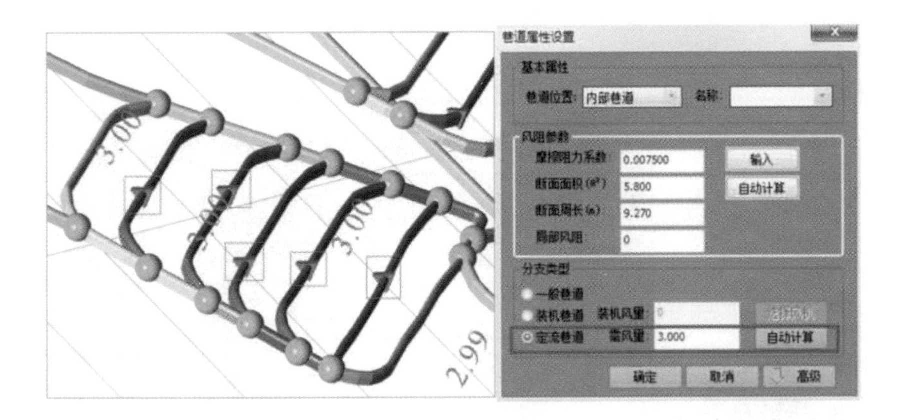

彩图 11　强制分风解算

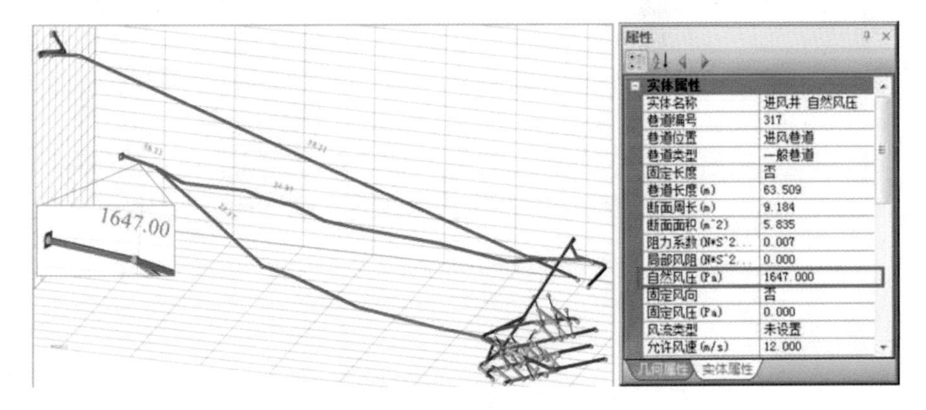

彩图 12　自然风压解算

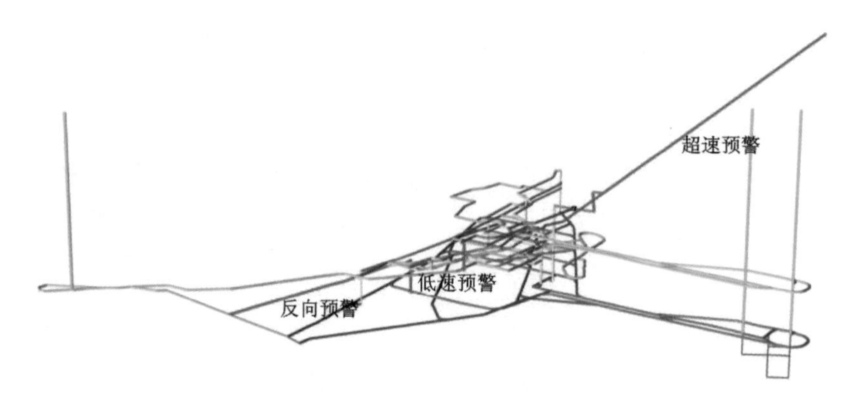

彩图 13　解算预警效果图

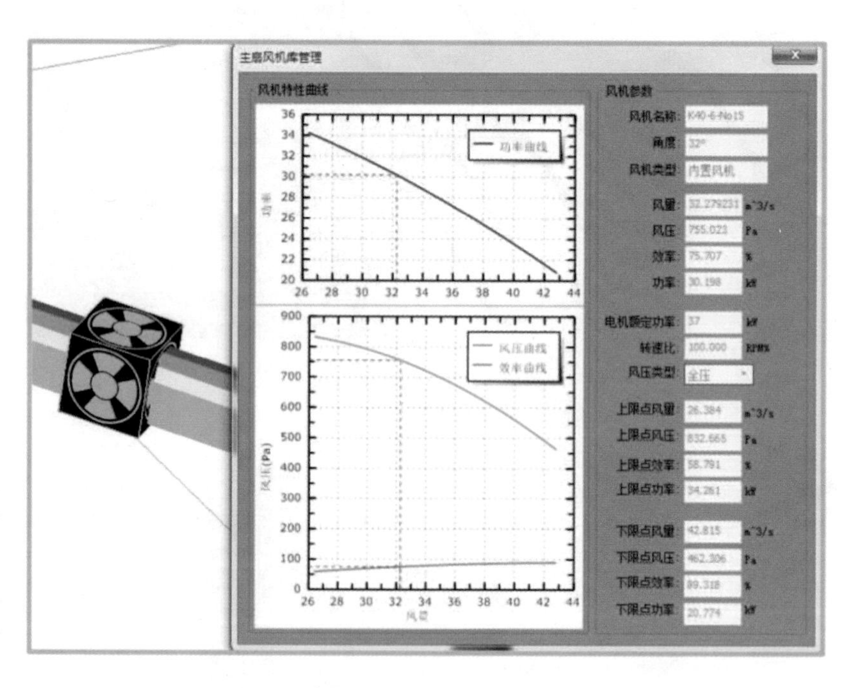

彩图 14　风机运行工况

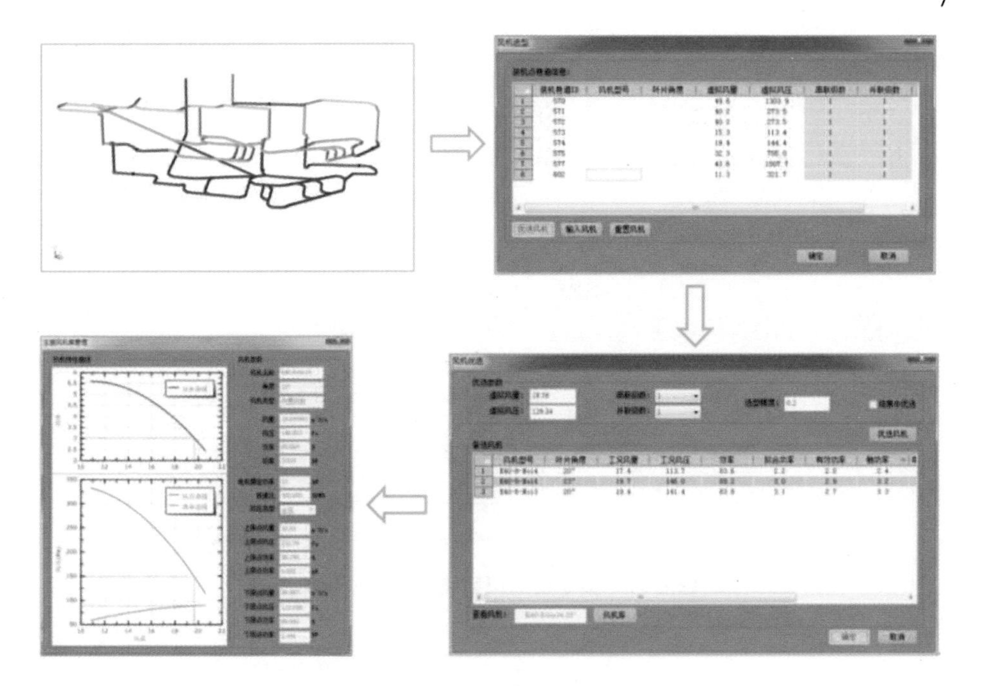

彩图 15　风机优选

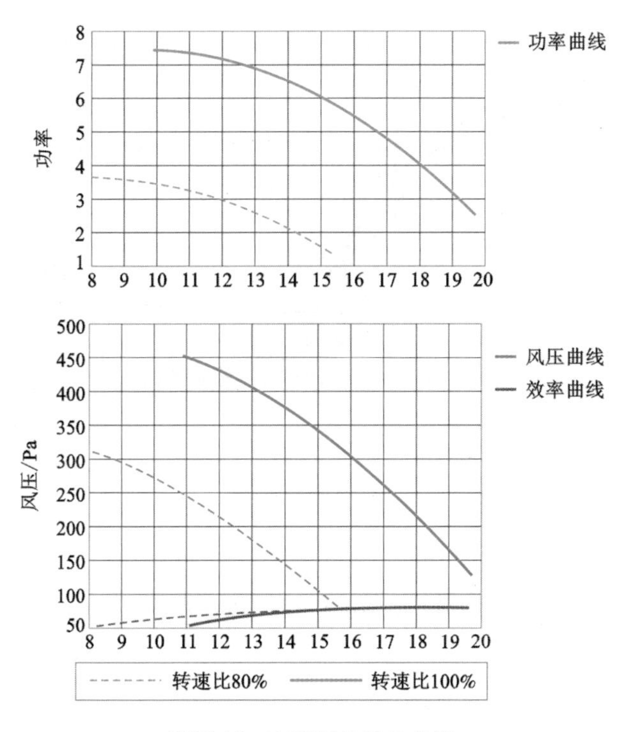

彩图 16　变频风机特性曲线

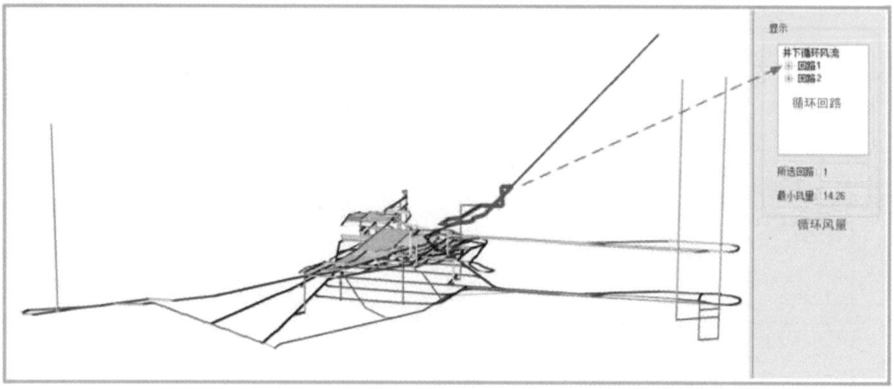

彩图 17　某矿山通风网络循环风检测结果

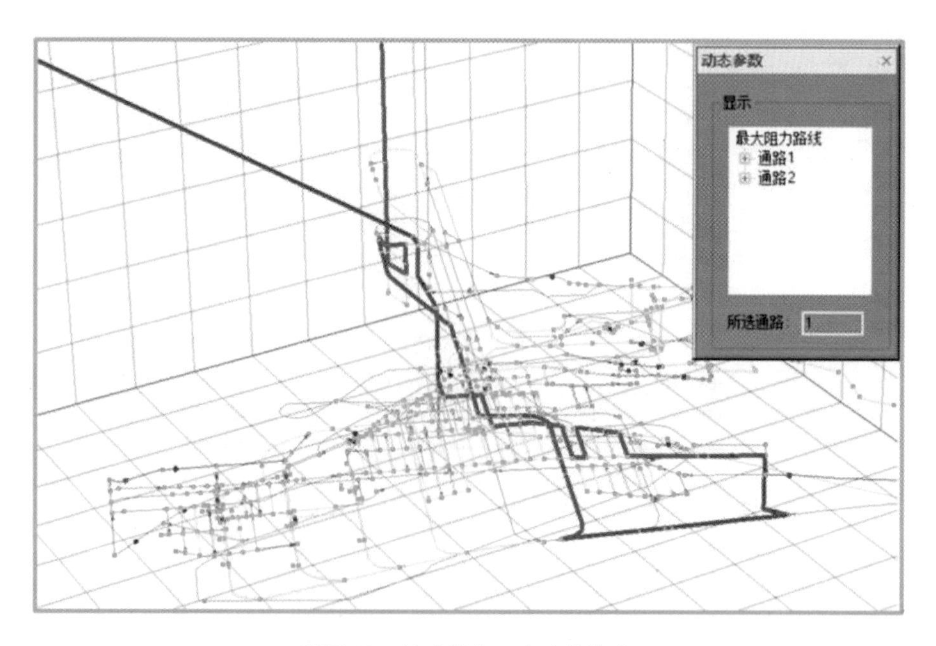

彩图 18　某矿最大阻力路线搜索

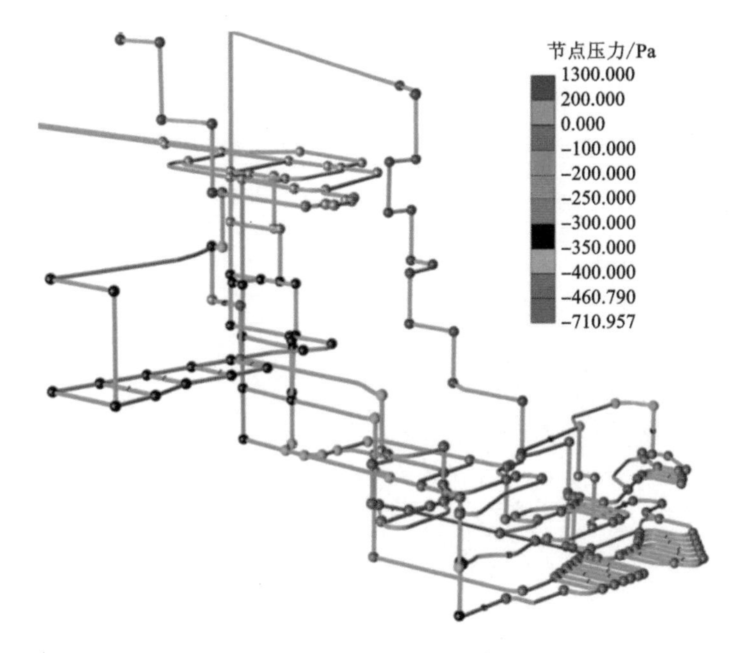

彩图 19　节点压力计算

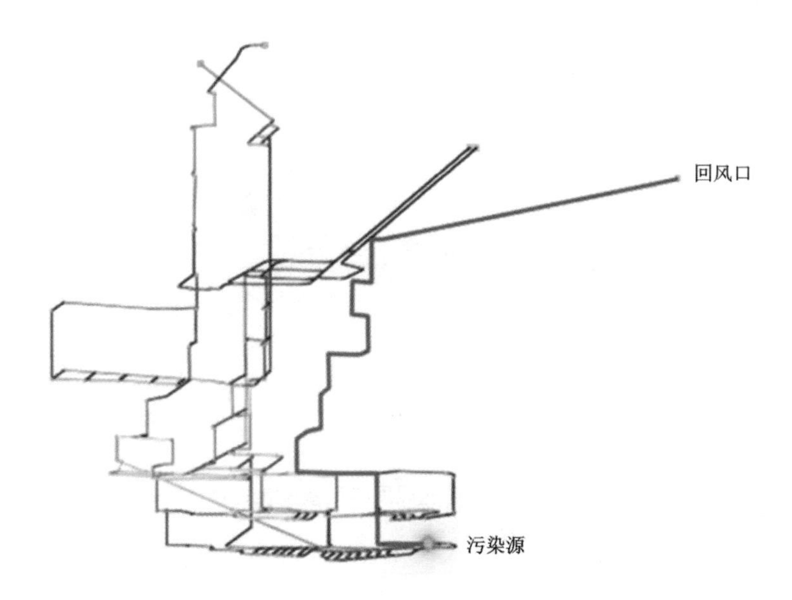

彩图 20　某矿污风扩散路径模拟效果

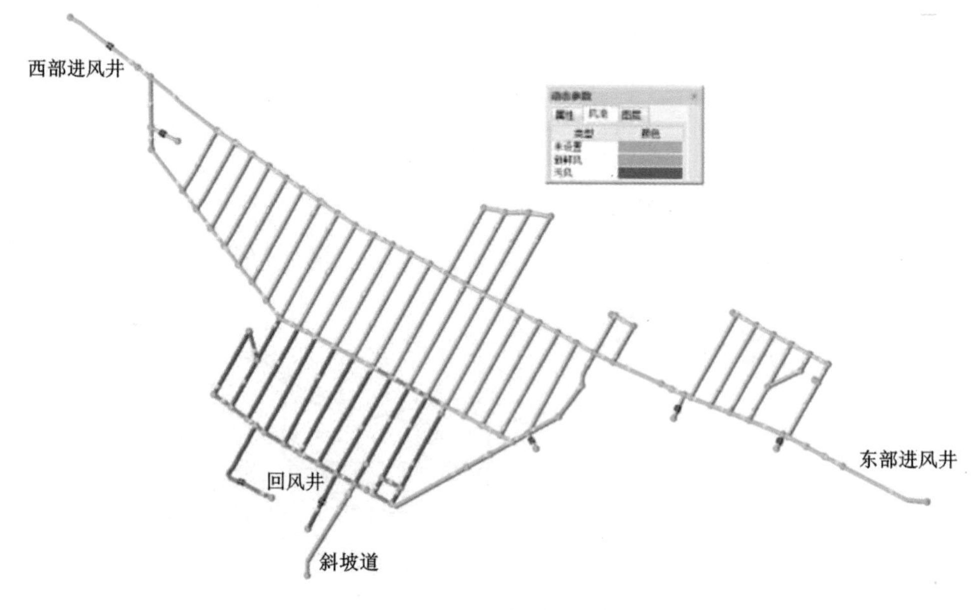

彩图 21　某矿污风串联分析

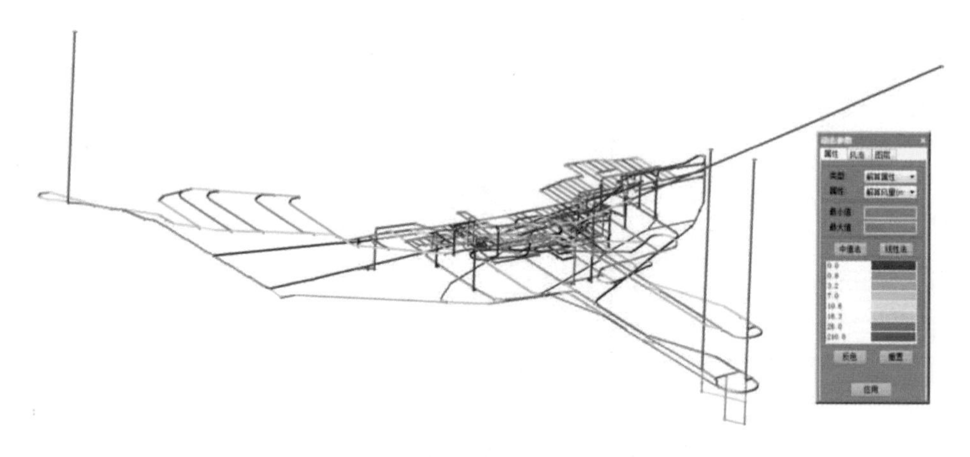

彩图 22　某矿通风网络风量配色方案

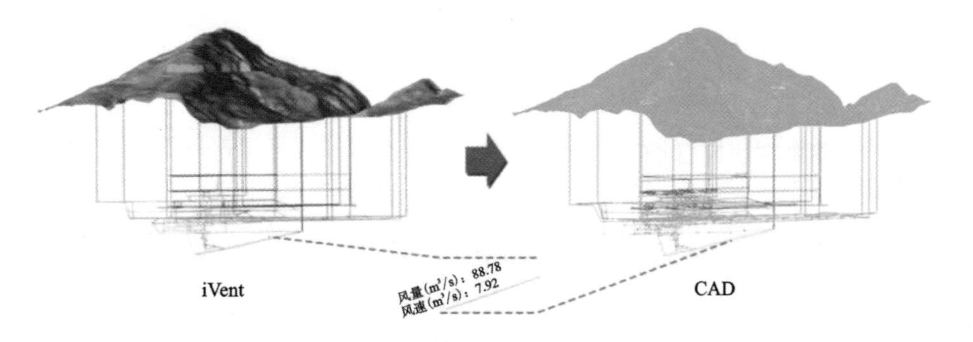

彩图 23　CAD 出图

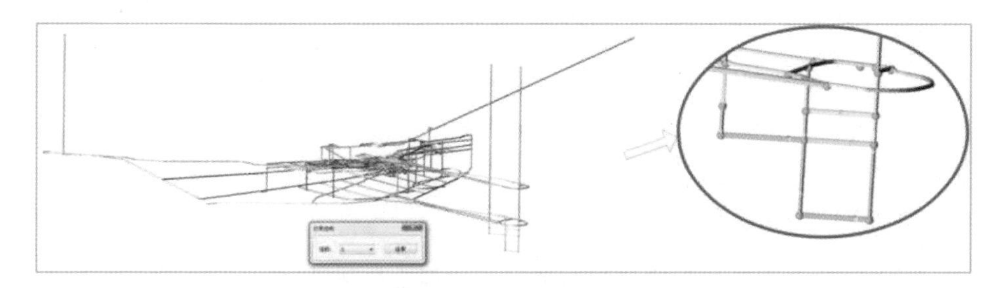

彩图 24　iVent 动画模拟

图书在版编目(CIP)数据

数字化矿井通风优化理论与技术 / 王李管，王晋淼，钟德云编著. —长沙：中南大学出版社，2019.9

ISBN 978-7-5487-3488-8

Ⅰ.①数… Ⅱ.①王… ②王… ③钟… Ⅲ.①数字技术—应用—矿山通风 Ⅳ.①TD72-39

中国版本图书馆 CIP 数据核字(2018)第 246706 号

数字化矿井通风优化理论与技术

SHUZIHUA KUANGJING TONGFENG YOUHUA LILUN YU JISHU

王李管　王晋淼　钟德云　编著

□**责任编辑**　刘小沛
□**责任印制**　易红卫
□**出版发行**　中南大学出版社
　　社址：长沙市麓山南路　　邮编：410083
　　发行科电话：0731-88876770　　传真：0731-88710482
□**印　　装**　长沙市宏发印刷有限公司

□**开　　本**　710×1000　1/16　□**印张** 22.75　□**字数** 456 字
□**版　　次**　2019 年 9 月第 1 版　□2019 年 9 月第 1 次印刷
□**书　　号**　ISBN 978-7-5487-3488-8
□**定　　价**　95.00 元
